Youtube강의와
함께해요! ☺

고3이 되기 전에 꼭 봐야할

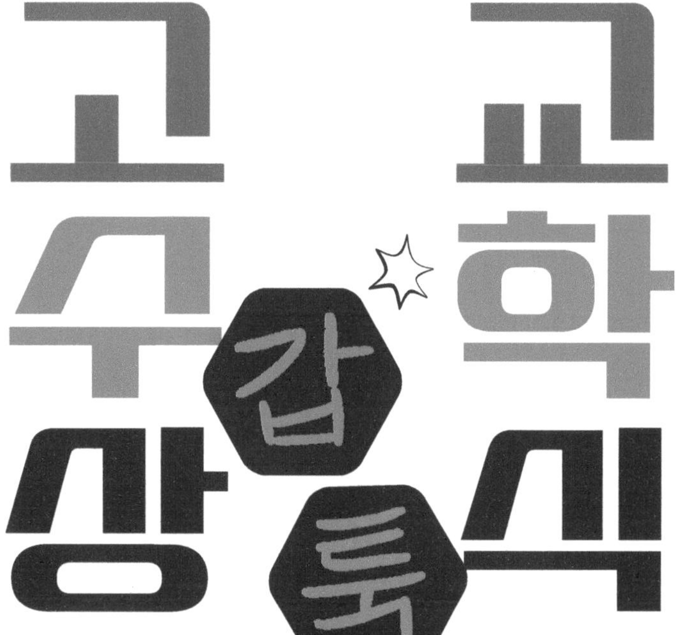

내 수학만점의
발목을 잡는
빈틈 상식 처리가!!

저자 김소연

약력

과학영재학교 경기과학고 수학 교사(2012~)
EBS 수능 수학 대표 강사
EBS 대학수학능력시험 당일 현장 해설(2016~)
MBN 출연 – 수학을 스스로 공부하는 법
서울대학교 석사(복소함수론 전공)

저서

2009개정교육과정 교과서 및 교사용 해설서 집필
수능연계교재 검토(2013~)

검토에 도움을 주신 분

조영득 : (현)평촌고등학교, (전)경기과학고
박병철 : (현)동탄중학교, (전)서울대학교 수학교육과 박사 수료
김경훈 : (현)서울대학교 전기정보공학부

이런문제들도 우리꺼!

해당과목 필수개념

수학,확통,수학1,기하
수학2,미적분

고교
수학
문제

갑,툭,튀
고교수학상식

이 책의 주인공은 바로 너!

- Ⓥ 까먹은 중학교 개념이 수학발목을 잡는 고1~고3학생
- Ⓥ 모의고사만 보면 갑자기 툭 튀어나오는 비내신용 수학질문에 좌절하는 고등학생
- Ⓥ 중학교 졸업을 앞두고, 교과서에는 없지만 시험에 나오는 고교 수학 상식을 채우고 싶은 예비고교생

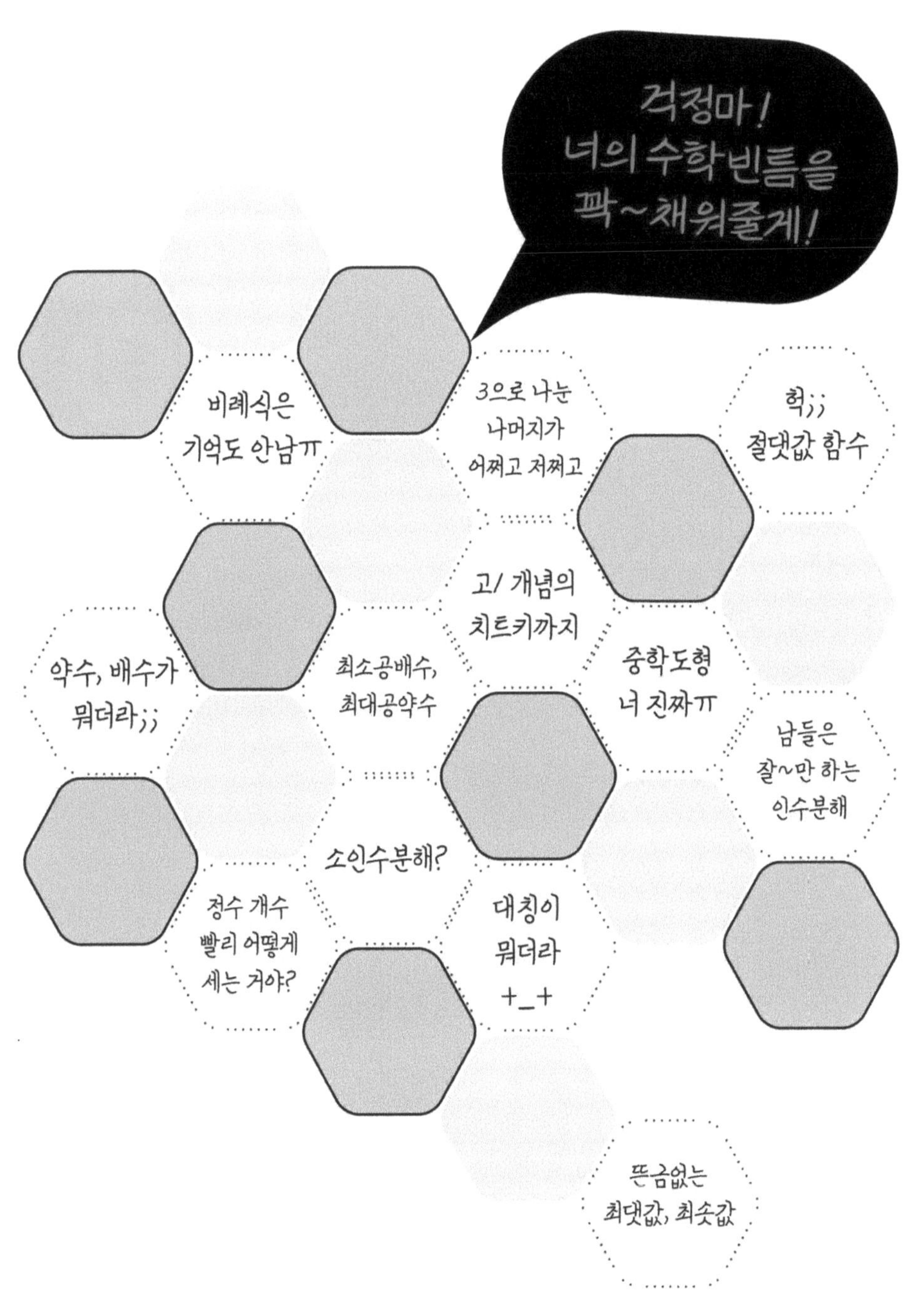
걱정마!
너의 수학빈틈을
팍~채워줄게!
비례식은
기억도 안남ㅠ
3으로 나눈
나머지가
어쩌고 저쩌고
헉;;
절댓값 함수
고1 개념의
치트키까지
약수, 배수가
뭐더라;;
최소공배수,
최대공약수
중학도형
너 진짜ㅠ
남들은
잘~만 하는
인수분해
소인수분해?
정수 개수
빨리 어떻게
세는 거야?
대칭이
뭐더라
+_+
뜬금없는
최댓값, 최솟값

수학에 더이상 발목잡히지 않을 너를 위해

이렇게 만들었어!

[Theme14] 함수 $af(x)$, $f(ax)$의 그래프 빨리 그리기 (고1)

Q '함수 $af(x)$, $f(ax)$와 $f(x)$의 관계'는 무엇인데?

(2017년 11월 수능 출제)

(1) **함수 $af(x)$ $(a>0)$의 그래프**

⇒ 함수 $y=f(x)$의 그래프를 이용하여, 함수 $y=2f(x)$의 그래프를 그려보자

교과서에는 없지만,
자주 출제되는 갑,툭,튀 개념을 모아
이해하기 쉽게 개념으로 만들고

☑ **개념** 바로 확인!

함수 $f(x)$의 그래프가 오른쪽 그림과 같을 때, 다음 함수의 그래프를 그리시오.

(1) $3f(x)$ (2) $-3f(x)$ (3) $f(3x)$

(4) $f(-3x)$ (5) $f\left(\frac{1}{3}x\right)$ (6) $f\left(-\frac{1}{3}x\right)$

개념을 제대로 이해했는지
☑ **개념** 바로 확인! 에서 빠르게
점검한 뒤,

☑ **실전**에서 확인! (2017년 수능)

자연수 $n=1, 2, 3$과 함수 $f(x)=\frac{x-x^2}{2}$에 대하여

함수 $\frac{1}{2^n}f(x)$의 그래프를 그리시오.

최근 기출(수능,모의고사, 학력평가 등)
에서 갑툭튀 고교수학상식이 어떻게
출제되었는지 확인해보고
☑ **실전**에서 확인! 으로 해결 할 수 있어!

결국 넌!
갑자기 툭 튀어나오는 수학상식에
당황하지 않고, 수학빈틈을 완벽히
채우게 될거야!

목 차

✓ 너만 알아야 할 비밀!

치트키

✓ 중학교때 배웠지만, 수능형으로 재해석해야 하는

중학도형

미국의 케네디 대통령이
천재물리학자 브라운 박사에게
이렇게 물었습니다.
‘사람을 달에 데려가고, 다시 지구로 돌아오려면
우리에게 무엇일 필요할까요?
이에 브라운 박사가 대답하죠.

The will to do it!

(그것을 할 의지만 있으면 됩니다.)

정수 파트의 빈틈을
채우자!
약수? 배수?

수와 연산

[Theme 1] 비례식

Q '비례식 $a:b=c:x$의 미지수 x'는 어떻게 구할까?

(2021년 9월 시행 모의평가 출제)

[Theme 1] 비례식

(1) $a:b=c:d \quad \Leftrightarrow \quad ad=bc$

(내항은 내항끼리 외항은 외항끼리 곱한다.)

(2) $a:b=c:d \quad \Leftrightarrow \quad \frac{a}{b}=\frac{c}{d}$

($\frac{a}{b}$는 $a:b$를 의미한다.)

(3) $a:b=c:d \quad \Leftrightarrow \quad a:c=b:d$

($a:b=c:d$는 $ad=bc$이고 이는 $\frac{a}{c}=\frac{b}{d}$이므로 $a:c=b:d$ 이다. 이때, $b\neq c$이면 $a:b\neq a:c$임에 주의하자.)

(4) 비례식 $a:b=c:d$를 간단히 하는 방법

① $a:b$끼리 $c:d$끼리 각 변에서 약분한다.

② 두 비례식에 왼쪽의 수 a, c끼리, 오른쪽의 수 b, d 끼리 약분 가능하다.

▶ (4)-① 예) $6:9=18:x$

⇨ 좌변의 비례식 $6:9$를 3으로 약분하면 $2:3$이므로 $2:3=18:x$ 이다. 즉, $2x=3\times 18$에서 $x=27$

▶ (4)-② 예) $6:9=18:x$

⇨ 각 비례식의 왼쪽의 수 6과 18을 각각 6으로 약분하면 주어진 비례식은 다음과 같다.

$$1:9=3:x$$

따라서 $x=27$이다.

▶ (4)-② 예) $y:6=8:9$

⇨ 각 비례식의 오른쪽에 있는 수 6과 9를 3으로 약분하면 비례식은 다음과 같다.

$$y:2=8:3$$

따라서 $y=\frac{16}{3}$이다.

★ 주의 ★

위 (4)의 ①의 방법은 비례식의 '비'를 유지시키지만, ②의 방법은 원래의 비례식의 '비'를 변형시킨다. 무슨 말이냐고? ①의 방법대로 비례식 $6:9=18:27$에서 좌변끼리, 우변끼리 약분하면 늘 $2:3$으로 비가 유지되지만, ②의 방법을 적용하여 $6:9=18:27$에서 6으로 6, 18을 약분하면 $1:9=3:27$로 등식은 성립하지만, 처음 주어진 $2:3$의 비와는 다른 비례식이 돼.

☑ 개념 바로 확인!

다음 식에서 x의 값을 구하시오.

(1) $2:8=3:x$

(2) $x:5=6:15$

(3) $21:x=7:28$

(답) (1) 12 (2) 2 (3) 84

1 ☑ 실전에서 확인! (2021년 10월)

식 $(m-2):3=(2m+1):9$를 만족하는 실수 m의 값은?

2 ☑ 실전에서 확인! (2021년 10월)

$4a=3b$일 때, $a:b$를 구하시오.

3 ☑ 실전에서 확인! (2021년 6월)

식 $(k+3):(3k-1)=1:1$를 만족하는 실수 k의 값은?

4 ☑ 실전에서 확인! (2021년 9월)

식 $4:10=12:x$를 만족하는 실수 x의 값은?

[Theme2] 정수의 개수 세기

Q '$21 < x \leq 35$에 속한 정수 x의 개수'는 어떻게 구할까?

(2015년 6월 시행 모의평가 출제)

(1) $21 < x \leq 35$에 속한 정수 x는 $22, 23, \cdots, 35$이므로 개수를 세는 방법은 다음과 같다.

⇨ ($1 \sim 35$까지의 자연수 35개)-($1 \sim 21$까지의 자연수 21개)$= 35 - 21 =$ (큰 수)$-$(작은 수)

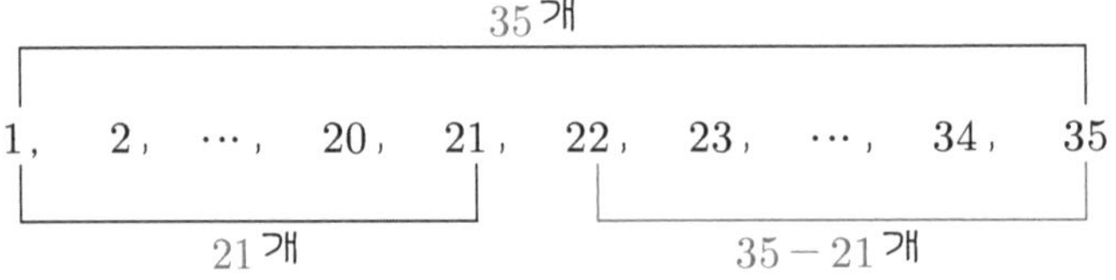

이를 일반화하면

두 정수 a, b에 대해 $a < x \leq b$에 속한 정수 x의 개수는 (큰 수)$-$(작은 수)$= b - a$

(2) $21 \leq x < 35$에 속한 정수 x의 개수

⇨ 위 (1)에서 등호가 $x = 35$에서 $x = 21$로 옮겨졌으니, 개수는 $35 - 21$개로 변함이 없겠지?

(35빼고 21추가하기~)

이를 일반화하면

두 정수 a, b에 대해 $a \leq x < b$에 속한 정수 x의 개수는 (큰 수)$-$(작은 수)$= b - a$

(3) $21 < x < 35$에 속한 정수 x의 개수

⇨ 위 (1)의 $21 < x \leq 35$에서 $x = 35$에 해당하는 숫자 한 개가 빠졌으니, 개수는 (1)의 경우에서 한 개가 줄겠지? 그래서 이 범위에 속한 정수 x의 개수는 $35 - 21 - 1$개야.

이를 일반화하면

두 정수 a, b에 대해 $a < x < b$에 속한 정수 x의 개수는 (큰 수)$-$(작은 수)$- 1 = b - a - 1$

(4) $21 \leq x \leq 35$에 속한 정수 x의 개수

⇨ 위 (1)의 $21 < x \leq 35$에서 $x = 21$에 해당하는 숫자 한 개가 늘었으니, 개수도 (1)의 경우에서 한 개가 늘겠지? 그래서 이 범위에 속한 정수 x의 개수는 $35 - 21 + 1$개야.

이를 일반화하면

두 정수 a, b에 대해 $a \leq x \leq b$에 속한 정수 x의 개수는 (큰 수)$-$(작은 수)$+ 1 = b - a + 1$

[Theme2] 정수의 개수 세기

두 정수 a, b 에 대해

① $a < x \leq b$에 속하는 정수 x의 개수 : $b-a$
(큰 수)$-$(작은 수)

② $a \leq x < b$에 속하는 정수 x의 개수 : $b-a$
(큰 수)$-$(작은 수)

③ $a < x < b$에 속하는 정수 x의 개수 : $b-a-1$
(큰 수)$-$(작은 수)-1

④ $a \leq x \leq b$에 속하는 정수 x의 개수 : $b-a+1$
(큰 수)$-$(작은 수)$+1$

▶ 예) $31 < x \leq 50$에 속하는 정수 x의 개수
⇨ $50-31=19$(개)

▶ 예) $31 < x < 50$에 속하는 정수 x의 개수
⇨ $50-31-1=18$(개)

▶ 예) $31 \leq x \leq 50$에 속하는 정수 x의 개수
⇨ $50-31+1=20$(개)

★ 앞에서 두 수 a, b**가 자연수**였는데, 갑자기 '정수'로 바뀌었지? 근데 '정수'에서도 똑같은 공식이 성립해.

▶ 예를 들어보자. 위 ①의 예로 $-7 < x \leq -3$에 속한 정수 x의 개수는 양변에 -1을 곱한 부등식인 $3 \leq y < 7$에 속한 정수 y의 개수와 같아. 따라서 개수는

$$7-3=\{(-3)-(-7)\}=\text{(큰 값)-(작은 값)}$$

으로 위와 같은 공식이 됨을 알 수 있어!

▶ ③의 경우는 등호가 하나 빠지니 숫자도 하나 빠지지? 그래서

$a < x < b$에 속한 정수 x의 개수는 (큰 값)$-$(작은 값)-1

▶ ④의 경우는 ①과 비교했을 때, 등호가 하나 추가되니, 개수도 하나 늘어서

$a \leq x \leq b$에 속한 정수 x개수는 (큰 값)-(작은 값)$+1$

그래서 a, b의 부호가 같은 정수이면 위의 공식을 적용할 수 있는 거지!

★ ②의 예로 a가 음의 정수, b가 양의 정수인 예로 $-7 < x \leq 3$를 생각해보자. 이 범위에 속한 양의 정수는 $1 \leq x \leq 3$이므로 3개, 음의 정수는 $-7 < x \leq -1$이므로 6개다. 이제 0을 추가해주면 총 $3+6+1=10$개가 된다. 즉, $-7 < x \leq 3$의 개수는 $3-(-7)=10$개. 이를 일반화하면, 음의 정수 a, 양의 정수 b에 대해 $a < x \leq b$에 속한 정수의 개수도 $b-a=$(큰 수)$-$(작은 수).

① $a < x < b$에 속한 정수 x의 개수는 ②에서 등호가 하나 줄었으니 개수도 하나 줄어서

$$b-a-1=\text{(큰 수)}-\text{(작은 수)}-1\text{개}$$

④ $a \leq x \leq b$에 속한 정수 x의 개수는 등호가 하나 추가되었으니 개수도 하나 늘어서

$$b-a+1=\text{(큰 수)}-\text{(작은 수)}+1\text{개}$$

☑ 개념 바로 확인!

다음 주어진 부등식에 속하는 정수 x의 개수를 구하시오.

(1) $10 \leq x < 27$

(2) $9 < x \leq 29$

(3) $11 \leq x \leq 55$

(4) $16 < x < 42$

(답) (1) $27-10=17$ (2) $29-9=20$ (3) $55-11+1=45$ (4) $42-16-1=25$

☑ 개념 바로 확인!

다음 주어진 부등식에 속하는 정수 x의 개수를 구하시오.

(1) $-10 \leq x < 27$

(2) $-9 < x \leq 29$

(3) $-11 \leq x \leq 55$

(4) $-16 < x < 42$

(답) (1) $27-(-10)=37$ (2) $29-(-9)=38$ (3) $55-(-11)+1=67$ (4) $42-(-16)-1=57$

5 ☑ 실전에서 확인! (2015년 6월)

부등식 $-7 < a < 0$을 만족하는 모든 정수 a의 개수는?

6 ☑ 실전에서 확인! (2015년 7월)

부등식 $-1 < k < 31$를 만족하는 모든 정수 k의 개수는?

다음 개념을 위한 ✔사전점검

[Theme] 약수와 배수의 정의

⇦ 초등학교때 배웠어요!

(1) N의 **배수** : 정수 N을 0, ± 1배, ± 2배, ± 3배, $\cdots$한 수

(2) N의 **약수** : 정수 N을 나누어떨어지게 하는 정수

(3) **약수와 배수의 관계**

⇨ $3 \times \square = 15$이므로 15는 3의 배수, 3은 15의 약수

$5 \times \square = 15$이므로 15는 5의 배수, 5는 15의 약수

a가 b의 약수 $\Leftrightarrow$ b가 a의 배수 (단, a, b는 정수)

$15 = 3 \times 5$ — 15는 3과 5의 배수, 3과 5는 15의 약수

(4) **공약수** : 두 수의 공통된 약수

최대공약수 : 두 수의 공약수 중에서 가장 큰 수

(5) **공배수** : 두 수의 공통된 배수

최소공배수 : 두 수의 공배수 중에서 가장 작은 자연수

▶ 3의 배수
: $3 \times (\pm 1)$, $3 \times (\pm 2)$, $3 \times (\pm 3)$, $3 \times (\pm 4) \cdots$

▶ 6의 약수
: 6을 정수 a로 나누었을 때 나누어 떨어지게 하는 수. 즉, $6 = a \times ($정수$)$꼴이면 a는 6의 약수이므로
$6 = 1 \times 6$에서 $1, 6$은 6의 약수,
$6 = 2 \times 3$에서 $2, 3$은 6의 약수,

▶ 두 수 6과 12 $(12 = 6 \times 2)$
: $6 \times ($정수$) = 12$이므로 6은 12의 약수, 12는 6의 배수.

이 개념을 초등학교 5학년때 배웠어. 근데, 이때는 자연수가 전부인 세상이었지? 그러고 나니 고등학교 수학문제에서 등장하는 '약수와 배수' 문제에서 어떤 문제점이 생기냐면, 고등학교 문제에서 다루는 음의 정수로까지 확대된 약수와 배수에 대한 개념을 제대로 공부하지 못한 상황에서 문제를 풀어야 된다는 어려움이 생긴거야. +_+

자, 그러니 이제 약수와 배수 개념을 고등학생 수준에 맞게 UP-grade해야겠지?

[Theme] 약수와 배수의 정의 (고등학생 용)

두 **정수** a, b에 대해

$a \times ($정수$) = b$ $\Leftrightarrow$ a가 b의 약수 $\Leftrightarrow$ b가 a의 배수

★ 3과 18의 관계는 정수 6이 존재해서 $3 \times 6 = 18$을 만족하니 위 (1)의 정의에 의해 3은 18의 약수야. 동시에 18은 3배수.

★ -3과 18의 관계는 정수 -6이 존재해서 $(-3) \times (-6) = 18$를 만족하므로 -3은 18의 약수야. 바꿔말하면 18은 -3의 배수가 되는 거지. 보통 평가원에서 나오는 '수능 모의평가' 또는 교육청에서 출제하는 '학력평가'의 문제에서는 약수와 배수의 개념이 정수 범위까지 확대되었다는 것을 기억하자.

[Theme3] 소인수분해를 이용한 '약수와 배수' Ver1.

Q '소인수분해로 자연수 N의 약수와 배수'

는 어떻게 구할까?

(2019년 9월 시행 모의평가 출제)

(1) 12**를 소수들의 곱으로 나타낸 소인수분해는** $12=2^2\times 3$**이다.**

(2) **소인수분해로 약수와 배수 찾기**

⇨ 12의 약수를 찾아보자. $12=2^2\times 3$의 소인수분해에서 2^2의 약수는 $1, 2, 2^2$이고 3의 약수는 $1, 3$이다. 이제 아래 그림에서 보듯이 2^2의 약수(왼쪽 숫자)와 3의 약수(오른쪽 숫자)의 곱이 12의 약수가 된다. 즉, 12의 약수는 $2^{0,1,2}\times 3^{0,1}$꼴이다. (단, $2^0=1, 3^0=1$)

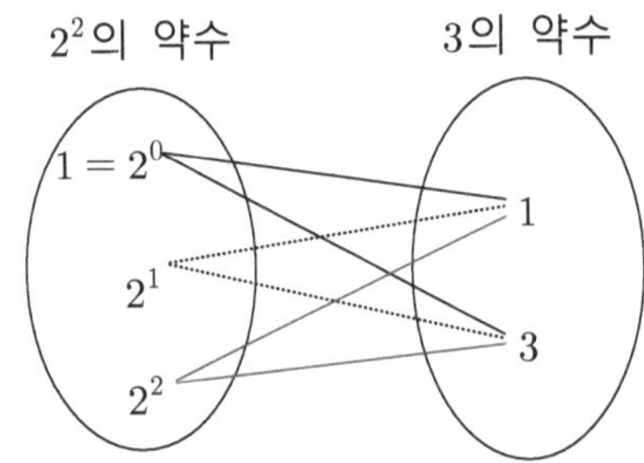

12의 약수

⇨ $2^0\times 3^0=1,\ 2^0\times 3^1=3,$

$2^1\times 3^0=2,\ 2^1\times 3^1=6,$

$2^2\times 3^0=4,\ 2^2\times 3^1=12$

이를 일반화하면 자연수 $N=p^l\times q^m\times\cdots\times r^n$의 약수는 아래와 같이 구할 수 있다.

$p^{0,1,\cdots,l}\times q^{0,1,\cdots,m}\times\cdots\times r^{0,1,\cdots,n}$ (단, $p, q, \cdots, r$은 서로 다른 소수)

⇨ 12의 배수를 찾아보자. $12=2^2\times 3$의 배수는 $12\times$(자연수)꼴이므로 $2^{(2\text{이상의 자연수})}\times 3^{(1\text{이상의 자연수})}\times$(자연수)꼴이므로 이를 일반화하면 자연수 $N=p^l\times q^m\times\cdots\times r^n$의 배수는 아래와 같이 구할 수 있다.

$p^{l,l+1,\cdots}\times q^{m,m+1,\cdots}\times\cdots\times r^{n,n+1,\cdots}\times(p, q, \cdots, r$는 서로 다른 소수)

(3) **소인수분해로 약수의 개수 구하기**

⇨ $12=2^2\times 3$의 소인수분해에서 2^2의 약수는 $1, 2, 2^2$인 3개이고 3의 약수는 $1, 3$인 2개다. 그리고 2^2의 약수와 3의 약수의 곱이 12의 약수가 되므로 그 경우의 수는 아래와 같다.

(12의 약수의 개수)=(2^2의 약수의 개수)×(3의 약수의 개수) $=(2+1)\times(1+1)=6$

⇨ 이를 일반화하면 $\boldsymbol{N=p^l\times q^m\times\cdots\times r^n}$**의 약수의 개수**는 $(l+1)(m+1)\cdots(n+1)$이다.

(p^l의 약수) × (q^m의 약수) ×⋯× (r^n의 약수)

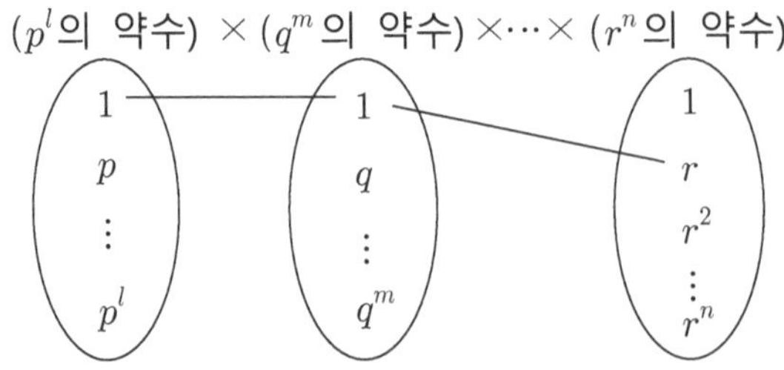

(4) 소인수분해로 모든 약수의 합 구하기

⇨ $12 = 2^2 \times 3$의 모든 약수의 합은 다음과 같다.

$$2^0 \times 3^0 + 2^0 \times 3^1 + 2^1 \times 3^0 + 2^1 \times 3^1 + 2^2 \times 3^0 + 2^2 \times 3^1 = (2^0 + 2^1 + 2^2)(3^0 + 3^1)$$

⇨ 이를 일반화하면 $N = p^l \times q^m \times \cdots \times r^n$**의 모든 약수의 합**은 다음과 같다.

$$(1 + p + \cdots + p^l)(1 + q + \cdots + q^m) \cdots (1 + r + \cdots + r^n)$$

(5) 최소공배수, 공배수 찾기

⇨ $12 = 2^2 \times 3$, $18 = 2 \times 3^2$**의 공배수**를 찾자.

두 수의 공배수는 각 수의 배수가 되어야 하므로

✓ $2^2 \times 3 \times$(자연수) 꼴이면서

✓ $2 \times 3^2 \times$(자연수) 꼴이어야 하므로

$2^2 \times 3^2 \times$(자연수) 꼴이다. 즉, 두 수의 **공배수는** $2^2 \times 3^2 \times$**(자연수)** 꼴이다.

따라서 이러한 공배수 중 최소인 '최소공배수'는 $2^2 \times 3^2$이다. 즉, **최소공배수는 두 수를 소인수분해했을 때, 같은 소수인 밑의 지수가 크거나 같은 쪽을 택하여 곱한 것**과 같다.

⇨ (최소공배수를 알 때, 공배수 찾기)

$12 = 2^2 \times 3 \times 5^0$, $90 = 2 \times 3^2 \times 5$의 최소공배수는 지수가 크거나 같은 것을 찾아 곱하면 $2^2 \times 3^2 \times 5$이고, **공배수는 최소공배수의 배수**이므로 다음과 같다.

$$2^{2\text{이상 자연수}} \times 3^{2\text{이상 자연수}} \times 5^{1\text{이상 자연수}} \times (2,\ 3,\ 5\text{와 서로소인 자연수})$$

(6) 최대공약수, 공약수 찾기

⇨ $12 = 2^2 \times 3$, $18 = 2 \times 3^2$**의 공약수**를 찾자.

두 수의 공약수는 각 수의 약수가 되어야 한다. 즉,

✓ $2^2 \times 3$의 약수는 $2^{0,\,1,\,2} \times 3^{0,\,1}$ 꼴

✓ 2×3^2의 약수는 $2^{0,\,1} \times 3^{0,\,1,\,2}$ 꼴

두 수의 공약수는 위 두 조건을 동시에 만족하므로 $2^{0,\,1} \times 3^{0,\,1}$꼴이다. 이는 $2^1 \times 3^1$의 약수이다. 따라서 최대공약수는 $2^1 \times 3^1$이고, 두 수의 공약수 $2^{0,\,1} \times 3^{0,\,1}$는 최대공약수의 약수이다. 따라서 **최대공약수는 두 수를 소인수분해 했을 때, 같은 소수인 밑의 (지수가 작거나 같은 쪽)을 택하여 곱한 것**과 같다. 또한, **두 수의 공약수는 최대공약수의 약수**이다.

⇨ (최대공약수를 알 때, 공약수 찾기)

$12 = 2^2 \times 3 \times 5^0$, $90 = 2 \times 3^2 \times 5$의 최대공약수는 지수가 작거나 같은 것을 찾아 곱하면 $2^1 \times 3^1$이고, **공약수는 최대공약수의 약수**이므로 다음과 같다.

$$2^{0,\,1} \times 3^{0,\,1} \times 5^0 \quad \text{즉, } 2^{0,\,1} \times 3^{0,\,1} \times 1$$

$$\Rightarrow \quad 2^0 \times 3^0 = 1,\ 2^0 \times 3^1 = 3,\ 2^1 \times 3^0 = 2,\ 2^1 \times 3^1 = 6$$

[Theme3] 소인수분해를 이용한 '약수와 배수' Ver1.

(1) **소수, 소인수**

⇨ 소수 : 1을 제외한 자연수 중, 약수가 1과 자기 자신뿐인 자연수(약수의 개수가 2개)

소인수 : 소수인 인수

▶ 24의 소인수
: $2, 3$

(2) **소인수분해**

⇨ 1보다 큰 자연수를 소수들만의 곱으로 나타내는 것
(소인수분해 방법은 유일하다!)

▶ 24의 소인수분해
: $24 = 2^3 \times 3$

(3) **소인수분해를 이용한 약수와 배수**

⇨ 자연수 $N = p^l \times q^m \times \cdots \times r^n$의 약수와 배수는 다음과 같다. (단, $p, q, \cdots, r$는 서로 다른 소수)

① 약수 : $p^{0,1,\cdots,l} \times q^{0,1,\cdots,m} \times \cdots \times r^{0,1,\cdots,n}$

② 배수 : $p^{l,l+1,\cdots} \times q^{m,m+1,\cdots} \times \cdots \times r^{n,n+1,\cdots}$
$\times(p, q, r$와 서로소인 자연수$)$

▶ $24 = 2^3 \times 3$의 약수
: $2^0 \times 3^0$, $2^0 \times 3^1$, $2^1 \times 3^0$,
$2^1 \times 3^1$, $2^2 \times 3^0$, $2^2 \times 3^1$
$2^3 \times 3^0$, $2^3 \times 3^1$

▶ $24 = 2^3 \times 3$의 배수
: $2^{3이상} \times 3^{1이상} \times (2,3$과 서로소$)$ 꼴이므로 $2^3 \times 3^2 \times 5$ 등등.

(4) **약수의 개수**

⇨ 자연수 $N = p^l \times q^m \times \cdots \times r^n$의 약수의 개수는 $(l+1)(m+1)\cdots(n+1)$이다. (단, $p, q, \cdots, r$는 서로 다른 소수)

▶ $2^3 \times 3 \times 5^2$의 약수의 개수
: $(3+1)\times(1+1)\times(2+1)$개

(5) 모든 **약수의 합**

⇨ 자연수 $N = p^l \times q^m \times \cdots \times r^n$의 약수의 합은 다음과 같다. (단, $p, q, \cdots, r$는 서로 다른 소수)

$(1+p+\cdots+p^l)(1+q+\cdots+q^m)\cdots(1+r+\cdots+r^n)$

▶ $2^3 \times 3 \times 5^2$의 약수의 합
: $(1+2+2^2+2^3)\times(1+3)\times(1+2+2^2)$

(6) **최소공배수와 최대공약수**

⇨ 두 수
$N = p^l \times q^m \times \cdots \times r^n$과 $N' = p^{l'} \times q^{m'} \times \cdots \times r^{n'}$의
최대공약수는 같은 밑에 대한 지수가 작거나 같은 것
최소공배수는 같은 밑에 대한 지수가 크거나 같은 것

▶ 두 수 $2^3 \times 3 \times 5^2$, $2^2 \times 3 \times 5 \times 7$의 최대공약수는 $2^2 \times 3 \times 5$, 최소공배수는 $2^3 \times 3 \times 5^2 \times 7$

(7) **서로소**

⇨ (최대)공약수가 1인 두 자연수

▶ 두 수 10과 21은 서로소이다.
: $10 = 2 \times 5$, $21 = 3 \times 7$이므로 공통인 소인수가 없다. 즉, 공약수가 1뿐이므로 서로소.

★ (2) 자연수의 소인수분해는 유일하다! 즉, 어떤 자연수 $N = 120 \times 5^n$을 소인수분해하여 $2^3 \times 3^m \times 5^2$이 된다고 하자. $N = 120 \times 5^n = (2^3 \times 3 \times 5) \times 5^n$이 $2^3 \times 3^m \times 5^2$과 같아야 하고, 소인수분해의 유일성에 의해 $2^3 \times 3 \times 5^{1+n} = 2^3 \times 3^m \times 5^2$에서 $m = 1$, $1 + n = 2$이므로 $m = n = 1$을 얻을 수 있다.

☑ 개념 바로 확인! [1] ✓풀이가 해설지에 있어요. ☺

다음 수 중 90의 약수와 배수를 모두 고르시오.

① 40	② $2^2 \times 3 \times 5$	③ $2^2 \times 3^2 \times 5$
④ $2 \times 3 \times 5$	⑤ 60	⑥ $2^3 \times 3^2 \times 5 \times 7$

(답) 약수 : ④, 배수 : ③, ⑥

☑ 개념 바로 확인! [2] ✓풀이가 해설지에 있어요. ☺

90의 모든 양의 약수의 개수 a와 양의 약수의 합 b를 각각 구하시오.

(답) $a = 12$, $b = 234$

☑ 개념 바로 확인!

두 수 $2^3 \times 3 \times 5 \times 7$과 $2^2 \times 3^2 \times 5^2$에 대해 다음 물음에 답하여라.

(1) 두 수의 최대공약수와 최소공배수를 구하시오.

(2) 두 수의 공약수의 개수를 구하시오.

(답) (1) 최대공약수 $2^2 \times 3 \times 5$, 최소공배수 $2^3 \times 3^2 \times 5^2 \times 7$ (2) $(2+1) \times (1+1) \times (1+1) = 12$

7 ☑ 실전에서 확인! (2017년 11월)

3이하의 음이 아닌 두 정수 a, b에 대해 $2^a \times 4^b$이 8의 배수가 되는 순서쌍 (a, b)의 개수를 모두 구하시오.

8 ☑ **실전**에서 확인! (2021년 7월)

$1, 2, 3, 4, 5$에서 고른 두 수의 곱의 모든 양의 약수의 개수가 2 또는 3이 되도록 서로 다른 두 수를 모두 고르시오.

9 ☑ **실전**에서 확인! (2019년 11월 수능)

자연수 n의 양의 약수의 개수를 $f(n)$이라 하고, 36의 모든 양의 약수를 $a_1, a_2, a_3, \cdots, a_9$라 하자. 각 a_k에 대해 $(-1)^{f(a_k)}$의 합을 구하시오. (단, $k=1, 2, \cdots, 9$ 이다.)

10 ☑ **실전**에서 확인!

(1) 자연수 n에 대해 $3^n \times 5^{n+1}$의 모든 양의 약수의 개수를 n에 대해 나타내시오. (2014년 9월)

(2) 자연수 n에 대해 2^{n-1}의 모든 양의 약수의 합을 a_n을 구하시오. (2015년 3월)

11 ☑ **실전**에서 확인! (2019년 9월)

숫자 $1, 2, 3, 6, 18$에서 두 수의 곱이 6의 배수가 되도록 서로 다른 두 수를 고르는 경우를 모두 구하시오.

12 ☑ **실전**에서 확인! (2017년 4월)

네 개의 자연수 $2, 3, 5, 7$ 중에서 중복을 허락하여 5개를 선택할 때, 선택된 5개의 수의 곱이 60의 배수가 되도록 하는 경우의 수를 구하시오.

[Theme] 자연수의 배수 판정

■ **2의 배수(짝수)**

⇨ 자연수 N의 일의 자리의 숫자가 $0, 2, 4, 6, 8$이면 N은 짝수(2의 배수)이다.

▶ 2의 배수
예) 1012, 1234, 2136

■ **3의 배수(짝수)**

⇨ 자연수 N의 주어진 **수**의 각 자리의 **숫자**의 합이 3의 배수이면 N도 3의 배수이다.

▶ 3의 배수
예) 102, 1206, 5136, 1362, 5001, 1008

■ **4의 배수**

⇨ 자연수 N의 십의 자리의 숫자를 ㉠, 일의 자리의 숫자를 ㉡이라 할 때, ㉠㉡이 4의 배수이면 N도 4의 배수이다.

▶ 4의 배수
예) 1120, 1216, 5136, 1360, 1000, 1004

■ **5의 배수**

⇨ 자연수 N의 일의 자리의 숫자가 $0, 5$이면 자연수 N는 5의 배수이다.

▶ 5의 배수
예) 1120, 1235, 1365, 1360

■ **9의 배수**

⇨ 자연수 N의 각 자리의 **숫자**의 합이 9의 배수이면 N도 9의 배수이다.

▶ 9의 배수
: 153, 1206, 7236

■ **6의 배수**

⇨ 자연수 N이 2의 배수이면서 3의 배수이면 자연수 N은 6의 배수이다.

▶ 6의 배수
: 1122, 1206, 5136, 1362, 1008

✓ 7의 배수는 주어진 수가 7의 배수인지 판정하는 것보다 그냥 나누는 것이 더 편해.☺

[Theme4] 소인수분해를 이용한 '약수와 배수' Ver2.

'$\frac{32n^3}{27}$이 자연수가 되는 n의 조건'은 어떻게 구할까?

(2015년 6월 시행 모의평가 출제)

★ 뒤뒤에 부정방정식 보고 오세요~

진~짜 교과서에서도, 그 누구도 개념화해서 알려주지 않았지만, 드문드문 나오는 필수 개념! 바로, 나누는 관계에 대한 얘기를 해볼게, 개념이 단순하니까 아래 예제에서 성급한 일반화로 개념정리 완벽하게 해버리자! ㅎㅎ

(1) 두 정수 a, b에 대해 $a \times b$가 12를 나누면, a는 12를 나누고, b도 12를 나눈다.

(즉, a와 b는 각각 12의 약수이고, 12는 각각 a와 b의 배수이다.)

⇨ 예를 들어, 2×3**이 12를 나누면 2도 12를 나누고, 3도 12를 나눈다.** 왜냐하면,

$a \times b$가 12를 나누면, $a \times b$가 12의 약수이므로 다음과 같이 두 가지로 나타낼 수 있다.

① $a \times b = 1, 2, 3, 4, 6, 12$

② $a \times b \times (\text{자연수}) = 12$

위 ①의 경우, $ab = 1$이면 $a = 1$ 또는 $b = 1$이므로 a, b 둘 다 12를 나눈다. (12의 약수이다)

비슷하게,

$ab = 2$이면 $a = 1$, $b = 2$ 또는 $a = 2, b = 1$이므로 a, b 둘 다 12를 나눈다. (12의 약수이다)

… (반복하면 다음을 얻는다)

$a \times b$가 12를 나누면, a와 b가 각각 12를 나눈다. (즉, 12의 약수이다)

실제 기출문제에서는 '$ab \times (\text{자연수}) = 12$'**을 만족하는 정수 a, b의 조건 또는 '$\frac{12}{ab}$가 자연수'인 조건을 묻는 경우로 나오며, 이에 대한 대답은 'a가 12를 나누고, b도 12를 나눈다'** 로도 자주 쓰인다.

(2) 소수 p와 두 정수 a, b에 대해 p가 ab를 나누면 p는 a 또는 b를 나눈다.

⇨ 예를 들어, 3**이 $6 \times n$을 나누면, 3은 6을 나누거나 n을 나눈다.**

(3) 서로소인 두 수 3, 5와 정수 b에 대해, 3이 $5 \times b$을 나누면, 3은 b를 나눈다.

⇨ 예를 들어, 3**이 5×6을 나누면, 3은 5와 서로소이므로 5를 나누지 못하고 6을 나누어야** 한다. 즉,

3이 $5 \times b$를 나누면 $5b$는 3의 배수이다. 즉, $3 \times (\text{정수}) = 5b$이고, 좌변에 3이 있으므로 우변에도 3을 소인수로 가져야 한다. (소인수분해의 유일성에 의해) 이제, 3과 5가 서로소이므로 3이 b를 나눈다. (3은 b의 약수이다.)

[Theme4] 소인수분해를 이용한 '약수와 배수' Ver2.

0이 아닌 세 정수 a, b, c에 대하여

(1) ab가 c를 나누면 (즉, $ab\times$(정수)$=c$)
⇨ a는 c를 나누고, b도 c를 나눈다.

▶ $24=4\times6$이 120을 나누므로 4도 120을 나누고, 6도 120을 나눈다.

(2) a와 b가 서로소이면서 a가 bc를 나누면
⇨ a는 c를 나눈다.(즉, a는 c의 약수)

▶ 3이 $5\times$(자연수 N)을 나누면 3과 5가 서로소이므로 3은 N을 나눈다.

(3) 소수 p가 ab를 나누면 p는 a 또는 b를 나눈다.

(4) 소수 p가 n^2(n은 자연수)을 나누면 p는 n을 나눈다.
(즉, 소수 p가 n^2의 약수이면 p는 n의 약수)

▶ 3이 n^2(n은 자연수)을 나누면 3은 n을 나눈다. 즉, n은 3의 배수이므로 n의 최솟값은 3이다.

(5) 두 소수 p, q가 n^2(n은 자연수)을 나누면 $p\times q$도 n을 나눈다.

▶ 3과 5가 n^2(n은 자연수)을 나누면 15도 n을 나눈다.

예) 자연수 n에 대하여

① $2\times3=n$이면 2는 n을 나누고, 3도 n을 나눈다.

② $8=3\times n$이면 8과 3은 서로소이므로 8이 n을 나누어야 한다.

③ 2가 n^2을 나누면 2는 n을 나눈다.

④ 6이 n^2을 나누면 2도 n^2을 나누고(위 (1)에 의해)
소수 2가 n^2을 나누면 2는 n을 나눈다.(위(4)에 의해) 비슷하게,
6이 n^2을 나누면 소수 3도 n^2을 나누므로(위 (1)에 의해) 3은 n을 나눈다.(위(4)에 의해)
즉, 2와 3이 n^2을 나누면 2와 3도 n을 나누므로 2×3은 n을 나눈다.

☑ 개념 바로 확인! [1] ✓풀이가 해설지에 있어요. ☺

두 소수 m, n에 대해 $2n^2 = 7(m+1)$일 때, 다음 중 옳은 것은?

㉠ m은 홀수이다.
㉡ n^2은 7로 나누어떨어진다.
㉢ n은 7로 나누어떨어진다.

(답) ㉠, ㉡, ㉢

☑ 개념 바로 확인! [2] ✓풀이가 해설지에 있어요. ☺

두 자연수 m, n에 대해 $\frac{3n^2}{35m}$이 자연수가 될 때, 다음 중 옳은 것은?

㉠ m은 $3n^2$의 약수이다.
㉡ n은 35의 배수이다.
㉢ $\frac{3n^2}{35m}$이 최솟값을 가질 때, m은 35이다.

(답) ㉠, ㉡

13 ☑ 실전에서 확인! (2021년 수능연계교재)

$\frac{20}{n}$이 자연수가 되는 자연수 n의 값을 구하시오.

14 ☑ 실전에서 확인! (2016년 3월)

100이하의 자연수 n에 대하여 $\frac{2n}{3}$이 정수가 되는 n의 개수를 구하시오.

15 ☑ 실전에서 확인! (2015년 6월)

$\frac{32n^3}{27}$이 자연수가 되도록 하는 자연수 n의 최솟값을 구하시오.

16 ☑ 실전에서 확인! (2019년 3월)

주머니 속에 네 개의 숫자 $0, 1, 2, 3$이 각각 하나씩 적혀 있는 공 4개가 들어 있다. 이 주머니에서 1개의 공을 꺼내어 공에 적혀 있는 수를 확인한 후 다시 넣는다. 이 과정을 3번 반복할 때, 꺼낸 공에 적혀 있는 수를 차례로 a, b, c라 하자. $a=3$일 때, $\frac{bc}{a}$가 정수가 되도록 하는 모든 순서쌍 (a, b, c)의 개수를 구하시오.

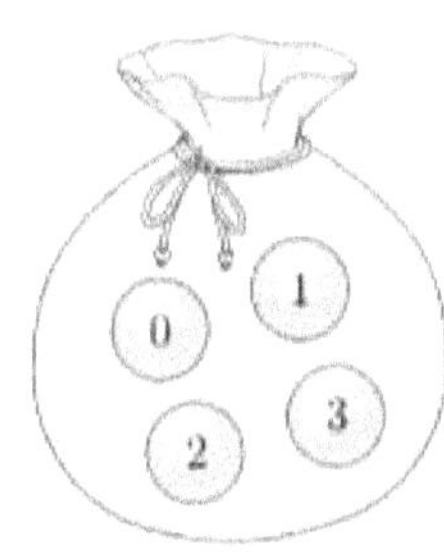

[Theme5] 나머지를 이용한 '배수 판정' Ver3.

Q 나머지를 이용하여 '두 수의 합이 3의 배수'

인지 어떻게 알까?

(2020시행 4월 시행 학력평가 출제)

앞에서 배운 '소인수분해'가 아닌, 교과서에서 배우지 않았지만, 고교문제에서 필수적인 방법인 '나머지를 이용한' 배수 판정법에 대해 알아보자. 그러기 위해 모든 자연수를 **특정한 자연수로 나눈 나머지로 분류**하는 방법을 먼저 알아야 해.

실전에서 이 내용이 얼~마나 쓸모있게 사용되는지, 실전 기출문제에서 나온 내용을 바로 아래에서 보여줄게! **쌤이 수능해설이나 모의평가 해설 할 때마다 자주' 사용하는 풀이**인데, 기존 문제집에서 나오는 해설이나 다른 해설에서는 이걸 사용하지 않는 비효율적인 풀이도 많더라고. **우린 이거 알고 효율적으로 빨리 풀어버리자구! :)**

(1) **짝수와 홀수로 분류하기**

⇨ 모든 자연수를 2로 나눈 나머지는 0 또는 1이므로 2로 나눈 나머지에 따라 나머지가 0인 짝수, 나머지가 1인 홀수로 분류된다. 이때, 짝수는 $2k(k=1,\ 2,\ \cdots)$, 홀수는 $2k-1(k=1,\ 2,\ \cdots)$로 나타낸다.

물론, $m=0,1,2,\ \cdots$를 이용하면 $2m+1, 2m+2$로 나타낼 수도 있다.

(2) **3으로 나눈 나머지 $0, 1, 2$에 따라 자연수 분류하기**

⇨ 자연수를 3으로 나눈 나머지가 0이면 $3k$, 나머지가 1이면 $3k-2$, 나머지가 2이면 $3k-1$로 나타낼 수 있다. (단, $k=1,\ 2,\ \cdots$)

또한, $m=0,1,2,\ \cdots$로 하면 $3m+1, 3m+2, 3m+3$꼴로 나타낼 수도 있다.

(3) **두 수의 합을 3으로 나눈 나머지 쉽게 찾기**

⇨ 두 수 $71, 97$의 합을 3으로 나눈 나머지를 쉽게 찾는 방법을 알아보자.

$71=3\times23+2$이므로 3으로 나눈 나머지가 2, $97=3\times32+1$이므로 3으로 나눈 나머지가 1이다. 두 수의 나머지끼리 더하면 $2+1=3$는 3의 배수이므로 $71+97$도 3의 배수이다. (이유: 3으로 나눈 나머지가 각각 $2, 1$인 두 수의 합은 $(3k+2)+(3m+1)=3(k+m)+3=3(k+m+1)+0$이므로 두 수의 합을 3으로 나눈 나머지는 0이 된다. 즉, 3의 배수이다.)

(4) **두 수의 곱을 3으로 나눈 나머지 쉽게 찾기**

⇨ 두 수 $71, 97$의 곱을 3으로 나눈 나머지를 쉽게 알아보자.

두 수 $71, 97$을 3으로 나눈 나머지 끼리의 곱은 $2\times1=2$이므로 71×97을 3으로 나눈 나머지도 2이다. (그 이유는 $71\times97=(3m+2)\times(3n+1)=3(3mn+m+2n)+2$이므로 두 수의 합을 3으로 나눈 나머지는 2이다.)

이제 나눗셈을 하지 않고 나머지를 쉽게 찾는 방법을 정리해보자.

[Theme5] 나머지를 이용한 '배수 판정'

(1) **나머지를 이용한 '자연수의 분류'**

① 모든 자연수는 홀수 아니면 짝수이다.
즉, $2k-1$ 또는 $2k$로 나타낼 수 있다. (단, $k=1, 2, \cdots$)
또는 $2m+1$, $2m+2(m=0, 1, 2, \cdots)$와 같이 나타낸다.

② 모든 자연수는 $3k-2, 3k-1, 3k$로 나타낼 수 있다. (단, $k=1, 2, \cdots$)
또는 $3m+1, 3m+2, 3m+3$으로 나타낼 수도 있다. (단, $m=0, 1, 2, \cdots$)

③ 자연수 n으로 나눈 나머지 $0, 1, 2, \cdots, n-1$을 이용하여 모든 자연수를 다음과 같이 나타낼 수 있다.

$$n\times(\text{정수})+0,\ n\times(\text{정수})+1,\ n\times(\text{정수})+2,\ \cdots,\ n\times(\text{정수})+(n-1)$$

(2) **2의 배수(짝, 홀) 판정법**

(짝수)×(짝수)=(짝수), (짝수)×(홀수)=(짝수), (홀수)×(홀수)=(홀수)

(짝수)+(짝수)=(짝수), (짝수)+(홀수)=(홀수), (홀수)+(홀수)=(짝수)

(3) **두 수의 합(곱)을 자연수 n으로 나눈 나머지를 쉽고 빠르게 확인하는 방법**

⇨ $n\times(\text{정수})+(\text{나머지})$꼴로 두 수를 나타내어 **나머지 끼리의 합(곱)의 나머지**를 확인한다.
즉, 아무리 큰 수여도 나머지끼리의 합(곱)의 값으로 배수를 판정할 수 있다는 사실! :D

(2) 2의 배수(짝,홀) 판정법

⇨ 간단히 '나머지'만 생각하면 쉽게 알 수 있다. 즉,

(짝수)×(짝수)=(짝수)를 나머지로만 생각하면 $0\times0=0$, 즉 2로 나눈 나머지가 0이므로 짝수.

(홀수)×(홀수)=(홀수)를 나머지로만 생각하면 $1\times1=1$, 즉 2로 나눈 나머지가 1이므로 홀수.

(홀수)+(홀수)=(짝수)를 나머지로만 생각하면 $1+1=2$, 즉 2로 나눈 나머지가 0이므로 짝수.

⇨ 위 과정을 기호로 나타내면 (짝수)×(짝수)는 $(2k)\times(2k)=2\times(\text{자연수})$꼴이므로 짝수가 된다. 비슷하게 (홀수)×(홀수)는 $(2m+1)\times(2n+1)=2\times(\text{자연수})+1$꼴이므로 홀수가 된다. (단, m, n은 자연수이다.)

★ Tip) 나누지 않고도 나머지를 쉽게 찾는 법은 '근처 배수를 찾는 방법'이다. 예를 들어, 275×390을 4로 나눈 나머지를 찾기 위해 275를 4로 나눈 나머지는 275근처의 4의 배수를 끝 두 자리 75를 보며 찾으면 되고 이는 72이므로 나머지가 3이다. 비슷하게 390을 4로 나눈 나머지는 90근처의 4의 배수 88을 활용하면 390을 4로 나눈 나머지는 $90-88=2$이다. 따라서 275×390을 4로 나눈 나머지는 3×2를 4로 나눈 나머지인 2이다.

☑ **개념** 바로 확인!

다음 수가 2의 배수인 것을 찾으시오.

① 홀수+홀수+홀수
② 홀수+홀수+홀수+홀수
③ 홀수+홀수+홀수+짝수
④ 홀수×홀수×홀수×홀수
⑤ 홀수×홀수×홀수×짝수
⑥ 짝수+홀수×홀수×짝수

(답) 2의 배수 : ②, ⑤, ⑥

☑ **개념** 바로 확인!

두 자연수 m, n에 대하여 다음 주어진 수를 3으로 나눈 나머지를 구하시오.

$$a=3n+1,\ b=3n+2,\ c=3n,\ d=3m-1,\ e=3m-2$$

① $a+b$
② $a\times b$
③ $d+e$
④ $d\times e$
⑤ $(a+b)\times c\times(d+e)$
⑥ $c+e$

(답) ① 0(3의 배수) ② 나머지 2 ③ 0(3의 배수) ④ 나머지 2 ⑤ 0(3의 배수) ⑥ 나머지 1

☑ **개념** 바로 확인! [1] ✓풀이가 해설지에 있어요. ☺

다음의 자연수를 [ ]안의 자연수로 나눈 나머지를 구하시오.

① $197+273$ [5]
② $197+273$ [4]
③ $197+273$ [3]
④ 197×273 [5]
⑤ 197×273 [4]
⑥ 197×273 [3]

(답) ① 0 ② 2 ③ 2 ④ 1 ⑤ 1 ⑥ 0

17 ☑ 실전에서 확인! (2017년 11월)

한 개의 주사위를 두 번 던질 때, 두 눈의 수의 합이 4의 배수가 되는 경우를 모두 구하시오.

18 ☑ 실전에서 확인! (2020년 10월)

10이하의 자연수에서 서로 다른 세 수를 택할 때, 이 세 수의 합이 3의 배수가 되는 경우의 수를 모두 구하시오.

19 ☑ 실전에서 확인! (2020년 4월)

집합 $X=\{1, 2, 3, 4, 5\}$의 부분집합 A가 다음 조건을 만족하는 경우의 수를 모두 구하시오.

◇ $n(A)=3$
◇ 집합 A의 모든 원소의 합이 3의 배수이다.

20 ☑ 실전에서 확인! (2021년 9월)

집합 $X=\{1, 2, 3, 4, 5, 6\}$에 대하여 다음 조건을 만족시키는 함수 $f : X \to X$의 두 함숫값 $f(3), f(4)$를 정하는 모든 경우의 수를 구하시오.

◇ $f(3)+f(4)$은 5의 배수이다.

"자신이 할 수 있다고 말하는 사람이 있고,
자신이 할 수 없다고 말하는 사람이 있는데,
둘 다 옳은 말이다."

-공자-

다항식 계산의
'신'이 되고
말테야!

대수

[Theme6] 부정방정식(방정식 개수<미지수 개수)

Q '정수 조건이 주어진 부정방정식'은 어떻게 풀까?

(2020년 11월 시행 수능 출제)

교과서에서 배운 적이 없지만, 자주 나오는 '부정방정식'을 해결하는 방법을 알아볼거야. '부정(不定)방정식'이란, 미지수의 개수보다 방정식의 개수가 적어서 해를 딱! 한 쌍으로 정할 수 없는 경우를 의미해. 아래의 예를 살펴보자.

(1) **(부정)방정식** $x+y=2$를 풀어보자.

① x, y**가 실수**일 때, 방정식 $x+y=2$는 $y=-x+2$이므로 좌표평면에서 생각하면 기울기가 -1이고 y절편이 2인 직선이다. 즉, 직선 위의 모든 점 (x, y)가 $x+y=2$를 만족하므로 무수히 많은 해를 갖는다.

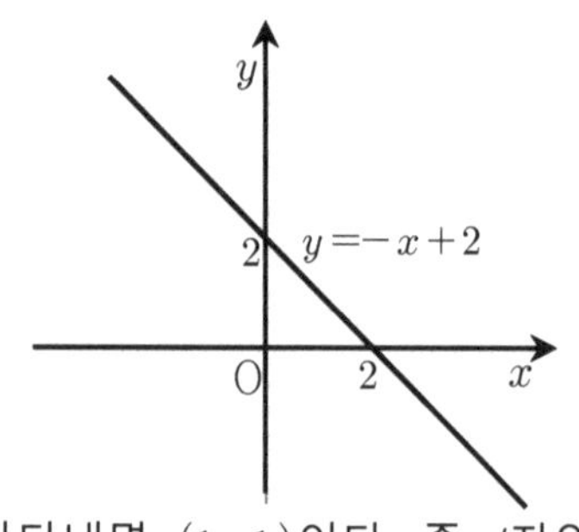

② x, y**가 자연수**일 때, 방정식 $x+y=2$의 해를 순서쌍으로 나타내면 $(1, 1)$이다. 즉, '자연수' 조건이 주어지면 방정식의 해를 유한개로 구할 수 있다.

(2) **(부정)방정식** $xy=2$를 풀어보자.

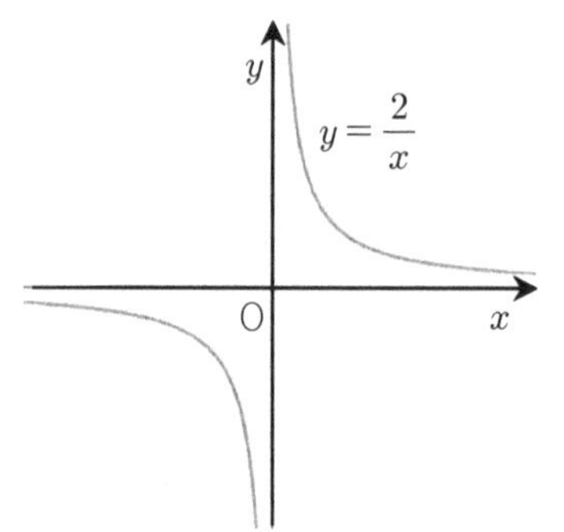

① x, y**가 실수**일 때, 방정식 $xy=2$를 좌표평면에 나타내는 것은 곡선 $y=\frac{2}{x}$이다. 즉, 곡선 $y=\frac{2}{x}$ 위의 모든 점 (x, y)가 $xy=2$를 만족하므로 무수히 많은 해를 갖는다.

② x, y**가 정수**일 때, 방정식 $xy=2$의 해는 순서쌍으로 나타내면 $(1, 2), (2, 1), (-1, -2), (-2, -1)$이다. (실은 이 네 개의 해는 위 곡선 $y=\frac{2}{x}$ 위에 있는 네 개의 점이다.) 즉, '정수' 조건이 주어지면 방정식의 해를 유한개로 구할 수 있다.
또한, 이는 방정식 $xy=2$에서 2의 약수(정수 범위에서)를 찾아 구할 수 있다.

[Theme6] 부정방정식(방정식 개수<미지수 개수) + 정수 조건

(1) **'정수, 자연수' 조건이 있는 미지수의 덧셈으로 구성된 부정방정식**
⇨ 하나의 미지수에 자연수(정수)를 절댓값이 작은 값부터 대입하여 해를 구한다.

(2) **'정수, 자연수' 조건이 있는 미지수의 곱셈으로 구성된 부정방정식**
⇨ 약수, 배수 관계를 생각하여 하나의 미지수에 절댓값이 작은 값부터 대입하여 해를 구한다.

☑ 개념 바로 확인!

두 자연수 x, y에 대해 다음의 방정식의 근을 구하시오.

① $x+y=3$

② $xy=6$

③ $x^2+y^2=2$

(답) ① $(1,\ 2)$, $(2,\ 1)$ ② $(1,\ 6)$, $(2,\ 3)$, $(3,\ 2)$, $(6,\ 1)$ ③ $(1,\ 1)$

21 ☑ 실전에서 확인! (2020년 11월)

한 개의 주사위를 세 번 던져서 나오는 눈의 수를 차례로 a, b, c라 할 때, $a \times b \times c = 4$가 되는 경우를 모두 구하시오.

22 ☑ 실전에서 확인! (2020년 6월)

한 개의 주사위를 두 번 던져서 나오는 눈의 수를 차례로 a, b라 할 때, $|a-3|+|b-3|=2$인 경우를 모두 구하시오.

23 ☑ 실전에서 확인! (2020년 7월)

한 개의 주사위를 세 번 던져서 나오는 눈의 수를 차례로 a, b, c라 할 때,
$(a-2)^2+(b-3)^2+(c-4)^2=2$인 경우의 수를 모두 구하시오.

[Theme7] 두 변수가 결합된 식의 최대, 최소

'뜬금없는 $x+y$, xy의 최댓값, 최솟값'은 어떻게 찾을까?

(2020시행 9월 시행 출제)

이 내용은 진~~짜 문제에서 뜬금없이 문제 마지막에 등장하는 질문인데, 정말로 교과서에서 정리해주는 개념이 아니라, 다양한 문제를 풀면서 알아서 익혀야 하는 skill~이니, 모르는 아이들이 정말 많아. 쌤이 여기서 든든하게 정리해주니까, 아래의 매뉴얼 익히고 문제 풀이의 신!이 되자!

위 질문에 대한 대답은 사실 어떤 방법으로 해결하느냐에 따라 아래와 같이 여러 가지 방법이 있어. 일단, $x+y$의 최대, 최소를 구하는 문제는 x, y가 범위가 정해진 정수 또는 자연수이면 직접 그냥 대입하여 구할 수 있고, 이는 앞에서 본 '부정방정식'의 해법과 같아. 따라서 지금부터 x, y를 실수 범위에서 생각하자.

[Theme7]

두 개의 변수가 결합된 식($x+y$, xy, x^2+y^2, $\cdots$)의 최대, 최소

(1) $x+y$의 최대, 최소를 구하는 문제

① $x+y=k$로 두고 직선 $y=-x+k$를 이용하여 주어진 점 (x, y)들이 놓인 영역에서 이 직선의 y절편인 k의 최댓값, 최솟값을 찾기

② (산술평균, 기하평균의 관계) $x, y>0$이면 $x+y \geq 2\sqrt{xy}$ (단, 등호는 $x=y$일 때, 성립)
⇨ xy의 값이 일정할 때, $x+y$의 값은 위 부등식을 적용하면 $x=y$일 때 $x+y$의 최솟값은 $2\sqrt{xy}$이다.

(2) xy의 최대, 최소를 구하는 문제

① **(방법1)** $x+y=a$인 조건이 주어질 때, $y=-x+a$를 대입하면 $xy=x(-x+a)$이므로 이차함수의 최댓값, 최솟값을 구하는 문제로 바꾸기

② **(방법2)** $xy=k$라 두고, k의 최대, 최소를 구하기 위해 곡선 $y=\dfrac{k}{x}$를 좌표평면에서 움직이면서 k의 최댓값 찾기

③ (산술평균, 기하평균의 관계) $x, y>0$이면 $x+y \geq 2\sqrt{xy}$ (단, 등호는 $x=y$일 때, 성립)
⇨ $x+y$의 값이 일정할 때 xy의 값은 위 절대부등식을 적용하면, $x=y$일 때 최댓값은 $\left(\dfrac{x+y}{2}\right)^2$이다.

(3) x^2+y^2의 최대, 최소를 구하는 문제

⇨ $x^2+y^2=r^2$이라 두고 주어진 영역과 만나는 '중심이 원점인 원'의 반지름의 길이 r에 대해 r^2이 최대, 최소가 되는 경우' 찾기

(1) **집합** $A=\{(x,\ y)|1 \le x, y \le 2\}$**를 만족하는** $x,\ y$**에 대해 다음 식의 최댓값, 최솟값**은?

① $x+y$　　② $x-y$　　③ xy　　④ x^2+y^2

위 집합 A를 좌표평면에 나타내면 그림과 같이 한 변의 길이가 1인 정사각형이 된다.

①의 경우,

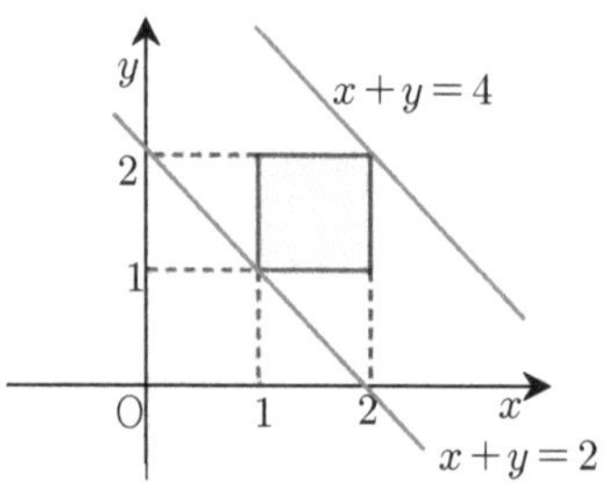

(방법1) $x+y=k$라 두면, 이는 직선 $y=-x+k$가 되므로 주어진 영역 A에서 직선을 평행이동 시키면서 직선의 y절편인 k의 값이 최대, 최소가 되는 경우를 찾으면,

✔ 점 $(2,2)$를 지날 때, y절편이 최대가 되고 이때, $k=2+2=4$.

✔ 점 $(1,1)$를 지날 때, y절편이 최소가 되고 이때, $k=1+1=2$.

따라서 $x+y$의 최댓값은 4, 최솟값은 2이다.

(방법2) 사실 $1 \le x \le 2$, $1 \le y \le 2$이면

$(x$의 최솟값$)+(y$의 최솟값$)=1+1 \le x+y \le 2+2=(x$의 최댓값$)+(y$의 최댓값$)$

이므로 최댓값이 4, 최솟값이 2이다.

②의 경우,

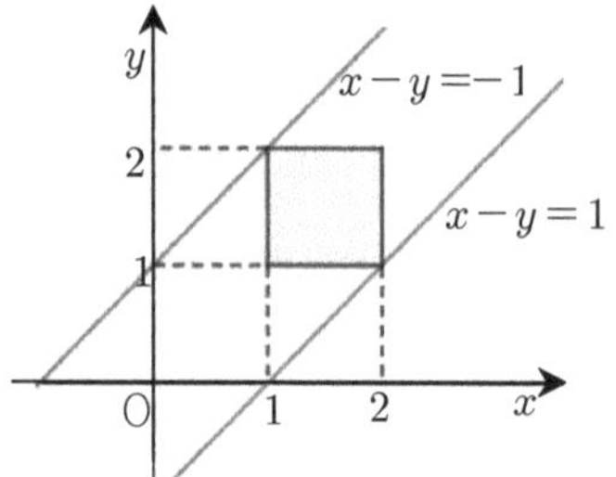

(방법1) $x-y=k$라 두면, 이는 직선 $y=x-k$가 되므로 주어진 영역에서 직선을 평행이동 시키면서 직선의 y절편인 $-k$의 값이 최대, 최소가 되는 경우를 찾으면,

✔ 점 $(1,2)$를 지날 때, y절편 $-k$의 값이 최대가 되고 이때, $k=1-2=-1$이므로 k는 최솟값 -1을 갖는다. ✔ 점 $(2,1)$를 지날 때, y절편이 최소가 되고 이때, $k=2-1=1$이 최댓값이 된다. 따라서 $x-y$는 최댓값 1, 최솟값 -1을 갖는다.

(방법2) 사실 $1 \le x \le 2$, $1 \le y \le 2$이면 $-2 \le -y \le -1$

$(x$의 최솟값$)+(-y$의 최솟값$)=1+(-2) \le x+(-y)$

$\le 2+(-1)=(x$의 최댓값$)+(-y$의 최댓값$)$

이므로 최댓값이 1, 최솟값이 -1이다.

③의 경우,

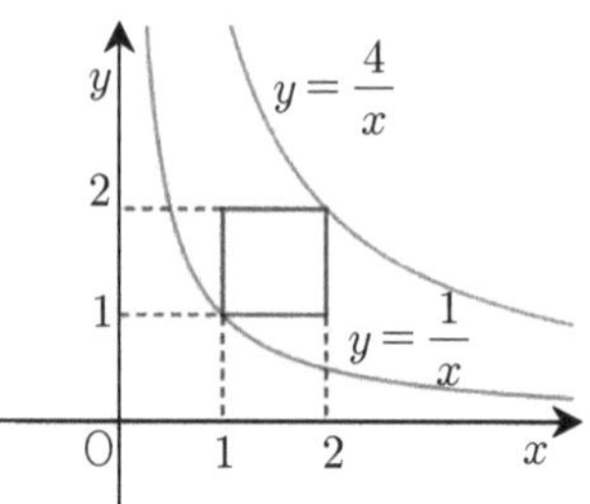

$xy=k$라 두면, 이는 곡선 $y=\dfrac{k}{x}$가 되므로 주어진 영역에서 곡선을 평행이동 시키면서 k가 최대, 최소가 되는 경우를 찾는다.

✔ 점 $(2,2)$를 지날 때, k는 최댓값 4를 갖는다.

✔ 점 $(1,1)$을 지날 때, k는 최솟값 1을 갖는다.

④의 경우,

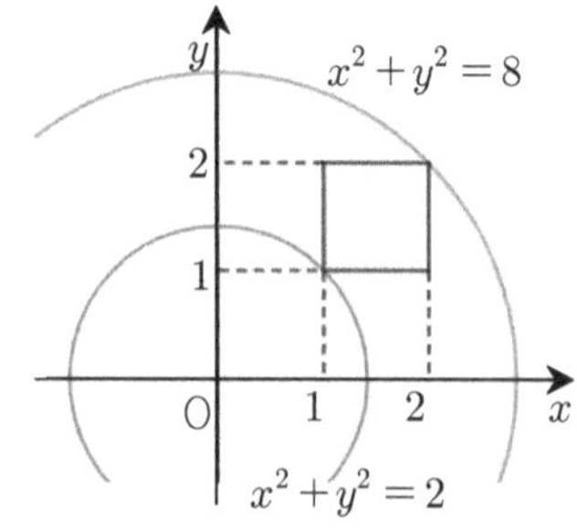

$x^2+y^2=r^2$이라 두면, 이는 중심이 원점이고 반지름이 r인 원이다. 이제 원의 반지름을 증가시키면

✔ 원이 점 $(2,2)$를 지날 때, $r^2=2^2+2^2=8$로써 최대,

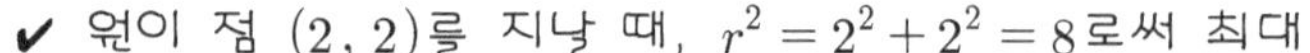

✔ 점 $(1,1)$을 지날 때, $r^2=1^2+1^2=2$로써 최소가 된다.

(2) 다음을 구하시오.

① **두 양수** a, b**에 대하여** $a+b=8$**일 때,** ab**의 최댓값**과 그 때의 a, b의 값

② **두 실수** a, b**에 대하여** $a^2+b^2=10$**일 때,** ab**의 최댓값**을 구하고 그 때의 a, b의 값

③ $x>-2$**일 때,** $x+1+\dfrac{4}{x+2}$**의 최솟값**과 그 때의 x의 값

①의 경우,

(방법1) 두 양수 a, b에 산술평균과 기하평균의 관계를 적용하면 $8=a+b \geq 2\sqrt{ab}$에서 $16 \geq ab$의 최댓값은 16이다. 이는 등호 조건에서 $a=b$이어야 하므로 $a+b=8, a=b$를 만족하는 $a=b=4$이다.
(방법2) $b=8-a$이므로 $ab=a(8-a)$의 최댓값은 $a=4$에서 최댓값 16을 갖는다.

②의 경우,

산술평균과 기하평균을 적용하면 $10=a^2+b^2 \geq 2\sqrt{a^2b^2}$에서 $5 \geq ab$이므로 ab의 최댓값은 5이다. 이는 등호 조건인 $a^2=b^2$이어야 하므로 $a^2+b^2=10, a^2=b^2$를 만족하는 $a=b=\pm\sqrt{5}$이다. 따라서 $a=b=\pm\sqrt{5}$일 때, ab의 최댓값은 5이다.

③의 경우,

$x+2>0$이므로 주어진 식을 변형하면 $(x+2)+\dfrac{4}{x+2}-1$이고 이때, 두 수 $x+2, \dfrac{4}{x+2}$는 양수이므로 산술평균과 기하평균의 관계에 의해 $x+2+\dfrac{4}{x+2} \geq 2\sqrt{(x+2)\times\dfrac{4}{x+2}}=4$이다. 이제, $x+2+\dfrac{4}{x+2}-1 \geq 4-1=3$이므로 최솟값은 3이다. 또한, 이 최솟값은 부등식 $x+2+\dfrac{4}{x+2} \geq 2\sqrt{(x+2)\times\dfrac{4}{x+2}}=4$에서의 등호를 택한 것이므로 $x+2=\dfrac{4}{x+2}$를 만족하는 $x=0$일 때, $x+1+\dfrac{4}{x+2}$의 최솟값은 3이다.

(3) $0 \leq x \leq 4$**에 대해** $2x+y=4$**일 때,** xy**의 최댓값과 최솟값**은?

⇨ 주어진 식 $2x+y=4$에서 $y=-2x+4$이므로 $xy=x(-2x+4)=-2x(x-2)$인 x에 관한 이차함수이다. 이제 $0 \leq x \leq 4$이므로 $x=1$일 때, xy의 최댓값은 2이고, $x=4$일 때, xy의 최솟값은 -16이다.

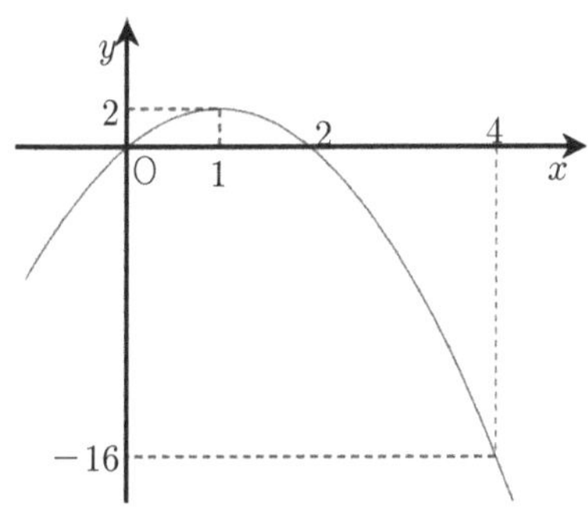

24 ☑ **실전**에서 확인! (2020년 9월)

점 $\mathrm{F}(1, 0)$와 두 점 $\mathrm{A}(x_1, y_1)$, $\mathrm{B}(x_2, y_2)$가 있다. 두 점 A, B의 x좌표는 1보다 큰 자연수이고 $x_1+x_2=17$, $\overline{\mathrm{AF}}=1+x_1$, $\overline{\mathrm{BF}}=1+x_2$일 때, $\overline{\mathrm{AF}}\times\overline{\mathrm{BF}}$의 최댓값을 구하시오.

25 ☑ **실전**에서 확인! (2015년 고2 6월)

$x>1$인 실수 x에 대하여 $\dfrac{x-1+\dfrac{2}{x-1}}{\sqrt{2}}$의 최솟값을 구하시오.

[Theme8] 실수(복소수)의 상등(같다!) 조건

Q '$a+b\sqrt{2}=c+d\sqrt{2}$ 인 유리수 a, b, c, d'는 무엇일까?

(2020시행 11월 시행 수능 출제)

(1) 우선 실수와 복소수의 수체계를 벤 다이어그램으로 확인해보자.

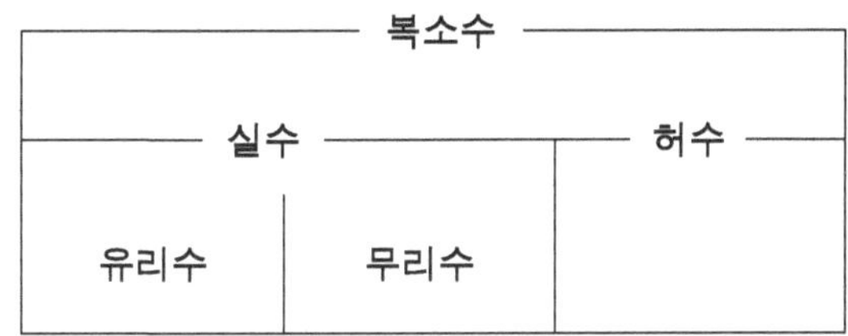

실수는 무리수와 유리수로 구성되고 이는 물과 기름처럼 교집합은 공집합이고 둘의 합집합은 실수이다.
복소수는 실수와 허수로 구성되고 이 둘은 물과 기름처럼 교집합은 공집합이고 둘의 합집합은 복소수이다.

(2) **실수를 전체집합이라고 생각할 때, 두 실수 $a+b\sqrt{m}=c+d\sqrt{m}$에서 $\sqrt{m}$이 무리수, 네 수 a, b, c, d가 유리수라고 할 때, $a=c$, $b=d$이다.** ('역'도 성립)
즉, 두 유리수 a, b에 대해 $a+b\sqrt{2}=2+3\sqrt{2}$라고 하면 $a=2$, $b=3$이라는 것!

이때, a, b가 유리수라는 조건이 없다면 $a+b\sqrt{2}=2+3\sqrt{2}$라고 해서 $a=2$, $b=3$이 아닐 수도 있다. 예를 들면,
$a=4$, $b=3-\sqrt{2}$라 두면 (좌변)$=a+b\sqrt{2}=4+(3-\sqrt{2})\sqrt{2}=2+3\sqrt{2}=$(우변)을 만족한다.
$a\neq 2$, $b\neq 3$이어도 등식을 만족시킬 수 있다. 반드시 (2)에서 'a, b, c, d는 유리수'라는 조건이 있어야 한다는 것.

(3) 위 (2)를 확장하면,
'a, b, c, d, e, f**가 유리수**'라고 할 때, 다음이 성립한다.

$$a+b\sqrt{2}+c\sqrt{3}=d+e\sqrt{2}+f\sqrt{3} \iff a=d,\ b=e,\ c=f$$

(4) **두 복소수 $a+bi=c+di$는 네 수 a, b, c, d가 실수라고 할 때, $a=c$, $b=d$와 같다.**
즉, 두 실수 a, b에 대해 $a+bi=2+3i$라고 하면 $a=2$, $b=3$이라는 것!

이때, a, b가 실수라는 조건이 없다면 $a+bi=2+3i$라고 해서 $a=2$, $b=3$이 아닐 수도 있다.
예를 들면,
$a=3$, $b=3+i$라 두면 (좌변)$=a+bi=3+(3+i)i=3+3i+i^2=2+3i=$(우변)을 만족한다. 이때, $a\neq 2$, $b\neq 3$라는 것!

[Theme8] 실수(복소수)의 상등(같다!) 조건

(1) $a+b\sqrt{m}=c+d\sqrt{m}$
(단, a, b, c, d는 유리수, $\sqrt{m}$은 무리수)
$\Leftrightarrow$ $a=c, b=d$

(2) $a+b\sqrt{2}+c\sqrt{3}=d+e\sqrt{2}+f\sqrt{3}$ $\Leftrightarrow$ $a=d, b=e, c=f$
(단, a, b, c, d, e, f는 유리수)

(3) $a+bi=c+di$ (단, a, b, c, d는 실수, $i=\sqrt{-1}$)
$\Leftrightarrow$ $a=c, b=d$

▶ 두 **유리수** a, b에 대해
$3+4\sqrt{5}=a+b\sqrt{5}$이면
$a=3$, $b=4$.

▶ 세 **유리수** a, b, c에 대해
$$3+4\sqrt{5}+\sqrt{7}=a+b\sqrt{5}+c\sqrt{7}$$
이면 $a=3$, $b=4$, $c=1$.

▶ 두 **실수** a, b에 대해
$a+bi=3+4i$이면
$a=3$, $b=4$.

☑ **개념** 바로 확인!

다음을 만족하는 두 유리수 x, y를 구하시오.

(1) $x+y\sqrt{3}=-3+2\sqrt{3}$

(2) $x\sqrt{2}-6\sqrt{5}=\sqrt{2}+y\sqrt{5}$

(3) $x+y\sqrt{7}=3+(2-\sqrt{7})\sqrt{7}$

(답) (1) $x=-3, y=2$ (2) $x=1, y=-6$ (3) $x=-4, y=2$

☑ **개념** 바로 확인!

다음을 만족하는 두 실수 x, y를 구하시오.

(1) $x+yi=1-2i$

(2) $x+yi=i^2+4i$

(답) (1) $x=1, y=-2$ (2) $x=-1, y=4$

26 ☑ 실전에서 확인! (2020년 11월)

$5-2\sqrt{2}=a+b\sqrt{2}$를 만족하는 두 상수 a, b를 구하시오. (단, a와 b는 유리수이다.)

27 ☑ 실전에서 확인! (2017년 10월)

$10+\sqrt{17}=a+\sqrt{b}$를 만족하는 두 상수 a, b를 구하시오. (단, a와 b는 유리수이다.)

28 ☑ 실전에서 확인! (2017년 9월)

$\frac{5}{2}+2\sqrt{5}=a+b\sqrt{5}$일 때, $6(a+b)$의 값을 구하시오. (단, a, b는 유리수이다.)

29 ☑ 실전에서 확인! (2016년 9월)

$\frac{1}{6}+\frac{1}{6}\sqrt{2}=a+b\sqrt{2}$일 때, $36(a+b)$의 값을 구하시오. (단, a, b는 유리수이다.)

[Theme9] 다항식의 인수분해 (고1)

Q 'n차 방정식의 근은 n개?'를 알면 좋은 점은?

(매년 출제, 거듭제곱근의 정의 배경)

이차방정식, 삼차방정식, 사차방정식, 오차방정식, ⋯은 '복소수 범위에서' 몇 개의 근을 가질까?

(1) **이차방정식의 근의 개수**

⇨ 이차방정식 $x^2-2x-3=0$은 $(x-3)(x+1)=0 \Rightarrow x=3, x=-1$이므로 근이 2개

이차방정식 $x^2-2x+1=0$은 $(x-1)^2=0 \Rightarrow x=1$이므로 중근 1을 두 번 세면 근은 2개

이차방정식 $x^2+x+1=0$의 근은 $x=\dfrac{-1\pm\sqrt{3}\,i}{2}$이므로 서로 다른 두 허근을 갖는다.

이를 성급히 일반화^^;하면

모든 **이차방정식은 ('중근'의 개수를 고려하면) '복소수' 범위에서 2개의 근을 갖는다. (즉, 중근은 근의 개수를 2개로 생각한다.)**

(2) **삼차방정식의 근의 개수**

⇨ ✓ 삼차방정식 $(x-1)(x-2)(x-3)=0$의 근은 $x=1,2,3$이므로 근이 3개

✓ 삼차방정식 $(x-1)(x-3)^2=0$의 근은 $x=1$과 $x=3$(중근)을 두 번 세면 근은 3개

✓ 삼차방정식 $x^3-1=(x-1)(x^2+x+1)=0$의 근은 $x=1$과 $x=\dfrac{-1\pm\sqrt{3}\,i}{2}$이므로 실근 하나와 허근 2개를 갖는다. 즉, 복소수 범위에서 근은 3개.

✓ 삼차방정식 $(x-1)^3=0$의 근은 삼중근을 다 세면 3개.

이를 성급히 일반화하면

모든 **삼차방정식은 ('중근'의 개수를 고려하면) '복소수' 범위에서 3개의 근을 갖는다.**

(3) **사차방정식의 근의 개수**

⇨ 사차방정식 $(x-1)(x-2)(x-3)(x-4)=0$의 근은 $x=1,2,3,4$이므로 근이 4개

사차방정식 $(x-1)(x-3)^2(x-4)=0$의 근은 $x=1$, $x=3$(중근), $x=4$이므로 근은 4개

사차방정식 $(x-1)(x^2+x+1)(x-4)=0$의 근은 $x=1,4$와 $x=\dfrac{-1\pm\sqrt{3}\,i}{2}$이므로 실근 2개와 허근 2개를 갖는다. 즉, 복소수 범위에서 근은 4개다.

사차방정식 $(x^2+x+1)(x^2-x+1)=0$의 근은 $x=\dfrac{-1\pm\sqrt{3}\,i}{2}$, $x=\dfrac{1\pm\sqrt{3}\,i}{2}$이므로 허근 4개. 즉, 복소수 범위에서 4개의 근을 갖는다.

이를 성급히 일반화하면

모든 **사차방정식은 ('중근'의 개수를 고려하면) '복소수' 범위에서 4개의 근을 갖는다.**

[Theme9] 방정식의 해의 개수 & 다항식의 인수분해

(1) 모든 n차 방정식은 '**복소수**'범위에서 (중복도 포함하여) n개의 근을 갖는다. 즉, 복소수 계수의 n개의 일차식의 곱으로 표현된다.

(2) 계수가 실수인 n차 방정식과 인수분해에 관한 몇 가지 성질

① 복소수 $a+bi$가 방정식의 근이면 $a-bi$도 방정식의 근이다. (단, a, b는 실수)

② 최고차항이 홀수차수인 방정식은 반드시 적어도 하나의 실근을 갖는다.

③ 모든 다항식은 **실수** 계수 범위에서 일차식과 이차식으로 인수분해된다.

★ (1) 여기서 '중복도 포함하여'라는 말은 뭐냐면 $(x-1)^2=0$의 방정식의 해는 중근 $x=1$인데, 이걸 한 번만 세는 게 아니라, $(x-1)(x-1)=0$처럼 $x=1$이라는 근을 두 개의 해로 보겠다는 거야.

★ (2)①의 예 : 이차방정식 $x^2+x+1=0$의 근은 $x=\dfrac{-1+\sqrt{3}i}{2}$, $x=\dfrac{-1-\sqrt{3}i}{2}$이다.

★ (2)②의 예 :오차방정식 $x^5-x=0$의 해는 반드시 적어도 하나의 실근을 갖는다는 것! 또한, 복소수 범위에서는 근이 5개라는 걸 위 (1)에 의해 알 수 있어! 인수분해하면 $x^5-x=x(x-1)(x+1)(x^2+1)$이므로 해를 구해보면 $x=0, \pm1, \pm i$ 이렇게 5개가 돼. 이때, $x^5-x=x(x-1)(x+1)(x+i)(x-i)$를 살펴보면 실근 $x=0, 1, -1$을 가진다는 것을 알 수 있고, 실수 범위에서 일차식과 이차식의 곱으로 표현된다는 것을 알 수 있어.

★ (2)③의 예 : $x^5-x=x(x-1)(x+1)(x^2+1)$는 실수 계수인 일차식과 이차식의 곱으로 인수분해된다.

☑ 개념 바로 확인!

x에 대한 다음 네 방정식에 대하여 물음에 답하시오. (단, a, b, c는 실수)

<보기>

① $x^3+ax+b=0$	② $x^4-x^3+ax+b=0$
③ $2x^4+3x^3+ax^2+bx+c=0$	④ $x^5-1=0$

(1) 위 <보기>에서 적어도 하나의 실근을 항상 갖는 방정식은?
(2) 위 <보기>에서 복소수 범위 내에서 3개의 근을 갖는 방정식은?
(3) 위 <보기>에서 복소수 범위 내에서 4개의 근을 갖는 방정식은?

(답) (1) ①, ④　(2) ①　(3) ②, ③

[Theme10] 효율적으로 인수분해 하기! (고1)

Q '다항식 인수 $\left(x-\frac{b}{a}\right)$를 찾는 효율적인 방법' 은 무엇일까?

매년 출제

수학문제에서 핵심은 '방정식'이야. 그리고 다항식으로 구성된 방정식을 풀기 위해 가장 먼저 해야 할 것은 바로 '인수분해'지. 자, 그럼 얼마나 빨리 인수분해를 정확하게 하는지가 바로 그 방정식을 빠르고 정확하게 해결할 수 있다는 거지. 그래서 인수분해를 빠&바르게 하는건 매우 중요해! 이제부터 인수분해를 하는 방법에 대해 썰을 푼다~

조립제법에 사용할 '유리수 계수인' 일차식 $x-\frac{b}{a}$는 어떻게 찾지?

(1) **인수정리**

⇨ $f(x)$가 일차식 $(x-a)$를 인수로 가지면, 즉, $f(x)=(x-a)\times$(다항식)이면 $f(a)=0$이다. 거꾸로 $f(a)=0$이면 $f(x)$는 일차식 $(x-a)$을 인수로 가지므로 $f(x)=(x-a)\times$(다항식)이다.

(2) **최고차항의 계수가 1이고 계수가 정수인 다항식 $f(x)$의 일차 인수 $(x-a)$ 찾기 (a는 정수)**

⇨ 다항식 $f(x)=x^3-6x^2+11x-6$이 다음과 같이 계수가 **정수**인 두 다항식의 곱으로 인수분해 된다고 하자.

$$x^3-6x^2+11x-6=(x-a)(x^2+bx+c)$$

이 등식은 x에 대한 항등식이므로 양변에 $x=0$을 대입하면 다음과 같다.

$$-6=-ac,\ \text{즉},\ ac=6$$

따라서 정수 a는 상수항인 6의 약수 $\pm1, \pm2, \pm3, \pm6$ 중 하나이다. 즉,

최고차항의 계수가 1인 다항식 $f(x)$에 대해 $f(a)=0$인 a는 상수항의 약수이다.

(3) **위 (2)에서 최고차항의 계수가 1이 아니라면 어떻게 일차 인수를 구할 수 있을까?**

⇨ 다항식 $f(x)=2x^3+x^2-2x-1$이 다음과 같이 계수가 정수인 두 다항식의 곱으로 인수분해 된다고 하자.

$$2x^3+x^2-2x-1=(ax-b)(cx^2+dx+e)$$

이 등식은 x에 대한 항등식이므로 양변을 전개하여 계수를 비교하면 다음을 얻는다.

$$2=ac,\ -1=-be$$

즉, a는 $f(x)$의 최고차항 2의 약수, b는 $f(x)$의 상수항 -1의 약수이다. 정리하면

> **$f(x)$가 $(ax-b)$를 인수로 가지면, a는 최고차항 계수의 약수, b는 상수항의 약수**이다.
> 바꿔말하면
>
> $$f(x)\text{가 } x-\frac{b}{a}\text{를 인수로 가지면, } \frac{b}{a}\text{는 } \pm\frac{\text{상수항의 약수}}{\text{최고차항의 약수}}\text{이다.}$$

이제 $f(x)$에서 $\frac{b}{a}$는 $\left(\pm\frac{1\text{의 약수}}{2\text{의 약수}}\right) \Rightarrow \pm1,\ \pm\frac{1}{2}$이고, $f(1)=f(-1)=f\left(-\frac{1}{2}\right)=0$이므로 $f(x)=(x+1)(x-1)(2x+1)$이다.

(TIP) 다항식 $f(x)$의 계수의 합이 0이면 $f(1)=0$이므로 $f(x)$는 (1)의 인수정리에 의해 $(x-1)$을 인수로 갖는다. 조립제법을 쓰면 오른쪽에서 보듯이, $f(x)=(x-1)(x^2-5x+6)=(x-1)(x-2)(x-3)$으로 인수분해 됨을 알 수 있다.

1	1	−6	11	−6
		1	−5	6
	1	−5	6	0

[Theme 10]
유리수 범위에서 방정식의 해 찾기 & 다항식의 인수분해

다항식을 공통항으로 묶거나 인수분해 공식으로 바로 인수분해 할 수 없는 경우는 다음의 방법으로 다항식을 인수분해 한다.

(1) **인수정리**

⇨ 다항식 $f(x)$에서 $f(a)=0$이면 인수정리에 의하여 $f(x)$는 $(x-a)$를 인수로 갖는다. 즉,

$$f(a)=0 \quad\Leftrightarrow\quad f(x)=(x-a)\times(\text{다항식})$$

(2) **최고차항의 계수가 1이고 정수 계수를 갖는 n차 다항식 $f(x)$가 $(x-b)$를 일차인수로 가지면 b는 상수항의 약수이다.**

(3) **정수 계수를 갖는 n차 다항식 $f(x)$가 $(ax-b)$를 인수로 갖는다면 즉, $f\left(\frac{b}{a}\right)=0$**($a$와 b는 서로소인 정수)라면 **a는 최고차항의 계수의 약수이고, b는 상수항의 약수**이다. 바꿔 표현하면

$$f\left(\frac{\pm\text{상수항의 약수}}{\text{최고차항 계수의 약수}}\right)=0\text{라면 유리수 범위에서}$$

$$\text{다항식 } f(x)\text{는 일차식 }\left(x-\frac{\pm\text{상수항의 약수}}{\text{최고차항 계수의 약수}}\right)\text{을 일차식 인수로 갖는다.}$$

(4) **정수 범위 내에서의 인수분해와 유리수 범위 내에서의 인수분해는 <u>서로 같다</u>.** 즉,

⇨ 다항식 $f(x)$가 유리수 계수 다항식의 곱이면 유리수 계수의 분모의 최소공배수를 곱하여 정수 계수의 다항식의 곱 $g(x)$로 인수분해 할 수 있다.

★ (1) 다항식 $f(x)=x^2-2x-3$은 $f(-1)=0$이므로 $f(x)=(x+1)\times$(이차식)이다.

★ (2) 다항식 $f(x)=x^5-32$에 대해 상수항 -32의 약수는 $\pm1,\ \pm2,\ \pm4,\ \cdots,\ \pm32$인데 이 중, $x=2$는 $f(2)=0$를 만족하므로 $x^5-32=(x-2)\times$(4차식)이다.
이때 (4차식)은 조립제법으로 구할 수 있다.

$$x^5-32=(x-2)\times(x^4+2x^4+4x^2+8x+16)$$

★ (3) 다항식 $f(x)=2x^3-3x^2+2x-3$가 일차인수 $ax-b=a\left(x-\frac{b}{a}\right)$ 를 가지면 a는 2의 약수, b는 -3의 약수이다. 이때, $f\left(\frac{3}{2}\right)=0$이므로 $f(x)=\left(x-\frac{3}{2}\right)\times$(이차식)이다.

★ (3)이 알려주는 또 다른 정보는 정수 계수 다항식 $f(x)$가

$f\left(\frac{\pm\text{상수항의 약수}}{\text{최고차항의 약수}}\right)\neq0$라면 유리수 범위에서 일차식을 인수로 갖지 않는다는 것이다.

예를 들면,

다항식 $f(x)=x^3+x-1$에 대해 $\pm\frac{\text{상수항의 약수}}{\text{최고차항 계수의 약수}}=\pm\frac{-1\text{의 약수}}{1\text{의 약수}}=1$ 또는 -1

인데, $f(1)\neq0$, $f(-1)\neq0$이므로 정수(유리수)범위에서 일차인수를 갖지 않는다.

★ (4) 다항식 $f(x)=\left(\frac{1}{3}x+1\right)\left(x-\frac{1}{2}\right)$는 유리수 계수 $\frac{1}{3},\ \frac{1}{2}$의 분모의 최소공배수 6으로 묶으면 $f(x)=\frac{1}{6}(x+3)(2x-1)$이고, $g(x)=(x+3)(2x-1)$는 정수 계수 다항식이므로 정수 범위에서 인수분해 한 것이다. 이때, 두 다항식 $f(x)$, $g(x)$의 계수비가 일정하게 유지되는 같은 차수의 다항식으로 인수분해 되므로 동일한 인수분해로 본다는 뜻!

☑ 개념 바로 확인!

다음 물음에 답하시오.

(1) $4x^3-3x-1$을 인수분해 하시오.

(2) $x^3+6x^2+12x+8$을 인수분해 하시오.

(3) x^3-4x^2+2x+3을 유리수 계수 범위(=정수 계수 범위)에서 인수분해 하시오.

(답) (1) $(x-1)(2x+1)^2$ (2) $(x+2)^3$ (3) $(x-3)(x^2-x-1)$

★ 근데 여기까지 우리가 배운 '일차 인수 $x-\frac{b}{a}$'를 찾는 방법으로도 인수분해가 불가능한 다항식이 있어. 근데 이건 유리수 계수인 일차식 $x-\frac{b}{a}$를 안갖는 경우(대신 실수 계수의 일차식을 갖거나, 아님 아예 일차식을 안 갖는다.)라는 것을 의미해. 급실망 할 필요는 없지만, 어떤 경우에는 이 방법이 통하지 않는지, 그럼 어떻게 해야 되는지 다음 예를 통해 알아보자.

예) 다항식 $f(x)=x^4-5x^2+6$은 정수 계수 다항식이고,

① $f(x)=(x^2-2)(x^2-3)$는 유리수 범위에서는 '일차식'으로 인수분해 되지 않는다. 실제로 앞에서 배운 방법으로 일차 인수를 찾고자 했다면, $a=\pm\frac{6\text{의 약수}}{1\text{의 약수}}=\pm1, \pm2, \pm3, \pm6$에 대해 모두 $f(a)\neq0$를 만족한다. 즉, $f(x)$는 유리수 계수로 된 일차식을 인수로 갖지 않는다.
$x^2=t$로 치환하면 $t^2-5t+6=(t-3)(t-2)$이므로 $t=x^2$을 대입하면
$f(x)=(x^2-2)(x^2-3)$이고, 유리수 계수인 일차 인수는 없다.

② 다항식 $f(x)$는 유리수 범위에서 일차식을 인수로 갖지 않지만, 실수 범위에서
$f(x)=(x-\sqrt{2})(x+\sqrt{2})(x-\sqrt{3})(x+\sqrt{3})$이므로 '일차식'으로 인수분해 된다.

예) 정수 계수 다항식 $g(x)=x^2-x+1$는 유리수 범위에서 일차 인수 $x-\frac{b}{a}$를 갖지 않는다. 왜 그런지 알아보자.

(방법1) 만약 $g(x)$가 정수 범위(=유리수 범위)에서 인수분해 된다고 하면 두 정수 a, b를 이용하여 다음과 같이 나타낼 수 있다.

$$g(x)=x^2-x+1=(x+a)(x+b)$$

위 식은 항등식이므로 $a+b=-1$, $ab=1$을 만족해야한다. 하지만, 어떠한 두 정수 a, b도 이 식을 만족하지 않는다. 따라서 다항식 $g(x)=x^2-x+1$는 정수 범위(=유리수 범위)에서 일차식의 곱으로 인수분해 되지 않는다. 이처럼 정수 범위(유리수 범위)에서의 인수분해 불가능은 위와 같이 판별할 수 있다.

(방법2) 이 사실은 앞에서 배운 것처럼 두 수 $\pm\frac{\text{상수상의 약수}}{\text{최고차항 계수의 약수}}=\pm1$에 대해 $f(1)\neq0$, $f(-1)\neq0$이므로 '인수정리'에 의해 정수 계수의 일차인수를 갖지 않는다고 알 수 있다.

나는 내가 상상한 것의 결과물이다.

스스로 상상하지 않으면

나는 다른 사람의 상상 속에 살게 된다.

다양한 함수의 성질은
내신+수능 문제의
완전 단골 메뉴!
but, 다 내가 먹어버릴테다

함수

[Theme 11] 함수의 대칭성 (고1)

Q '함수 $f(-x)=\pm f(x)$의 조건의 의미'는 무엇일까?

(2021년 10월 시행 학력평가 출제)

⇩ 초등학교에서 배웠어요 ⇩

● **도형 F가 점 P에 대해 점대칭이다.**

: 도형 F를 대칭점 P를 중심으로 $180°$ 회전해도 자기 자신이 되는 것.

('대칭점 P를 지나는 임의의 직선과 도형 F가 만나는 두 점 A, B에 대해 두 점 A, B의 중점이 대칭점 P가 되는 것'으로 생각해도 된다.)

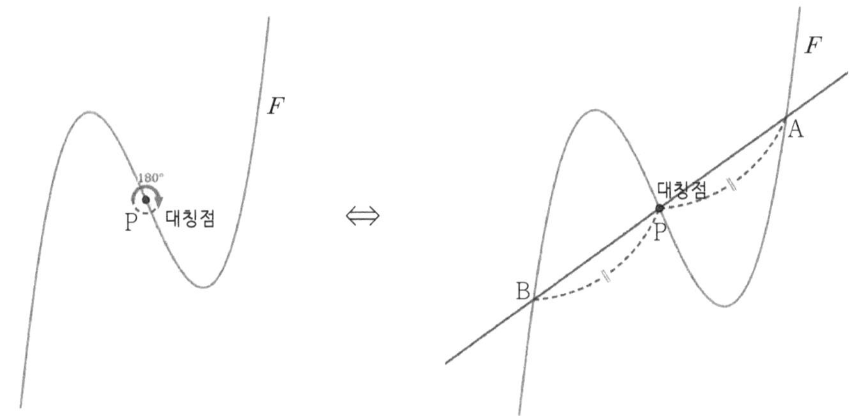

● **도형 F가 선대칭이다.**

: 도형 F를 대칭축인 직선에 대해 대칭하였을 때, 자기 자신이 되는 것.

(선대칭은 '대칭축에 수직인 직선이 도형 F와 만나는 두 점 A, B에 대해 두 점 A, B의 중점이 대칭축 위의 점이 되는 것'으로 생각해도 된다.)

(1) **정의역의 모든 실수 x에 대하여 $f(-x)=f(x)$를 만족하는 함수 $f(x)$의 특징은?**

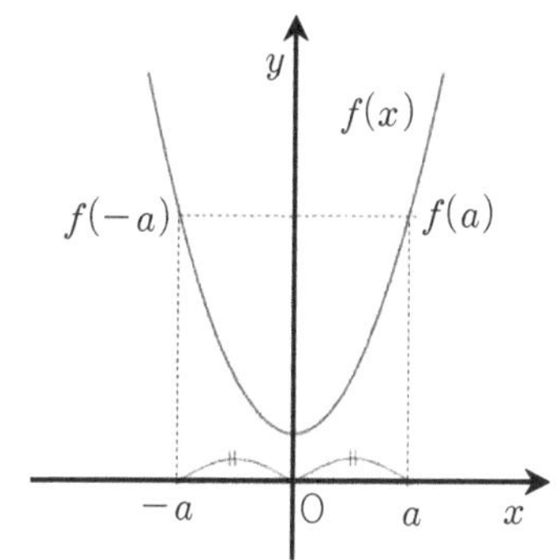

⇨ 모든 x에 대해 $f(-x)=f(x)$를 만족하면 항상 두 점 $(a, f(a))$와 $(-a, f(-a))$가 y축 대칭이므로 함수의 그래프도 y축 대칭이다. 거꾸로,
함수 $f(x)$의 그래프가 y축 대칭이면 정의역의 모든 x에 대해 $f(-x)=f(x)$를 만족한다.

$f(-x)=f(x)$**를 만족** ⇔ $f(x)$**의 그래프는** y**축 대칭**

(2) **정의역의 모든 실수 x에 대하여 $f(-x)=-f(x)$를 만족하는 함수 $f(x)$의 특징은?**

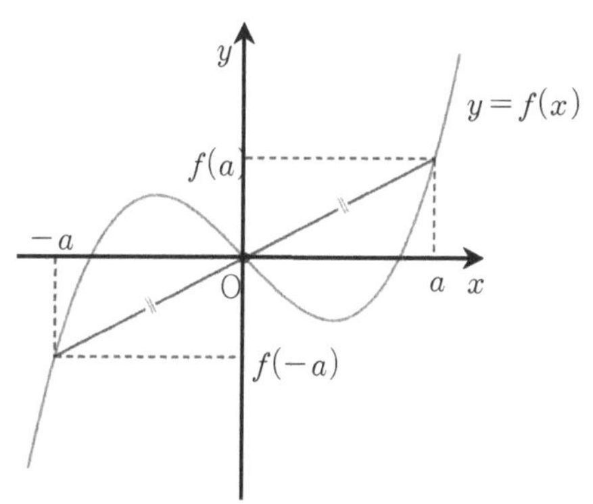

⇨ x축 위에 원점으로부터 같은 거리에 있는 두 점 $(a, 0)$, $(-a, 0)$에 대해 $f(-a)=-f(a)$를 만족하면 두 점 $(a, f(a))$, $(-a, f(-a))$가 원점 대칭이므로 함수의 그래프도 원점 대칭이다. 거꾸로,
함수 $f(x)$의 그래프가 원점 대칭이면 정의역의 모든 x에 대해 $f(-x)=-f(x)$를 만족한다.

$f(-x)=-f(x)$**를 만족** ⇔ **함수** $f(x)$**의 그래프는 원점 대칭**

(3) **정의역의 모든 실수 x에 대하여 $f(a-x)=f(a+x)$를 만족하는 함수 $f(x)$의 특징은?**

⇨ $x=a$로 부터 같은 거리에 있는 두 점 $a-x, a+x$에 대해

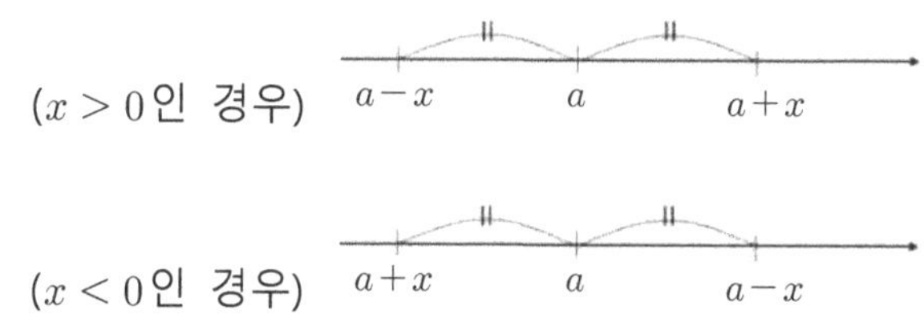

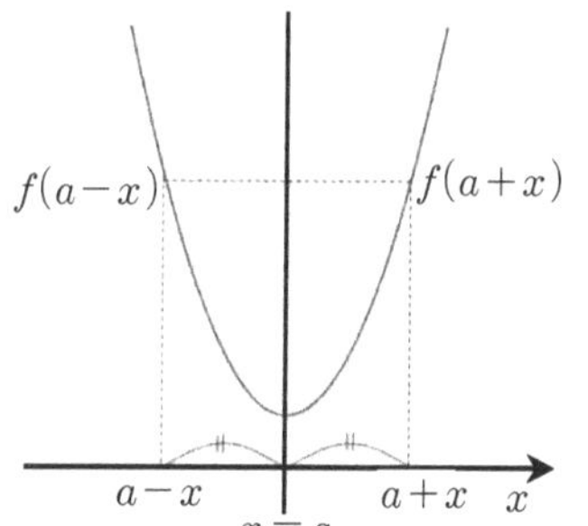

$f(a-x)=f(a+x)$를 만족하면 두 점 $(a-x, f(a-x))$와 $(a+x, f(a+x))$의 중점이 직선 $x=a$ 위에 놓이므로 오른쪽 그림과 같이 $f(x)$의 그래프는 직선 $x=a$에 대칭이 된다.

$f(a-x)=f(a+x)$**를 만족** ⇔ **함수** $f(x)$**의 그래프는 직선** $x=a$**에 대칭**

(4) **정의역의 모든 실수 x에 대하여 $f(x)=f(2a-x)$를 만족하는 함수 $f(x)$의 특징은?**

⇨ 위 (3)의 식에서 $x=a-t$로 두면 $2a-x=a+t$이므로 $f(x)=f(2a-x) \Rightarrow f(a-t)=f(a+t)$이다.
즉, x축 위의 x와 $2a-x$는 a로 부터 같은 거리에 있고, $f(x)=f(2a-x)$를 만족하면 함수 $f(x)$의 그래프는 직선 $x=a$에 대칭이 됨을 알 수 있다.

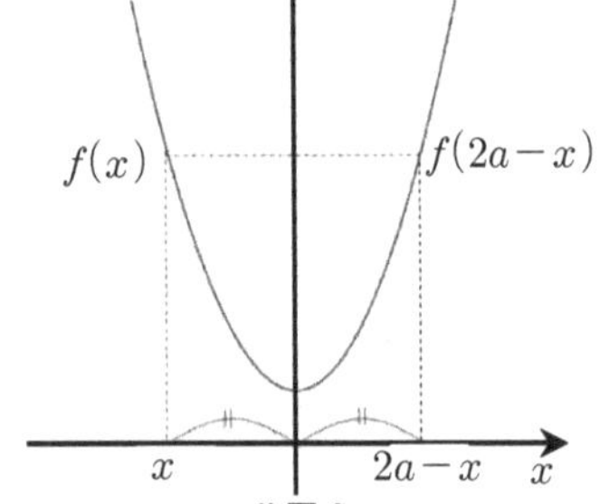

따라서 각 x에서의 함숫값이 같으면 함수 $f(x)$는 $x=a$에 대칭임을 직관적으로도 알 수 있다.

$f(x)=f(2a-x)$를 만족 ⇔ 함수 $f(x)$의 그래프는 직선 $x=a$에 대칭

(5) **정의역의 모든 실수 x에 대하여 $\dfrac{f(a-x)+f(a+x)}{2}=b$를 만족하는 함수 $f(x)$의 특징은?**

⇨ 식 $\dfrac{f(a-x)+f(a+x)}{2}=b$를 만족하면 그림에서 보듯이, 두 점 $\mathrm{P}(a-x, f(a-x))$, $\mathrm{Q}(a+x, f(a+x))$의 중점이 점 $\mathrm{A}(a, b)$가 됨을 의미한다. 즉, 점 $\mathrm{A}(a, b)$를 지나는 모든 직선과 $f(x)$의 두 교점 P, Q의 중점이 항상 점 $\mathrm{A}(a, b)$가 되므로 점 $\mathrm{A}(a, b)$가 대칭점이 된다. 이때, $b=f(a)$이다.

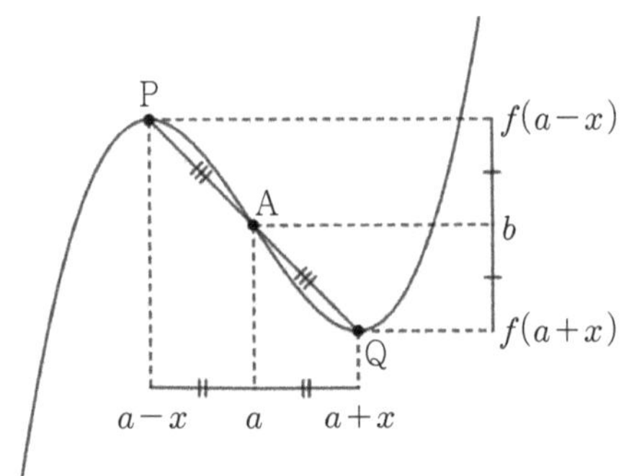

$\dfrac{f(a-x)+f(a+x)}{2}=b$를 만족 ⇔ 함수 $f(x)$의 그래프는 점 (a, b)에 대칭

(6) **정의역의 모든 실수 x에 대하여 $\dfrac{f(x)+f(2a-x)}{2}=b$를 만족하는 함수 $f(x)$의 특징은?**

⇨ 위 (3)에서 보듯이, x축 위 x와 $2a-x$는 a로 부터 같은 거리에 있다.

식 $\dfrac{f(x)+f(2a-x)}{2}=b$를 만족하면 그림에서 보듯이, 두 점 $\mathrm{P}(x, f(x))$, $\mathrm{Q}(2a-x, f(2a-x))$의 중점이 점 $\mathrm{A}(a, b)$가 된다. 따라서 모든 x에 대해서 함수 $f(x)$는 점 $\mathrm{A}(a, b)$에 대칭이다. 이때, $b=f(a)$이다.

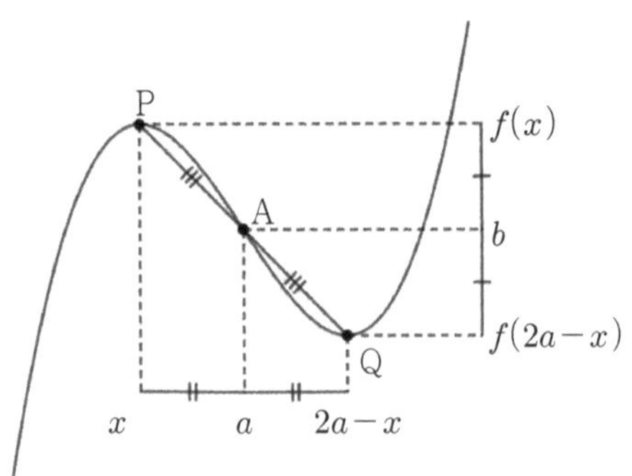

$\dfrac{f(x)+f(2a-x)}{2}=b$를 만족 ⇔ 함수 $f(x)$의 그래프는 점 (a, b)에 대칭

[Theme11] 함수의 대칭성

(1) y축 대칭인 함수(우함수)

⇔ 정의역의 모든 x에 대해 $f(-x)=f(x)$이다.

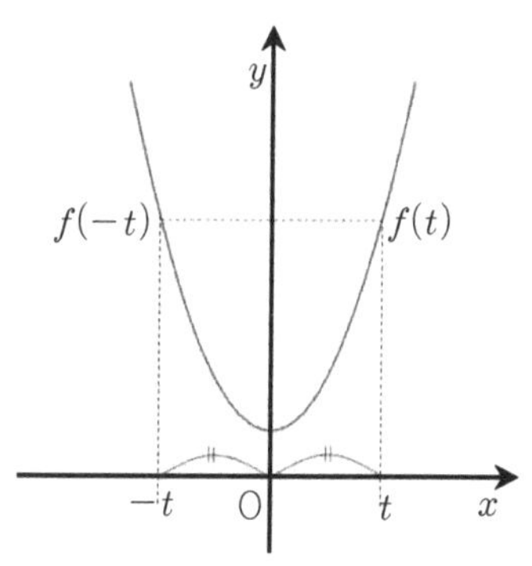

(2) 원점 대칭인 함수(기함수)

⇔ 정의역의 모든 x에 대해 $f(-x)=-f(x)$이다.

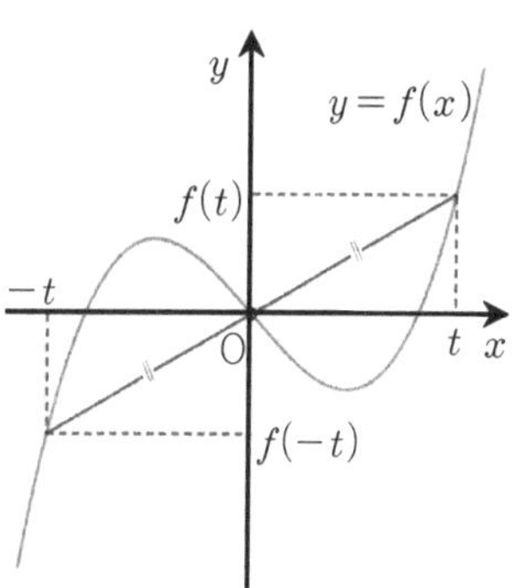

(3) 직선 $x=a$에 대해 대칭인 함수

⇔ 정의역의 모든 x에 대해 $f(a-x)=f(a+x)$이다.

⇔ 정의역의 모든 x에 대해 $f(x)=f(2a-x)$이다.

⇔ 우함수(y축 대칭)을 x축으로 a만큼 평행이동한 함수

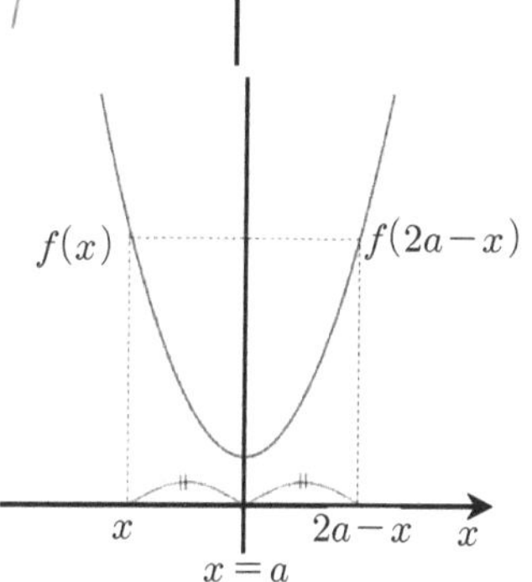

(4) 점 (a, b)에 대해 대칭인 함수 (단, $b=f(a)$)

⇔ 정의역의 모든 x에 대해 $\dfrac{f(a-x)+f(a+x)}{2}=b$

⇔ 정의역의 모든 x에 대해 $\dfrac{f(x)+f(2a-x)}{2}=b$이다.

⇔ 기함수(원점 대칭)을 x축으로 a만큼, y축으로 b만큼 평행이동한 함수

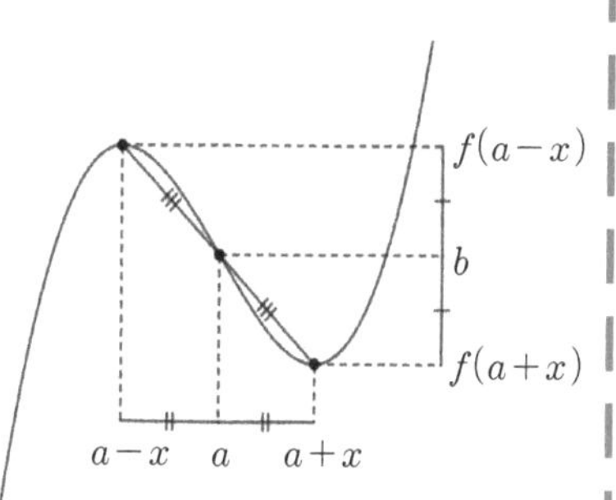

★ (2)의 원점 대칭인 함수는 항상 $f(0)=0$을 만족해! 그리고,

★ 위 성질들은 모두 '역'도 성립하는 필요충분조건임을 기억하자! :D

[Theme11] 대칭성을 갖는 '다항함수'의 식

(1) **[우함수]** 정의역의 모든 x에 대해 $f(-x)=f(x)$를 만족하는 다항함수 $f(x)$는 상수항 또는 짝수차항으로만 구성된다.
예) $f(x)=ax^6+bx^4+cx^2+d$

(2) **[기함수]** 정의역의 모든 x에 대해 $f(-x)=-f(x)$를 만족하는 다항함수 $f(x)$는 홀수차항으로만 구성된다.
예) $f(x)=ax^5+bx^3+cx$

(3) 직선 $x=a$에 대해 대칭인 다항함수 $f(x)$의 식
⇨ $f(x)$는 $(x-a)$에 대한 짝수차항과 상수항으로 구성된다.
예) $f(x)=b(x-a)^4+c(x-a)^2+d$

(4) 점 (a, b)에 대해 대칭인 다항함수 $f(x)$의 식 (이때, $b=f(a)$)
⇨ $f(x)$는 $(x-a)$에 대한 홀수차항과 상수항 b로 구성된다.
예) $f(x)=c(x-a)^3+d(x-a)+b$

★ (1) $f(x)=ax^6+rx^5+bx^4+sx^3+cx^2+tx+d$라고 해보자. 이때, $f(-x)=f(x)$를 만족하므로

$$a(-x)^6+r(-x)^5+b(-x)^4+s(-x)^3+c(-x)^2+t(-x)+d$$
$$=ax^6+rx^5+bx^4+sx^3+cx^2+tx+d$$

에서 $r=s=t=0$임을 알 수 있다. 따라서 $f(-x)=f(x)$를 만족하면 짝수차항과 상수항만 남는다.

★ (2) $f(x)=ax^6+rx^5+bx^4+sx^3+cx^2+tx+d$라고 해보자. 이때, $f(-x)=-f(x)$를 만족하니까

$$a(-x)^6+r(-x)^5+b(-x)^4+s(-x)^3+c(-x)^2+t(-x)+d$$
$$=-(ax^6+rx^5+bx^4+sx^3+cx^2+tx+d)$$

에서 $a=b=c=d=0$을 얻는다. 따라서 $f(-x)=-f(x)$를 만족하면 홀수차항만 남는다.

★ (3) 사차함수 $f(x)$가 직선 $x=a$에 대칭되므로 x축의 방향으로 $-a$만큼 평행이동한 함수 $f(x+a)$가 y축 대칭이 된다. 따라서 함수 $f(x+a)$는 짝수차항으로만 구성되어야 하므로 $f(x+a)=bx^4+cx^2+d$와 같이 나타내어지고, 이를 다시 x축으로 a만큼 평행이동 하면 $f(x)=b(x-a)^4+c(x-a)^2+d$가 된다.

★ (4) 삼차함수 $f(x)$가 점 (a, b)에 대칭이 되면 x축으로 $-a$만큼, y축으로 $-b$만큼 평행이동한 함수 $f(x+a)-b$는 원점 대칭인 함수가 되므로 $f(x+a)-b=cx^3+dx$이다. 이제, 이를 다시 x축으로 a만큼 y축으로 b만큼 평행이동하면 $f(x)=c(x-a)^3+d(x-a)+b$가 된다.

☑ 개념 바로 확인!

다음 주어진 그래프와 함수를 알맞게 짝지으시오.

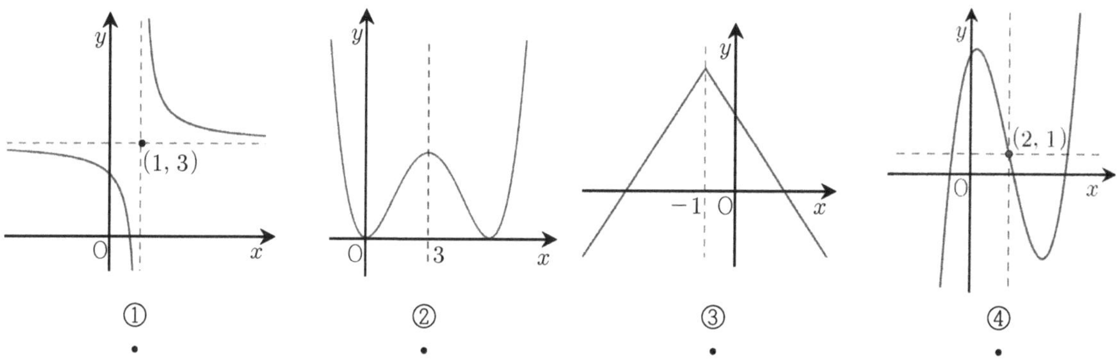

㉠ $f(x)=f(6-x)$

㉡ $\dfrac{f(1-x)+f(1+x)}{2}=3$

㉢ $f(x)+f(4-x)=2$

㉣ $f(-1-x)=f(-1+x)$

(답) ①-㉡, ②-㉠, ③-㉣, ④-㉢

☑ 개념 바로 확인!

다음 물음에 답하시오.

(1) 함수 $f(x)$가 모든 실수 x에 대하여 $f(-x)=f(x)$일 때, $f(x)=4x^2+ax+3$이다. 상수 a의 값을 구하시오.

(2) 함수 $f(x)$가 모든 실수 x에 대하여 $f(-x)=-f(x)$일 때, $f(x)=ax^2+5x+b$이다. 상수 a, b의 값을 구하시오.

(3) 함수 $f(x)$가 모든 실수 x에 대하여 $f(-x)=-f(x)$일 때, $f(0)$의 값을 구하시오.

(답) (1) $a=0$ (2) $a=b=0$ (3) $f(0)=0$

[Theme11] 함수의 대칭성 추가 TIP

(1) **대칭인 함수끼리의 합, 곱, 몫에 대한 성질**
(우함수를 '우', 기함수를 '기'로 나타낸다)

	⟺		
① 우+우=우		$(+)+(+)=+$	쉽게 기억하는 방법^^
② 기+우=(판정 불가)		$(-)+(+)=?$	
③ 기+기=기		$(-)+(-)=-$	
④ 우×우=우		$(+)\times(+)=+$	
⑤ 기×기=우		$(-)\times(-)=+$	
⑥ 우×기=기		$(+)\times(-)=-$	
⑦ 우÷우=우		$(+)\div(+)=+$	
⑧ 우÷기=기		$(+)\div(-)=-$	
⑨ 기÷우=기		$(-)\div(+)=-$	
⑩ 기÷기=우		$(-)\div(-)=+$	

(2) **합성함수의 대칭성**
① 우 ∘ 기=우
② 기 ∘ 우=우
③ 우 ∘ 우=우
④ 기 ∘ 기=기

(3) **우함수의 도함수 = 기함수**
⇨ 정의역의 모든 x에 대해 $f(-x)=f(x)$를 만족하는 함수 $f(x)$의 도함수는 원점 대칭이 된다. 즉, $f'(-x)=-f'(x)$ 이므로

(우)$'$=기

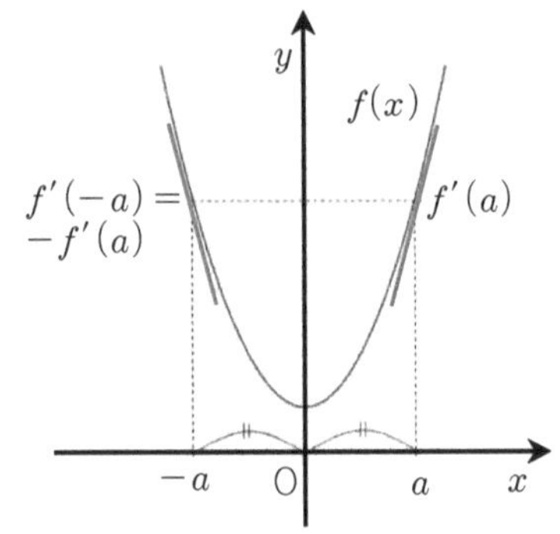

(4) **기함수의 도함수 = 우함수**
⇨ 정의역의 모든 x에 대해 $f(-x)=-f(x)$인 함수 $f(x)$의 도함수는 y축 대칭이 된다. 즉, $f'(-x)=f'(x)$이므로

(기)$'$=우

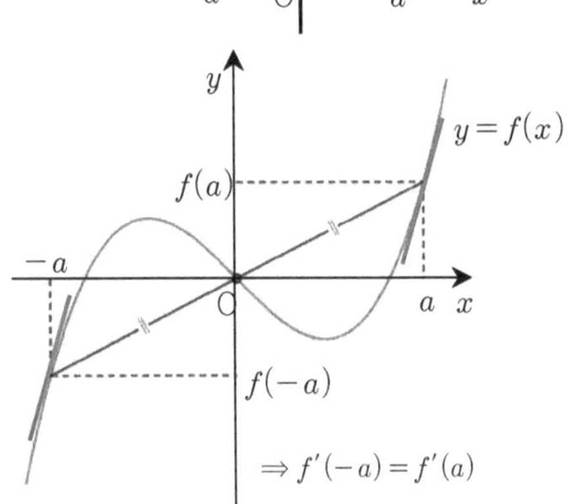

(5) 함수 $f'(x)$가 기함수 $\Rightarrow$ $f(x)$는 우함수

(6) 함수 $f'(x)$가 우함수이고 $f(0)=0$ $\Rightarrow$ $f(x)$는 기함수

★ $f'(x)$가 우함수라고 해서 $f(x)$가 기함수가 아닐 수도 있다. (반례) $f'(x)=3x^2$이면 $f(x)=x^3+c$(c는 실수)이므로 $c=1$이라면 $f(x)=x^3+1$이고 이는 기함수가 아니다.

★ (1)의 내용은 외우지 말고, 쌤이 위에 적어놓은 <쉽게 기억하는 방법^^>으로 기억하면 돼. 그 방법의 원리가 뭔지 ⑥의 성질로 설명해줄게. $f(x)$는 우함수, $g(x)$는 기함수이면, $f(-x)=f(x)$, $g(-x)=-g(x)$를 만족해. 이제, 새로운 함수 $h(x)=f(x)\times g(x)$가 어떤 대칭성을 갖는지 확인해보려면 $-x$를 대입한 결과를 살펴보면 되겠지?

$f(-x)\times g(-x)=+f(x)\times\{-g(x)\}=-f(x)g(x)$이지? 즉, 함수 $h(x)=f(x)g(x)$는 원점 대칭인 함수가 되는 거지. 여기서 $-$의 부호를 단순화해서 생각해보면, '쉽게 기억하는 방법'이 이해될 거야.

$$h(-x)=f(-x)\times g(-x)=+f(x)\times\{-g(x)\}=-f(x)g(x)=-h(x)$$

$$\Leftrightarrow \text{ 단순화 }:(+)\times(-)=(-)$$

★ 위 (2)에서 $f(x)$를 우함수, $g(x)$를 기함수라고 하면 합성함수 $f\circ g$는 우함수가 돼.(이유: $(f\circ g)(-x)=f(g(-x))=f(-g(x))=f(g(x))=(f\circ g)(x)$이므로) 또한, 합성함수 $g\circ f$는 우함수가 돼.(이유: $(g\circ f)(-x)=g(f(-x))=g(f(x))=(g\circ f)(x)$이므로)

마찬가지로, $(f\circ f)(-x)=f(f(-x))=f(f(x))=(f\circ f)(x)$니까 우함수끼리의 합성함수는 우함수, $(g\circ g)(-x)=g(g(-x))=g(-g(x))=-g(g(x))=(g\circ g)(x)$이므로 기함수끼리의 합성함수는 기함수가 돼. 정리하면, 우함수를 적어도 한번 합성하면 우함수가 된다.

★ (3) $f(-x)=f(x)$를 만족하는 다항함수는 y축 대칭이므로 짝수차항과 상수항으로만 구성된다. 이제 짝수차항과 상수항을 미분하면 도함수 $f'(x)$는 홀수차항만 남으므로 기함수(원점 대칭)이 된다.

★ (4) $f(-x)=-f(x)$를 만족하는 다항함수는 원점 대칭이므로 홀수차항으로만 구성된다. 이제 홀수차항들을 미분하면 도함수 $f'(x)$는 짝수차항과 상수항만 남으므로 우함수(y축 대칭)이 된다.

★ 사실, '미적분(선택과목)'을 공부하는 학생이라면 다항함수가 아닌 초월함수(지수, 로그, 삼각함수 등)에서도 (3)과 (4)를 똑같이 적용할 수 있다는 것을 기억해두자. 즉, 우함수의 도함수는 기함수, 기함수의 도함수는 우함수이고, 이는 합성함수의 미분을 적용하면 바로 얻을 수 있다. ^^

☑ 개념 바로 확인!

모든 실수 x에 대하여 두 함수 $f(x)$, $g(x)$가 $f(-x)=f(x)$, $g(-x)=-g(x)$를 만족시킬 때, 다음 함수 중 y축 대칭인 것은 '우', 원점 대칭인 것은 '기'로, 알 수 없는 것은 '무'로 표시하시오.

(1) $f(x)\{g(x)\}^2$
(2) $f(x)+\{g(x)\}^2$
(3) $\dfrac{\{f(x)\}^2}{g(x)}$
(4) $f(g(x))+\{g(x)\}^2$
(5) $g(f(x))\times f'(x)$

(답) (1) 우 (2) 우 (3) 기 (4) 우 (5) 기

30 ☑ 실전에서 확인! (2015년 11월 수능)

두 다항함수 $f(x), g(x)$가 모든 실수 x에 대하여 $f(-x)=-f(x)$, $g(-x)=g(x)$를 만족시킨다. 함수 $h(x)=f(x)g(x)$에 대하여 $h(-x)=a\times h(x)$를 만족하는 상수 a의 값을 구하시오.

31 ☑ 실전에서 확인! (2017년 7월)

최고차항의 계수가 1인 이차함수 $f(x)$에 대하여 $\dfrac{x}{f(x)}$가 실수 전체의 집합에서 정의된 원점에 대칭인 함수일 때, 함수 $f(x)$의 일차항과 상수항의 조건을 구하시오.

32 ☑ 실전에서 확인! (2016년 10월)

실수 전체의 집합에서 미분가능한 함수 $f(x)$가 모든 실수 x에 대하여 $f(x)=f(-x)$이다. 이때, 함수 $g(x)=\dfrac{\sin f(x)}{x}$가 $g(x)+g(-x)=0$이 성립하는지 판단하시오. (참고 : $y=\sin x$는 기함수이다.)

33 ☑ 실전에서 확인! (2022년 7월)

실수 전체의 집합에서 도함수가 연속인 함수 $f(x)$가 $f(-x)=f(x)$를 만족시킨다. 다음 함수의 대칭성을 판단하시오. (참고 : $y=\cos 2\pi x$는 우함수, $y=\sin 2\pi x$는 기함수이다.)

(1) $f(x)\times\cos 2\pi x$

(2) $f'(x)\times\sin 2\pi x$

34 ☑ 실전에서 확인! (2018년 3월)

함수 $f(x)$가 $f(0)=0$이고, $f'(x)=\sin(\pi\cos x)$일 때, <보기>의 명제의 참, 거짓을 판단하시오. (참고 : $y=\cos x$는 우함수, $y=\sin x$는 기함수이다.)

<보기>

함수 $f(x)$의 그래프는 원점에 대하여 대칭이다.

35 ☑ 실전에서 확인! (2021년 10월)

실수 전체의 집합에서 정의된 함수 $f(x)$와 역함수가 존재하는 삼차함수 $g(x)=x^3+ax^2+bx+c$가 다음 조건을 만족시킬 때, 함수 $f(x)$를 세 상수 a, b, c를 이용하여 나타내시오.

모든 실수 x에 대하여 $2f(x)=g(x)-g(-x)$이다.

36 ☑ 실전에서 확인! (2021년 10월)

최고차항의 계수가 1인 삼차함수 $f(x)$가 $f(0)=0$이고, 모든 실수 x에 대하여 $f(1-x)=-f(1+x)$를 만족시킬 때, 함수 $f(x)$를 구하시오.

37 ☑ 실전에서 확인! (2020년 3월)

$-1 \le x \le 1$에서 정의된 연속함수 $f(x)$는 정의역에서 증가하며 모든 실수 x에 대하여 $f(-x)=-f(x)$가 성립하고 $0 \le x \le 1$에서 함수 $f(x)$의 그래프와 직선 $x=1$, x축으로 둘러싸인 영역의 넓이는 1이다. $-1 \le x \le 0$에서 함수 $f(x)$의 그래프와 y축, 직선 $y=-3$으로 둘러싸인 영역의 넓이를 구하시오. (단, $f(-1)=-3$이다.)

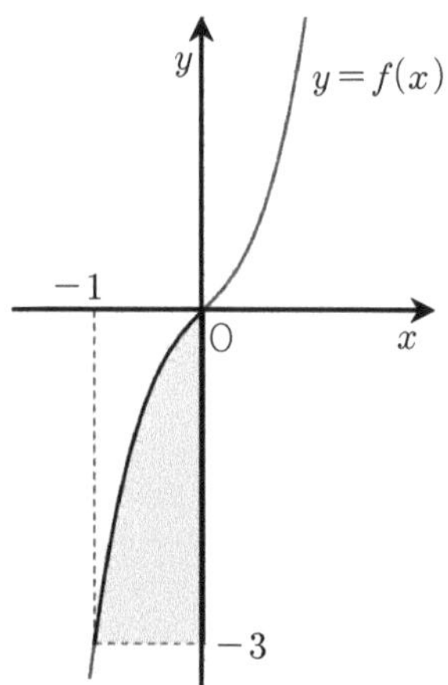

38 ☑ 실전에서 확인! (2016년 10월)

연속함수 $f(x)$가 다음 조건을 만족시킬 때, $0 \le x \le a$에서 함수 $f(2a-x)$의 그래프와 x축, 두 직선 $x=0$, $x=a$로 둘러싸인 영역의 넓이를 구하시오.

(가) 모든 실수 x에 대하여 $f(a-x)=f(a+x)$이다.
(나) $0 \le x \le a$에서 $f(x)$의 그래프와 x축, 두 직선 $x=0$, $x=a$로 둘러싸인 영역의 넓이는 8이다.

[Theme12] 절댓값을 포함한 함수(고1)

Q '함수 $|f(x)|$, $f(|x|)$의 그래프'는 어떻게 그릴까?

(2022년 6월 시행 모의평가 출제)

x의 절댓값 $|x|$는 기호 $|\ |$안의 식이 0이상이면 그대로 나오고 0미만이면 $-$부호를 붙여 나온다.

$$|x| = \begin{cases} x & (x \geq 0) \\ -x & (x < 0) \end{cases}$$

이를 $|f(x)|$에 적용하면 다음과 같다.

$$|f(x)| = \begin{cases} f(x) & (f(x) \geq 0) \\ -f(x) & (f(x) < 0) \end{cases}$$

(1) 함수 $|f(x)|$의 그래프

⇨ 함수 $|f(x)|$의 정의를 이용하여 함수 $\pm f(x)$의 그래프를 택하여 아래와 같이 그린다.

i) $f(x) \geq 0$이면 $f(x)$를 그대로 그린다.

ii) $f(x) < 0$이면 $-f(x)$를 그리고, 이는 주어진 함수 $f(x)$의 $f(x) < 0$인 부분을 x축 대칭한 함수인 $-f(x)$를 그린다. 아래 두 개의 예를 보자.

①

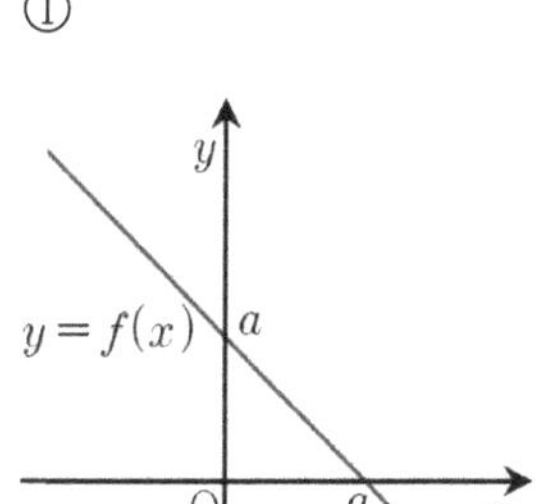

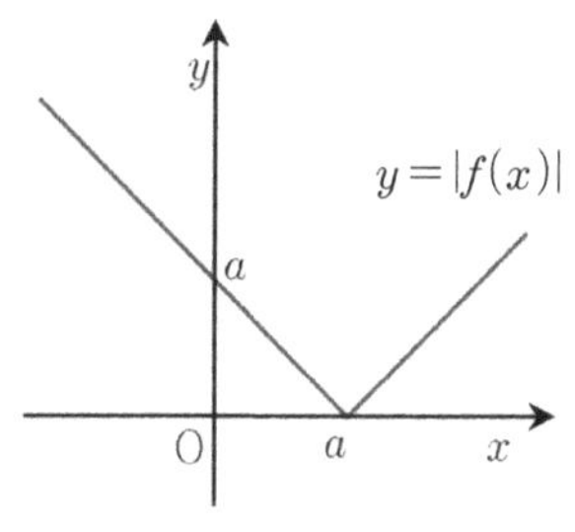

②

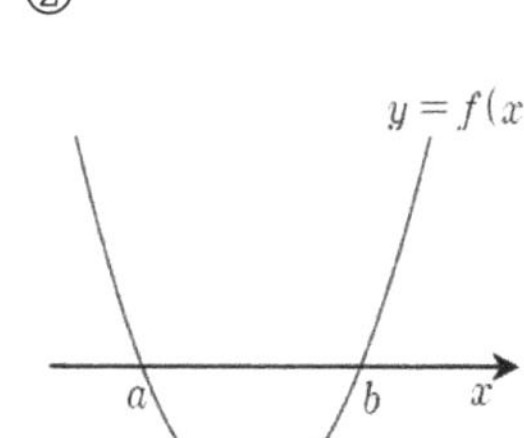

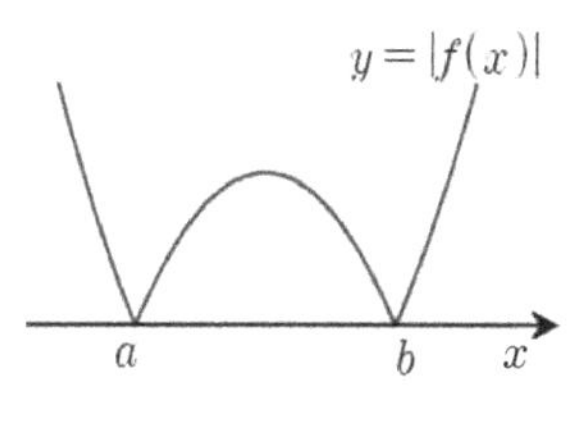

(2) 함수 $f(|x|)$의 그래프

⇨ 식 $|x|$의 정의를 이용하여 $f(|x|)$의 그래프를 이용하여 그려보자.

$$f(|x|) = \begin{cases} f(x) & (x \geq 0) \\ f(-x) & (x < 0) \end{cases}$$

i) $x \geq 0$이면 $f(x)$를 그대로 그리고

ii) $x < 0$이면 $f(-x)$를 그리고, 이는 주어진 함수 $f(x)$의 $x > 0$인 부분을 y축 대칭한 함수 $f(-x)$를 택한다. 아래 두 개의 예를 보자.

①

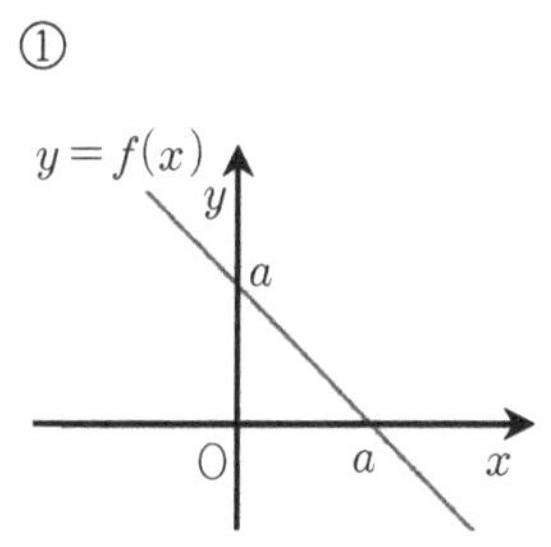

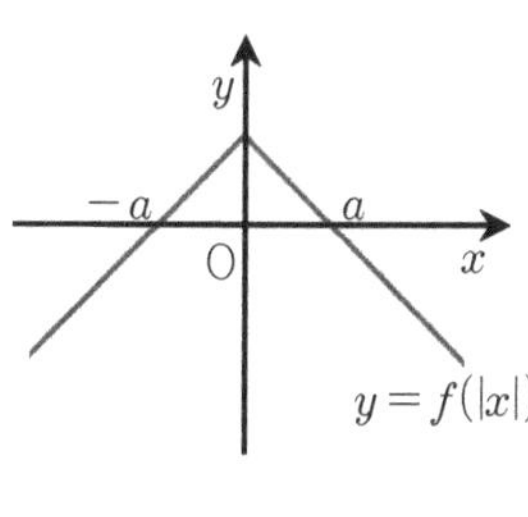

②

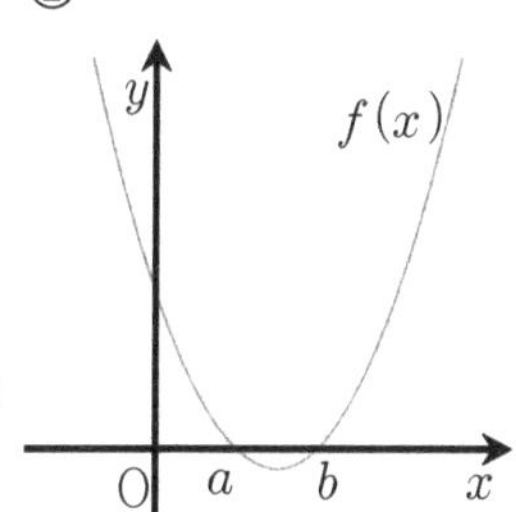

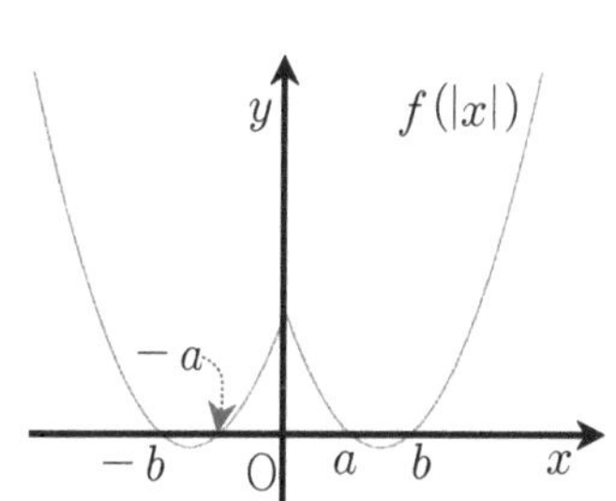

[Theme12] 절댓값을 포함한 함수

(1) **함수 $f(x)$와 $|f(x)|$의 관계**

⇨ $|f(x)|=\begin{cases} f(x) & (f(x) \ge 0) \\ -f(x) & (f(x)<0) \end{cases}$ 이므로

i) $f(x) \ge 0$이면 $f(x)$를 그대로 그리고

ii) $f(x)<0$이면 $-f(x)$를 그린다. ($f(x)<0$인 부분을 x축 대칭)

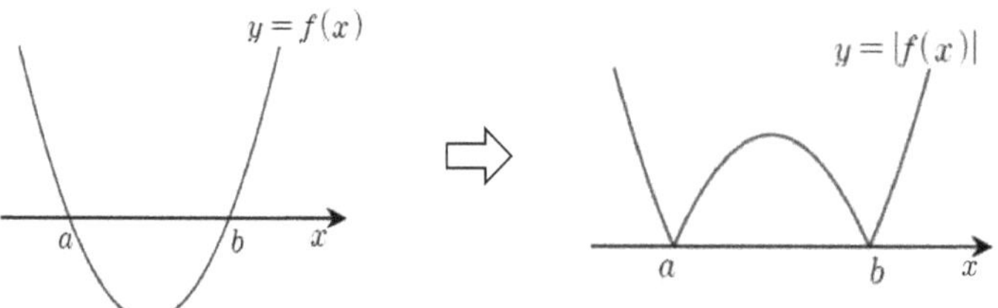

(2) **함수 $f(x)$와 $f(|x|)$의 관계**

⇨ $f(|x|)=\begin{cases} f(x) & (x \ge 0) \\ f(-x) & (x<0) \end{cases}$ 이므로

i) $x \ge 0$이면 $f(x)$를 그대로 그리고

ii) $x<0$이면 $f(-x)$를 그린다. (함수 $f(x)$의 $x \ge 0$인 부분을 y축 대칭)

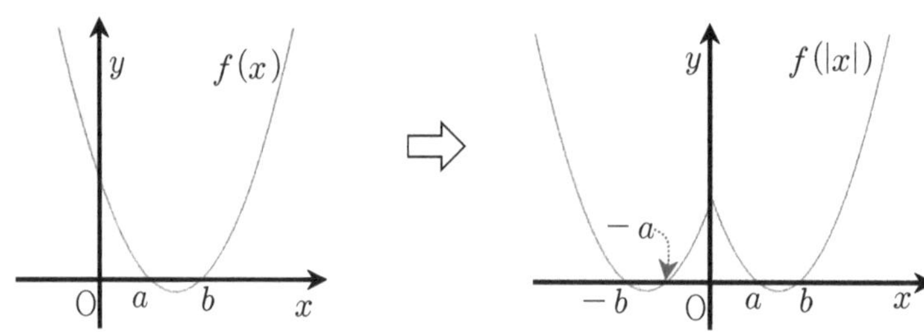

(3) **함수 $f(x)$와 $|f(|x|)|$의 관계**

⇨ 함수 $|f(|x|)|$는 함수 $f(x)$에 (2)를 적용한 뒤, (1)을 적용하면 된다. (또는 (1)을 적용한 뒤, (2)를 적용해도 된다.)

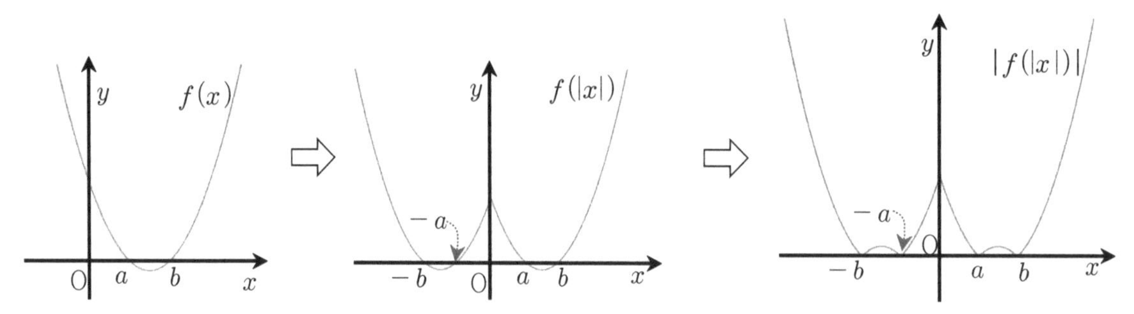

★ (2)의 결과 $f(|x|)$는 y축 대칭인 함수가 된다.

☑ 개념 바로 확인!

함수 $f(x)=x^2-2x-3$에 대하여 다음의 그래프를 그리시오.

(1) $y=|f(x)|$ (2) $y=f(|x|)$ (3) $y=|f(|x|)|$

(답) (1)

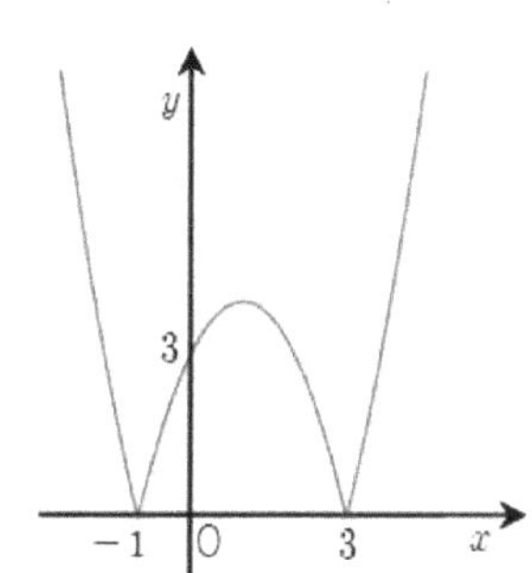

(2)

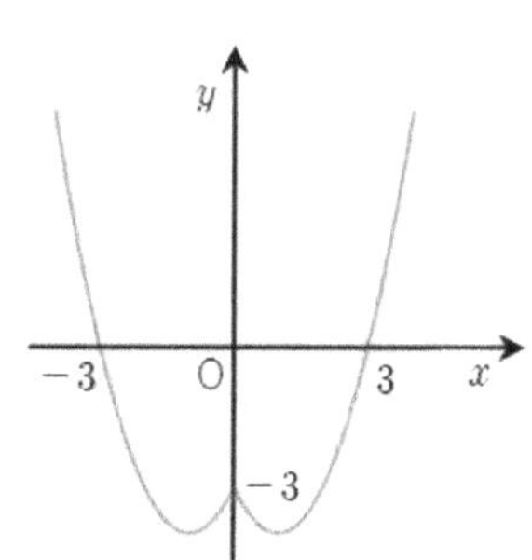

(3)

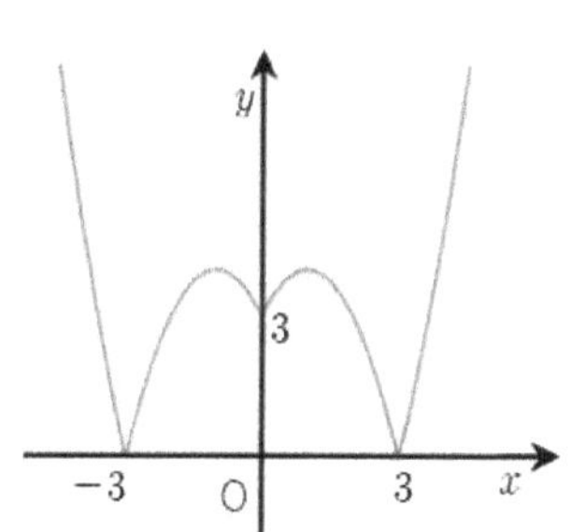

39 ☑ 실전에서 확인! (2022년 6월)

곡선 $y=e^{|x|}$을 그리시오.

40 ☑ 실전에서 확인! (2021년 10월)

함수 $f(x)=|x+3|$의 그래프를 그리시오.

41 ☑ 실전에서 확인! (2020년 4월)

1보다 큰 실수 a에 대하여 곡선 $y=|\log_a x|$을 그리시오.

42 ☑ 실전에서 확인! (2020년 3월)

함수 $\log_3|2x|$의 그래프를 그리시오.

43 ☑ 실전에서 확인! (2021년 6월)

$-1 \le x \le 3$에서의 함수 $2^{|x|}$의 그래프를 그리고 $x=a$에서 최솟값, $x=b$에서 최댓값을 갖도록 하는 두 상수 a, b의 값을 구하시오.

44 ☑ 실전에서 확인! (2021년 3월)

함수 $f(x)$의 그래프가 오른쪽 그림과 같을 때, 함수 $|f(x)|$의 그래프를 그리시오.

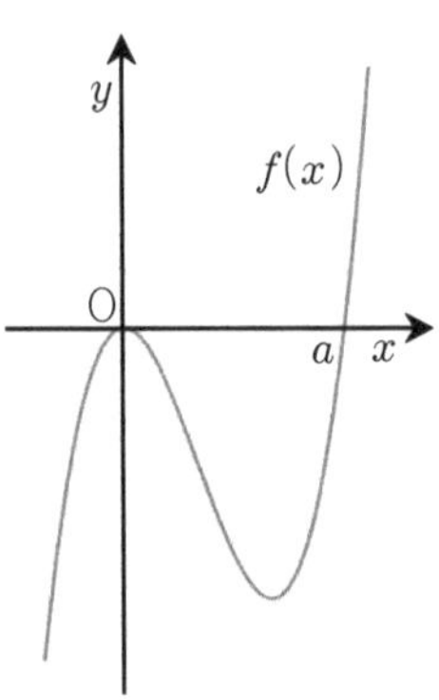

45 ☑ 실전에서 확인! (2021년 10월)

함수 $f(x)$의 그래프가 아래와 같을 때, 함수 $\left|f(x)+\frac{1}{4}\right|$의 그래프와 $y=k$가 서로 다른 세 개의 교점에서 만날 때, $40k$의 값을 구하시오. (단, $0 \le x \le 2$)

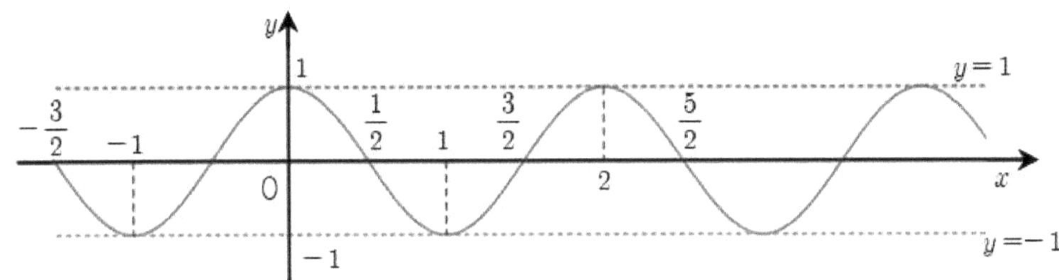

[Theme13] 함수의 주기성 (고1)

'함수 $f(x)=f(x+p)$의 의미'는 무엇일까?

(2022년 11월 시행 수능 출제)

[Theme13] 함수의 주기성

(1) **주기와 주기함수**

⇨ 상수함수가 아닌 $f(x)$에 대하여 정의역의 모든 실수 x에 대해
① $f(x+p)=f(x)$(반복성)을 만족하는 양수 p가 존재하고, 이 상수 p가 등식을 만족하는 ② 최솟값일 때, p를 함수 $f(x)$의 **주기**라고 하고, 이때, 함수 $f(x)$를 **주기함수**라고 한다.

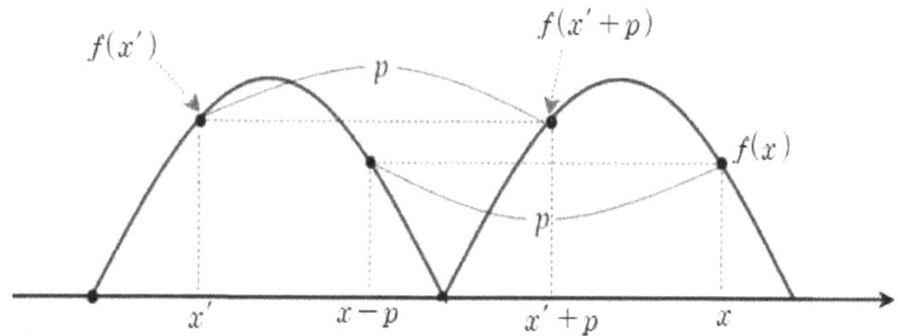

주기가 p라는 것은 x의 범위가 p인 구간마다
같은 모양의 그래프가 반복된다는 것을 의미해.

(2) 정의역의 모든 실수 x에 대해 $f(x)=f(x+a)$를 만족한다고 해서 a가 주기가 아닐 수도 있다. 예를 들어, 아래의 함수는 $f(x+4)=f(x)$를 만족하지만, 주기는 4의 약수인 2이다.

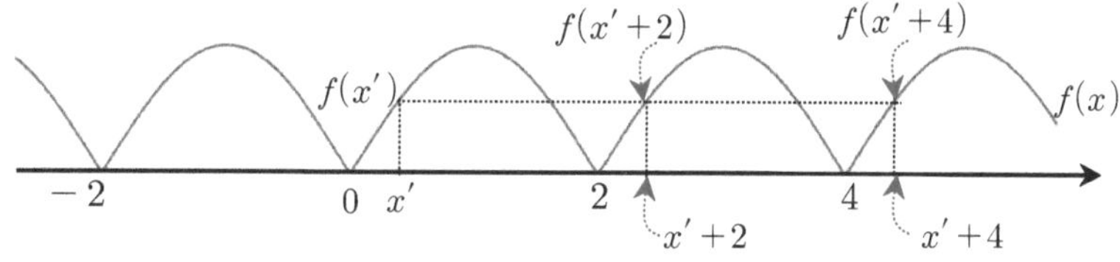

모든 x에 대해 $f(x+p)=f(x)$ ⇔ $f(x)$는 p범위마다 반복

★ (1) 교과서마다 정의가 다르긴 하지만, 상수함수에서는 주기함수를 정의하지 않는 것으로 하자.

★ (1)주기 p는 ① 반복성(주기성) $f(x+p)=f(x)$와 ② 최소성을 둘 다 만족해야 한다는 뜻!

★ (2)의 마지막 식 $f(x+p)=f(x)$을 만족한다고 해서 p가 주기인지(최소인지)는 모른다. 이때, p가 주기인지(최소인지) 판단하는 방법은 $0 \le x \le p$에서 그래프를 관찰하여 반복이 되는지 확인하면 끝! 그래도 알 수 있는 것은 주기는 p의 약수라는 것!

★ (1)의 식 $f(x+p)=f(x)$는 $f(x-p)=f(x)$로 표현해도 똑같다. 왜냐하면 $x-p$에 p만큼 점프한 것이 x이고 비슷하게 x에서 p만큼 점프한 것도 $x+p$인데, 이 둘에서의 함숫값이 같다는 의미이기 때문.

☑ 개념 바로 확인! [1]

✓풀이가 해설지에 있어요. ☺

다음 물음에 답하여라.

(1) 함수 $f(x)$가 모든 실수 x에 대하여 $f(x+2)=f(x)$를 만족하고 $f(1)=2$이다. $f(21)$의 값을 구하시오.

(2) 함수 $f(x)$가 모든 실수 x에 대하여 $f(x+4)=f(x)$이고, $0 \le x \le 4$에서 $f(x)=(x-2)^2$이다. $f(22)$의 값을 구하시오.

(3) 함수 $f(x)$가 모든 실수 x에 대하여 $f(x+4)=f(x)$이고, $0 \le x \le 4$에서 $f(x)=(x-2)^2$일 때, 함수 $f(x)$의 그래프를 그리시오.

(4) 함수 $f(x)$의 그래프가 다음과 같을 때, 함수 $f(x)$의 주기를 찾으시오.

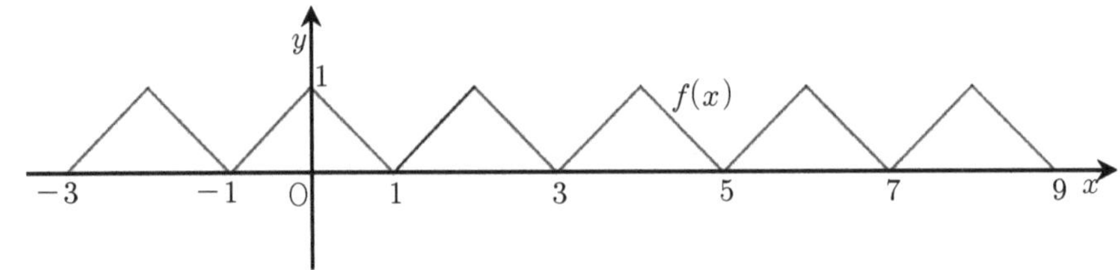

(답) (1) $f(21)=f(2\times10+1)=f(1)=2$ (2) $f(22)=f(4\times5+2)=f(2)=0$

(3)

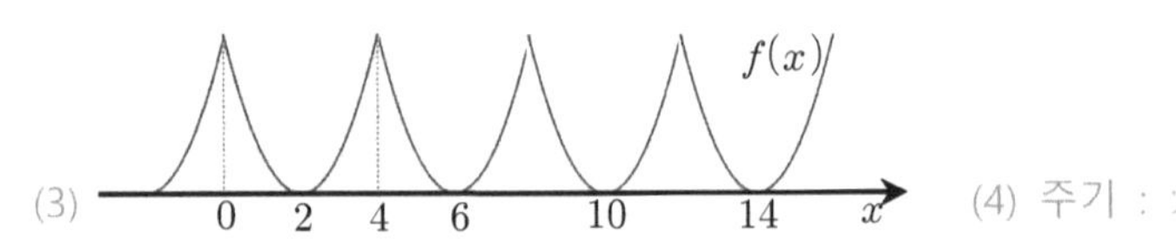

(4) 주기 : 2

[Theme13] 함수의 주기성

■ 주기함수의 성질

함수 $f(x)$가 $f(x+p)=f(x)$를 만족하면, 다음을 얻을 수 있다. (단, p는 양수)

(1) **함숫값의 반복**

① 자연수 n에 대하여 $f(x+np)=f(x)$이다.

② 자연수 n에 대하여 $f(x-np)=f(x)$이다.

(2) **그래프 모양의 반복**

① **기울기의 반복**

⇨ $f'(x+p)=f'(x)$이므로 도함수도 구간의 길이 p만큼 기울기가 반복된다.

▶ $f(x+3)=f(x)$이면 $f(20)=f(17)=f(14)=\cdots$ $=f(2)=f(-1)=f(-4)=\cdots$ 이다. 또한, $20=3\times6+2$이므로 $f(20)=f(3\times6+2)=f(2)$로 빠르게 구할 수도 있다.

▶ $f(x)=f(x+3)$의 의미는 x에 3의 배수를 더한 $x+3n$에서의 함숫값도 같다는 것이므로 다음이 성립한다.
$f(-20)=f(-20+3\times7)=f(1)$

▶ $f(x)=f(x+3)$를 만족하면 $f'(1)=5$일 때,
$f'(13)=f'(3\times4+1)$
$=f'(1)=5$ 이다.

★ (2)① **[주의]** 상수 p가 함수 $f(x)$의 주기이더라도 도함수 $f'(x)$의 주기는 아닐 수 있다. 예를 들어, 아래와 같은 함수 $f(x)$는 정의역 $\{x|x\text{는 정수가 아닌 모든 실수}\}$에서 정의된 주기가 1인 함수인데, 도함수는 정의역 $\{x|x\text{는 정수가 아닌 모든 실수}\}$에서 상수함수이므로 주기를 정의할 수 없다. 이때, 주기는 정의할 수 없지만, 함수 $f(x)$의 주기 p에 대하여 $f'(x+p)=f'(x)$는 만족시킨다.

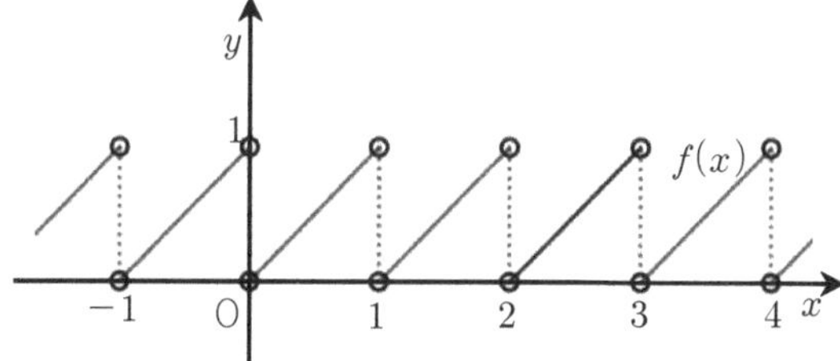

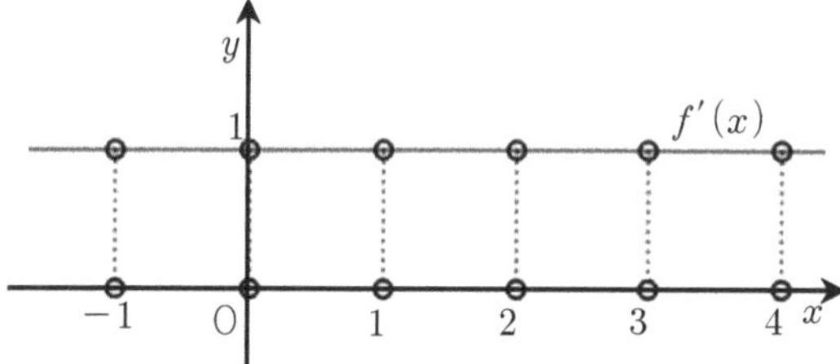

[Theme13] 함수의 주기성

(2) **그래프 모양의 반복**

② **넓이 반복**

⇨ 구간 $[0, p]$에서 곡선 $y=f(x)$와 x축 사이 영역의 넓이를 S라고 할 때, 다음이 성립한다.

✓ $S=$(구간의 길이가 p인 임의 구간에서 곡선 $y=f(x)$과 x축 사이의 넓이)
$=$(구간 $[a, a+p]$에서 곡선 $y=f(x)$와 x축 사이 영역의 넓이)

✓ 자연수 n에 대하여
$nS=$(구간 $[0, np]$에서 곡선 $y=f(x)$와 x축 사이 영역의 넓이)
$=$(구간의 길이가 np인 임의 구간에서 곡선 $y=f(x)$과 x축 사이의 넓이)

(3) **주기함수를 원점, x축, y축 대칭한 함수**

⇨ 함수 $f(x)$를 x축(y축, 원점)대칭하여 각각 얻은 새로운 함수 $h(x)$도 $h(x+p)=h(x)$를 만족한다.

(4) **주기함수와의 합성함수**

⇨ 함수 $g(x)$에 대하여 $(g \circ f)(x)$도 $(g \circ f)(x+p)=(g \circ f)(x)$를 만족한다.

▶ $f(x)=f(x+3)$를 만족하면 x축 대칭한 함수 $-f(x)$에 대해 $-f(x+3)=-f(x)$이고, $-f(-x+30)=-f(-x)$이다.

▶ $f(x)=f(x+3)$를 만족하면 $\frac{1}{f(x)}$ $(f(x)\neq 0)$, $\{f(x)\}^2$도 구간의 길이 3만큼 반복된다.

★ (2)② 다음 함수는 주기가 2인 함수이고 구간 $[0, 2]$에서 곡선 $y=f(x)$와 x축 사이의 영역의 넓이S는 2이다. ✓ 구간 $[1, 1+2]$ 또는 구간 $[1.5, 1.5+2]$ 등등 모든 구간 $[a, a+2]$에서 곡선 $y=f(x)$와 x축 사이의 영역의 넓이는 모두 $S=2$로 같다. 비슷하게, ✓ 구간 $[0, 6]$에서 곡선 $y=f(x)$와 x축 사이의 영역의 넓이는 $3S=6$이다. 또한, 구간 $[1, 1+2\times3]$ 또는 구간 $[1.5, 1.5+2\times3]$ 등등 모든 구간 $[a, a+2\times3]$에서 곡선 $y=f(x)$와 x축 사이의 영역의 넓이는 모두 $3S$로 같다.

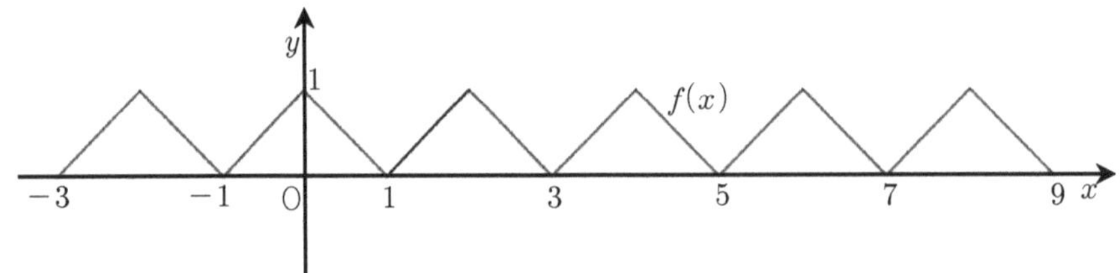

★ (3) 함수 $f(x)$를 y축 대칭한 함수는 $f(-x)$이고, 이 함수 $f(-x)$도 구간의 길이 p마다 반복이 되는지 확인해보자. $g(x)=-x$라고 두면, $f(-x)=(f \circ g)(x)$이다. 이때,

$$(f \circ g)(x+p)=f(g(x+p))=f(-x-p)=f(-x)=f(g(x))=(f \circ g)(x)$$

이므로 $(f \circ g)(x+p)=(f \circ g)(x)$이다. 즉, $f(-x)$도 구간의 길이 p만큼 반복된다.

비슷하게, 함수 $f(x)$를 x축 대칭한 함수는 $-f(x)$, 함수 $f(x)$를 원점 대칭한 함수 $-f(-x)$도 구간의 길이 p만큼 반복된다. 이를 그래프에서 직관적으로 생각하면 함수 $f(x)$가 구간 길이 p만큼 반복되면 $f(x)$를 x축, y축, 원점에 대칭이동한 함수도 모두 구간 길이 p만큼 반복됨을 의미한다.

☑ 개념 바로 확인! [2]

✓풀이가 해설지에 있어요. ☺

함수 $f(x)$는 모든 실수 x에 대하여 $f(x-3)=f(x)$와 $f(0)=0$을 만족시키고 $0 \le x \le 3$에서 함수 $f(x)$의 그래프와 x축으로 둘러싸인 영역의 넓이가 10이라고 할 때, 다음 범위에서 함수 $f(x)$의 그래프와 x축으로 둘러싸인 영역의 넓이를 구하시오.

(1) $0 \le x \le 6$　　(2) $-1 \le x \le 2$　　(3) $-4 \le x \le 5$

(답) (1) 20　(2) 10　(3) 30

46 ☑ 실전에서 확인! (2015년 11월)

함수 $f(x)$는 모든 실수 x에 대하여 $f(x+3)=f(x)$를 만족시키고,

$$f(x)=\begin{cases} x & (0 \le x < 1) \\ 1 & (1 \le x < 2) \\ -x+3 & (2 \le x < 3) \end{cases}$$

이다. $-6 \le x \le 6$에서 함수 $f(x)$의 그래프와 x축으로 둘러싸인 영역의 넓이를 구하시오.

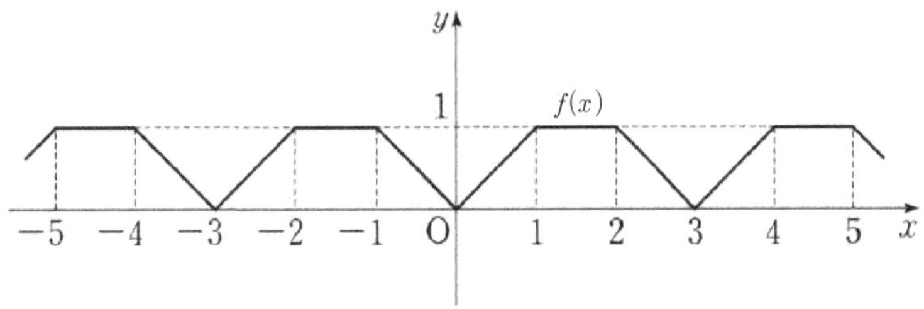

47 ☑ 실전에서 확인! (2021년 6월)

실수 전체의 집합에서 정의된 함수 $f(x)$가 $0 < x \leq 1$에서

$$f(x)=\begin{cases}3 & (0< x<1)\\ 1 & (x=1)\end{cases}$$

이고, 모든 실수 x에 대하여 $f(x+1)=f(x)$를 만족시킨다. 다음 물음에 답하시오.

(1) 함수 $f(x)$의 그래프를 $-2 \leq x \leq 3$ 범위에서 그리시오.

(2) 5이하의 자연수 k에 대하여 함숫값 $f(\sqrt{k})$를 구하시오.

48 ☑ 실전에서 확인! (2020년 7월)

함수 $f(x)$가 다음 조건을 만족시킬 때, 다음 물음에 답하시오.

(가) 모든 실수 x에 대하여 $f(x+3)=f(x)$

(나) $-1 \leq x \leq 1$에서 $f(x)=-x^2+1$

(다) $1 < x \leq 2$에서 $f(x)=0$

(1) 함수 $f(x)$의 그래프를 그리시오.

(2) $-1 \leq x \leq 1$에서 함수 $f(x)$와 x축 사이의 넓이가 $\frac{4}{3}$일 때, $-1 \leq x \leq 26$에서 함수 $f(x)$와 x축 사이의 넓이를 구하시오.

49 ☑ 실전에서 확인! (2022년 11월)

함수 $g(x)=e^{\sin\pi x}-1$의 주기를 구하시오. (단, $y=\sin\pi x$는 주기가 2이고, $y=e^x$는 실수 전체에서 증가한다.)

50 ☑ 실전에서 확인! (2016년 9월)

$x>0$에서 함수 $g(x)=|2\sin 3x+1|$의 그래프를 그리시오.

51 ☑ 실전에서 확인! (2016년 4월)

모든 실수 x에 대하여 연속인 함수 $f(x)$가 다음 조건을 만족시킨다.

> (가) 모든 실수 x에 대하여 $f(x+2)=f(x)$이다.
> (나) $0 \le x \le 1$일 때, $f(x)=\sin \pi x+1$이다.
> (다) $1<x<2$일 때, $f'(x)=0$이다.

$0 \le x \le 2$에서 함수 $f(x)$의 그래프와 x축 사이의 영역의 넓이를 S라고 할 때, $0 \le x \le 6$에서 함수 $f(x)$의 그래프와 x축 사이의 영역의 넓이 kS를 나타내는 상수 k의 값을 구하시오.

52 ☑ 실전에서 확인! (2019년 7월)

실수 전체의 집합에서 미분가능한 함수 $f(x)$가 모든 실수 x에 대하여

$$f(1+x)=f(1-x),\ f(2+x)=f(2-x)$$

를 만족시킨다. <보기>의 명제의 참, 거짓을 판별하시오.

> <보기>
>
> 모든 실수 x에 대하여 $f(x+2)=f(x)$이다.

[Theme14] 함수 $af(x)$, $f(ax)$의 그래프 빨리 그리기 (고1)

Q '함수 $af(x)$, $f(ax)$와 $f(x)$의 관계'는 무엇일까?

(2017년 11월 수능 출제)

(1) 함수 $af(x)$ $(a>0)$의 그래프

⇨ 함수 $y=f(x)$의 그래프를 이용하여, 함수 $y=2f(x)$의 그래프를 그려보자.

오른쪽 그림에서 보듯이, 함수 $2f(x)$의 그래프 위의 점은 $(x, 2f(x))$로 구성되므로 함수 $f(x)$의 그래프 위의 점 $(x, f(x))$를 y축 방향으로 2배 늘리면 함수 $y=2f(x)$의 그래프가 된다. 이때, 함수 $f(x)$의 그래프와 x축과의 교점은 그대로다.

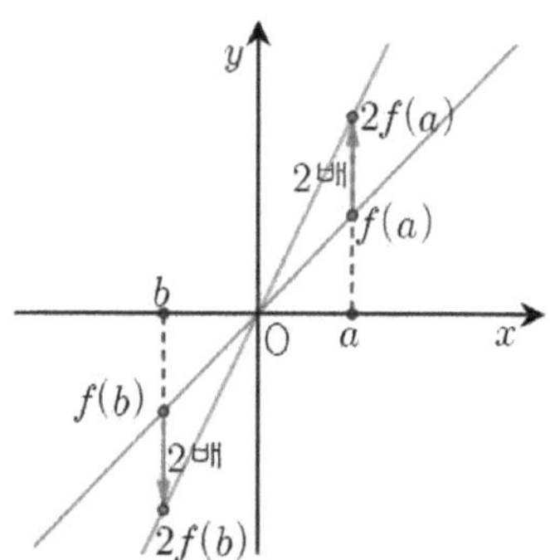

즉, $a>0$인 함수 $af(x)$의 그래프는
함수 $f(x)$의 그래프를 x축을 고정하고 위 아래 방향으로 a배 하여 그린 것이다.

(2) 함수 $-af(x)$ $(-a<0)$의 그래프

⇨ 함수 $f(x)$의 그래프를 이용하여 함수 $-2f(x)$의 그래프를 그려보자.

함수 $y=f(x)$의 그래프 위의 점 $(x, f(x))$

⇩ x축 고정하여 위 아래로 2배

함수 $y=2f(x)$의 그래프 위의 점 $(x, 2f(x))$

⇩ x축 대칭

함수 $y=-2f(x)$의 그래프 위의 점 $(x, -2f(x))$

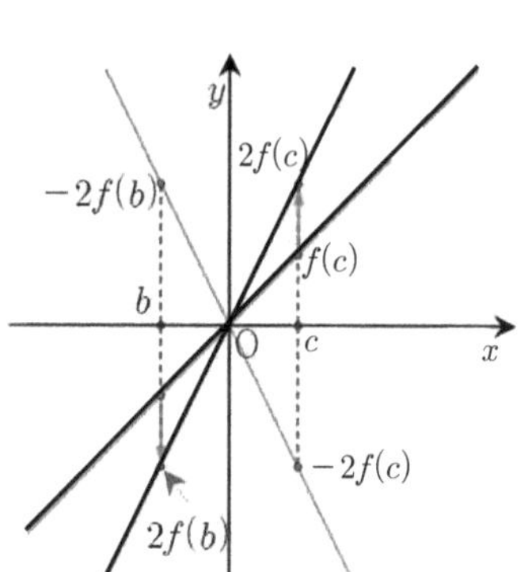

즉, $-a<0$인 함수 $-af(x)$의 그래프는 함수 $f(x)$를 x축을 고정하고 위 아래로 a배 하여 $af(x)$의 그래프를 그린 뒤, x축 대칭하여 $-af(x)$의 그래프를 그린다.

(3) 함수 $f(ax)\ (a>0)$의 그래프

⇨ 함수 $f(x)$의 그래프를 알 때, 함수 $f(2x)$를 그려보자.

함수 $f(2x)$의 그래프 위의 점은 $(x,\, f(2x))$이다. 이때, 함수 $f(2x)$의 그래프 위의 점 $(1,\, f(2))$는 함수 $f(x)$의 그래프 위의 점 $(2,\, f(2))$를 $x=1$인 위치에 대응시킨 것이고, 함수 $f(2x)$의 그래프 위의 점 $(-1,\, f(-2))$는 함수 $f(x)$의 그래프 위의 점 $(-2,\, f(-2))$을 $x=-1$인 위치에 대응시킨 것이다.

따라서 함수 $f(2x)$의 그래프는 함수 $f(x)$의 그래프를 y축을 고정하고 좌우로 $\dfrac{1}{2}$배 (날씬하게) 그린 그래프이다.

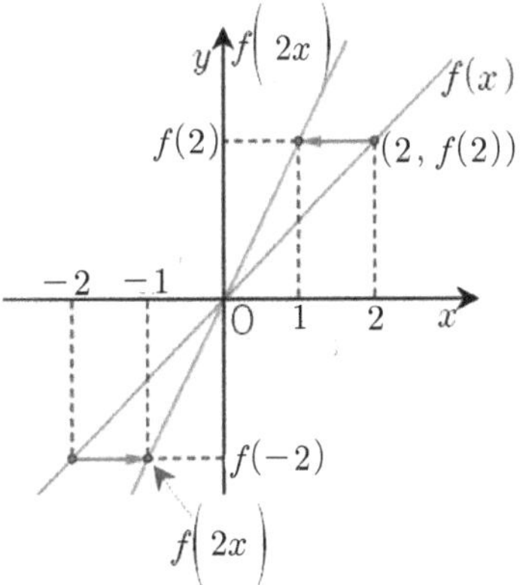

즉, 함수 $f(ax)\,(a>0)$의 그래프는 함수 $f(x)$의 그래프를 y축을 고정하고 좌우로 $\dfrac{1}{a}$배한 것.

(4) 함수 $f(ax)\ (a<0)$의 그래프

⇨ 함수 $f(x)$의 그래프를 알 때, 함수 $f(-2x)$를 그려보자.

함수 $y=f(x)$의 그래프 위의 점 $(x,\, f(x))$

⇩ y축 고정하여 좌우로 $\dfrac{1}{2}$배

함수 $y=f(2x)$의 그래프 위의 점 $(x,\, f(2x))$

⇩ y축 대칭

함수 $y=f(-2x)$의 그래프 위의 점 $(x,\, f(-2x))$

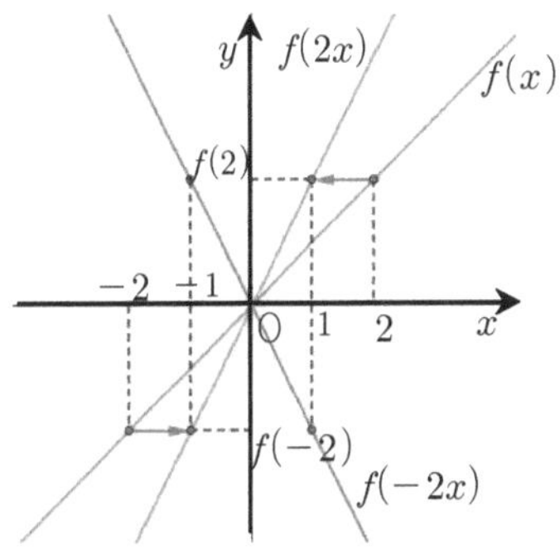

(예) 함수 $f(x)=x^3$의 그래프가 그림과 같을 때, 두 함수 $f\left(\dfrac{1}{2}x\right)$, $f\left(-\dfrac{1}{2}x\right)$의 그래프를 그려보자.

⇨ ① 함수 $f\left(\dfrac{1}{2}x\right)$는 함수 $f(x)$를 y축 기준으로 좌우로 2배 늘인 것이고, ② 함수 $f\left(-\dfrac{1}{2}x\right)$는 $f\left(\dfrac{1}{2}x\right)$를 y축 대칭한 것이며, 그림은 아래와 같다.

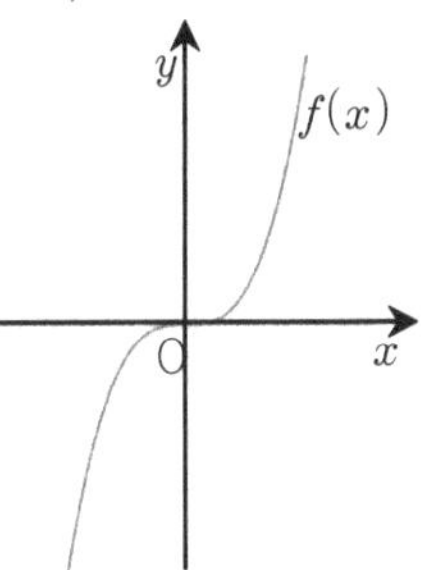

①

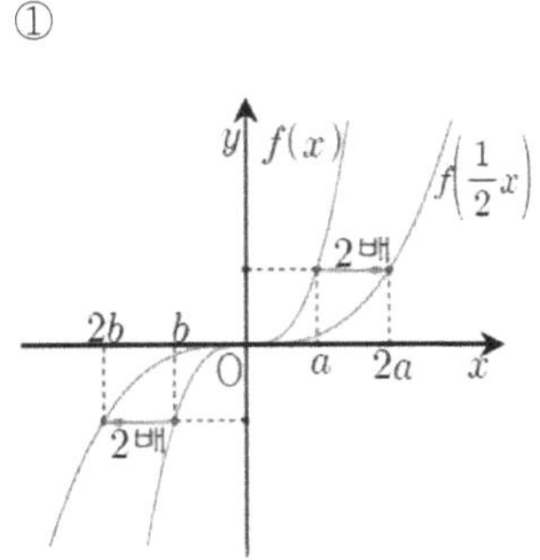

②

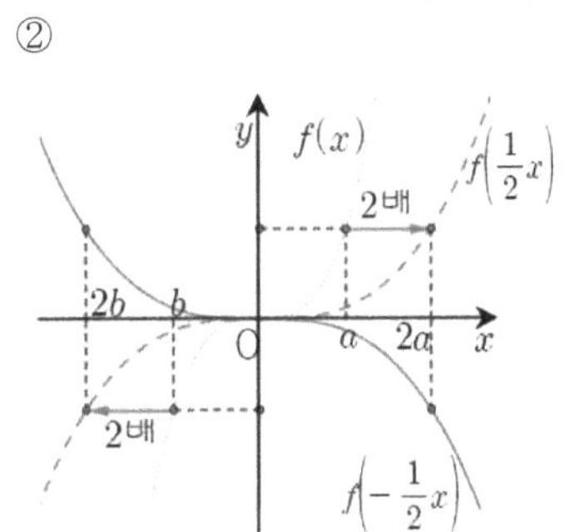

[Theme 14] 함수 $af(x)$, $f(ax)$의 그래프 빨리 그리기

(1) 함수 $af(x)$의 그래프

① $a>0$이면

x축을 고정하고 함수 $f(x)$의 그래프를 위 아래로 a배 한다.

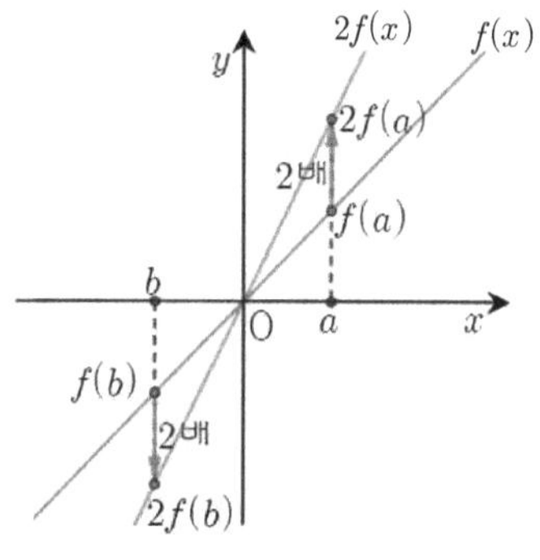

② $a<0$이면

x축을 고정하고 함수 $f(x)$의 그래프를 위 아래로 $|a|$배 하여 그린 뒤, x축 대칭한다.

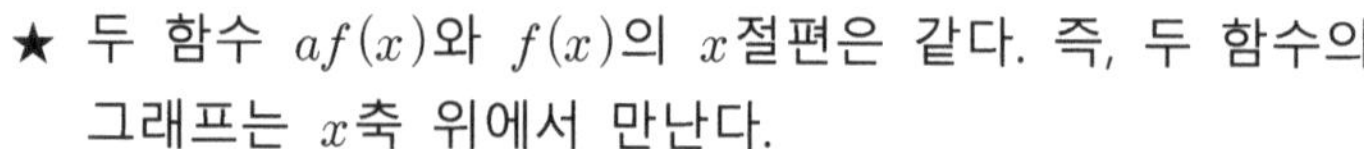
★ 두 함수 $af(x)$와 $f(x)$의 x절편은 같다. 즉, 두 함수의 그래프는 x축 위에서 만난다.

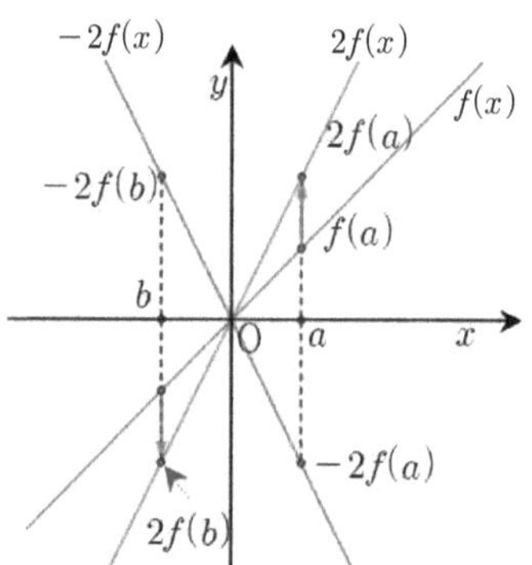

(2) 함수 $f(ax)$의 그래프

① $a>0$이면

y축을 고정하고 함수 $f(x)$의 그래프를 좌우로 $\frac{1}{a}$배 한다.

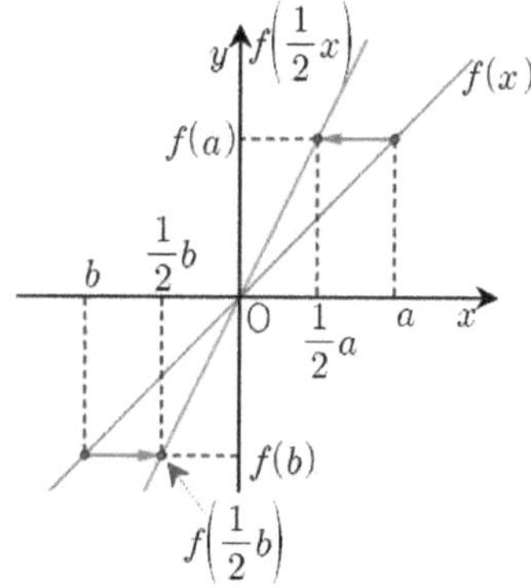

② $a<0$이면

y축을 고정하고 함수 $f(x)$의 그래프를 좌우로 $\frac{1}{a}$배 하여 그린 뒤, y축 대칭한다.

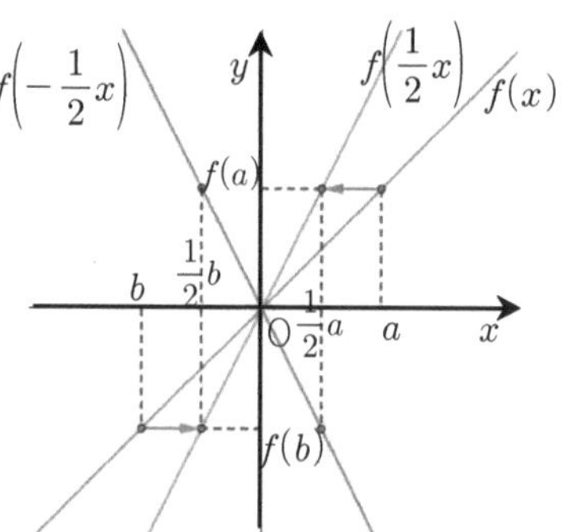

★ 함수 $f(ax)$와 $f(x)$의 y절편은 같다. 즉, 두 함수의 그래프는 y축 위에서 만난다.

☑ 개념 바로 확인!

함수 $f(x)$의 그래프가 오른쪽 그림과 같을 때, 다음 함수의 그래프를 그리시오.

(1) $3f(x)$ (2) $-3f(x)$ (3) $f(3x)$

(4) $f(-3x)$ (5) $f\left(\frac{1}{3}x\right)$ (6) $f\left(-\frac{1}{3}x\right)$

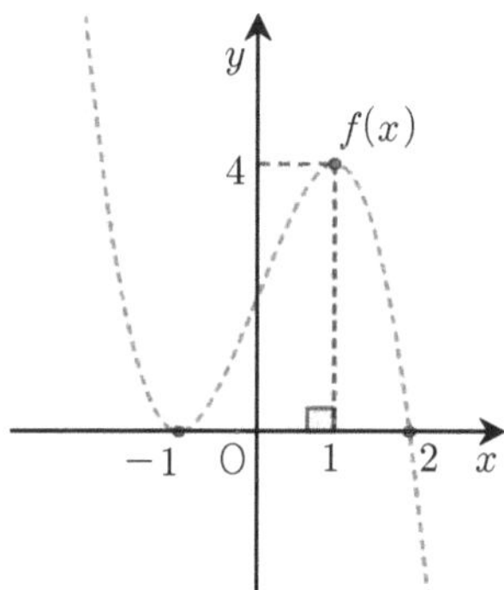

(1) $3f(x)$

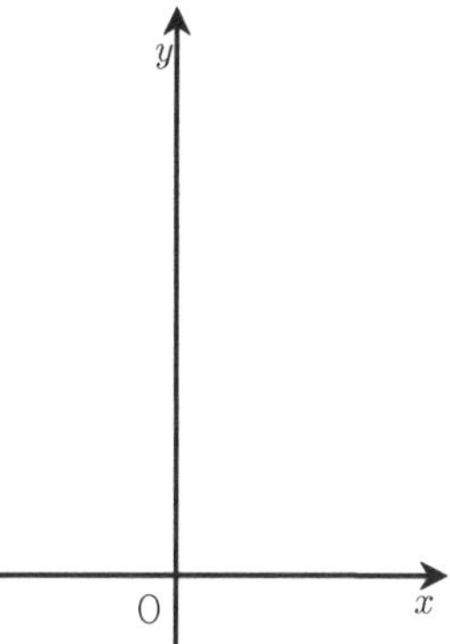

(2) $-3f(x)$

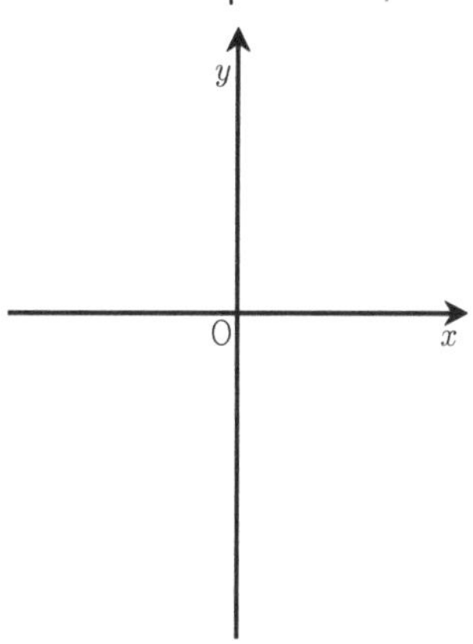

(3) $f(3x)$

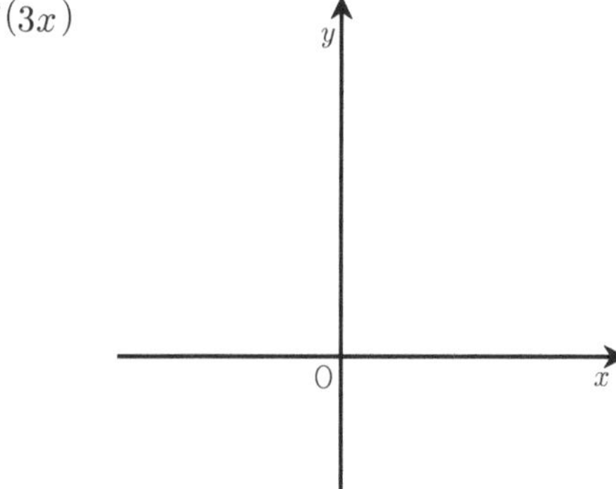

(4) $f(-3x)$

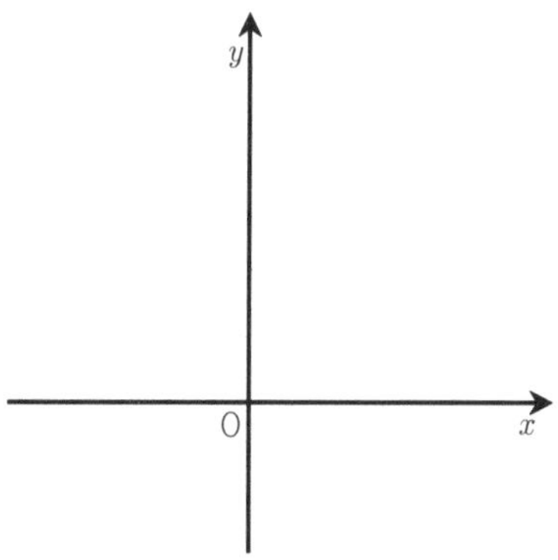

(5) $f\left(\frac{1}{3}x\right)$

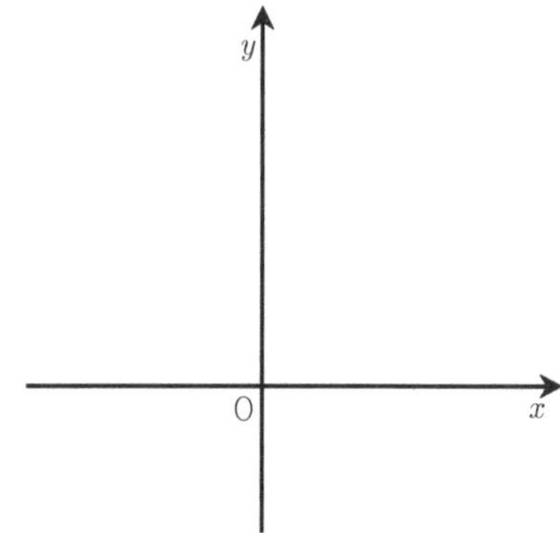

(6) $f\left(-\frac{1}{3}x\right)$

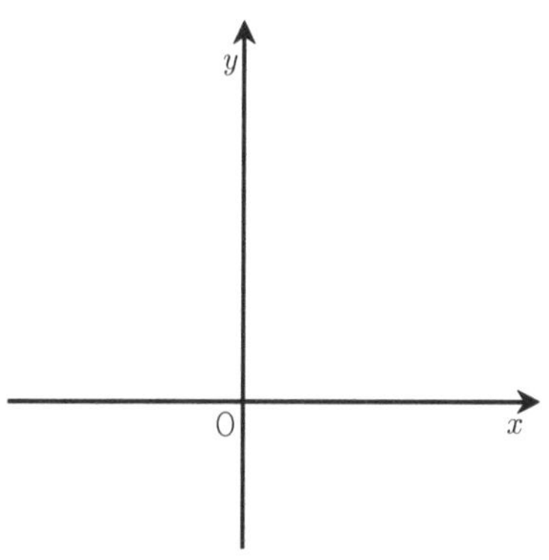

(답) (1) $3f(x)$

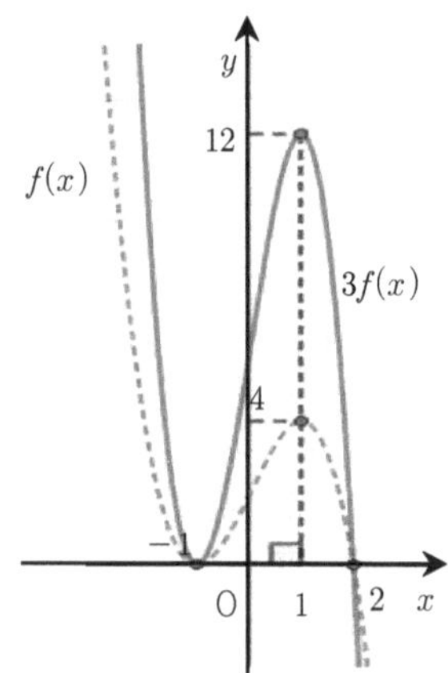

(2) $-3f(x)$

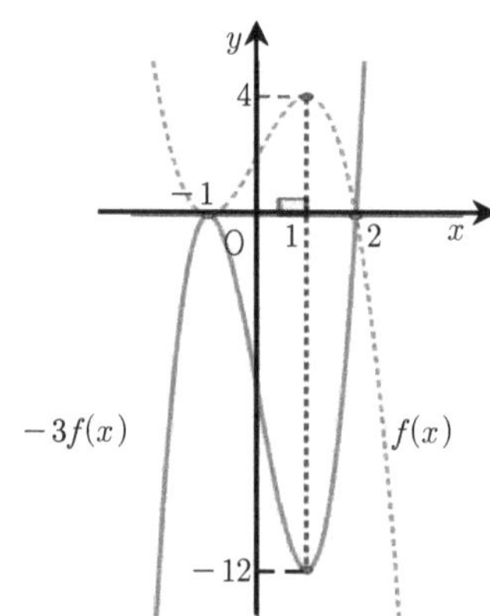

(3) $f(3x)$

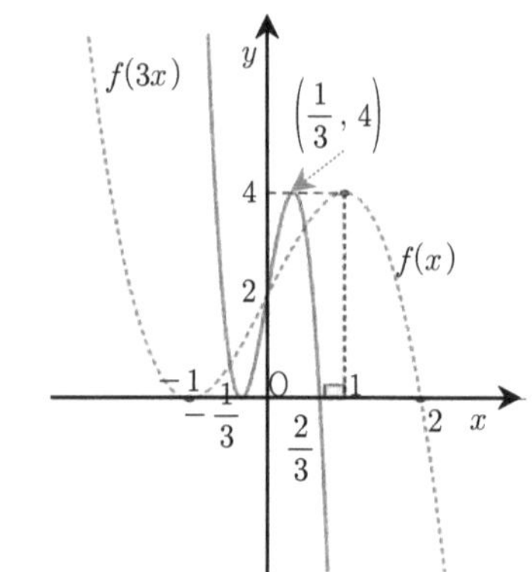

(4) $f(-3x)$

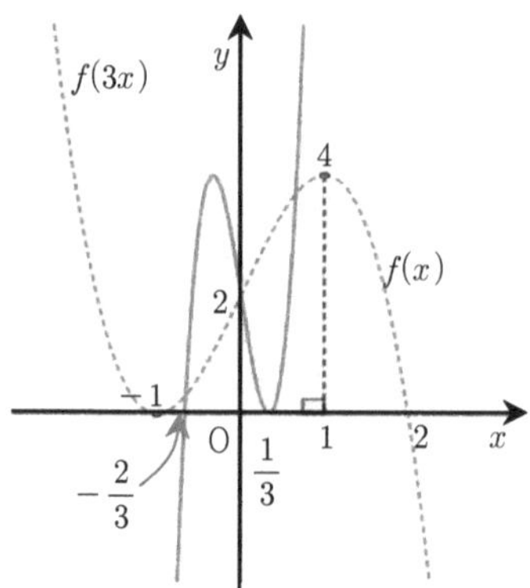

(5) $f\left(\frac{1}{3}x\right)$

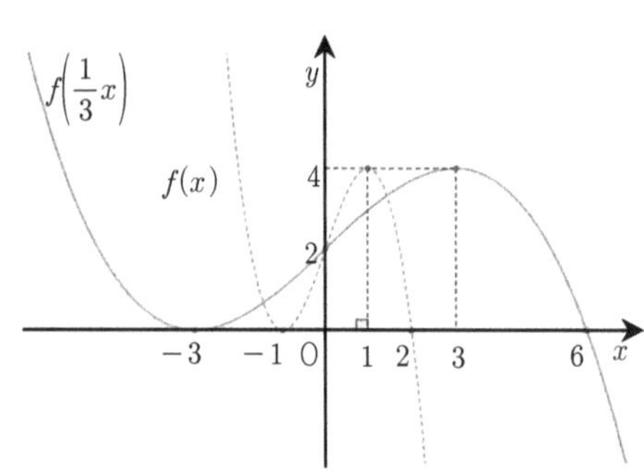

(6) $f\left(-\frac{1}{3}x\right)$

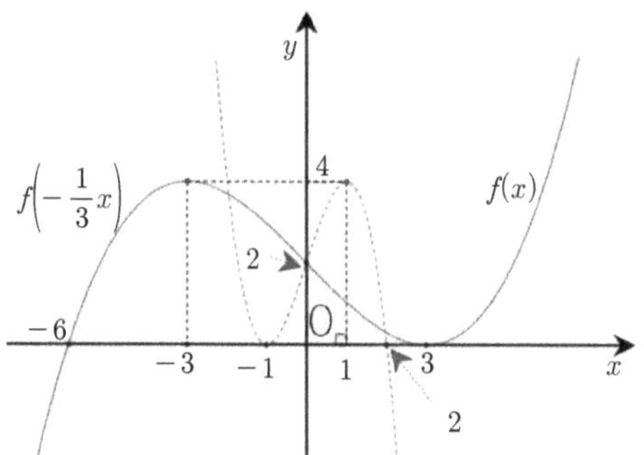

53 ☑ 실전에서 확인! (2020년 3월)

함수 $y=2|x|$의 그래프를 그리시오.

54 ☑ 실전에서 확인! (2017년 수능)

자연수 $n=1,\ 2,\ 3$과 함수 $f(x)=\dfrac{x-x^2}{2}$에 대하여 함수 $\dfrac{1}{2^n}f(x)$의 그래프를 그리시오.

55 ☑ 실전에서 확인! (2016년 10월)

함수 $f(x)$가 직선 $x=a$에 대칭일 때, 함수 $f(2x)$는 직선 (가) 에 대해 대칭이다. (가)에 알맞은 직선의 방정식은?

56 ☑ 실전에서 확인! (2020년 6월)

함수 $f(x)$의 그래프가 오른쪽 그림과 같을 때, 함수 $f\left(\dfrac{1}{2}x\right)$의 그래프를 그리시오.

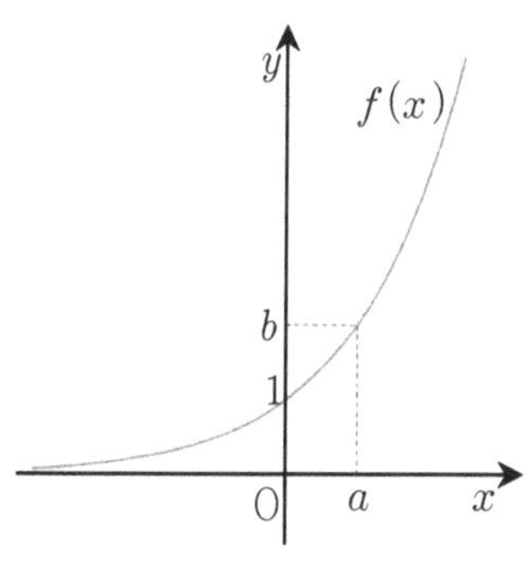

[Theme 15] 함수 $f(x) \pm g(x)$의 그래프 빨리 그리기 (고1)

Q '함수 $f(x) \pm g(x)$의 그래프'는 어떻게 그릴까?

(2017년 11월 시행 수능 출제)

(1) 함수 $f(x)+g(x)$의 그래프

⇨ 두 함수 $f(x)=x$와 $g(x)=-x(x-1)$의 그래프를 이용하여, 함수 $y=f(x)+g(x)$의 그래프를 그려보자.

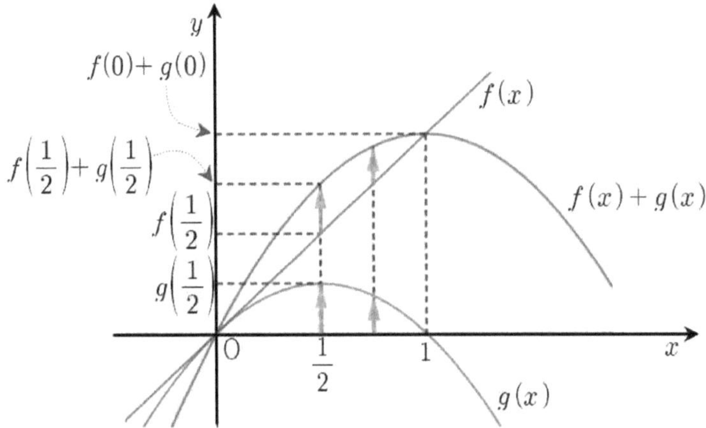

그림에서 보듯이, 함수 $f(x)+g(x)$의 그래프 위의 점은 $(x, f(x)+g(x))$인데, 이는 함수 $f(x)$의 그래프 위의 점 $(x, f(x))$를 y축 방향으로 $g(x)$만큼 더하여 그리면 함수 $y=f(x)+g(x)$의 그래프가 된다. 즉, 함수 $f(x)$의 그래프 위의 점을 y축 방향으로 $g(x)$만큼 평행이동하여 그린다.

(2) 함수 $f(x)-g(x)$의 그래프

⇨ 두 함수 $y=f(x)$와 $y=g(x)$의 그래프를 이용하여, 함수 $y=f(x)-g(x)$의 그래프를 그려보자.

그림에서 보듯이, 함수 $f(x)-g(x)$의 그래프 위의 점은 $(x, f(x)-g(x))$로 구성되므로 이는 함수 $f(x)$의 그래프 위의 점 $(x, f(x))$를 y축 방향으로 $g(x)$만큼 빼서 그리면 함수 $y=f(x)-g(x)$의 그래프가 된다. 즉, 함수 $f(x)$의 그래프 위의 점을 y축 방향으로 $-g(x)$만큼 평행이동하여 그린다.

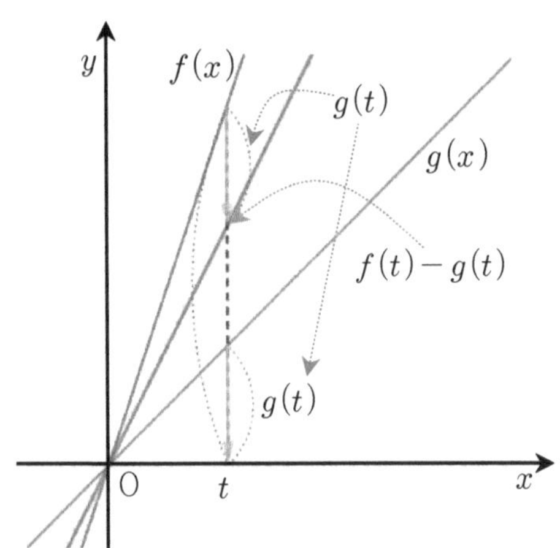

[Theme15] 함수 $f(x) \pm g(x)$의 그래프 빨리 그리기

(1) 함수 $f(x)+g(x)$의 그래프

⇨ 함수 $f(x)+g(x)$의 그래프 위의 점 $(x, f(x)+g(x))$는 함수 $f(x)$의 그래프 위의 각 점 $(x, f(x))$을 y축 방향으로 $g(x)$만큼 평행이동 하여 그린다.

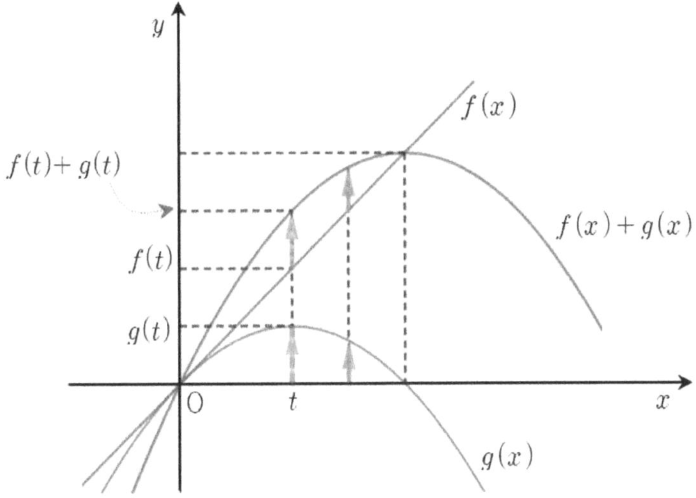

(2) 함수 $f(x)-g(x)$의 그래프

⇨ 함수 $f(x)+g(x)$의 그래프 위의 점 $(x, f(x)-g(x))$는 함수 $f(x)$의 그래프 위의 각 점 $(x, f(x))$을 y축 방향으로 $-g(x)$만큼 평행이동 하여 그린다.

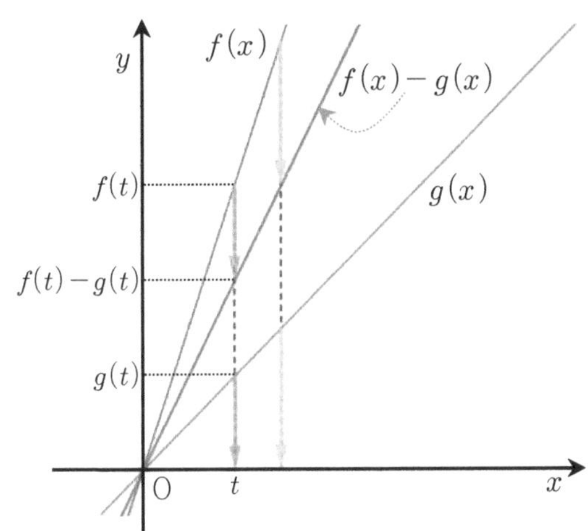

☑ 개념 바로 확인!

함수 $f(x)$가 다음 조건을 만족시킬 때, 다음 물음에 답하여라.

(가) 모든 실수 x에 대하여 $f(x+3)=f(x)$ (나) $-1 \le x \le 1$에서 $f(x)=-x^2+1$ (다) $1 < x \le 2$에서 $f(x)=0$

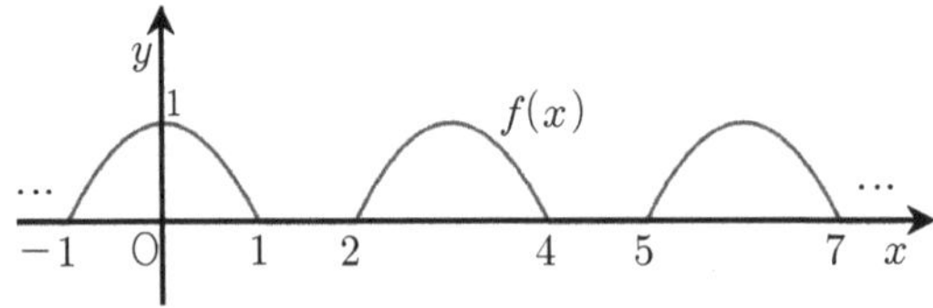

함수 $g(x)=\frac{1}{2}x+f(x)$의 그래프를 그리시오.

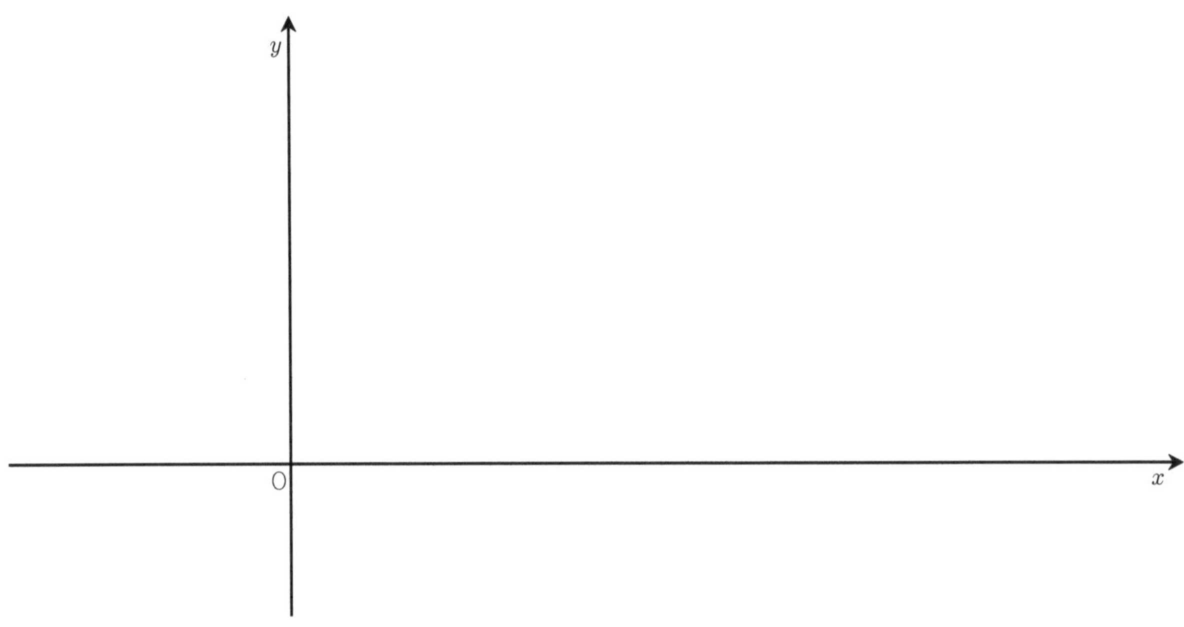

(답)

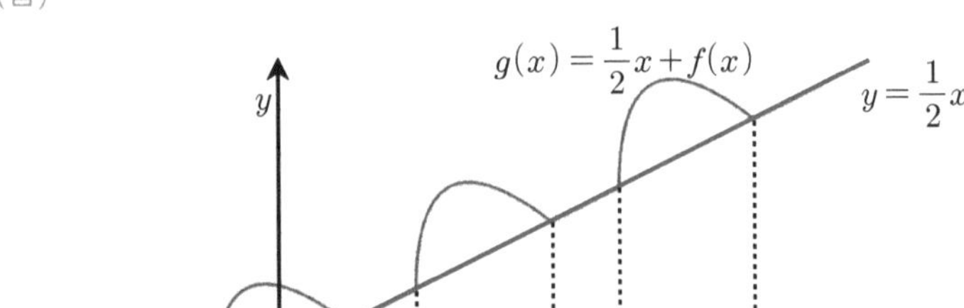

57 ☑ 실전에서 확인! (2017년 11월)

$0 \le x \le 1$에서 정의된 함수 $f(x)=\frac{x-x^2}{2}$에 대하여 함수 $y=\frac{1}{2^n}f(x)+x$의 그래프를 그리시오. (단, $n=1, 2, 3$)

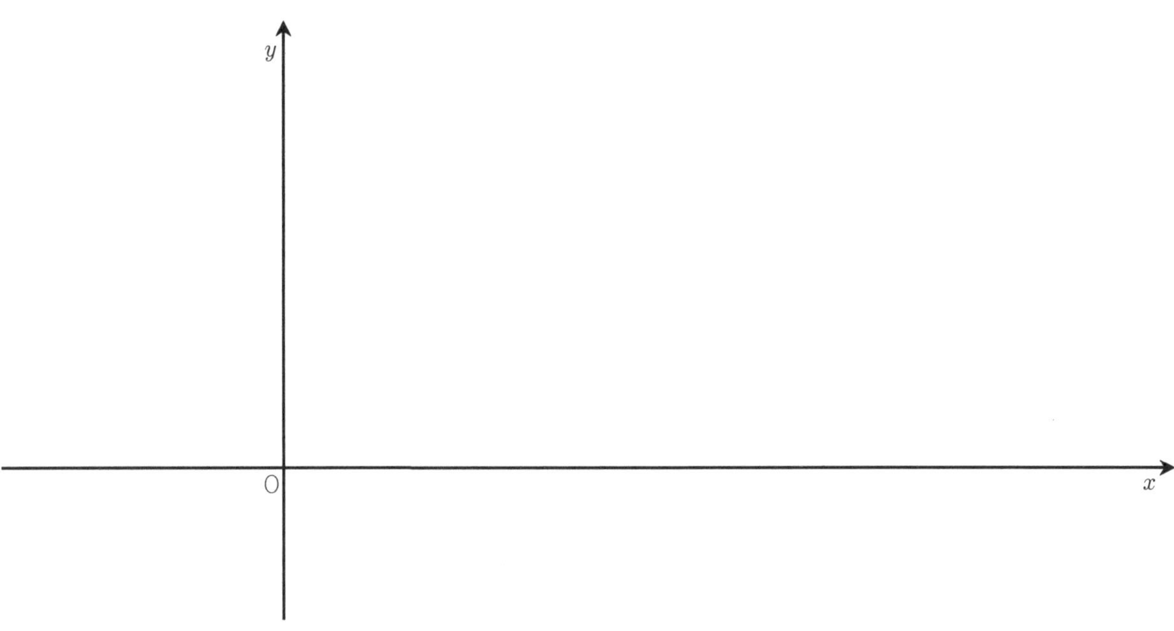

58 ☑ 실전에서 확인! (2017년 11월)

$0 \le x \le 1$에서 정의된 함수 $f(x)=\frac{x-x^2}{2}$에 대하여 함수 $y=x-\frac{1}{2^n}f(x)$의 그래프를 그리시오. (단, $n=5, 6, 7$)

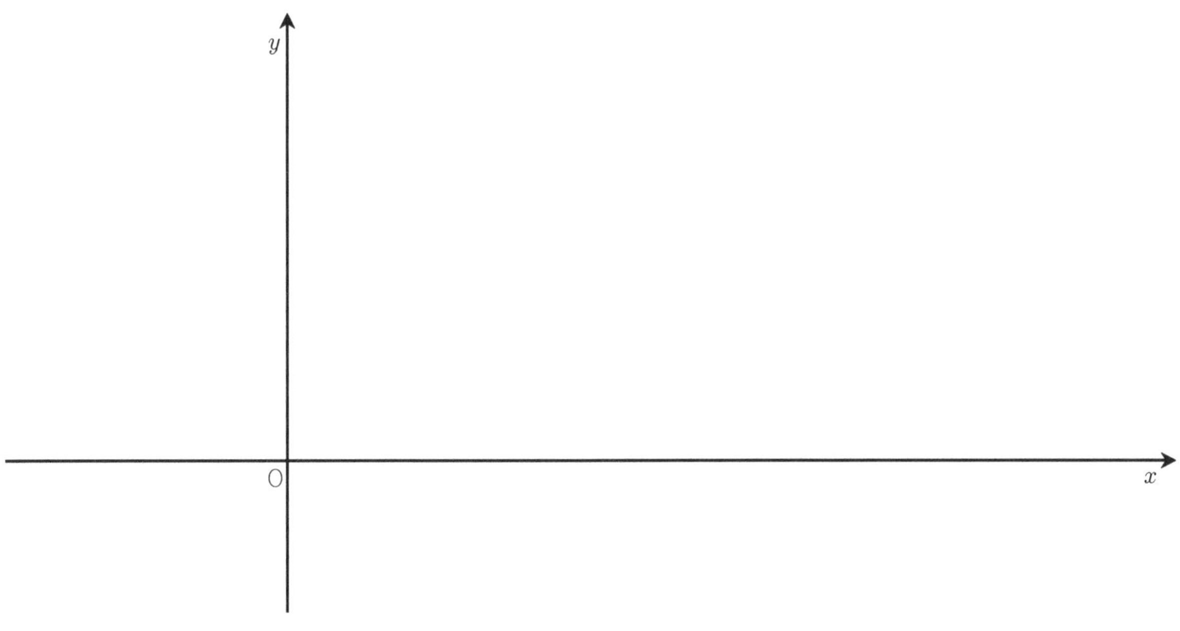

[Theme 16-1] 함수 $1/f(x)$의 그래프 빨리 그리기 (고1)

Q '함수 $\dfrac{1}{f(x)}$의 그래프'는 $f(x)$를 이용하여 어떻게 그릴까?

(2020년 10월 시행 학력평가 출제)

고등학교 2학년때 배우는 '미분과 도함수'를 몰라도 함수 $f(x)$의 그래프를 그릴 수 있다면, 이를 이용하여 함수 $\dfrac{1}{f(x)}$의 그래프도 그릴 수 있다는 사실을 알려줄게. ^^
그 비법은 바로 함수의 '증가'와 '감소'의 정의와 함수 $f(x)$가 증가하거나 감소하는 x의 범위를 안다면 이를 이용하여 구할 수 있다는 것! 우선 함수의 '증가'와 '감소'에 대한 정의를 알아보자.

[Theme 16] 함수의 '증가'와 '감소'

(1) 함수 $f(x)$가 $a \le x \le b$에 있는 임의의 두 실수 x_1, x_2에 대하여 $x_1 < x_2$일 때, $f(x_1) < f(x_2)$이면
⇨ 함수 $f(x)$는 $a \le x \le b$에서 **증가**한다.

$(x_2, f(x_2))$, $(x_1, f(x_1))$, $y = f(x)$, a, x_1, x_2, b, x

(2) 함수 $f(x)$가 $a \le x \le b$에 있는 임의의 두 실수 x_1, x_2에 대하여 $x_1 < x_2$일 때 $f(x_1) > f(x_2)$이면
⇨ 함수 f는 $a \le x \le b$에서 **감소**한다.

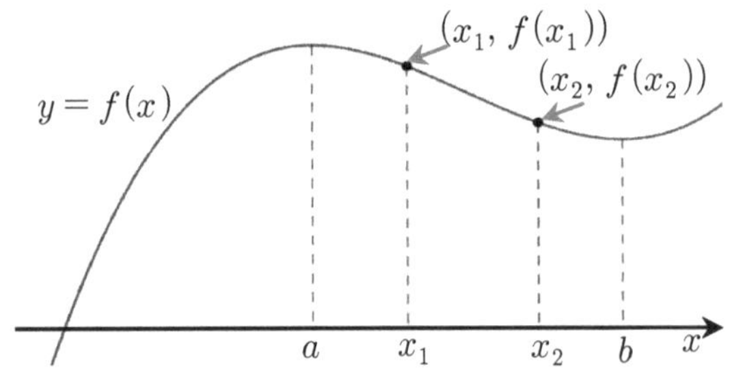

▶ 함수 $f(x) = x^2$은 0이상의 두 실수 x_1, x_2에 대해
$0 \le x_1 < x_2 \Rightarrow (x_1)^2 < (x_2)^2$
$\Rightarrow f(x_1) < f(x_2)$
이므로 $0 \le x$에서 $f(x)$는 증가한다.

▶ 함수 $f(x) = x^2$은 0이하의 두 실수 x_1, x_2에 대해
$x_1 < x_2 \le 0 \Rightarrow (x_1)^2 > (x_2)^2$
$\Rightarrow f(x_1) > f(x_2)$
이므로 $x \le 0$에서 $f(x)$는 감소한다.

★ '증가'와 '감소'의 정의에서 함수 $f(x)$가 정의되는 범위 $a \le x \le b$는 $a \le x$, $a < x$, $x \le b$, $x < b$로 바꾸어도 동일하게 정의된다.

(1) **함수** $f(x)=\dfrac{1}{x^2+x+1}>0$**의 그래프를 '미분(수학II, 미적분)'없이 '증가'와 '감소'의 정의를 이용하여 그려보자.**

① **함수** $y=x^2+x+1$**이 증가할 때, 함수** $f(x)=\dfrac{1}{x^2+x+1}$**의 그래프는 어떻게 그려질까?**

⇨ $g(x)=x^2+x+1$이라 둘 때, 함수 $g(x)$의 그래프는 그림과 같고, $-\dfrac{1}{2}\le x$에서 **함수** $g(x)$**는 증가**한다.

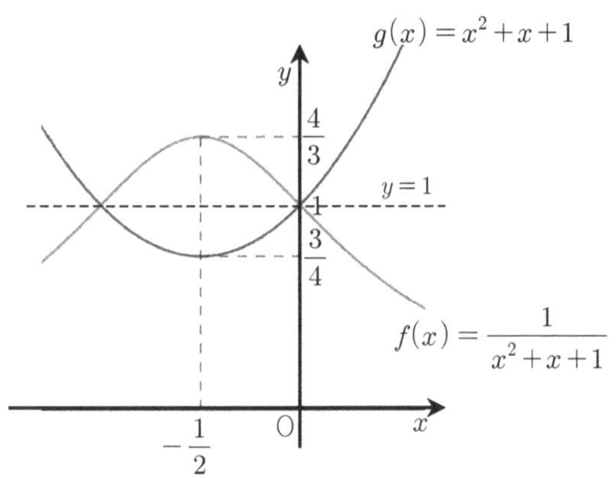

즉, $-\dfrac{1}{2}\le x_1<x_2$인 모든 x_1, x_2에 대해

$$0<g(x_1)<g(x_2) \quad \Rightarrow \quad \frac{1}{g(x_1)}>\frac{1}{g(x_2)}>0$$

이므로 $-\dfrac{1}{2}\le x$에서 **함수** $\dfrac{1}{g(x)}=f(x)$**는 감소**한다.

즉, 함수 $g(x)>0$가 증가하는 구간에서 함수 $\dfrac{1}{g(x)}=f(x)$는 감소한다.

② **함수** $y=x^2+x+1$**이 감소할 때, 함수** $f(x)=\dfrac{1}{x^2+x+1}$**의 그래프는 어떻게 그려질까?**

⇨ $x<-\dfrac{1}{2}$에서 **함수** $g(x)$**가 감소**한다. 즉, $x_1<x_2\le-\dfrac{1}{2}$인 모든 x_1, x_2에 대해

$g(x_1)>g(x_2)>0 \Rightarrow \dfrac{1}{g(x_1)}<\dfrac{1}{g(x_2)}$이므로 **함수** $\dfrac{1}{g(x)}=f(x)$**는 증가**한다.

정리하면, $f(x)>0$인 x의 범위에서 함수 $f(x)$가 증가하면 함수 $\dfrac{1}{f(x)}$는 감소하고, 함수 $f(x)$가 감소하면 함수 $\dfrac{1}{f(x)}$는 증가하며, 직선 $y=1$과 함수 $f(x)$의 교점은 변화가 없다. 즉, 두 함수 $f(x)$와 $\dfrac{1}{f(x)}$의 교점은 직선 $y=1$ 위에 있다.

③ 함수 $f(x)=\dfrac{1}{x^2+x+1}$의 정의역과 치역을 구하고 함수 $y=f(x)$의 그래프를 그리시오.

⇨ ✓ 절대부등식 $x^2+x+1>0$이 성립하여 분수식 $\dfrac{1}{x^2+x+1}$의 분모가 0이 되지 않으므로 함수 $f(x)$의 정의역은 실수 전체이다.

✓ 함수 $f(x)$의 치역을 구해보자. 모든 실수 x에 대하여 다음이 성립한다.

$$x^2+x+1=\left(x+\frac{1}{2}\right)^2+\frac{3}{4}\ \geq\ \frac{3}{4}\ \Rightarrow\ \frac{1}{x^2+x+1}\leq\ \frac{4}{3}$$

위 부등식에서 등호 성립 조건은 $x=-\dfrac{1}{2}$이다.

즉, 함수 $f(x)=\dfrac{1}{x^2+x+1}$의 최댓값은 $x=-1/2$일 때, $\dfrac{4}{3}$이다. 즉 $f(x)\ \leq\ \dfrac{4}{3}$이다.

따라서 함수 $f(x)$의 치역은 $\left\{y|0<y\ \leq\ \dfrac{4}{3}\right\}$이다.

✓ 실수 전체에서 함수 $f(x)$의 치역은 $\left\{y|0<y\ \leq\ \dfrac{4}{3}\right\}$이고 함수 $f(x)$가 0에 가까워지며 감소하는데, x축과 만나지 않으므로 x축이 점근선이 된다.

④ 방정식 $\dfrac{1}{x^2+x+1}=k$의 근의 개수를 상수 k의 값에 따라 구하시오.

⇨ 방정식 $\dfrac{1}{x^2+x+1}=k$의 개수는 함수 $f(x)=\dfrac{1}{x^2+x+1}$의 그래프와 직선 $y=k$의 교점의 개수이다.

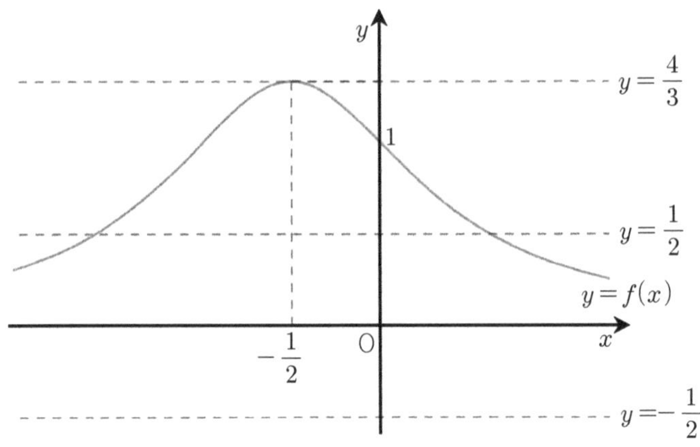

따라서, $k=\dfrac{4}{3}$이면 방정식의 근은 1개, $k>\dfrac{4}{3}$ 또는 $k\leq 0$이면 방정식의 근은 0개, $0<k<\dfrac{4}{3}$이면 방정식의 근은 2개이다.

[Theme16-1] 함수 $\frac{1}{f(x)}$의 그래프 빨리 그리기

(1) 함수 $\frac{1}{f(x)}$의 그래프 (단, $f(x)>0$)

⇨ 함수 $f(x)$의 증가, 감소를 이용하여 함수 $\frac{1}{f(x)}$의 그래프를 그릴 수 있다.

① 함수 $f(x)$가 $a \le x \le b$에서 **증가**하면 함수 $\frac{1}{f(x)}$은 $a \le x \le b$에서 **감소**한다.

② 함수 $f(x)$가 $a \le x \le b$에서 **감소**하면 함수 $\frac{1}{f(x)}$은 $a \le x \le b$에서 **증가**한다.

③ 함수 $f(x)$와 $\frac{1}{f(x)}$의 그래프의 교점은 $f(x)=1$인 점이다. 즉, 함수 $f(x)$의 그래프와 직선 $y=1$을 그린 뒤, 직선 $y=1$ 위에 놓인 함수 $f(x)$의 그래프는 직선 $y=1$과 x축 사이에 놓이게 되고, 직선 $y=1$ 아래에 놓인 함수 $f(x)$의 그래프는 직선 $y=1$ 위에 놓이게 된다.

④ 함수의 극한을 이용하면 $\lim_{x\to\infty}\frac{1}{f(x)}$, $\lim_{x\to-\infty}\frac{1}{f(x)}$, $\lim_{x\to a+}\frac{1}{f(x)}$, $\lim_{x\to a-}\frac{1}{f(x)}$(단, $f(a)=0$)를 통해 점근선을 파악하여 함수의 그래프를 더 정확하게 그릴 수 있다.

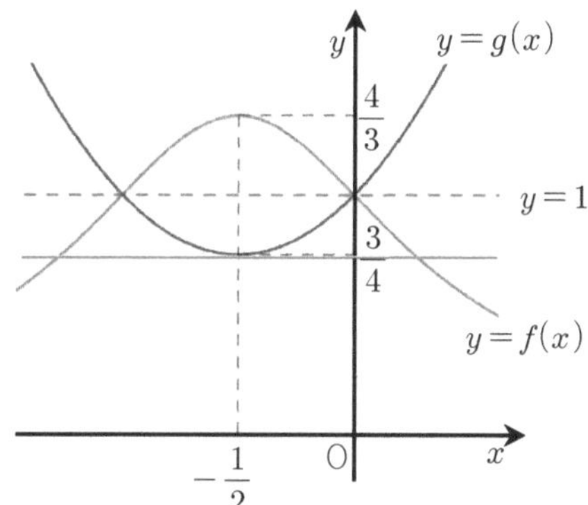

예) (함수의 극한의 활용)

$\lim_{x\to\infty}g(x)=\lim_{x\to\infty}\frac{1}{x^2+x+1}=0$,

$\lim_{x\to-\infty}g(x)=\lim_{x\to-\infty}\frac{1}{x^2+x+1}=0$이므로 함수 $g(x)$의 극한은 직선 $y=0$이다.

(2) 함수 $\frac{1}{f(x)}$의 그래프 (단, $f(x)<0$)

⇨ 함수 $f(x)$가 $a \le x \le b$에서 $f(x)<0$이면 $-f(x)>0$이 되므로 위 (1)을 적용하여 함수 $\frac{1}{-f(x)}$의 그래프를 그린 뒤, x축 대칭하여 $-\left\{\frac{1}{-f(x)}\right\}=\frac{1}{f(x)}$의 그래프를 그린다.

★ 위 방법처럼 함수 $f(x)$의 '증가'와 '감소'만을 이용하여 함수 $\frac{1}{f(x)}$의 그래프를 그릴 때는 '미분'을 활용하여 구할 수 있는 '접선의 기울기, 변곡점, 오목, 볼록'등을 자세히 알 수는 없지만, '증가와 감소'는 알 수 있기 때문에 개략적인 그래프를 빠르고 쉽게 그릴 수 있다는 장점이 있다! 특히, 앞에서 보았던 예제처럼 미분하기 귀찮거나 어려운 함수라면 더더욱 위 방법이 빛을 발한다. ^^

☑ **개념** 바로 확인!

함수 $f(x)=\dfrac{2}{2x^2+1}$의 그래프를 그리시오.

(답) 아래 풀이 참조

함수 $f(x)=\dfrac{1}{x^2+0.5}$이므로 $y=x^2+0.5$의 그래프를 이용하여 함수 $f(x)$의 그래프를 그려보자.

① 양수인 함수 $y=x^2+0.5$가 증가, 감소하는 x의 범위를 찾자.

$0\le x$에서 함수 $y=x^2+0.5$는 증가하므로 함수 $f(x)=\dfrac{1}{x^2+0.5}$는 감소한다.

$x<0$에서 함수 $y=x^2+0.5$는 감소하므로 함수 $f(x)=\dfrac{1}{x^2+0.5}$는 증가한다.

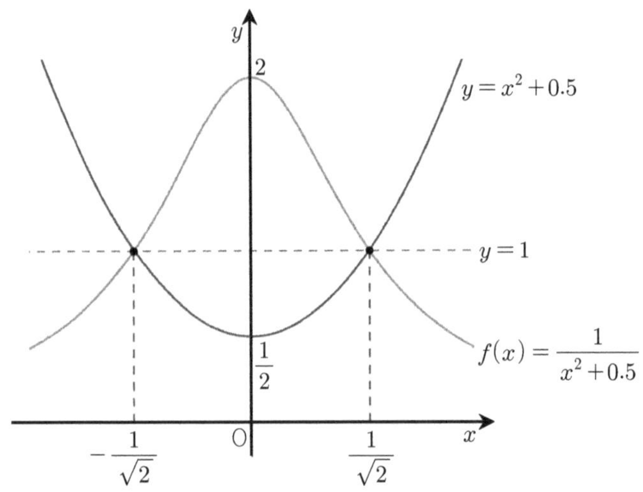

② 함수 $y=x^2+0.5$의 그래프와 직선 $y=1$을 그리고 교점을 찾는다. 이때, 교점의 x좌표는 $x=\pm\dfrac{1}{\sqrt{2}}$이다. 두 교점 $\left(\pm\dfrac{1}{\sqrt{2}},\,1\right)$은 함수 $y=x^2+0.5$의 그래프 위의 점으로서 함수 $f(x)=\dfrac{1}{x^2+0.5}$의 그래프를 그릴 때에도 고정된 점으로 존재한다.

이제, 직선 $y=1$의 위에 놓인 곡선 $y=x^2+0.5$의 점들은 함수 $f(x)=\dfrac{1}{x^2+0.5}$의 그래프를 그릴 때, 직선 $y=1$ 아래에 놓이게 되고, 직선 $y=1$의 아래에 놓인 곡선 $y=x^2+0.5$의 점들은 함수 $f(x)=\dfrac{1}{x^2+0.5}$의 그래프에서는 직선 $y=1$ 위에 놓이게 된다.

[Theme16-2] 합성함수의 그래프 빨리 그리기 (고1)

Q '합성함수 $f \circ g$의 그래프'를 미분없이 어떻게 빨리 그릴까?

이번에는 앞 [Theme16-1]에서 배운 함수의 '증가'와 '감소'에 대한 정의를 기반하여 합성함수의 증가와 감소를 파악해서 '미분 없이' 그래프를 빨리 그리는 방법을 알아보자. 특히, 이 내용은 '수학I'의 지수 로그 함수의 합성함수의 최대 최소를 구할 때, 그리고 수학II에서 미분할 시간을 아껴서 함수의 그래프를 빨리 그릴 때 유용하게 쓰인다!

[Theme16-2] 합성함수의 그래프 빨리 그리기

정의역에서 함수 $f(x)$는 **증가**하고, 함수 $g(x)$는 **감소**할 때, 다음이 성립한다.

(1) $(f \circ g)(x)$는 정의역에서 **감소**한다.

(2) $(g \circ f)(x)$는 정의역에서 **감소**한다.

(3) 함수 $h(x)$가 정의역에서 **증가**하면 함수 $(f \circ h)(x)$도 **증가**한다.

(4) 함수 $h(x)$가 정의역에서 **감소**하면 함수 $(g \circ h)(x)$는 **증가**한다.

▶빨리 기억하는 방법은 아래와 같다.
증 ∘ 감＝감, 감 ∘ 증＝감
증 ∘ 증＝증, 감 ∘ 감＝증
(이유는 다음 장에!)

▶예 : (수학I) 두 함수 $f(x)=2^x+1$, $g(x)=\log_3(x+5)$에 대하여 $g \circ f$는 두 증가함수의 합성함수이므로 정의역인 실수 전체에서 증가한다.

▶예 : $x>2$에서 두 함수 $f(x)=\dfrac{1}{x-2}$, $g(x)=x^2$에 대하여 함수 $(g \circ f)(x)=\left(\dfrac{1}{x-2}\right)^2$는 감소한다.

★ (1) 정의역에 속하는 $x_1<x_2$에 대하여 함수 $g(x)$가 감소하므로

$g(x_1)>g(x_2)$ (함수 $g(x)$가 **감소**하므로 부등호 **방향 반대**)

$\Rightarrow f(g(x_1))>f(g(x_2))$ (함수 $f(x)$가 **증가**하므로 부등호 **방향 보존**)

따라서 $(f \circ g)(x)$는 정의역에서 감소한다.

★ (4) 정의역에 속하는 $x_1 < x_2$에 대하여

$h(x_1) > h(x_2)$ (함수 $h(x)$가 **감소**하므로 부등호 **방향 반대**)

$\Rightarrow g(h(x_1)) < g(h(x_2))$ (함수 $g(x)$가 **감소**하므로 부등호 **방향 반대**)

두 개의 감소함수를 합성한 덕분에 부등호 방향이 '2번' 바뀌었으므로 원래의 부등호 방향이 되었다. 따라서 $(g \circ h)(x)$는 정의역에서 증가한다.

★ (1)～(4)을 빠르게 기억하는 방법을 알아보자.

감소함수는 부등식의 부등호 방향을 반대가 되게 하므로 감소함수를 홀수번 합성하면 증가함수를 감소함수로, 감소함수를 증가함수로 성격을 바꿔버린다. 하지만, 감소함수를 짝수번 합성하면 부등호 방향이 처음 방향으로 되돌아오므로 결국 증가함수를 증가함수로, 감소함수를 감소함수로 보존한다.

☑ 개념 바로 확인! [1]

✓풀이가 해설지에 있어요. ☺

함수 $f(x) = \dfrac{2}{2x^2+1}$가 증가하는 x의 범위와 감소하는 x의 범위를 각각 구하시오.

(답) $x \geq 0$에서 감소, $x < 0$에서 증가

59 ☑ 실전에서 확인!

2022년 수능연계교재

두 함수 $f(x) = 2 \times \left(\dfrac{1}{4}\right)^x + 1$, $g(x) = \log_{\frac{1}{3}} x$에 대하여 함수 $(g \circ f)(x)$의 증가, 감소를 판정하시오.

60 ☑ 실전에서 확인!

(2022년 11월 30번)

함수 $g(x) = e^{\sin \pi x} - 1$이 증가하는 구간과 감소하는 구간을 찾아 함수 $g(x)$의 그래프의 개형을 그리시오.

61 ☑ 실전에서 확인! (2018년 7월)

자연수 n에 대하여 함수 $f(x)$와 $g(x)$는 $f(x)=x^n-1$, $g(x)=\log_3(x^4+2n)$이다. 함수 $h(x)$가 $h(x)=g(f(x))$일 때, <보기>의 명제의 참, 거짓을 판정하시오.

<보기>

열린구간 $(0, 1)$에서 함수 $h(x)$는 증가한다.

62 ☑ 실전에서 확인! (2022년 6월 28번)

최고차항의 계수가 $\frac{1}{2}$인 삼차함수 $f(x)$에 대하여 함수 $g(x)$가

$$g(x)=\begin{cases}\ln|f(x)| & (f(x)\neq 0)\\ 1 & (f(x)=0)\end{cases}$$

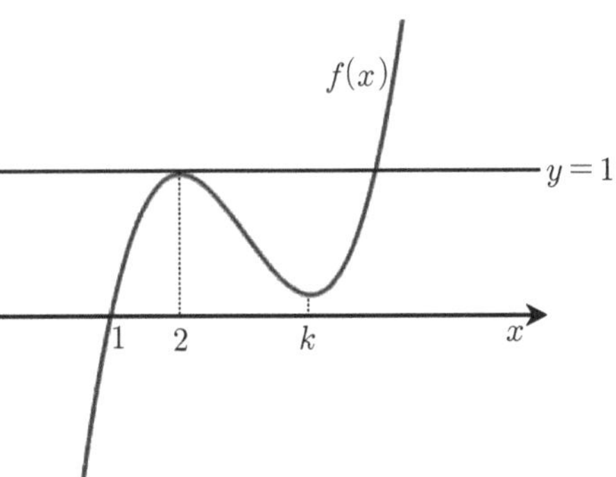

이고 함수 $f(x)$의 그래프가 그림과 같을 때, $x>1$에서 함수 $g(x)$가 증가하는 구간과 감소하는 구간을 찾아 함수 $g(x)$의 그래프의 개형을 그리시오. (단, $h(x)=\ln x$는 $x>0$에서 증가함수이고 $h(1)=0$이다.)

63 ☑ 실전에서 확인! (2017년 3월)

그림은 함수 $f(x)=x^2e^{-x+2}$의 그래프이다. $0\leq x\leq 2$에서 함수 $y=(f\circ f)(x)$의 그래프를 그리시오. (단, $0<k<2$인 상수 k는 $f(k)=2$이다.)

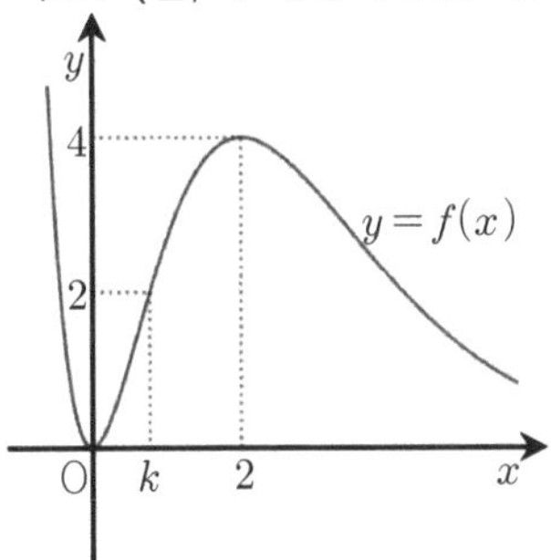

[Theme17] 아르키메데스의 원리

Q '포물선으로 둘러싸인 넓이'를 적분 없이 구한다고?

(2020년 3월 시행 학력평가 출제)

[Theme17] (feat.아르키메데스의 원리)

포물선의 넓이를 직사각형의 넓이를 이용하여 구하기

포물선(이차함수의 그래프)와 축에 수직인 직선 AB로 둘러싸인 영역의 넓이는 외접하는 직사각형 넓이를 이용하여 다음과 같이 구할 수 있다.

(포물선과 축에 수직인 직선 AB로 둘러싸인 영역의 넓이)=(직사각형 ABCD 넓이)$\times\frac{2}{3}$

$$=\frac{2}{3}ab$$

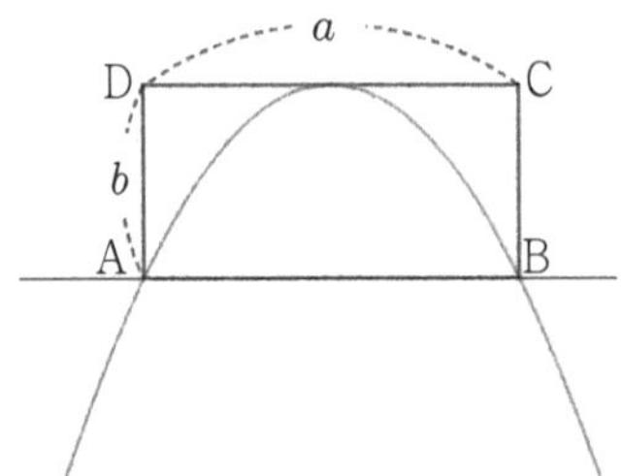

★ 이렇게 포물선으로 둘러싸인 넓이는 BC 몇 년 전, '아르키메데스'님께서 발견하신 거야. 이 방법을 이용하면 정적분도 필요 없고, 정적분을 이용한 것보다 빠르고 정확하게 포물선으로 둘러싸인 넓이를 구할 수 있어.

예) 곡선 $y=x^2-2x$가 구간 $[0, 2]$에서 x축으로 둘러싸인 영역의 넓이는 정적분으로 다음과 같이 나타낼 수 있지만, 정적분을 이용하지 않고 포물선으로 둘러싸인 영역의 외접하는 직사각형의 넓이를 이용하여 구할 수 있다는 사실!

$$\int_0^2 |x^2-2x|dx = (\text{직사각형 OABC의 넓이})\times\frac{2}{3}$$

$$=|2\times f(1)|\times\frac{2}{3}=2\times 1\times\frac{2}{3}=\frac{4}{3}$$

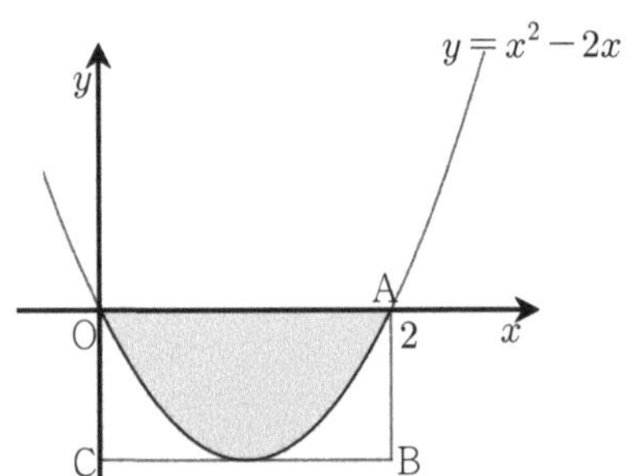

★ 이 방법을 사용할 때 주의할 점은 넓이를 구하는 영역에 외접하는 직사각형의 한 변은 포물선의 대칭축에 평행하고, 다른 한 변은 포물선의 대칭축에 수직이라는 사실이다! 따라서 아래 그림과 같이 포물선과 직선으로 둘러싸인 영역의 넓이는 위 공식을 바로 적용할 수 없어.

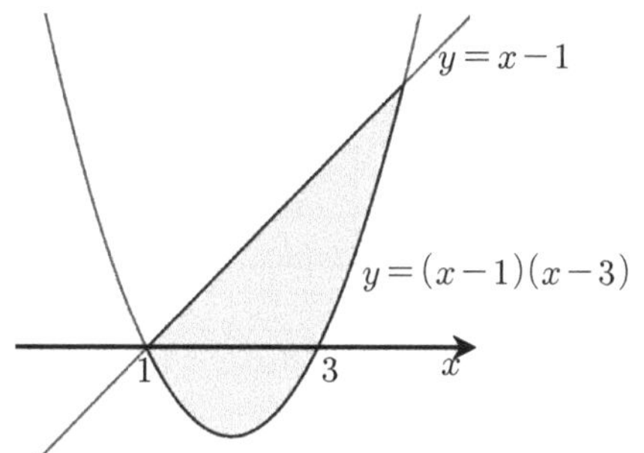

이러한 경우에 색칠된 영역의 넓이는 어떻게 구할까?

✓ 우선 포물선과 직선의 교점은 $(x-1)=(x-1)(x-3)$에서 $x=1$ 또는 $x=4$임을 알 수 있어.

✓ 수학II의 정적분 단원에서 배웠듯 이 영역의 넓이는 곡선 $y=(x-1)-(x-1)(x-3)$과 x축으로 둘러싸인 영역의 넓이와도 같다.

✓ 따라서 아래 그림과 같이 포물선 $y=-(x-1)(x-4)$와 x축으로 둘러싸인 영역의 넓이는 이 영역의 외접하는 직사각형 넓이를 이용하여 다음과 같이 구할 수 있다.

$$(4-1)\times(-1)\left(\frac{5}{2}-1\right)\left(\frac{5}{2}-4\right)\times\frac{2}{3}=\frac{9}{2}$$

따라서 구하는 영역의 넓이는 $\frac{9}{2}$이다.

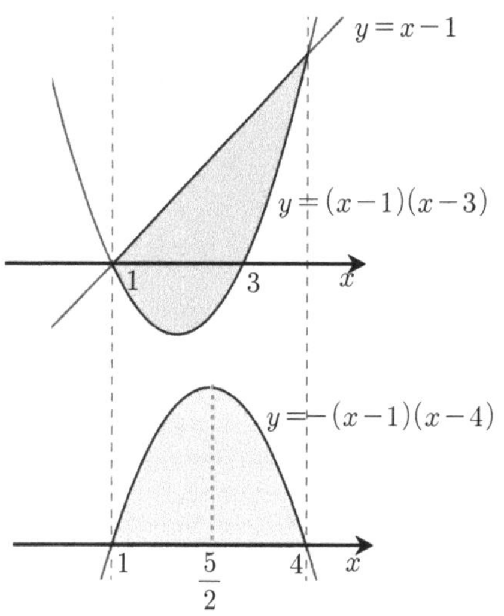

☑ 개념 바로 확인! [1]

✓풀이가 해설지에 있어요. ☺

다음 물음에 답하여라.

(1) 함수 $y=-x^2+1$의 그래프와 x축으로 둘러싸인 영역의 넓이를 구하시오.

(2) 함수 $y=-x^2+1$의 그래프와 직선 $y=x-1$로 둘러싸인 영역의 넓이를 구하시오.

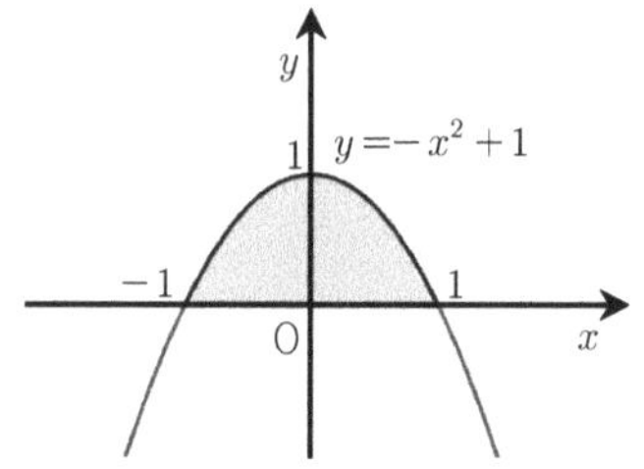

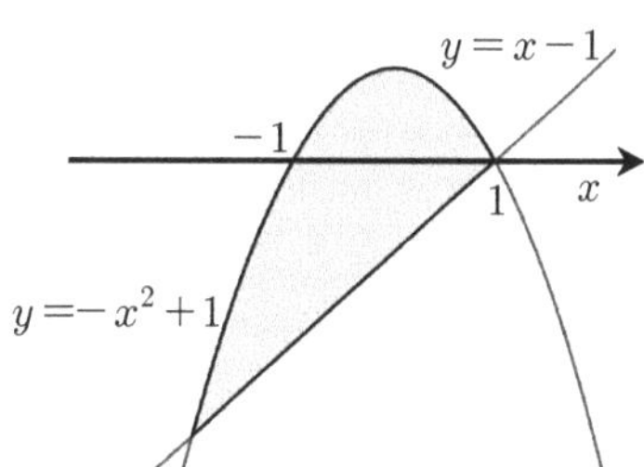

(답) (1) $\frac{4}{3}$ (2) $\frac{9}{2}$

64 ☑ 실전에서 확인! (2020년 3월)

그림과 같이 두 함수 $y=\frac{1}{2}x^2+2$와 $y=2|x|$의 그래프가 두 점 A, B에서 각각 접한다. 두 함수 $y=\frac{1}{2}x^2+2$와 $y=2|x|$의 그래프로 둘러싸인 부분의 넓이는?

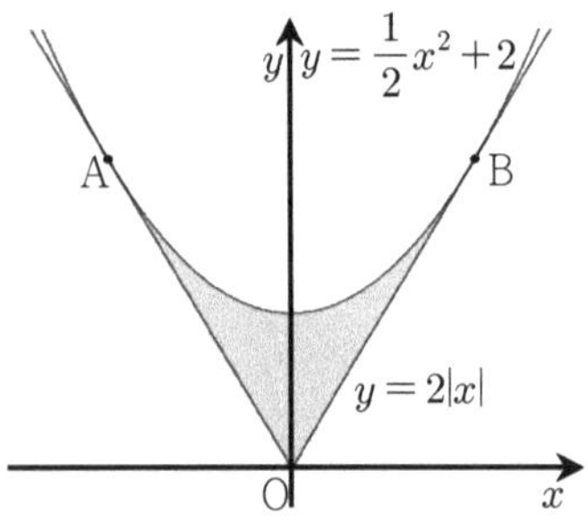

65 ☑ 실전에서 확인! (2017년 11월)

곡선 $y=-2x^2+2x$와 x축으로 둘러싸인 부분의 넓이를 $\frac{q}{p}$일 때, $p+q$의 값을 구하시오. (단, p와 q는 서로소인 자연수이다.)

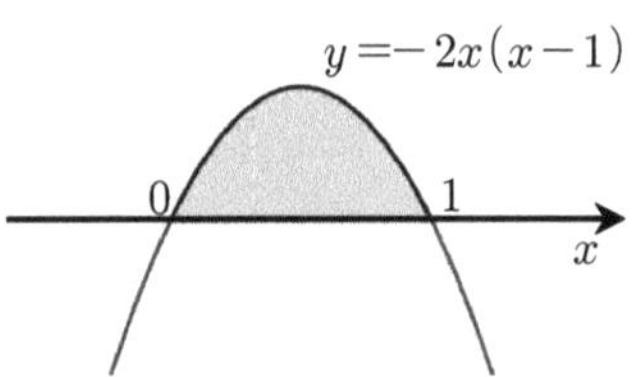

66 ☑ 실전에서 확인! (2023년 3월)

함수 $y=|x^2-2x|+1$의 그래프와 x축, y축 및 직선 $x=2$로 둘러싸인 부분의 넓이는?

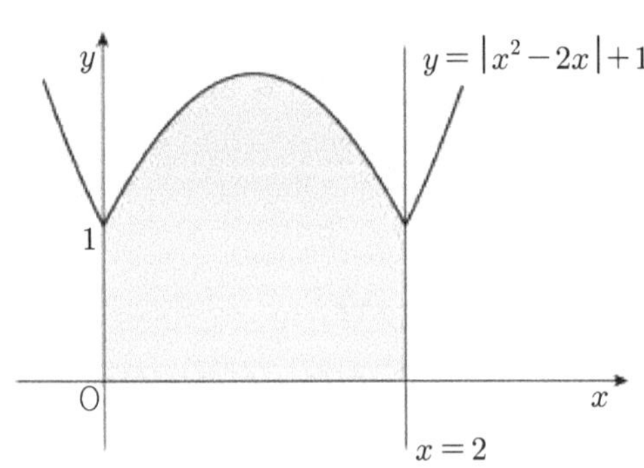

67 ☑ 실전에서 확인! (2022년 4월)

곡선 $y=-x^2+4x-4$와 x축 및 y축으로 둘러싸인 부분의 넓이를 S라 할 때, $12S$의 값을 구하시오.

68 ☑ 실전에서 확인! (2022년 10월)

두 함수

$$f(x)=x^2-4x,\ g(x)=\begin{cases}-x^2+2x & (x<2)\\ -x^2+6x-8 & (x\ge 2)\end{cases}$$

의 그래프로 둘러싸인 부분의 넓이는?

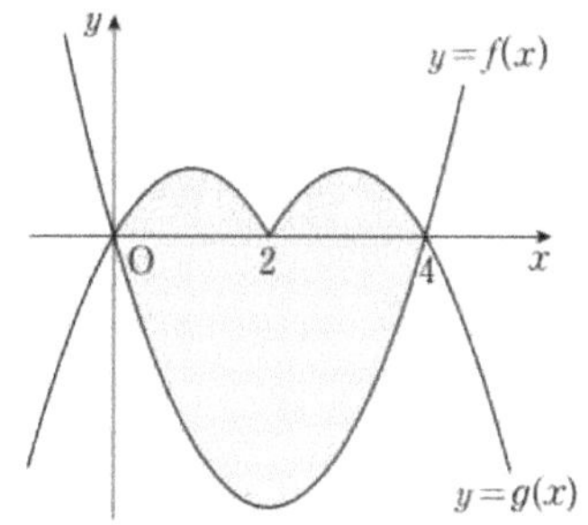

69 ☑ 실전에서 확인! (2022년 3월)

그림과 같이 곡선 $y=x^2-4x+6$ 위의 점 $\mathrm{A}(3,\ 3)$에서의 접선을 l: $y=2x-3$이라 할 때, 곡선 $y=x^2-4x+6$과 직선 l 및 y축으로 둘러싸인 부분의 넓이는?

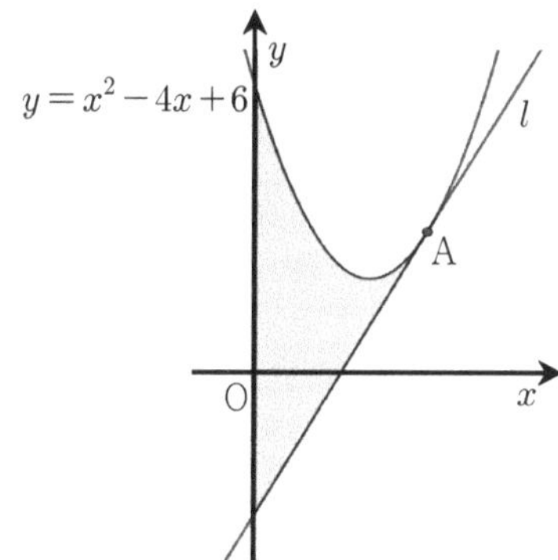

[Theme 18] 카바리에리 원리

Q ‘넓이를 길이비’로 구한다고?

(2023년 11월 시행 수능 출제)

[Theme 18] 카바리에리 원리 – 넓이는 길이비

(1) 카바리에리 원리(ver. 부피)

한 평면과 평행한 무수히 많은 평면으로 두 입체도형을 자를 때 마다 생긴 단면의 넓이를 각각 S_1, S_2, 두 입체도형의 부피를 순서대로 V_1, V_2라고 하면 다음이 성립한다.

① $S_1 = S_2$이면 $V_1 = V_2$이다.

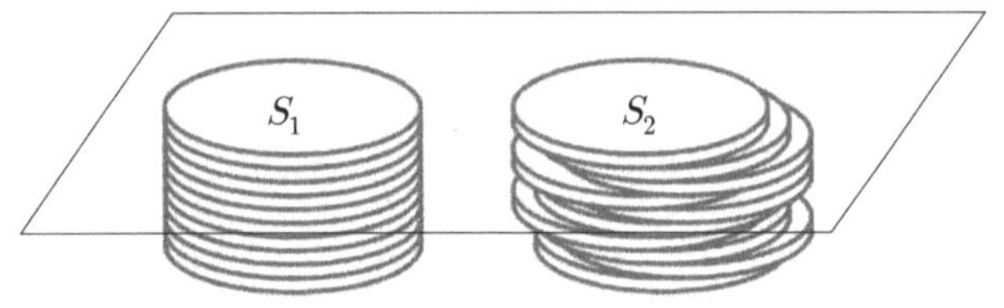

② $S_1 : S_2 = m : n$이면 $V_1 : V_2 = m : n$이다.

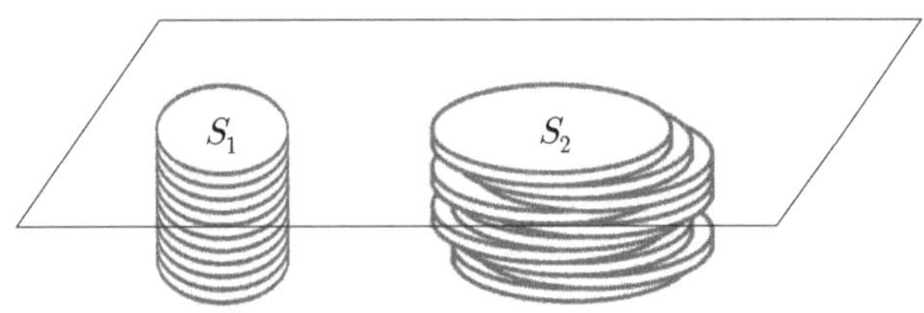

▶ 그림과 같이 쌓는 모양에 관계없이 모양이 같은 동전을 같은 개수 만큼 쌓은 두 입체 도형의 부피는 같다.

▶ (10원 짜리 동전 1개의 밑넓이) : (500원 짜리 동전 1개의 밑넓이) =(10원 짜리 동전 1개의 부피) : (500원짜리 동전 1개의 부피비)

(2) 카바리에리 원리(ver. 넓이)

한 직선과 평행한 무수히 많은 직선으로 두 평면도형을 잘랐을 때 생긴 선분의 길이를 각각 l_1, l_2라 하고, 두 평면도형의 넓이를 순서대로 S_1, S_2라고 하면 다음이 성립한다.

① $l_1 = l_2$이면 $S_1 = S_2$이다.

② $l_1 : l_2 = m : n$이면 $S_1 : S_2 = m : n$이다.

▶ 아래 두 도형의 넓이는 각각 $6 \times 7 = 42$로 같다.

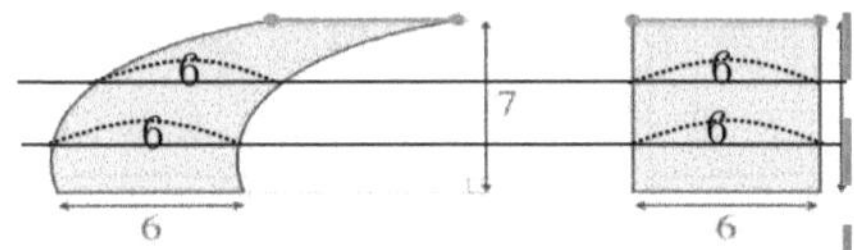

▶ 아래 두 도형의 넓이비는 $2 : 3$이다.

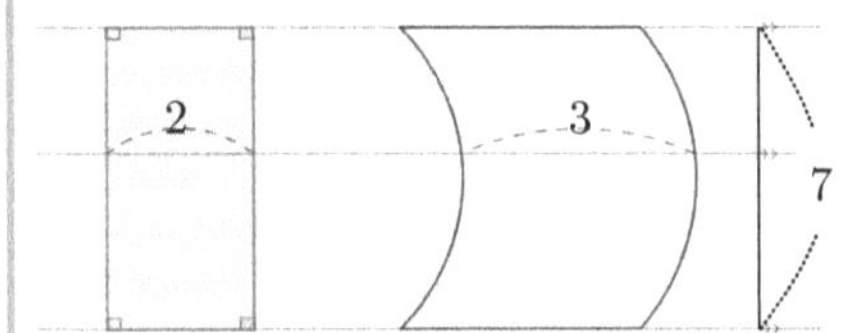

또한, 왼쪽 도형의 넓이는 14, 오른쪽 도형의 넓이는 21이다.

★ 위 (1)②는 [Theme]21에서 배우게 될 등적변형과도 일맥상통해!

[Theme18] 카바리에리 원리 – 넓이는 길이비

(3) 카바리에리 원리의 적용

① $a \le x \le b$에서 곡선 $y=f(x)$와 x축으로 둘러싸인 영역의 넓이가 S이면, $a \le x \le b$에서 곡선 $y=kf(x)$와 x축으로 둘러싸인 영역의 넓이는 kS이다. (단, $k>0$)

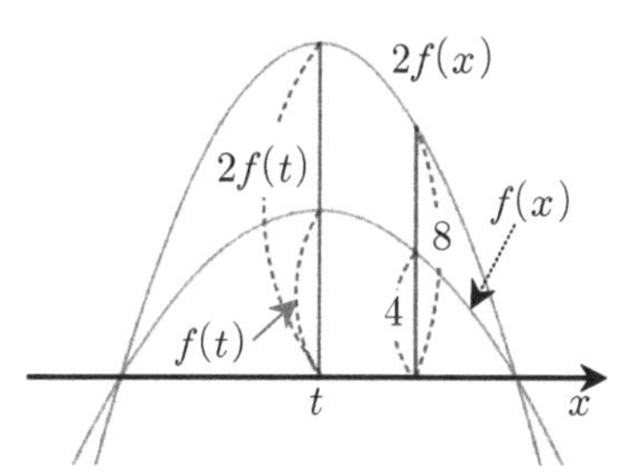

▶ 위 그림에서 x축과 두 함수 $f(x)$, $2f(x)$의 그래프로 둘러싸인 영역의 넓이의 비는 $1:2$이다.

② $-b \le x \le b$에서 곡선 $y=f(x)$와 x축으로 둘러싸인 영역의 넓이가 S이면, $-\frac{b}{a} \le x \le \frac{b}{a}$에서 곡선 $y=f(ax)$와 x축으로 둘러싸인 영역의 넓이는 $\frac{1}{a}S$이다. (단, $a>0$)

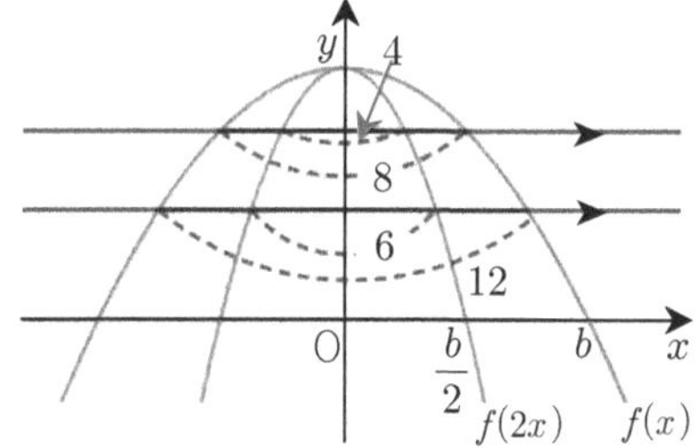

▶ 왼쪽 그림에서 x축과 두 함수 $f(x)$, $f(2x)$의 그래프로 둘러싸인 영역의 넓이의 비는 $2:1$이다.

★ 사실 (3)①은 정적분의 성질 $\int_a^b kf(x)\,dx = k\int_a^b f(x)\,dx$와 똑같아!

★ 카바리에리의 원리를 이용하면 타원의 넓이도 쉽게 구할 수 있다. 타원은 '원'을 한 지름에 수직인 방향으로 일정하게 줄인 것이다. 오른쪽 그림의 타원은 원을 y축 방향으로 $\frac{b}{a}(a>b>0)$만큼 줄인 것이다. 따라서 타원의 넓이는 카바리에리 원리에 의해 원의 넓이를 $\frac{b}{a}$만큼 줄이면 되므로 다음과 같이 구할 수 있다.

$$(\text{타원의 넓이}) = (\text{원의 넓이}) \times \frac{b}{a} = \pi a^2 \times \frac{b}{a} = \pi ab$$

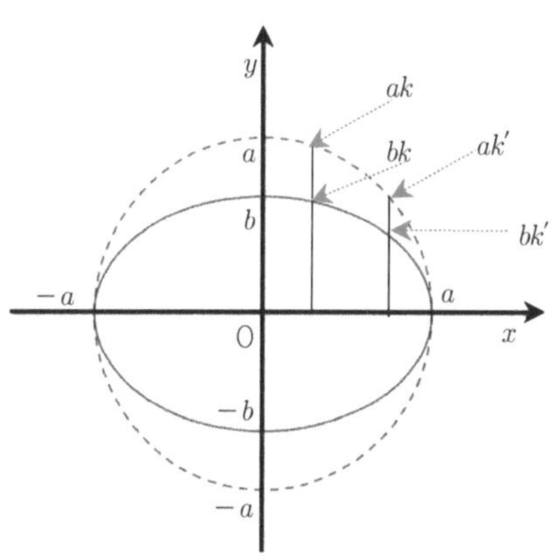

☑ 개념 바로 확인! [1] ✓풀이가 해설지에 있어요. ☺

이차함수 $f(x)$의 그래프와 x축으로 둘러싸인 영역의 넓이가 12일 때, 다음 함수의 그래프와 x축으로 둘러싸인 영역의 넓이를 구하시오. (단, $f(-1)=f(1)=0$)

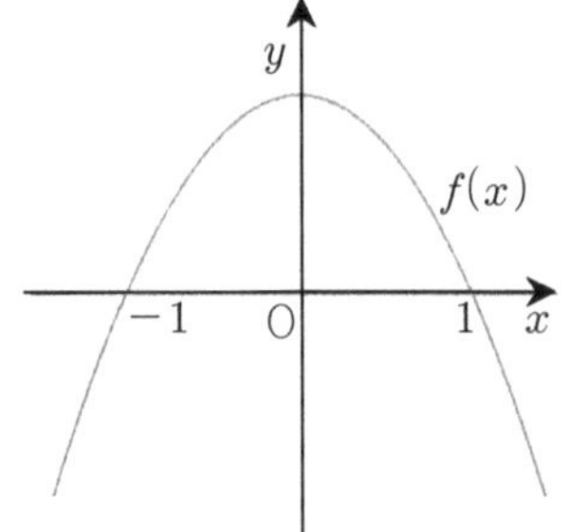

(1) $2f(x)$

(2) $\frac{1}{2}f(x)$

(3) $f(2x)$

(4) $f(\frac{1}{2}x)$

(답) (1) 24 (2) 6 (3) 6 (4) 24

☑ 개념 바로 확인! [2] ✓풀이가 해설지에 있어요. ☺

$0 \le x \le 4$에서 정의된 함수 $f(x)=-|x-2|+2$에 대하여 $0 \le x \le 8$에서 정의된 함수 $y=3f\left(\frac{1}{2}x\right)$와 x축으로 둘러싸인 영역의 넓이를 구하시오.

(답) 24

70 ☑ 실전에서 확인! (2016년 10월)

함수 $f(x)$의 그래프가 직선 $x=a$에 대칭일 때, 함수 $f(2x)$의 그래프는 직선 (가) 에 대해 대칭이다. 또한, $0 \le x \le a$에서 함수 $f(x)$의 그래프와 x축 사이 영역의 넓이를 8이라고 하면, $0 \le x \le a$에서 함수 $f(2x)$의 그래프와 x축 사이 영역의 넓이는 (나) 이다.

71 ☑ 실전에서 확인! (2017년 11월 수능)

이차함수 $f(x)=\dfrac{3x-x^2}{2}$에 대하여 $0 \le x \le 1$에서 정의된 함수 $y=\dfrac{1}{2^n}\{f(x)-x\}$의 그래프와 x축으로 둘러싸인 영역의 넓이를 $n=0, 1, 2, 3$에 대하여 차례대로 구하시오.

72 ☑ 실전에서 확인! (2023년 11월 수능)

실수 전체의 집합에서 연속인 함수 $f(x)$가 모든 실수 x에 대하여 $f(x) \ge 0$이고, $x<0$일 때, 함수 $f(x)$는 감소한다. 모든 양수 t에 대하여 x에 대한 방정식 $f(x)=t$의 서로 다른 실근의 개수는 2이고, 이 방정식의 두 실근 중 작은 값을 $g(t)$, 큰 값을 $h(t)$라 하자. 두 함수 $g(t)$, $h(t)$는 모든 양수 t에 대하여 $2g(t)+h(t)=k$ (k는 양수)를 만족시킨다.

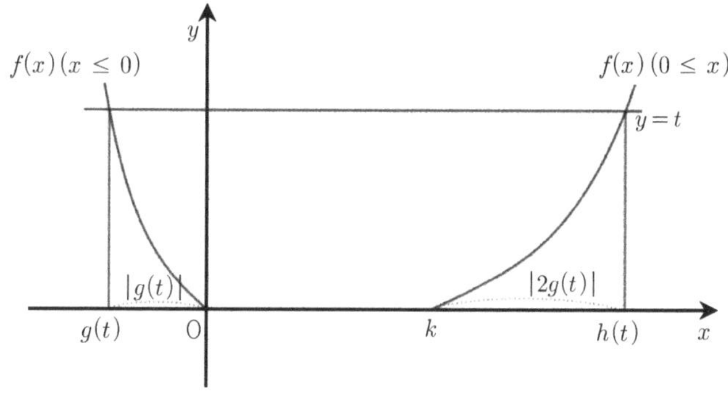

$f(k)=0$이고, 구간 $[k, 7]$에서 함수 $f(x)$와 x축 및 $x=7$로 둘러싸인 영역의 넓이가 52일 때, 구간 $[g(f(7)), 0]$에서 함수 $f(x)$와 x축 및 직선 $x=g(f(7))$로 둘러싸인 영역의 넓이를 구하시오. (단, $0<k<7$)

고1,고2,고3 구분없이
중학도형은 한번은 꼭!
완전 정리하는게 예의

중학도형

[Theme19] 직각삼각형

'직각삼각형의 여러 가지 성질'

(2020년 10월 시행 학력평가 출제)

[Theme19] 피타고라스 정리

(1) **피타고라스 정리**

⇨ 직각삼각형 ABC에서 직각을 낀 두 변의 길이를 각각 a, b라 하고, 빗변의 길이를 c라고 하면 다음이 성립한다.

$$a^2+b^2=c^2$$

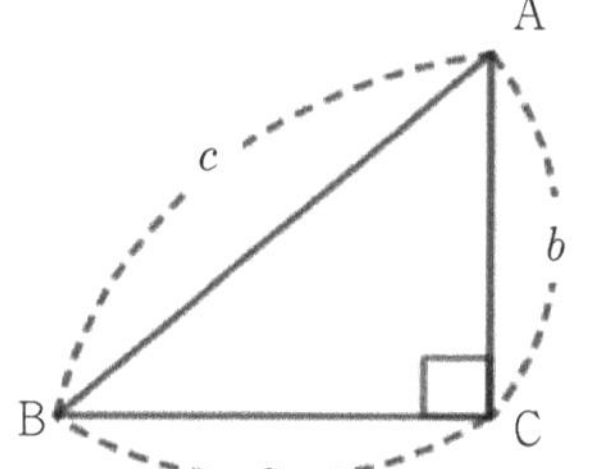

⇨ 직각삼각형의 두 변의 길이가 주어질 때, 나머지 한 변의 길이는 간단한 두 수의 비를 이용하여 구한다.

예) 직각을 낀 두 변의 길이가 $a=4$, $b=8$이면 두 변의 길이비가 $1:2$이므로 피타고라스 정리에 의해 $a:b:c=1:2:\sqrt{1^2+2^2}$이 되어 $c=4\sqrt{5}$이다.

(2) **직각삼각형 판정법**

① **(피타고라스 정리의 '역')** 세 변의 길이가 각각 a, b, c인 삼각형 ABC에서 $a^2+b^2=c^2$을 만족하면 이 삼각형은 빗변의 길이가 c인 직각삼각형이다. 즉, $\angle C=90°$ 이다.

② **대표적인 피타고라스 세 수**

: 세 변의 길이비가 다음과 같은 삼각형은 가장 긴 변을 빗변으로 하는 직각삼각형이 된다.

① 3 : 4 : 5　② 5 : 12 : 13　③ 8 : 15 : 17　④ 7 : 24 : 25

☑ **개념** 바로 확인!

다음 중 직각삼각형을 고르시오.

(1)

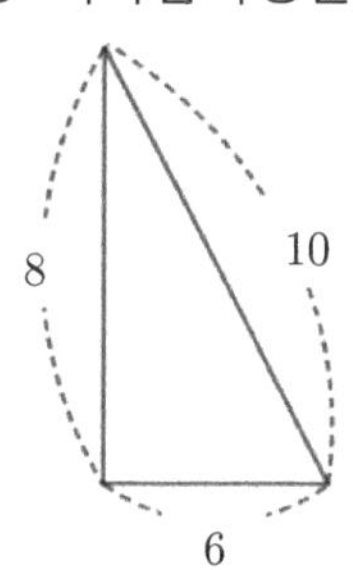

(2)

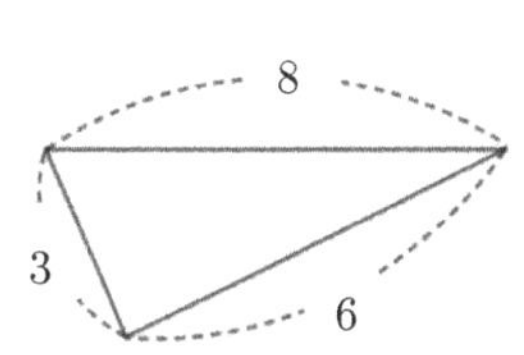

(3)

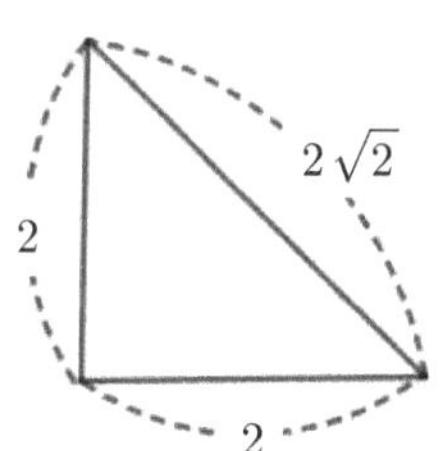

(답) (1), (3)

73 ☑ 실전에서 확인! (2020년 10월)

그림과 같이 두 점 $\mathrm{F}(4,0)$, $\mathrm{F}'(-4,0)$과 곡선 C 위의 점 P에 대해 $\angle \mathrm{FPF}'=90°$이고, $\overline{\mathrm{PF}}+\overline{\mathrm{PF}'}=10$이다. 삼각형 PFF'의 넓이는? (단, $\overline{\mathrm{PF}}<\overline{\mathrm{PF}'}$)

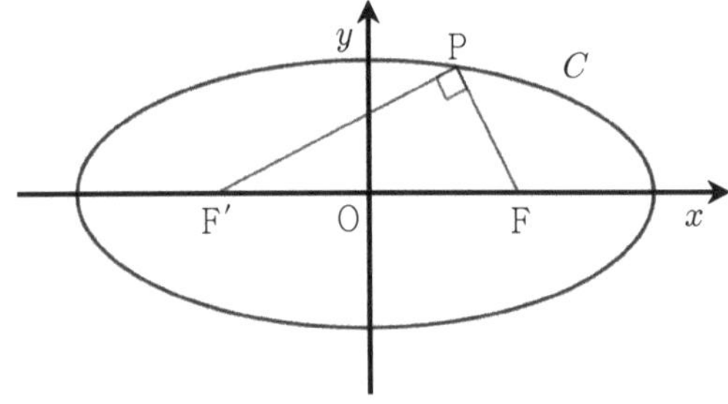

74 ☑ 실전에서 확인! (2015년 4월)

자연수 n에 대하여 그림과 같이 두 점 $\mathrm{A}_n(n,0)$, $\mathrm{B}_n(0,n+1)$이 있다. 삼각형 $\mathrm{OA}_n\mathrm{B}_n$에 내접하는 원의 중심을 C_n이라 하고, 두 점 B_n과 C_n을 지나는 직선이 x축과 만나는 점을 P_n이라 하자. 선분 $\mathrm{A}_n\mathrm{B}_n$의 길이를 n에 대하여 나타내시오.

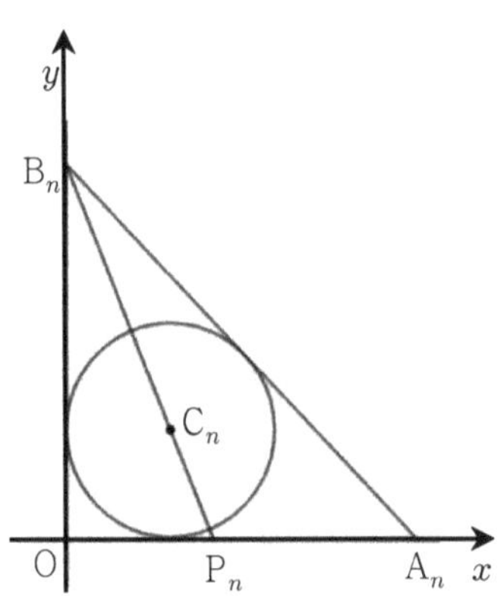

75 ☑ 실전에서 확인! (2018년 7월)

그림과 같이 곡선 C와 x축 위의 두 점 F, F′에 대해 점 F′을 지나는 직선이 곡선 C와 만나는 두 점을 P, Q라 하자. $\overline{\mathrm{PQ}}=6$이고 선분 FQ의 중점 M에 대하여 $\overline{\mathrm{FM}}=\overline{\mathrm{PM}}=5$일 때, 삼각형 FPQ의 넓이를 구하시오.

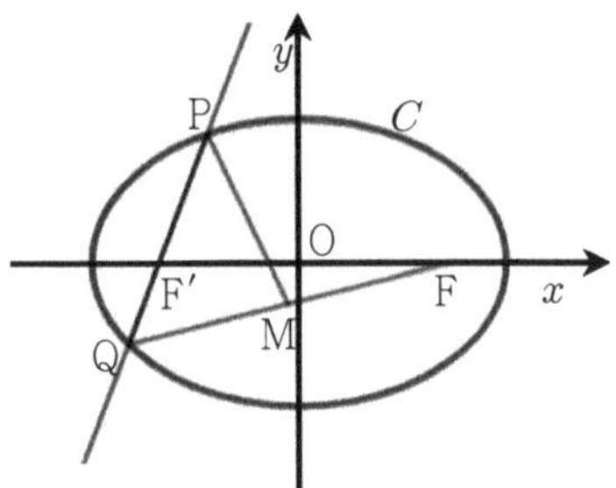

76 ☑ 실전에서 확인! (2023년 수능연계교재)

삼각형 ABC에서 $\overline{\mathrm{AB}}=8$, $\overline{\mathrm{BC}}=15$, $\overline{\mathrm{AC}}=17$일 때, 각 B의 크기를 구하시오.

[Theme19] 삼각비

(1) 삼각비

: ∠C= 90° 인 직각삼각형 ABC에서 다음을 각 A에 대한 삼각비라고 한다.

① $\sin A = \dfrac{\overline{BC}}{\overline{AB}} = \dfrac{a}{c}$　　② $\cos A = \dfrac{\overline{AC}}{\overline{AB}} = \dfrac{b}{c}$

③ $\tan A = \dfrac{\overline{BC}}{\overline{AC}} = \dfrac{a}{b}$

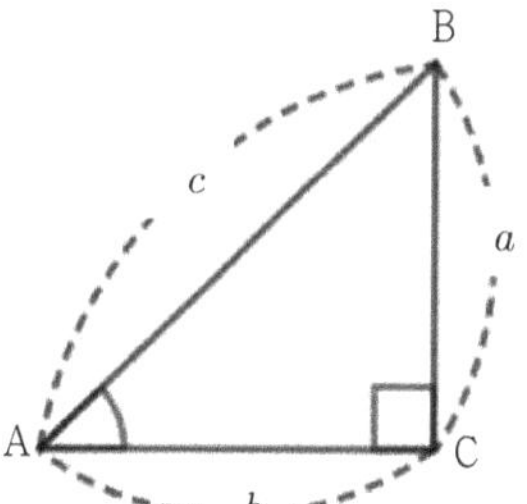

(2) 특수각 30°, 45°, 60° 의 삼각비의 값

A / 삼각비	30°	45°	60°
$\sin A$	$\dfrac{1}{2}$	$\dfrac{1}{\sqrt{2}}$	$\dfrac{\sqrt{3}}{2}$
$\cos A$	$\dfrac{\sqrt{3}}{2}$	$\dfrac{1}{\sqrt{2}}$	$\dfrac{1}{2}$
$\tan A$	$\dfrac{1}{\sqrt{3}}$	1	$\sqrt{3}$

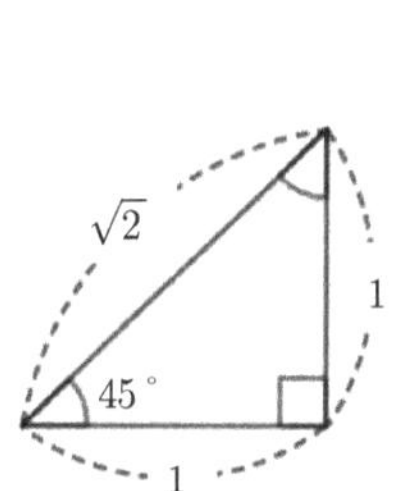

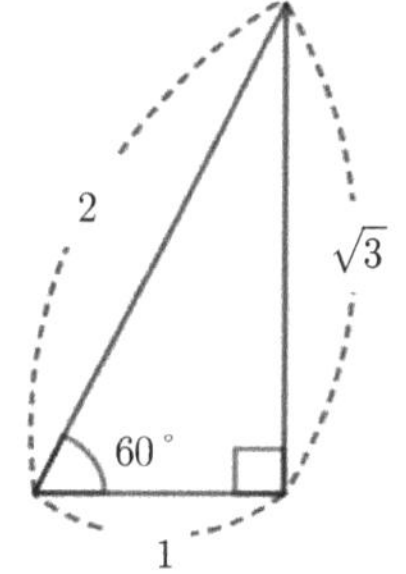

(3) $\sin 0° = 0$, $\sin 90° = 1$, $\cos 0° = 1$, $\cos 90° = 0$, $\tan 0° = 0$

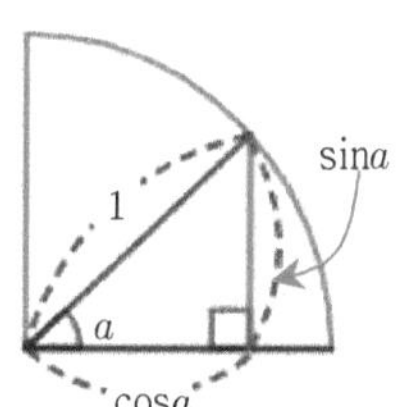

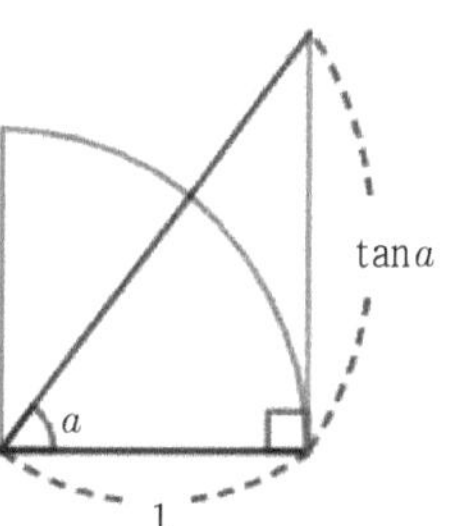

☑ 개념 바로 확인!

다음 그림에서 x의 값을 구하시오.

(1)

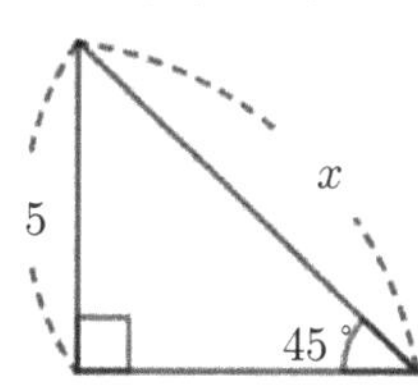

(2)

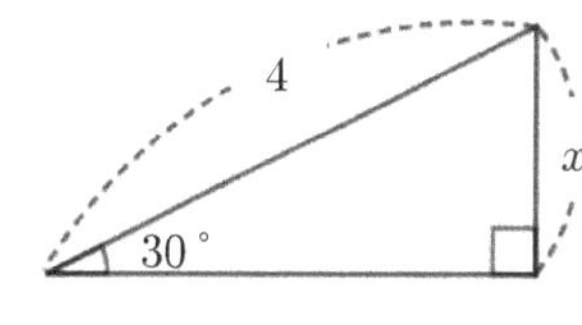

(3)

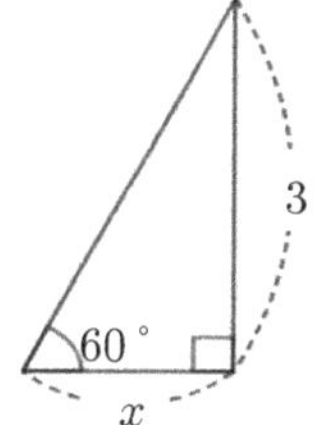

(답) (1) $5\sqrt{2}$　(2) 2　(3) $\sqrt{3}$

[Theme19] 삼각비의 활용

삼각비를 이용하면 직각삼각형의 한 변의 길이 a와 한 예각의 크기 θ가 주어질 때, 나머지 모든 변의 길이를 a와 θ를 이용하여 나타낼 수 있다.

(1) **빗변의 길이 a와 한 예각 θ가 주어진 경우**

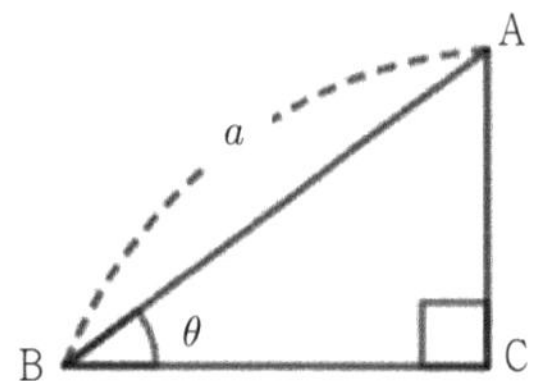

① $\overline{AC} = a\sin\theta$
② $\overline{BC} = a\cos\theta$

(2) **높이 a와 한 예각 θ가 주어진 경우**

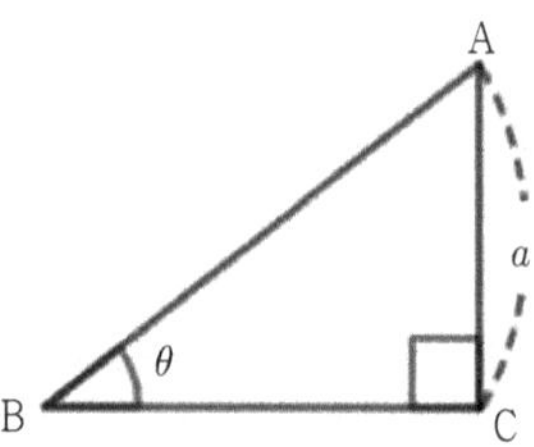

① $\overline{AB} = \dfrac{a}{\sin\theta}$
② $\overline{BC} = \dfrac{a}{\tan\theta}$

(3) **밑변 a와 한 예각 θ가 주어진 경우**

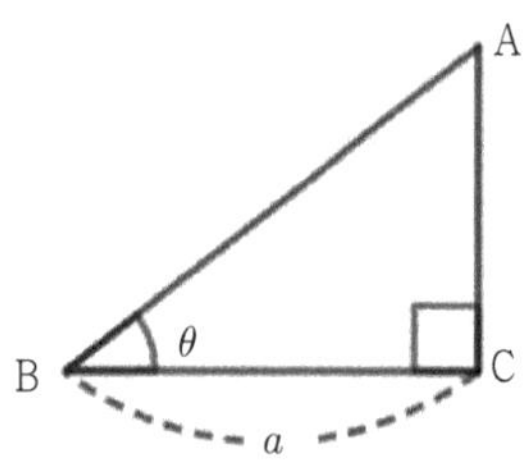

① $\overline{AB} = \dfrac{a}{\cos\theta}$
② $\overline{AC} = a\tan\theta$

(4) 직선이 x축의 양의 방향과 이루는 각이 θ이면 직선의 기울기는 다음과 같다.

$$m = \tan\theta$$

특히, 직선의 기울기를 직각삼각형을 활용하여 구할 때, $\cos\theta$ 또는 $\sin\theta$가 주어지면 이를 이용하여 $\tan\theta$인 기울기를 구할 수 있다.
이때, $0 < \theta < 90^\circ$ 이면 $0 < m$, $90^\circ < \theta < 180^\circ$ 이면 $m < 0$이다.

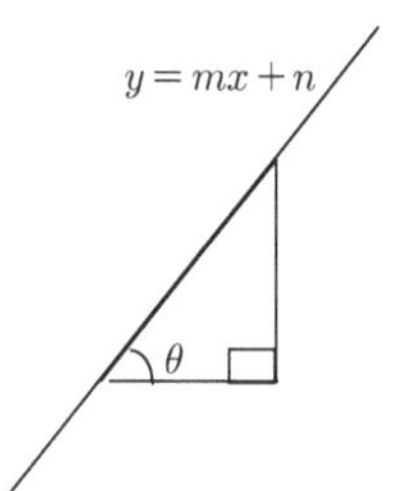

★ (1) $\sin\theta = \dfrac{\overline{AC}}{\overline{AB}}$이므로 $\overline{AC} = \overline{AB}\sin\theta = a\sin\theta$. $\cos\theta = \dfrac{\overline{BC}}{\overline{AB}}$에서 $\overline{BC} = \overline{AB}\cos\theta = a\cos\theta$.

★ (3)에서 $\cos\theta = \dfrac{\overline{BC}}{\overline{AB}}$이므로 $\overline{AB} = \dfrac{\overline{BC}}{\cos\theta} = \dfrac{a}{\cos\theta}$, 마찬가지로

$\tan\theta = \dfrac{\overline{AC}}{\overline{BC}}$에서 $\overline{AC} = \overline{BC}\tan\theta = a\tan\theta$이다.

★ 한 변의 길이 a와 예각 θ가 주어질 때, 나머지 변의 길이를 구하는 앞의 공식은 아래와 같이 한 변의 길이가 1인 직각삼각형을 기억하면 도움이 된다.

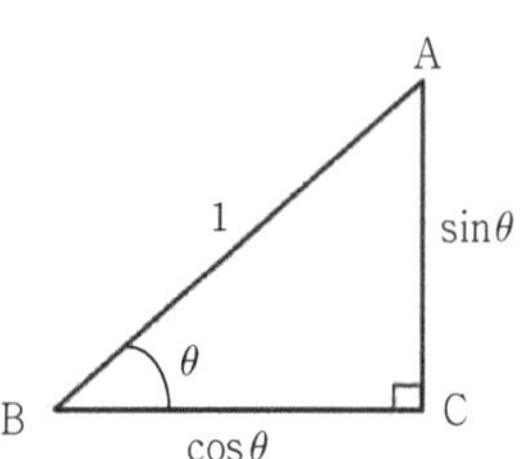

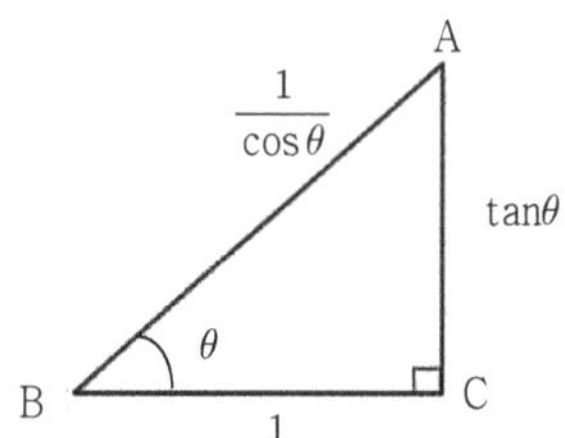

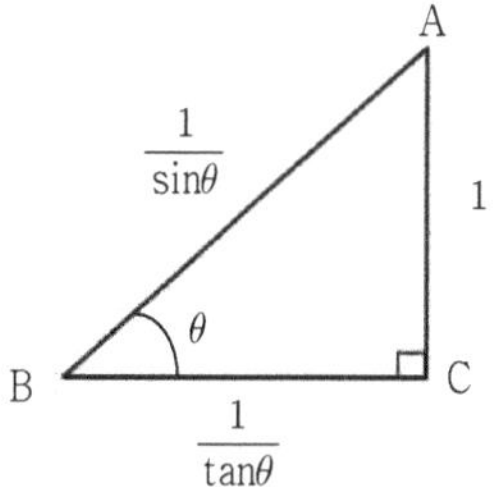

☑ 개념 바로 확인!

다음 그림에서 x의 값을 각 θ에 대한 식으로 나타내시오.

(1)

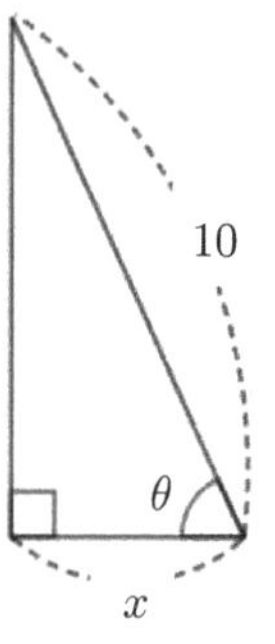

(2)

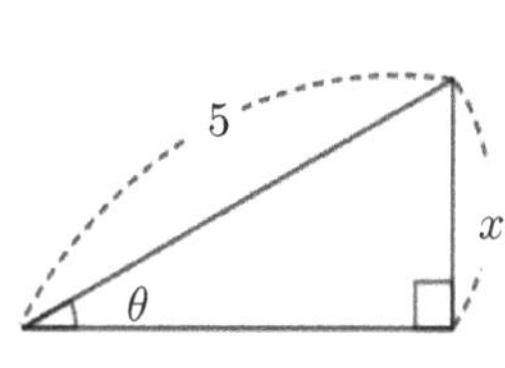

(3)

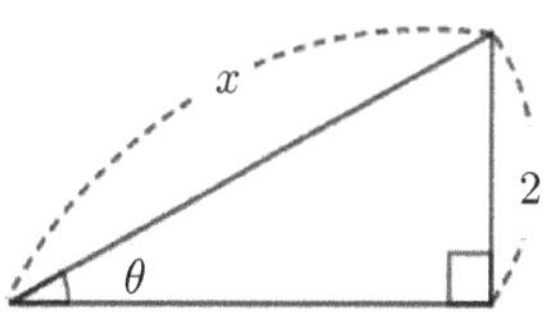

(4)

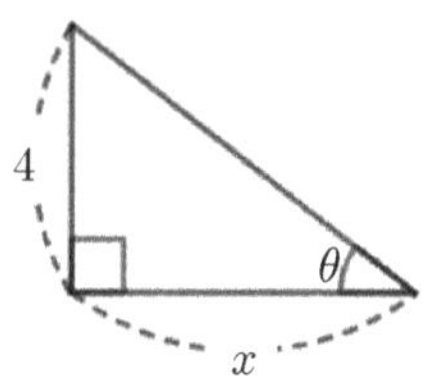

(5)

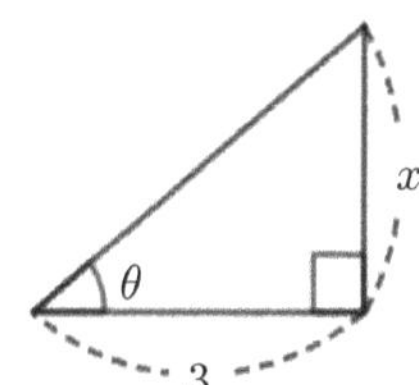

(6)

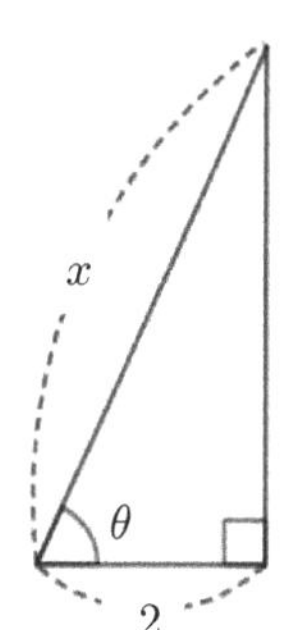

(답) (1) $10\cos\theta$ (2) $5\sin\theta$ (3) $\dfrac{2}{\sin\theta}$ (4) $\dfrac{4}{\tan\theta}$ (5) $3\tan\theta$ (6) $\dfrac{2}{\cos\theta}$

77 ☑ 실전에서 확인! (2020년 10월)

직각삼각형 ABC에서 $\overline{AC}=\frac{3}{2}r$일 때, 선분 AB의 길이를 r에 대해 나타내시오. (단, r는 실수)

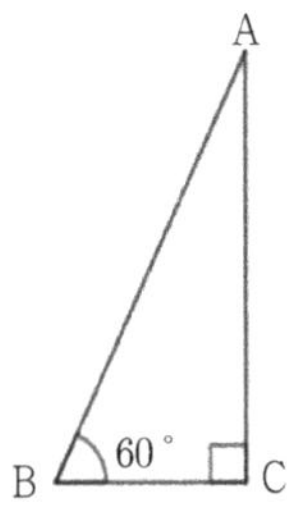

78 ☑ 실전에서 확인! (2020년 7월)

그림과 같이 직각삼각형 O′PH에서 $\overline{O'P}=2-r$, $\overline{O'H}=r$, $\angle O'PH=\theta$라고 할 때, r를 θ에 대하여 나타내시오.

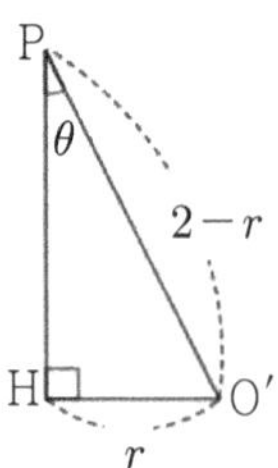

79 ☑ 실전에서 확인! (2021년 9월)

그림과 같이 직각삼각형 ABC에서 b를 a에 대하여 나타내시오.

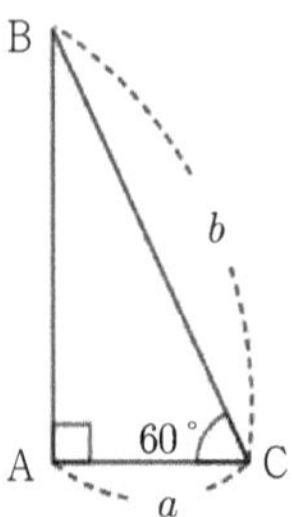

80 ☑ 실전에서 확인! (2022년 수능연계교재)

그림과 같이 두 점 $F(2\sqrt{3},0)$, $F'(-2\sqrt{3},0)$과 곡선 H 위의 제1사분면에 있는 점 A에서의 접선에 대하여 두 점 F, F′에서 접선에 내린 수선의 발을 각각 H_1, H_2라 하자. $\overline{H_1H_2}=2$일 때, 접선의 기울기는? (단, O는 원점이고 $\overline{F'H_2}>\overline{FH_1}$이다.)

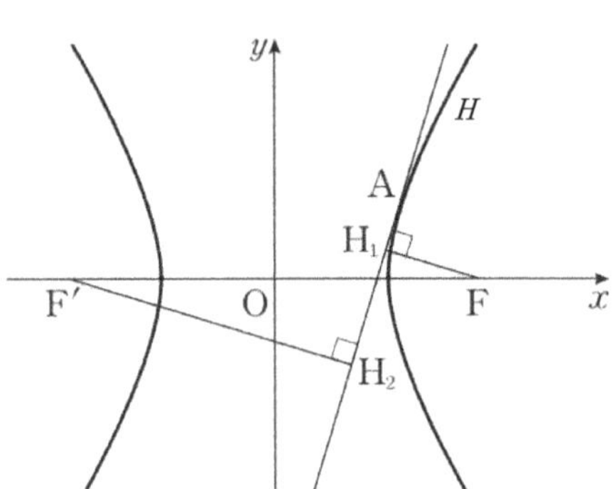

[Theme20] 이등변삼각형, 정삼각형

'이등변삼각형과 정삼각형의 정의와 성질'

(2022년 3월 시행 학력평가 출제)

[Theme20] 이등변삼각형

(1) **이등변삼각형** : 두 변의 길이가 같은 삼각형

(2) **이등변삼각형의 성질**

① 두 밑각의 크기는 서로 같다.

② 길이가 같은 두 변의 끼인각 ∠A의 이등분선은 밑변을 수직이등분한다.

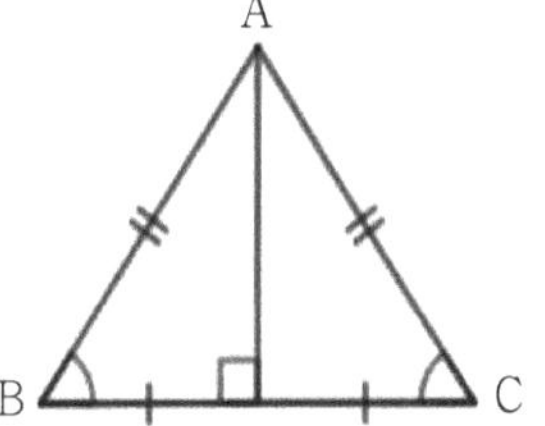

(3) **이등변삼각형이 되기 위한 조건**

① 두 내각의 크기가 같은 삼각형은 이등변삼각형이다.

② 두 변의 길이가 같은 삼각형은 이등변삼각형이다.

③ 한 변의 '수선'이 '중선'이 되면 이등변삼각형이다.

☑ 개념 바로 확인!

다음 그림에서 x의 값을 구하시오.

(1)

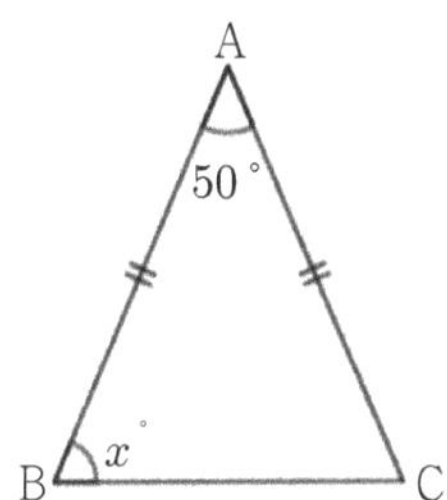

(2)

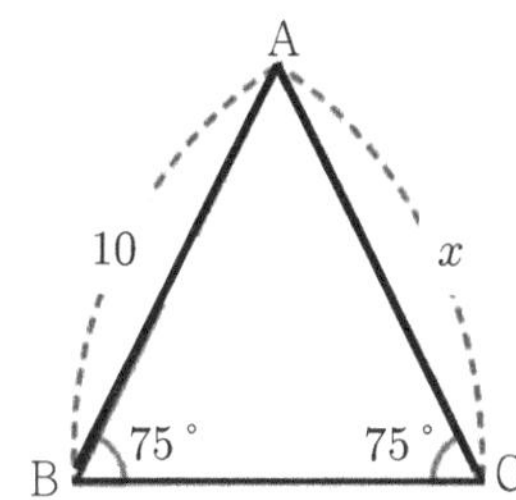

(3)

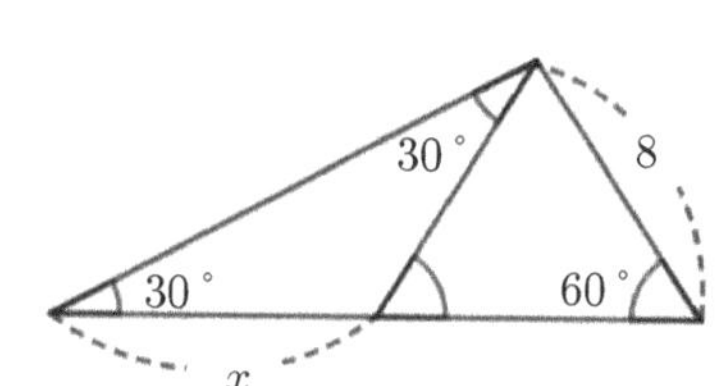

(답) (1) 65° (2) 10 (3) 8

☑ 개념 바로 확인!

삼각형 ABC가 $\overline{AB}=5$이고, 한 점 A에서 선분 BC에 내린 수선의 발 H에 대하여 $\overline{BH}=\overline{CH}$일 때, 선분 AC의 길이를 구하시오.

(답) 5

81 ☑ 실전에서 확인! (2022년 3월)

x축 위의 두 점 F, F'과 곡선 C 위의 점 A가 다음 조건을 만족시킨다.

> (가) $\overline{\mathrm{AF}} < \overline{\mathrm{AF'}}$
> (나) 선분 AF의 수직이등분선은 점 F'을 지난다.

선분 AF의 중점 M에 대하여 직선 MF'과 곡선 C의 교점을 B라고 할 때, 삼각형 ABF와 AF'F가 어떤 삼각형인지 판정하시오.

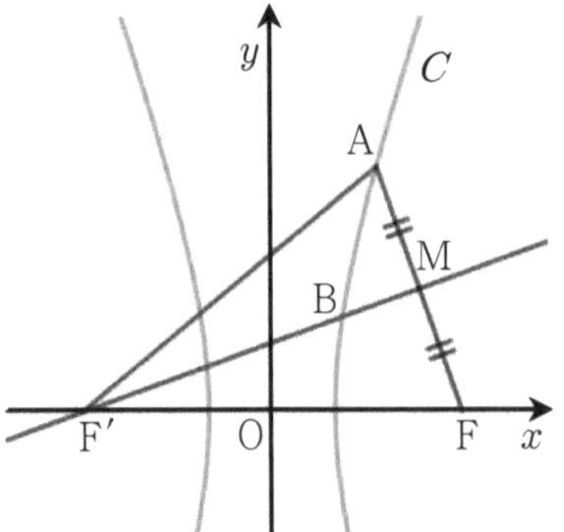

82 ☑ 실전에서 확인! (2021년 7월)

그림과 같이 두 점 $\mathrm{F}(\sqrt{7}, 0)$, $\mathrm{F'}(-\sqrt{7}, 0)$과 곡선 C가 있다. $\overline{\mathrm{FF'}} = \overline{\mathrm{PF'}}$, $\overline{\mathrm{FP}} = 2\sqrt{3}$을 만족시키는 점 P에 대하여 선분 PF와 점 F'을 지나고 선분 FP에 수직인 직선의 교점을 R라고 할 때, 선분 F'R의 길이를 구하시오.

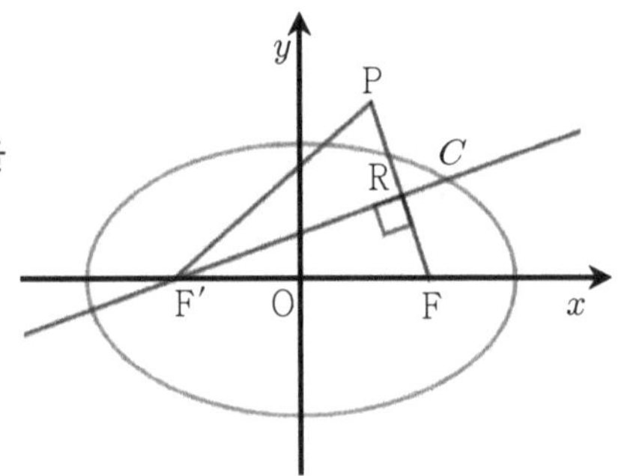

83 ☑ 실전에서 확인! (2021년 4월)

그림과 같이 두 점 $\mathrm{F}(c, 0), \mathrm{F'}(-c, 0)\ (c > 0)$과 직선 FP와 직선 F'P에 동시에 접하고 중심이 선분 FF' 위에 있는 원 C가 있다. 원 C의 중심을 C, 직선 F'P가 원 C와 만나는 점을 Q라 할 때, $2\overline{\mathrm{PQ}} = \overline{\mathrm{PF}}$이다. 삼각형 CFP는 어떤 삼각형인지 구하시오.

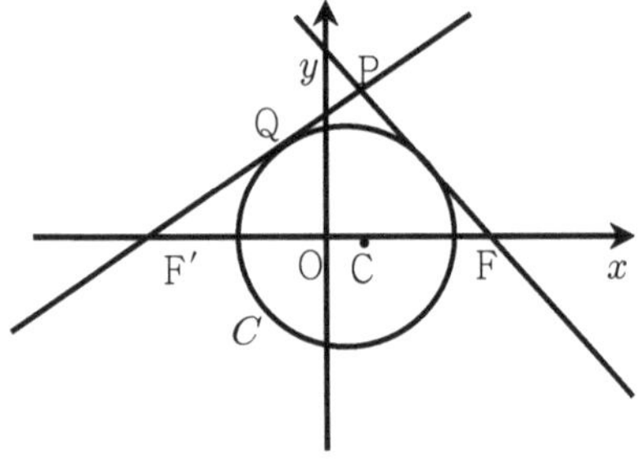

[Theme20] 정삼각형

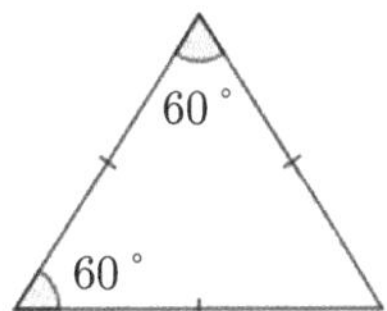

(1) **정삼각형** : 세 변의 길이가 같은 삼각형

(2) **정삼각형의 여러 가지 성질**

① **정삼각형의 중선은 수선이다.**

(이유) 정삼각형은 이등변삼각형이므로 성립!

② **정삼각형의 무게중심, 외심, 내심은 모두 같다.**

(무게중심 = 내접원의 중심 = 외접원의 중심)

(세 중선의 교점 = 세 수선의 교점 = 세 내각의 이등분선의 교점)

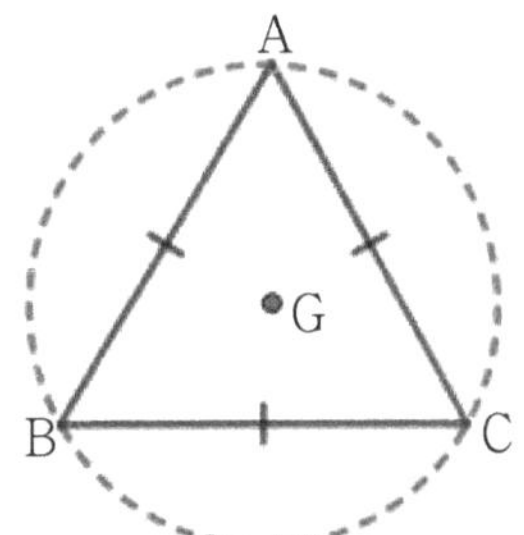

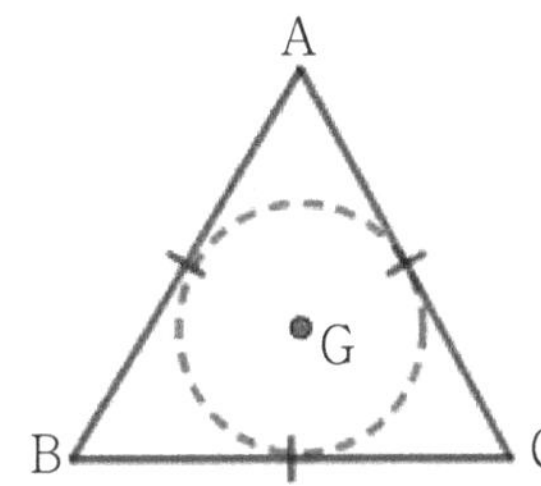

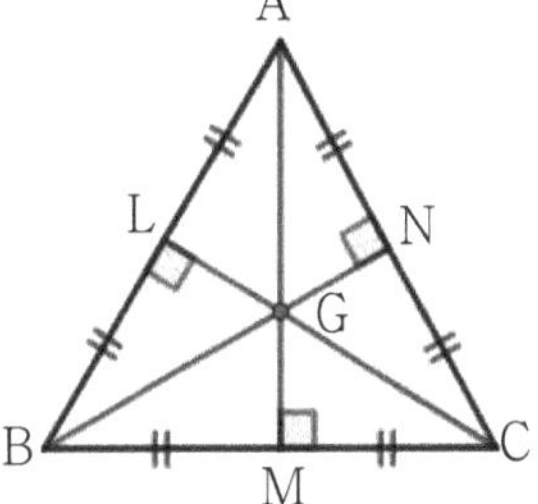

③ **합동인 삼각형**

⇨ $\triangle GAB \equiv \triangle GBC \equiv \triangle GCA$

$\triangle GAL \equiv \triangle GBL \equiv \triangle GBM \equiv \triangle GCM \equiv \triangle GCN \equiv \triangle GAN$

④ **삼각형의 넓이 관계**

⇨ $\triangle GAB = \triangle GBC = \triangle GCA = \frac{1}{3}\triangle ABC$

$\triangle GAL = \triangle GBL = \triangle GBM = \triangle GCM = \triangle GCN = \triangle GAN = \frac{1}{6}\triangle ABC$

★ 무게중심, 내심, 외심은 뒤의 정의에서 나오니까 기억이 나지 않는다면 뒤로 가서 무게중심을 배우고 다시 찾아오자!

☑ 개념 바로 확인!

한 변의 길이가 6인 정삼각형 ABC의 무게중심 G에 대해 다음을 구하시오.

(1) 선분 AG의 길이

(2) 삼각형 GBC의 넓이

(답) (1) $2\sqrt{3}$ (2) $3\sqrt{3}$

84 ☑ 실전에서 확인! (2020년 10월)

정삼각형 ABC가 반지름의 길이가 r인 원에 내접하고 있다. 정삼각형의 한 변의 길이를 r에 대해 나타내시오.

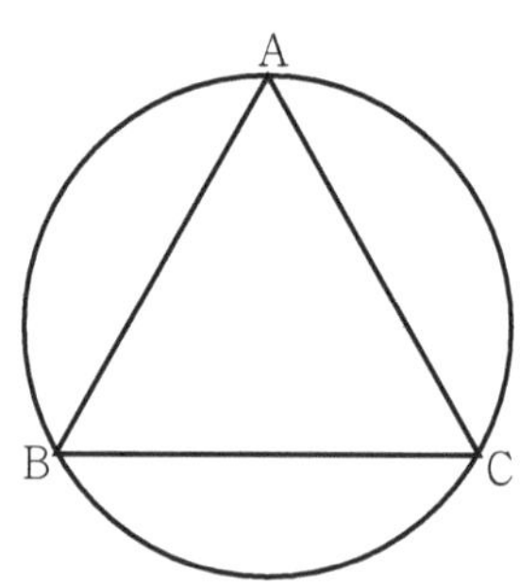

85 ☑ 실전에서 확인! (2022년 11월)

정사면체 ABCD에서 점 A에서 평면 BCD에 내린 수선의 발 H가 삼각형 BCD의 무게중심이고, 선분 BH가 선분 CD와 만나는 교점을 M이라고 할 때, $\dfrac{\overline{\mathrm{HM}}}{\overline{\mathrm{AM}}}$의 값을 구하시오.

86 ☑ 실전에서 확인! (2019년 10월)

그림과 같이 한 변의 길이가 1인 정삼각형 BCD의 무게중심 A′에 대하여 $\triangle \mathrm{A'CD} = k \times \triangle \mathrm{BCD}$를 만족시키는 상수 k의 값을 구하시오.

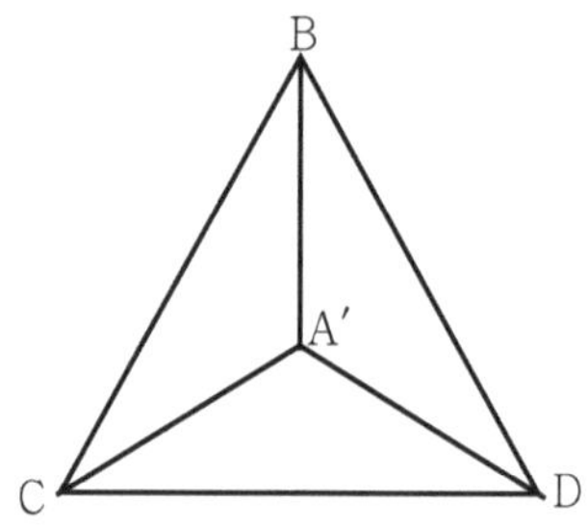

87 ☑ 실전에서 확인! (2017년 6월)

한 변의 길이가 $2\sqrt{3}$인 정삼각형 $\mathrm{A_1B_1C_1}$이 있다. 그림과 같이 $\angle \mathrm{A_1B_1C_1}$의 이등분선과 $\angle \mathrm{A_1C_1B_1}$의 이등분선이 만나는 점을 $\mathrm{A_2}$라 하자. 두 선분 $\mathrm{B_1A_2}$, $\mathrm{C_1A_2}$를 각각 지름으로 하는 반원을 그릴 때 다음 물음에 답하여라.

(1) $\angle \mathrm{A_2B_1C_1}$의 크기를 구하시오.

(2) 반원의 반지름의 길이를 구하시오.

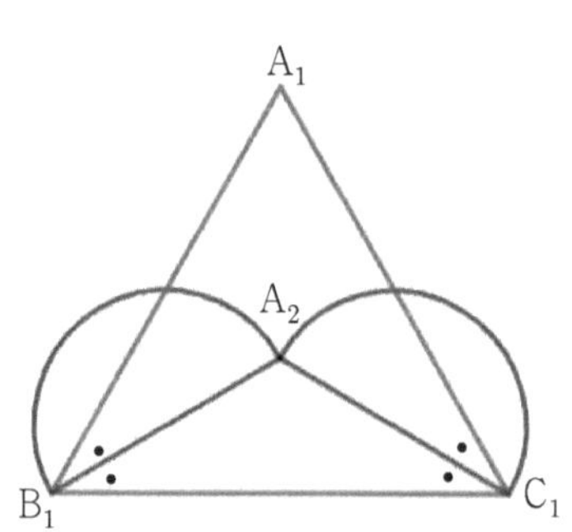

[Theme21] 삼각형의 넓이

'삼각형의 넓이를 구하는 다양한 방법'

(2022년 3월 시행 학력평가 출제)

[Theme21] 삼각형의 넓이(다양한 공식)

(1) 두 변의 길이와 끼인 각의 크기가 주어진 삼각형의 넓이

⇨ 두 변의 길이 b, c와 그 끼인각 $\angle A$의 크기를 알 때, $\triangle ABC$의 넓이는 다음과 같다.

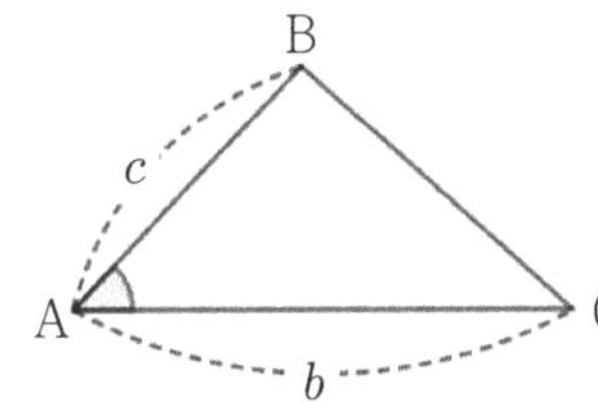

$$\triangle ABC = \frac{1}{2}bc\sin A$$

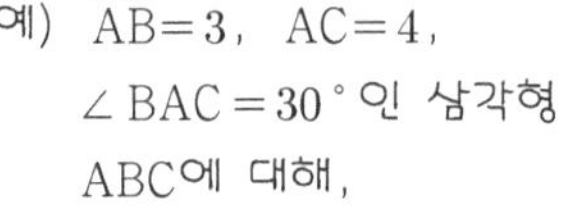

예) $\overline{AB}=3$, $\overline{AC}=4$, $\angle BAC=30^\circ$인 삼각형 ABC에 대해,

$$\triangle ABC = \frac{1}{2}\times 3\times 4\times \sin 30^\circ = 3$$

(2) 이등변삼각형의 넓이

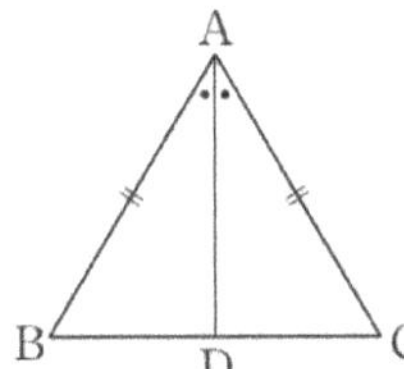

$$\triangle ABC = \frac{1}{2}\times \overline{BC}\times \overline{AD} = \frac{1}{2}\times \overline{BC}\times \sqrt{\overline{AB}^2-\overline{BD}^2}$$

(단, 점 D는 선분 BC의 중점)

(3) 정삼각형의 넓이

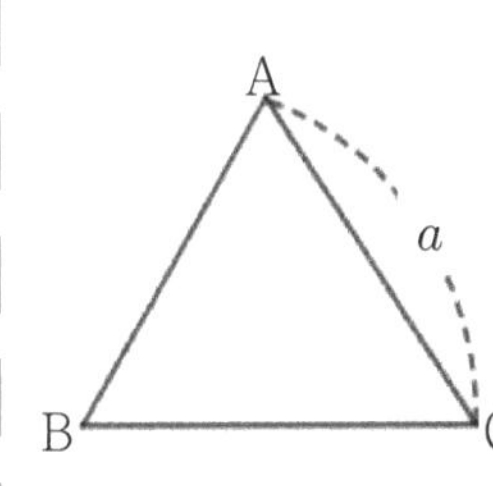

(한 변의 길이가 a인 정삼각형의 높이)

$$= \frac{\sqrt{3}}{2}a$$

(한 변의 길이가 a인 정삼각형의 넓이)

$$= \triangle ABC = \frac{\sqrt{3}}{4}a^2$$

예) 한 변의 길이가 2인 정삼각형 ABC에 대해,

$$\triangle ABC = \frac{\sqrt{3}}{4}\times 2^2 = \sqrt{3}$$

[Theme21] 삼각형의 넓이

(4) (헤론의 공식) **세 변의 길이 a, b, c가 주어질 때, 삼각형의 넓이**

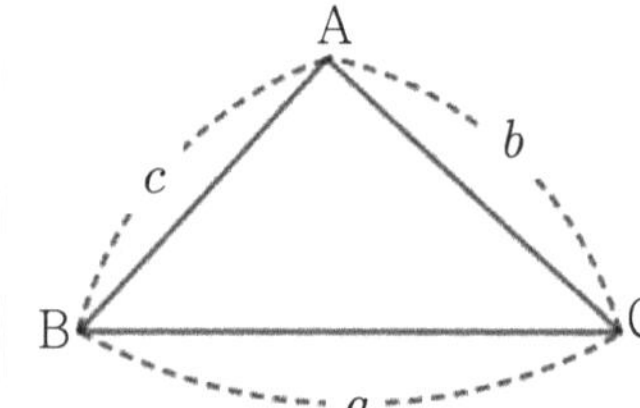

$s=\dfrac{a+b+c}{2}$ 라고 할 때,

$\triangle ABC=\sqrt{s(s-a)(s-b)(s-c)}$

예) 세 변의 길이가 각각 $3, 4, 5$인 삼각형에서 $s=\dfrac{3+4+5}{2}=6$이므로 삼각형의 넓이는 $\sqrt{6(6-3)(6-4)(6-5)}=6$

(5) **세 꼭짓점의 좌표가 주어질 때, 삼각형의 넓이**

⇨ 삼각형 ABC에서 세 꼭짓점의 좌표가 $A(x_1, y_1)$, $B(x_2, y_2)$, $C(x_3, y_3)$일 때, 삼각형 ABC의 넓이는 다음과 같이 구한다.

$$\triangle ABC=\frac{1}{2}\times\begin{vmatrix} x_1 & x_2 & x_3 & x_1 \\ y_1 & y_2 & y_3 & y_1 \end{vmatrix}$$

$$=\{(x_1y_2+x_2y_3+x_3y_1)-(x_2y_1+x_3y_2+x_1y_3)\}$$

$$\triangle ABC=\frac{1}{2}\times\begin{vmatrix} x_1 & x_2 & x_3 & x_1 \\ y_1 & y_2 & y_3 & y_1 \end{vmatrix}$$

위 식은 그림과 같이 주황색 방향으로 곱한 항끼리는 더하고, 초록색 방향으로 곱한 항끼리는 뺀 것이다.

예) 세 꼭짓점의 좌표가 $A(3, 0)$, $B(0, 4)$, $C(0,0)$일 때,

$\triangle ABC=\dfrac{1}{2}\times\begin{vmatrix} 3 & 0 & 0 & 3 \\ 0 & 4 & 0 & 0 \end{vmatrix}=6$

(6) **직각삼각형의 높이**

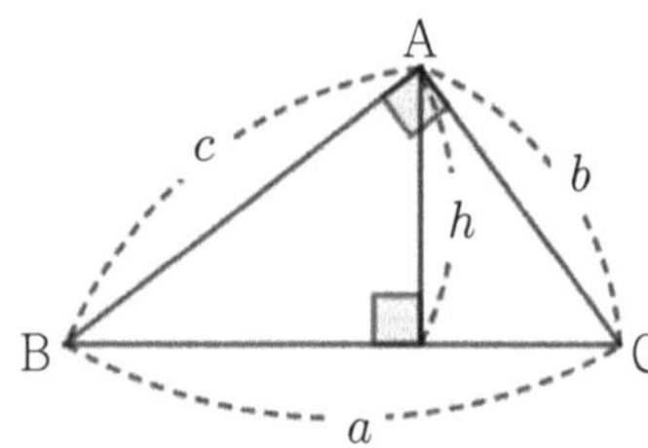

$\angle A=90^\circ$인 직각삼각형 ABC에서 선분 BC를 밑변으로 할 때, 높이 h는 다음과 같다.

$b\times c=a\times h$ 즉, $h=\dfrac{bc}{a}$

★ (5)의 공식을 적용할 때, 반드시 지켜야 하는 규칙은 세로줄에 처음 쓴 좌표 (x_1, y_1)를 마지막 네 번째 세로줄에 꼭! 다시 적어야 한다는 것. 즉, 아래와 같은 방법으로도 같은 넓이를 구할 수 있다.

$$\triangle ABC=\frac{1}{2}\times\begin{vmatrix} x_2 & x_1 & x_3 & x_2 \\ y_2 & y_1 & y_3 & y_2 \end{vmatrix}$$

☑ 개념 바로 확인!

다음 삼각형의 넓이를 구하시오.

(1)

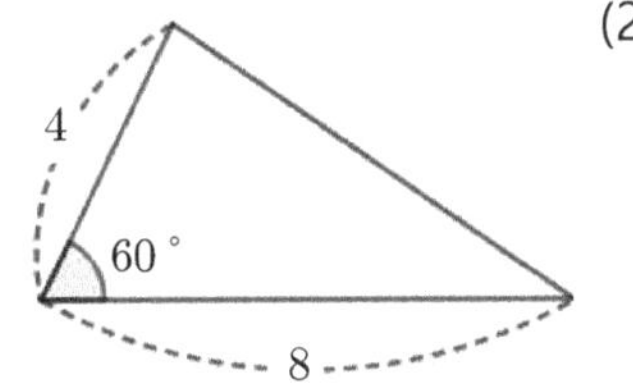

(2)

(3)

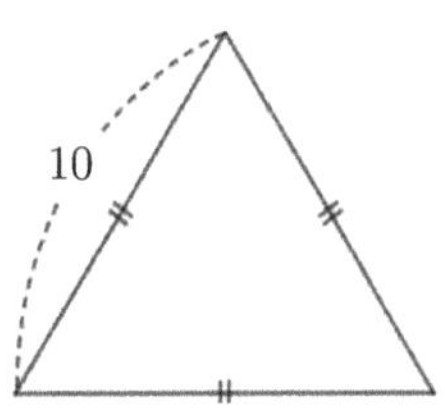

(답) (1) $8\sqrt{3}$ (2) $20\sqrt{3}$ (3) $25\sqrt{3}$

☑ 개념 바로 확인!

세 변의 길이가 $5, 7, 8$인 삼각형의 넓이를 구하시오.

(답) $10\sqrt{3}$

☑ 개념 바로 확인!

세 변의 길이가 각각 $6, 4, 4$인 이등변삼각형의 넓이를 구하시오.

(답) $3\sqrt{7}$

☑ 개념 바로 확인!

그림과 같은 직각삼각형 ABC에서 점 B에서 선분 AC에 내린 수선의 발을 H라고 할 때, 선분 BH의 길이를 구하시오.

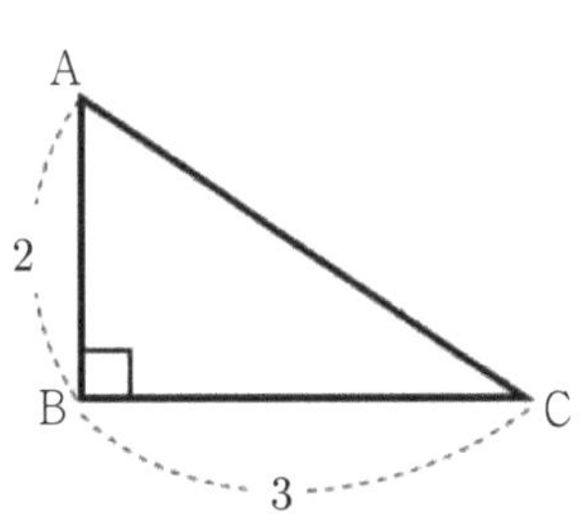

(답) $\frac{6}{13}\sqrt{13}$

88 ☑ 실전에서 확인! (2020년 10월)

정삼각형 ABC가 반지름의 길이가 r인 원에 내접하고 있다.
삼각형 ABC의 넓이를 반지름 r에 대해 나타내시오.

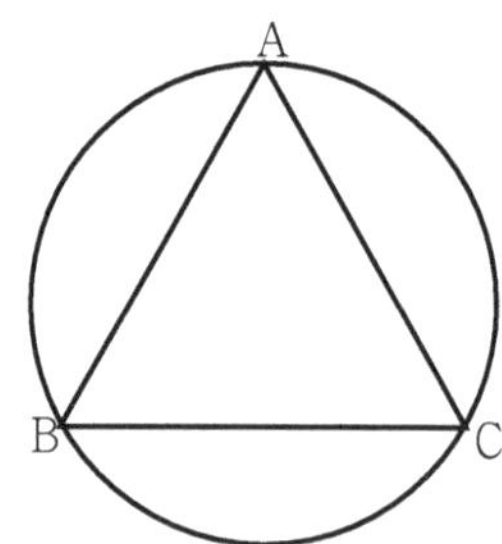

89 ☑ 실전에서 확인! (2022년 3월)

그림과 같이 x축 위의 두 점 F, F′과 곡선 C 위의 한 점 A에 대하여 삼각형 AF′F의 둘레의 길이가 24이고 $\overline{F'A}=\overline{F'F}=10$이다.
삼각형 AF′F의 넓이는?

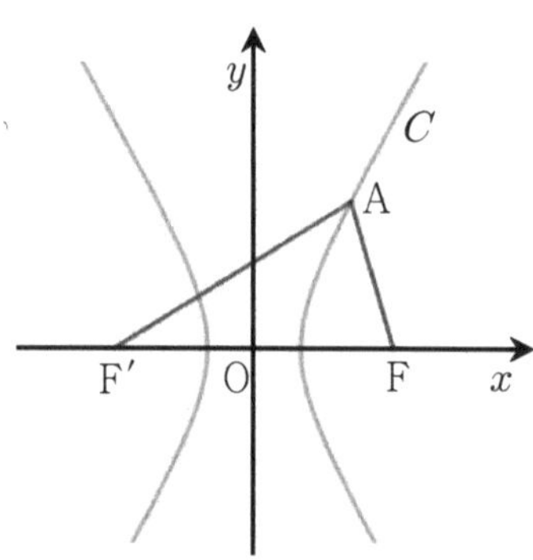

90 ☑ 실전에서 확인! (2017년 6월)

삼각형의 두 변의 길이가 1이고 두 변의 끼인각의 크기가 $120°$ 인 삼각형의 넓이를 구하시오.

91 ☑ 실전에서 확인! (2021년 9월)

$\overline{DB}=2$, $\overline{DC}=2\sqrt{3}$ 이고 $\angle BDC=90°$ 인 직각삼각형 BCD가 있다. 선분 BC위를 움직이는 점 P에 대하여 $\overline{DP}$의 최솟값은?

[Theme21] 삼각형의 넓이(삼각형의 등적변형 等積변형)

—넓이가 같게 도형을 변형하기

(1) **밑변의 길이와 높이가 같은 삼각형의 넓이는 (모양에 상관없이) 모두 같다.** 즉,

$$\triangle ABC = \triangle ABC' = \frac{1}{2}\overline{AB}\times h$$

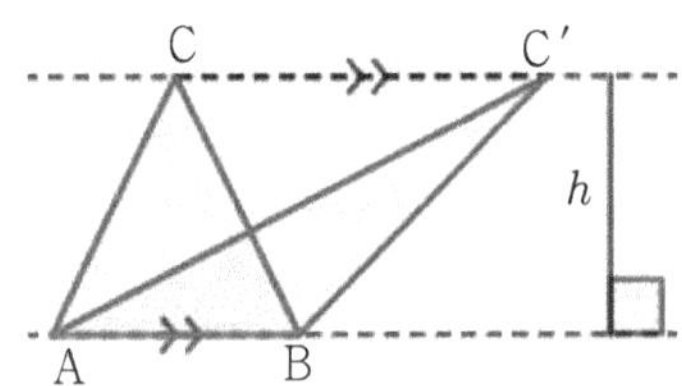

(2) **높이가 같은 두 삼각형의 넓이비는 밑변의 길이비와 같다.**

즉, $\triangle ABC : \triangle AB'C' = \overline{AB} : \overline{AB'}$

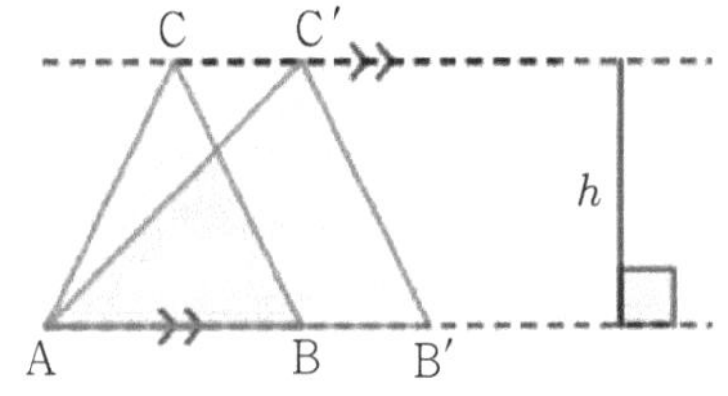

(1)의 (증명)

(직선 AB) // (직선 CC′) ⇒ 두 삼각형 ABC와 ABC′의 높이가 같으므로 $\triangle ABC = \frac{1}{2}\times\overline{AB}\times h = \triangle ABC'$

(2)의 (증명)

$\triangle ABC = \frac{1}{2}\times\overline{AB}\times h$, $\triangle AB'C' = \frac{1}{2}\times\overline{AB'}\times h$이므로 $\triangle ABC : \triangle AB'C' = \overline{AB} : \overline{AB'}$

★ **'높이가 일정하면 두 삼각형의 넓이비는 밑변의 길이비'**라는 뜻! 수학 과목 구분 없이 단골처럼 등장하니까 꼭! 기억하자. 우선 뒤에 나오는 무게중심을 공부할 때도 등장해! ^^

☑ 개념 바로 확인! [1]

✓풀이가 해설지에 있어요. ☺

삼각형 ABC에서 선분 BC를 삼등분 한 두 점을 점 B와 가까운 점부터 각각 D, E라고 하고, 선분 AD를 삼등분 한 두 점을 점 A에 가까운 점부터 F, G라고 하자. 삼각형 ABC의 넓이가 36일 때, 다음 삼각형의 넓이를 구하시오.

(1) ADE

(2) BFG

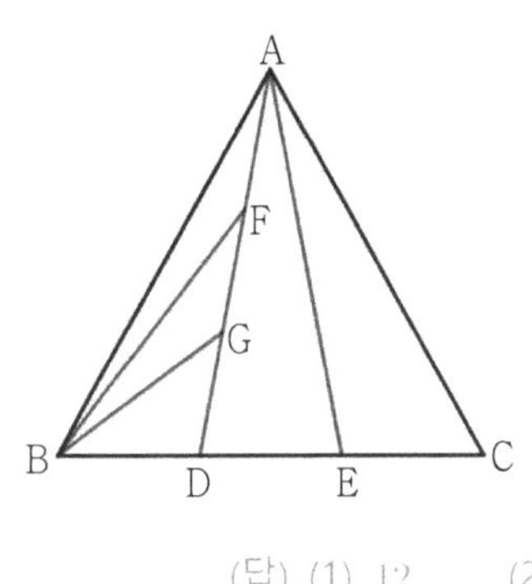

(답) (1) 12 (2) 4

☑ 개념 바로 확인! [2]

✓풀이가 해설지에 있어요. ☺

오른쪽 그림에서 평행사변형 ABCD의 넓이는 48이고, 삼각형 CDP의 넓이는 8일 때, 삼각형 APB의 넓이를 구하시오.

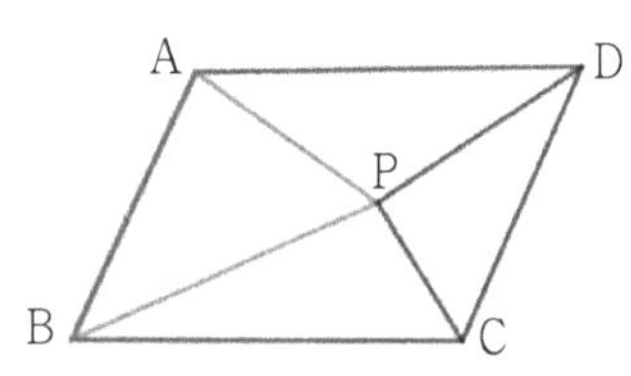

(답) 16

92 ☑ 실전에서 확인! (2015년 4월)

자연수 n에 대하여 그림과 같이 세 곡선 C_1, C_2, C_3이 직선 $y=n$과 만나는 세 점을 각각 A_n, B_n, C_n이라 하자. 세 점 A_n, B_n, C_n의 x좌표가 각각 2^{n-1}, 2^n, 4^n+2^n이고, 두 삼각형 $\mathrm{A}_n\mathrm{OB}_n$, $\mathrm{B}_n\mathrm{OC}_n$의 넓이를 각각 S_n, T_n이라 할 때, $\dfrac{T_n}{S_n}=64$를 만족시키는 n의 값을 구하시오. (단, O는 원점이다.)

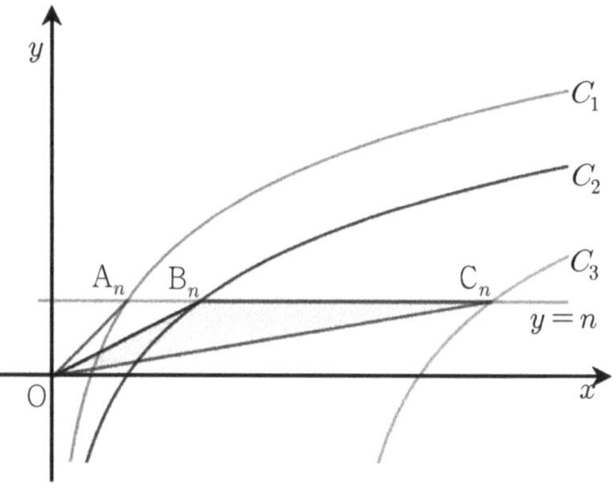

93 ☑ 실전에서 확인! (2016년 9월)

직사각형 ABCD의 내부의 점 P에 대해 세 점 A, P, C는 한 직선 위에 있고, $\overline{\mathrm{AP}}=\dfrac{3}{4}\overline{\mathrm{AC}}$ 이다. 삼각형 ADP의 넓이가 3일 때, 직사각형 ABCD의 넓이를 구하시오.

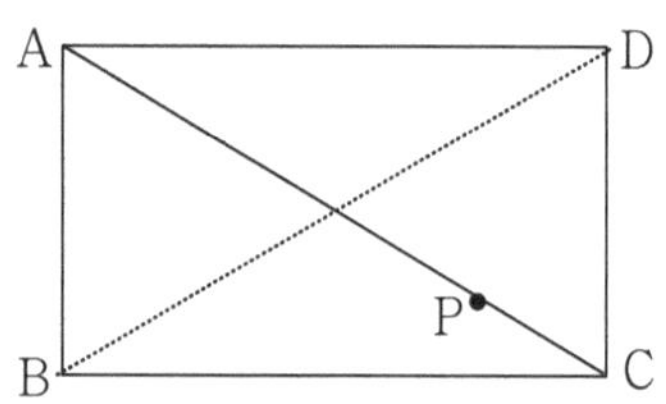

94 ☑ 실전에서 확인! (2020년 7월)

두 곡선 $y=f(x)$와 $y=g(x)$가 만나는 x축 위의 점을 A라 하자. 점 A를 지나는 직선 l이 두 곡선과 제1사분면에서 만나는 점을 각각 B, C라 하자. 점 C를 지나고 y축에 평행한 직선이 곡선 $y=f(x)$, x축과 만나는 점을 각각 D, E라 할 때, 세 삼각형 ADB, AED, BDC가 다음 조건을 만족시킨다. $\overline{\mathrm{CD}}=a\overline{\mathrm{DE}}$를 만족시키는 상수 a의 값을 구하시오.

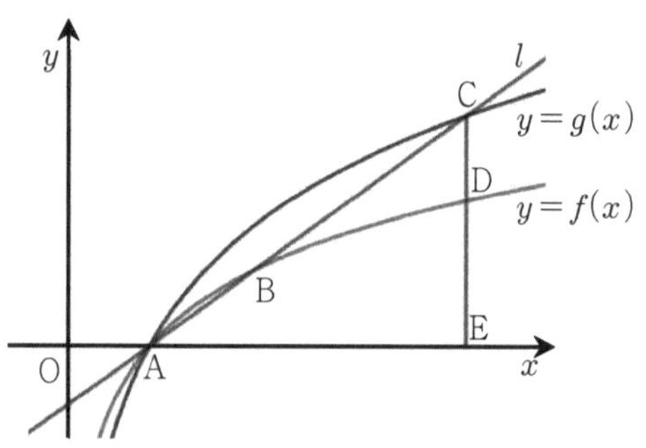

> (가) 삼각형 BDC의 넓이는 삼각형 ADB의 넓이의 3배이다.
> (나) 삼각형 BDC의 넓이는 삼각형 AED의 넓이의 $\dfrac{3}{4}$배이다.

95 ☑ 실전에서 확인! (2022년 수능연계교재)

두 점 A$(2, 1)$, B$(0, 2)$에 대하여 $\overline{\mathrm{OA}}$를 $t:1(t>1)$로 외분하는 점을 P라고 할 때, $\triangle\mathrm{APB}=1$이다. 점 P의 좌표는?

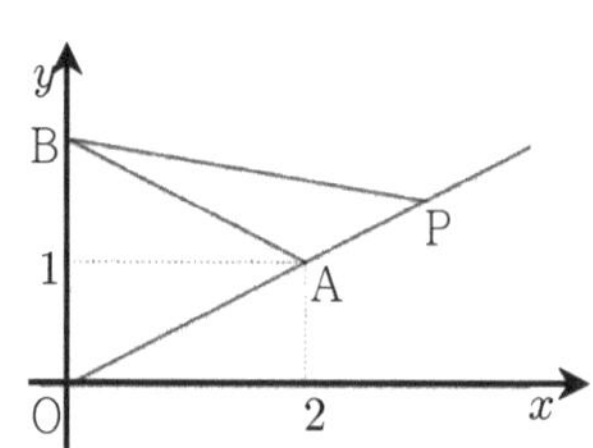

[Theme21] 등적변형(等積변형)의 활용과 일반화

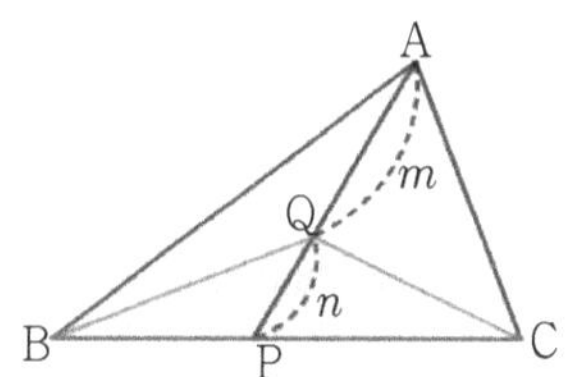

(1) 삼각형 ABC의 변 BC 위의 임의의 점 P와 선분 AP를 $m:n$으로 내분하는 점 Q에 대해

$$\triangle ABC : \triangle QBC = m+n : n$$

$$\triangle QBC = \frac{n}{m+n} \triangle ABC$$

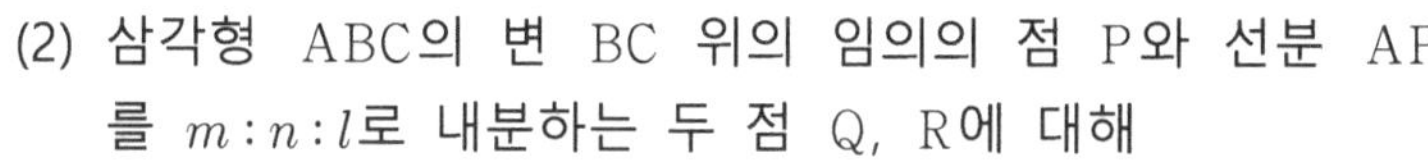

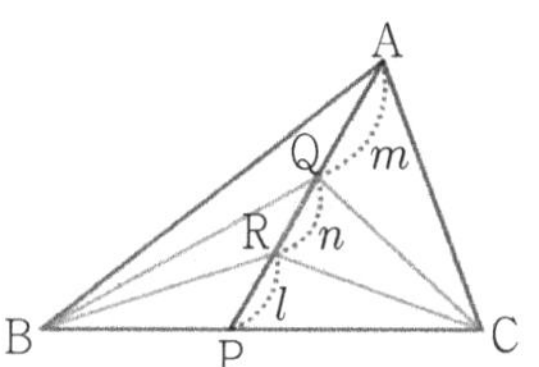

(2) 삼각형 ABC의 변 BC 위의 임의의 점 P와 선분 AP를 $m:n:l$로 내분하는 두 점 Q, R에 대해

$$(\text{색칠된 영역의 넓이}) = \frac{n}{m+n+l} \triangle ABC$$

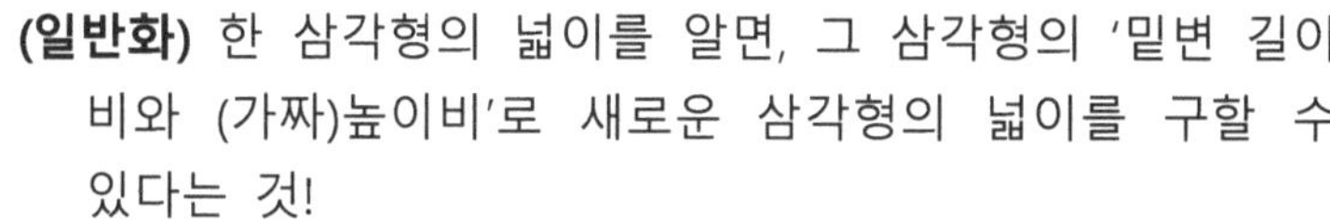

(일반화) 한 삼각형의 넓이를 알면, 그 삼각형의 '밑변 길이 비와 (가짜)높이비'로 새로운 삼각형의 넓이를 구할 수 있다는 것!

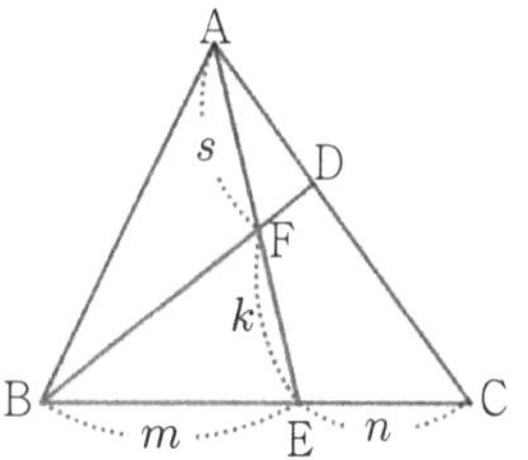

즉, 선분 AC위 점 D와 선분 BC위의 점 E를 택할 때, $\overline{AF} : \overline{FE} = s : k$, $\overline{BE} : \overline{EC} = m : n$이면 다음이 성립한다.

$$\triangle BEF = \triangle ABC \times \frac{m}{m+n} \times \frac{k}{s+k}$$

(1)의 (증명)

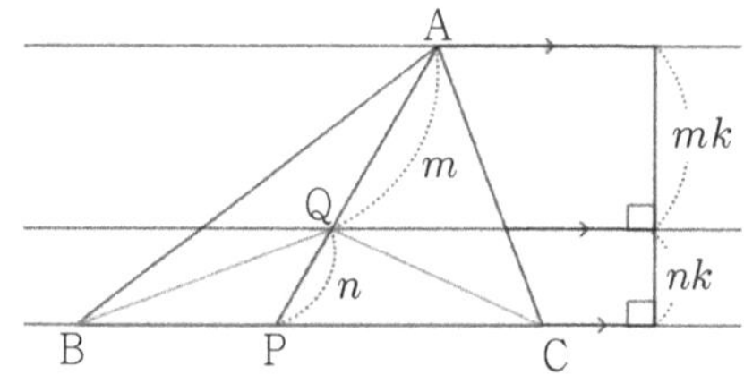

그림에서 보듯이, 점 Q는 $\triangle ABC$에서 $\overline{BC}$를 밑변으로 할 때, 높이를 $m:n$으로 내분하는 점이다. 즉, $\triangle QBC$의 높이는 $\triangle ABC$의 높이의 $\frac{n}{m+n}$배가 되므로 주어진 등식이 성립한다.

★ 이 공식의 의미는 $\overline{AP}$, $\overline{QP}$가 두 삼각형 ABC, QBC의 높이는 아니지만, 높이처럼 생각해서 **'삼각형의 밑변의 길이가 일정하면, 넓이비를 (가짜)높이비로 쉽게 구할 수 있다'**는 의미!

(2)의 (증명)

등적변형에 의해 선분 AP를 밑변으로 두면 다음의 결과를 얻을 수 있다.

$$\triangle BQR = \frac{n}{m+n+l} \triangle ABP, \quad \triangle CQR = \frac{n}{m+n+l} \triangle ACP$$

이제 (색칠된 영역의 넓이) $= \triangle BQR + \triangle CQR = \frac{n}{m+n+l}(\triangle ABP + \triangle ACP) = \frac{n}{m+n+l} \triangle ABC$

☑ 개념 바로 확인! [3] ✓풀이가 해설지에 있어요. ☺

넓이가 60인 삼각형 ABC의 변 BC 위의 한 점을 D, 선분 AD를 $2:3$으로 내분하는 점을 E, 선분 AD를 삼등분하는 점 중에서 점 A에 가까운 점을 차례대로 F, G라고 할 때, 색칠한 도형의 넓이를 각각 구하시오.

(1)

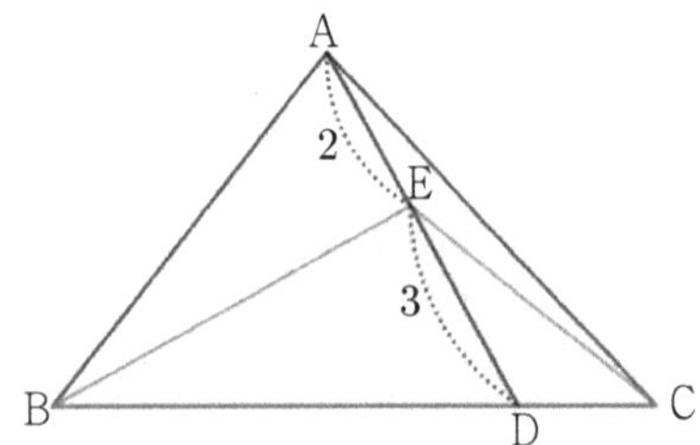

(2)

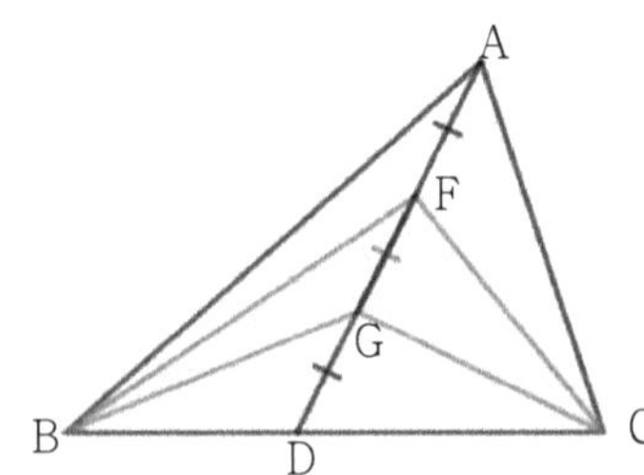

(답) (1) 36 (2) 20

☑ 개념 바로 확인! [4] ✓풀이가 해설지에 있어요. ☺

넓이가 60인 삼각형 ABC에 대하여 선분 AB를 $1:2$로 내분하는 점을 D, 변 BC의 중점을 E라고 할 때, 삼각형 CDE의 넓이를 구하시오.

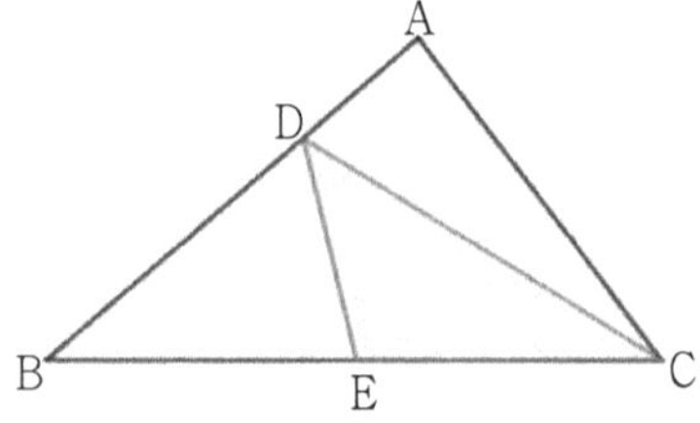

(답) 20

96 ☑ 실전에서 확인! (2022년 수능연계교재)

넓이가 20인 삼각형 ABC와 두 점 P, Q는 다음을 만족시킨다.

> (가) 선분 BC를 $2:3$으로 내분하는 점 D에 대해 선분 AD를 $1:3$으로 내분하는 점이 P이다.
> (나) 선분 CP를 $10:1$로 외분하는 점이 Q이다.

삼각형 APQ의 넓이를 구하시오.

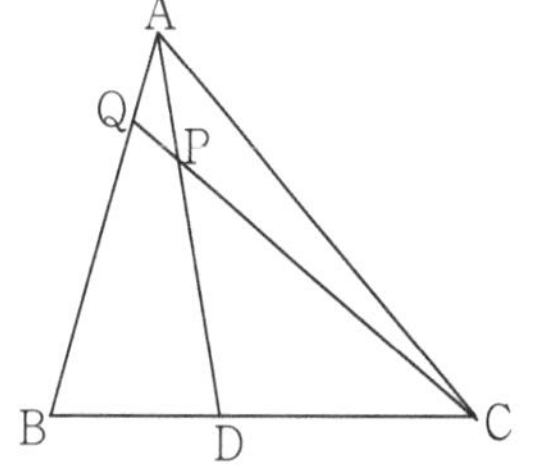

97 ☑ 실전에서 확인! (2021년 수능연계교재)

그림과 같이 한 변의 길이가 1인 정육각형 ABCDEF의 가장 긴 두 대각선의 교점을 M이라고 할 때, 점 P가 선분 AD 위에 있고, $\overline{\mathrm{AP}}=\frac{3}{2}\overline{\mathrm{AM}}$를 만족시킨다. 삼각형 PFC의 넓이는?

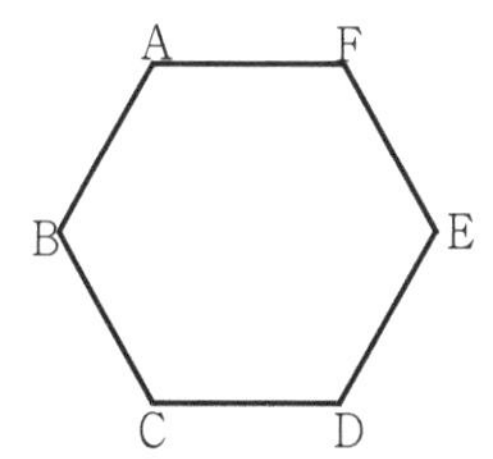

98 ☑ 실전에서 확인! (2021년 수능연계교재)

삼각형 ABC와 선분 AB를 $3:4$로 외분하는 점을 D, 선분 DC의 중점을 P라고 하자. 삼각형 DPA의 넓이를 S, 삼각형 PBC의 넓이를 T라 할 때, $\frac{S}{T}$의 값은?

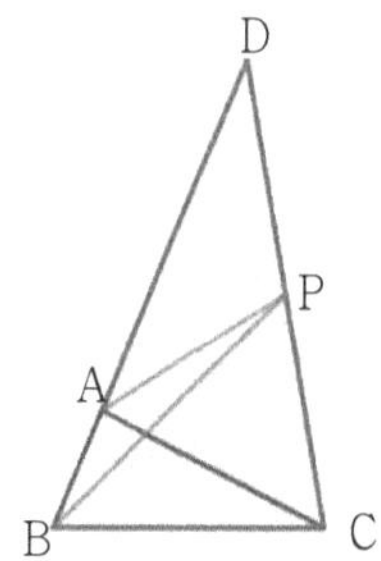

99 ☑ 실전에서 확인! (2019년 10월)

그림과 같이 한 변의 길이가 1인 정삼각형 BCD의 무게중심 A′에 대하여 선분 A′B의 중점이 M′, 선분 A′C를 2:3으로 내분하는 점이 P′, 선분 A′D를 2:1로 내분하는 점이 Q′이다. 삼각형 M′P′Q′의 넓이를 구하시오.

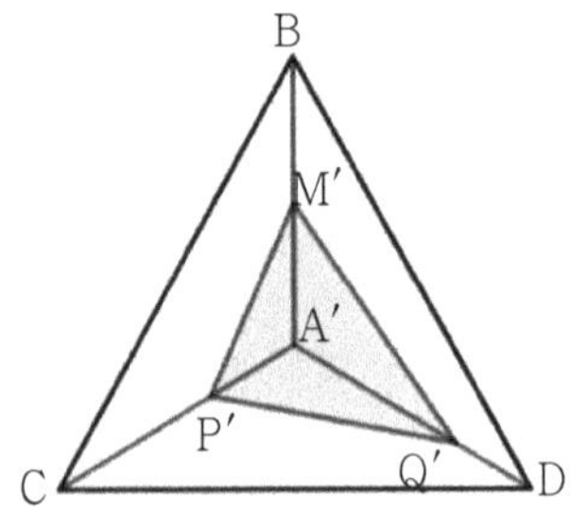

100 ☑ 실전에서 확인! (2022년 EBS 만점마무리 모의고사)

그림과 같이 한 변의 2인 정삼각형 BCD의 무게중심이 A′이다. 선분 A′B를 1:3으로 내분하는 점을 E′, 선분 A′C의 중점을 F′, 선분 A′D를 3:1로 내분하는 점을 G′라 할 때, 삼각형 E′F′G′의 넓이를 구하시오.

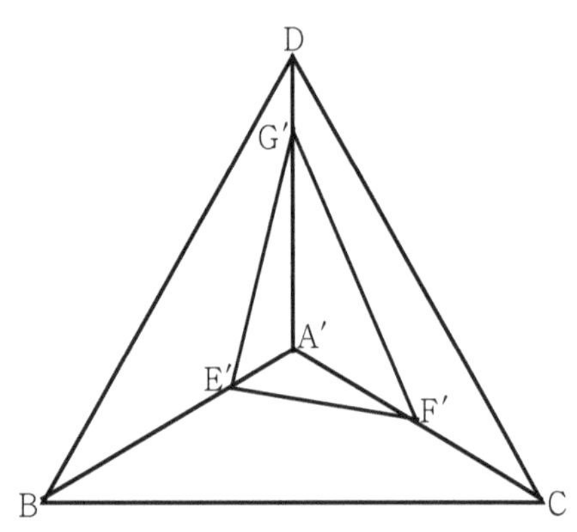

[Theme22] 여러 가지 각과 평행

‘평행한 두 선분을 찾는 방법’

(2021년 9월 시행 모의평가 출제)

가장 기본적인 각의 정의부터 살펴보자.

[Theme22] 맞꼭지각, 동위각, 엇각

교각

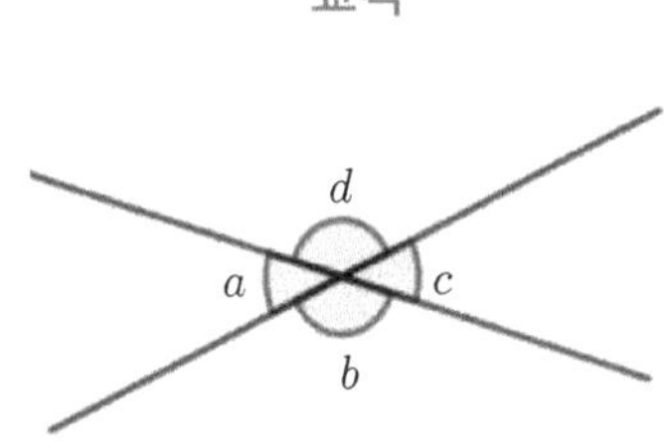

교각 $\angle a$, $\angle b$, $\angle c$, $\angle d$ 네 개

맞꼭지각

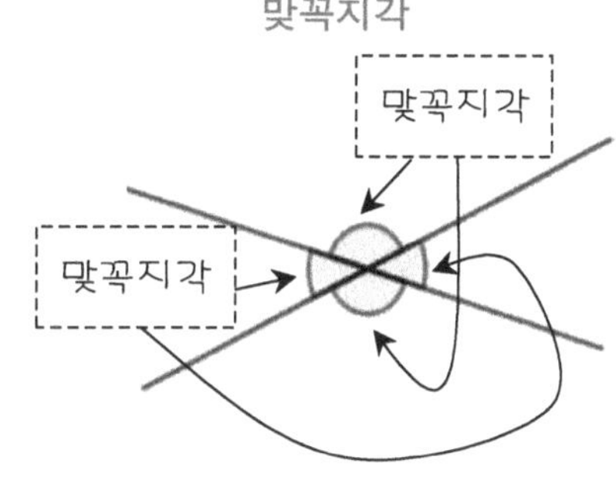

$\angle a$와 $\angle c$는 맞꼭지각, $\angle b$와 $\angle d$도 맞꼭지각

동위각

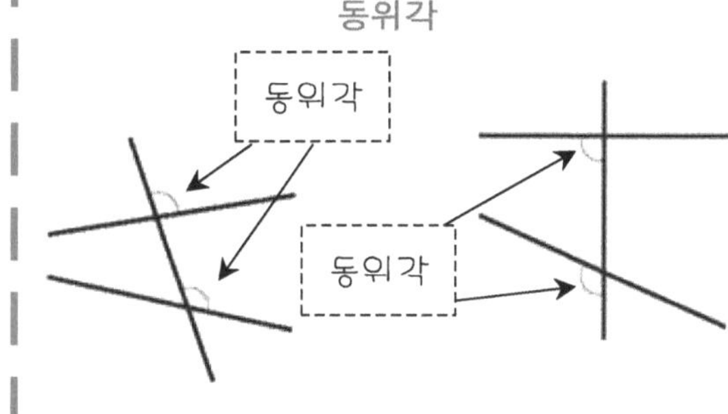

엇각

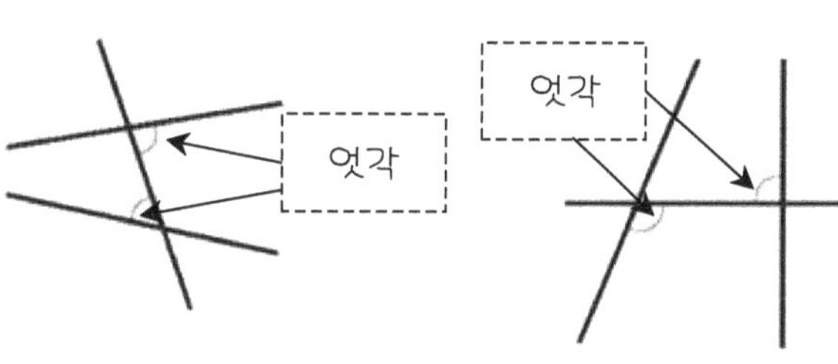

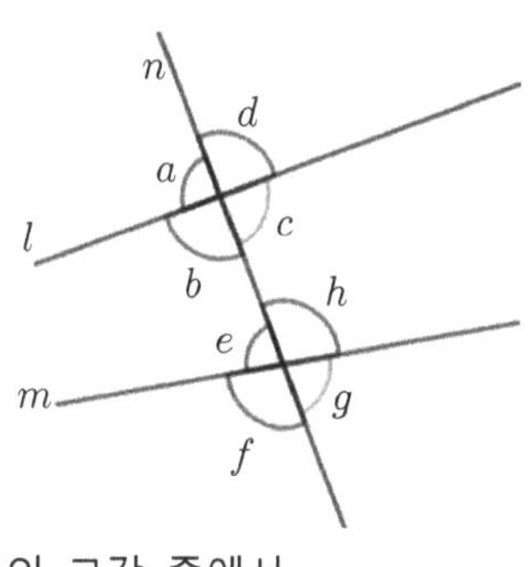

자세히! 그림과 같이

(1) 두 직선 l과 n이 한 점에서 만나서 생기는 네 각

$\angle a$, $\angle b$, $\angle c$, $\angle d$

를 두 직선 l과 n의 **교각**이라고 한다. 이 교각 중에서

$\angle a$와 $\angle c$, $\angle b$와 $\angle d$

와 같이 서로 마주 보는 두 각을 **맞꼭지각**이라고 한다.

★ 맞꼭지각은 늘 서로 같다!

(2) 한 평면 위에 두 직선 l, m이 다른 한 직선 n과 만날 때 생기는 8개의 교각 중에서

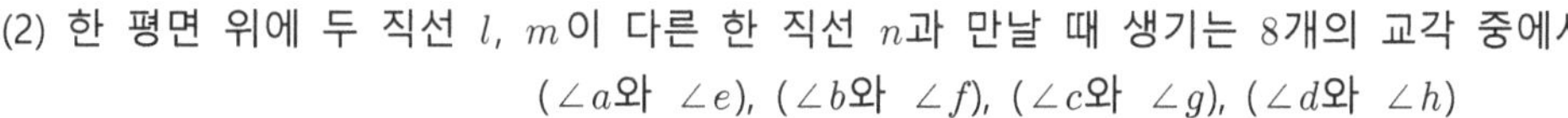
($\angle a$와 $\angle e$), ($\angle b$와 $\angle f$), ($\angle c$와 $\angle g$), ($\angle d$와 $\angle h$)

와 같이, 같은 위치에 있는 두 각을 서로 **동위각**이라고 한다. 또,

$\angle b$와 $\angle h$, $\angle c$와 $\angle e$

와 같이 엇갈린 위치에 있는 두 각을 서로 **엇각**이라고 한다.

★ $\angle b$의 엇각은 $\angle b$의 맞꼭지각 $\angle d$의 동위각 $\angle h$로 정의하기도 해. (엇각은 맞꼭지각의 동위각)

☑ 개념 바로 확인!

다음 그림에서 $\angle a$, $\angle b$, $\angle c$, $\angle d$의 크기를 각각 구하시오.

(1)

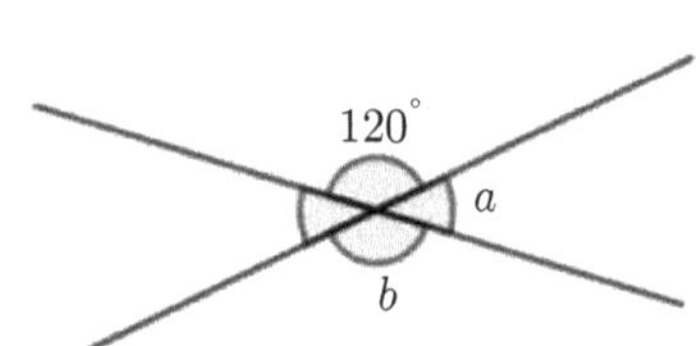

(2)

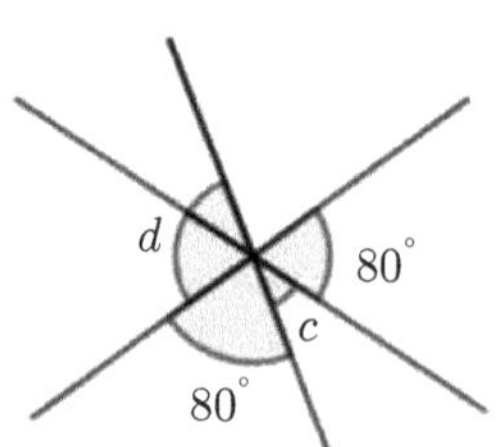

(답) (1) $\angle a = 60°$, $\angle b = 120°$ (2) $\angle c = 20°$, $\angle d = 100°$

☑ 개념 바로 확인!

다음 그림에서 $\angle a = 60°$ 일 때, $\angle a$의 동위각과 엇각의 크기를 각각 구하시오.

(1)

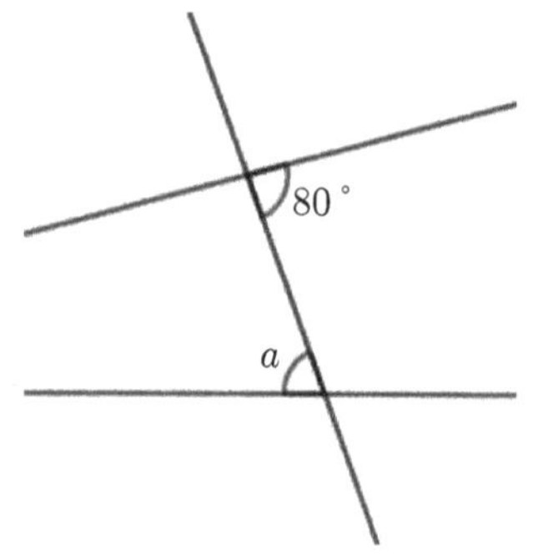

(2)

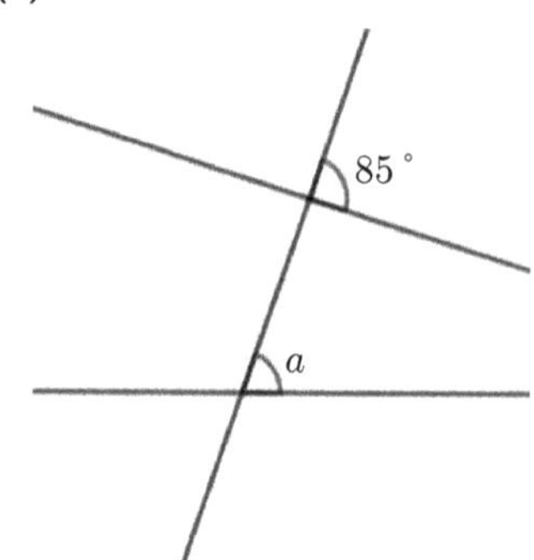

(답) (1) 동위각 80°, 엇각 80° (2) 동위각 85°, 엇각 85°

★ $\angle a$의 동위각 $\angle b$, 엇각 $\angle c$에 대하여 평행조건이 없다면 위와 같이 $a \neq b$, $a \neq c$일 수 있다.

☑ 오개념 NO! NO!

다음 그림에서 $\angle a$와 $\angle b$는 맞꼭지각이 아니야. 왜냐하면 맞꼭지각은 두 직선이 한 점에서 만날 때, 생기는 네 교각 중 두 개의 마주 보는 각인데, 아래 그림은 두 직선이 한 점에서 만난 것 조차 아니니, 교각의 정의에서부터 탈락!인거지.
사실, 오른쪽 그림은 네 개의 반직선이 한 점에서 모인 것이고, 어느 두 반직선도 동일 직선 위에 있지 않은 경우란다.

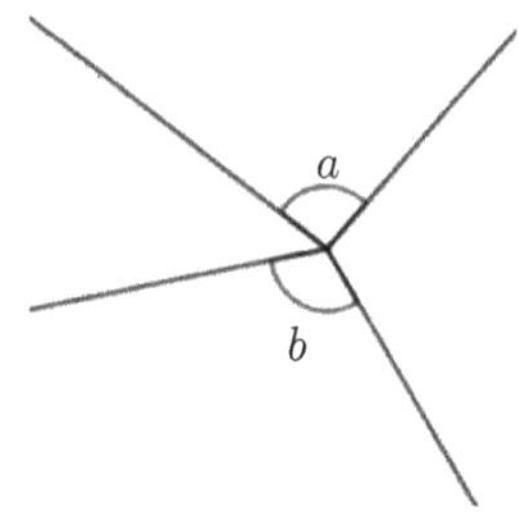

[Theme22] 평행선의 성질

(1) **두 직선** l, m**이 평행하면 동위각이 같다.**($\angle a = \angle b$)

(2) **동위각이 같으면**($\angle a = \angle b$) **두 직선** l ,m**이 평행하다.**

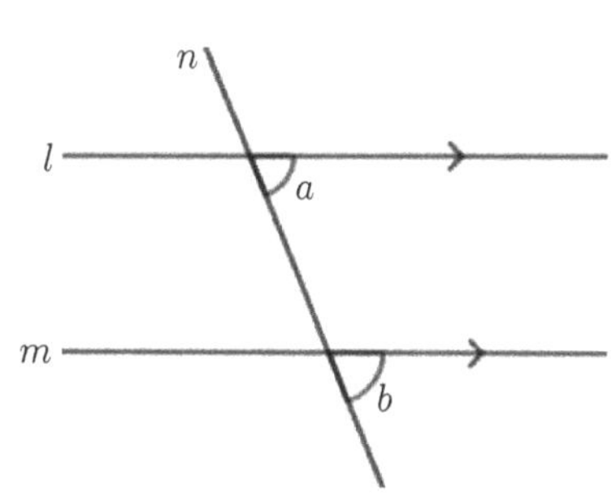

(3) **두 직선** l, m**이 평행하면 엇각이 같다.** ($\angle a = \angle b$)

(4) **엇각이 같으면**($\angle a = \angle b$) **두 직선** l ,m**이 평행하다.**

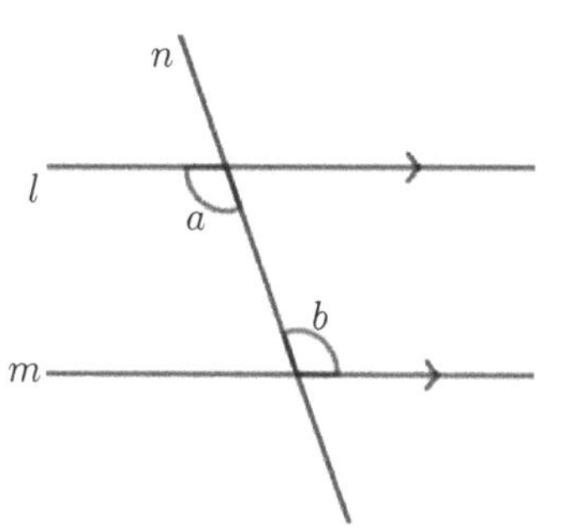

(5) **두 직선** l, m**이 평행하면** $\angle a + \angle b = 180^\circ$ **이다.**

(6) $\angle a + \angle b = 180^\circ$ 이면 **두 직선** l, m**이 평행하다.**

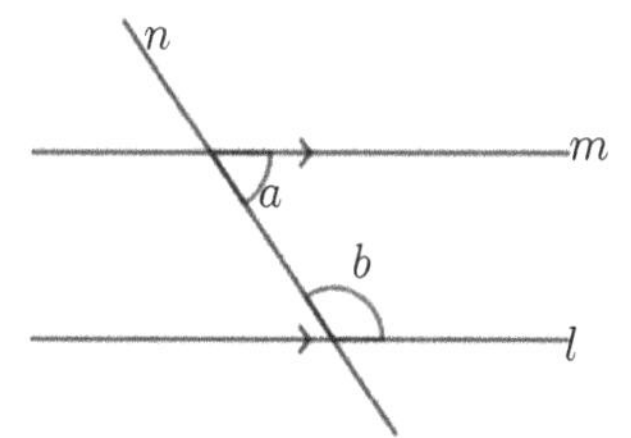

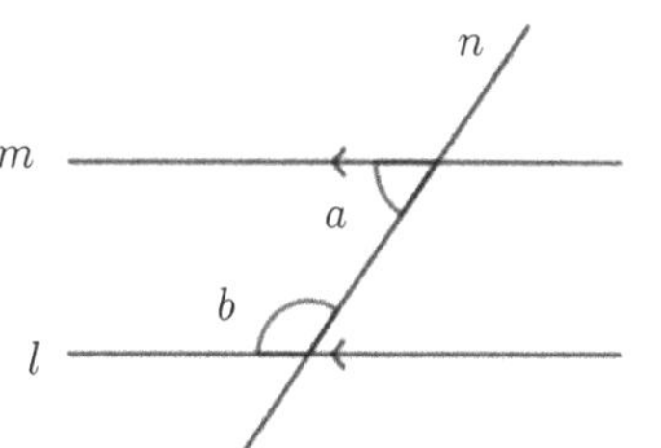

★ (5)에서 두 각 $\angle a$, $\angle b$를 동측내각(같은 쪽 안에 있는 각)이라고 불러. 그래서 (5)를 말로 풀어쓰면, 다음과 같다.

'두 직선이 평행하면 그 두 직선의 동측내각의 합은 180° 이다.'

거꾸로, 동측내각의 합이 180° 이면 그 두 직선은 평행하다고 알 수도 있지.

★ 위 (2), (4), (6)은 모르는 두 직선이 평행인지 판정할 때, 사용할 수 있어!

☑ 개념 바로 확인!

다음 그림에서 $l /\!/ m$일 때, $\angle a$, $\angle b$의 크기를 각각 구하시오.

(1)

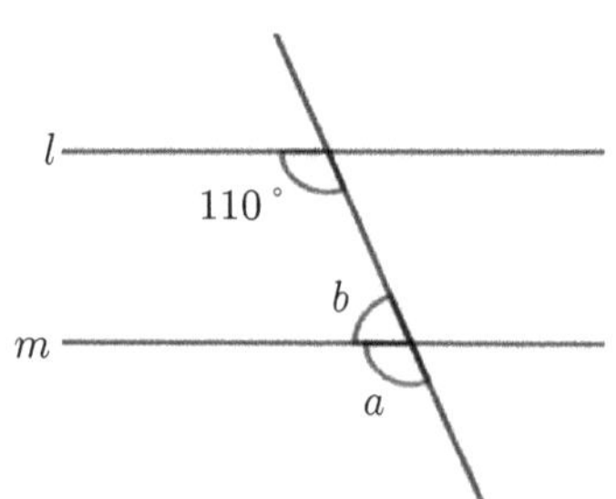

(2)

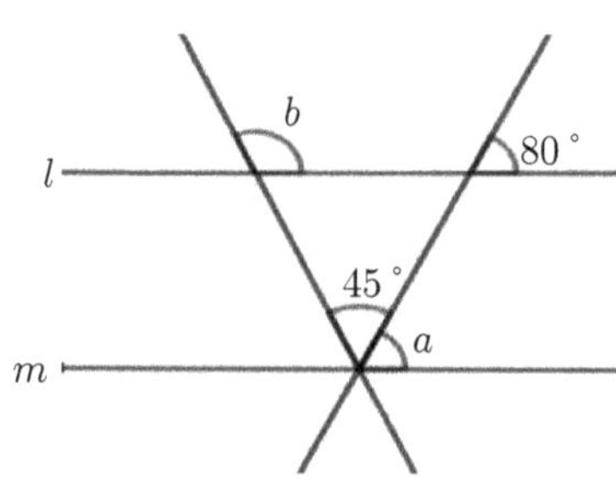

(3)

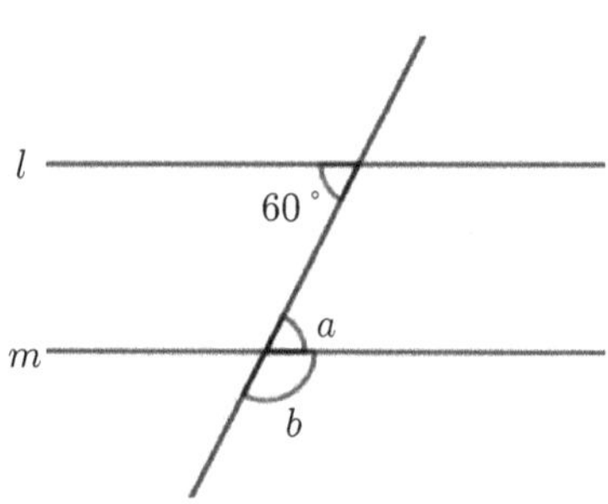

(4)

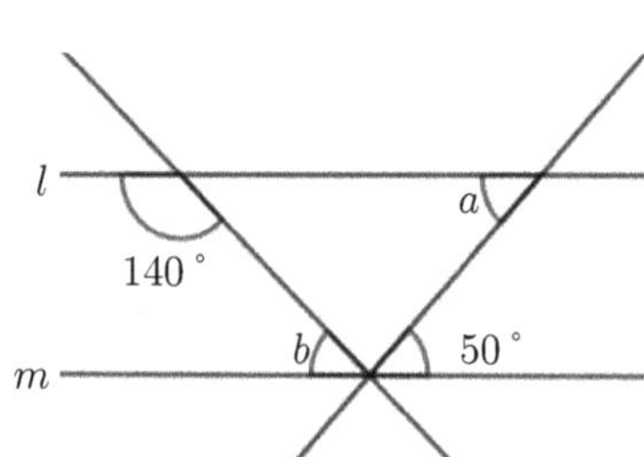

(답) (1) $\angle a = 110°$, $\angle b = 70°$ (2) $\angle a = 80°$, $\angle b = 125°$ (3) $\angle a = 60°$, $\angle b = 120°$ (4) $\angle a = 50°$, $\angle b = 40°$

☑ 개념 바로 확인!

다음 그림에서 두 직선 l과 m이 평행한 경우를 모두 골라라.

(1)

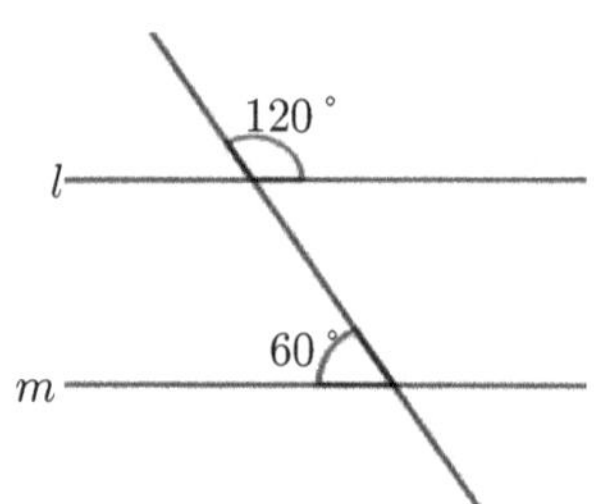

(2)

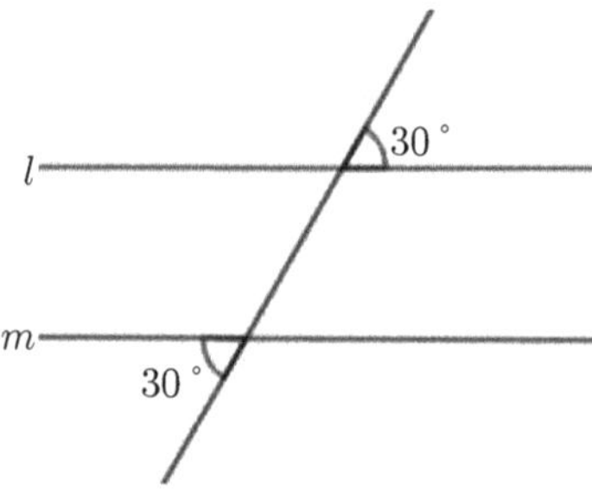

(3)

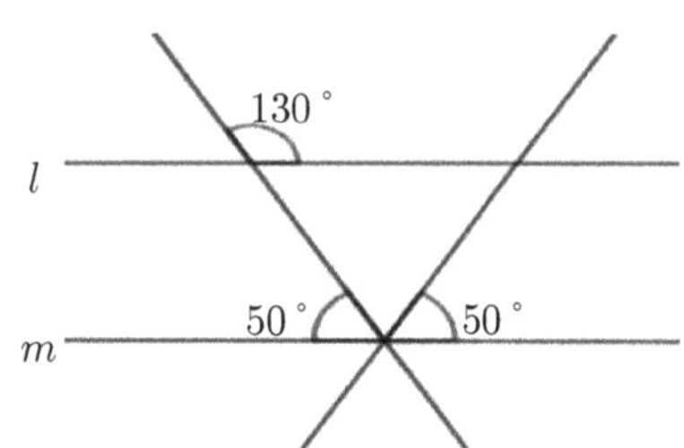

(4)

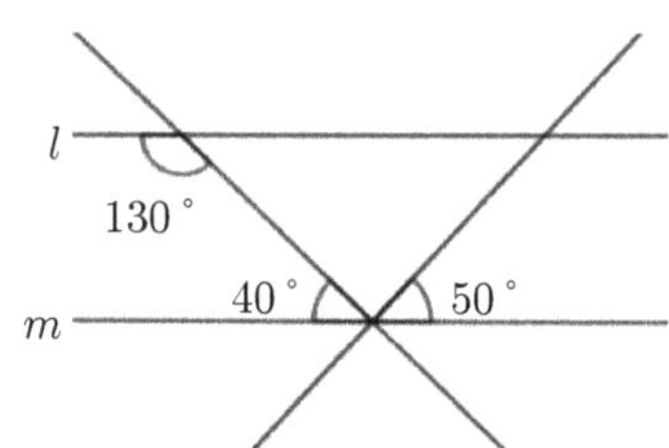

(답) (1), (2), (3)

101 ☑ 실전에서 확인! (2021년 9월)

그림과 같이 두 점 $F(c, 0)$, $F'(-c, 0)$ $(c>0)$과 곡선 C 위의 점 P에서 곡선 C에 접하는 직선을 l하자. 점 F를 지나고 l과 평행한 직선이 곡선 C와 만나는 점 중 제2사분면 위에 있는 점을 Q라 하자. 두 직선 F'Q와 직선 l이 만나는 점을 R, l과 x축이 만나는 점을 S, $\angle FSP=\alpha$, $\angle QRP=\beta$ 라고 할 때, 다음을 α, β를 이용하여 나타내시오.

(1) $\angle OFQ$

(2) $\angle F'QF$

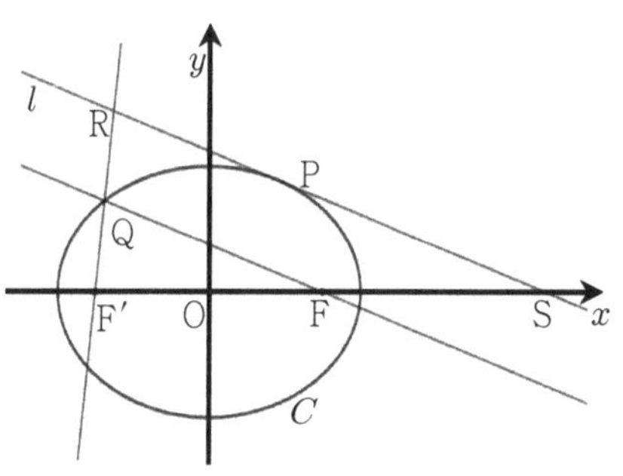

102 ☑ 실전에서 확인! (2021년 6월)

그림과 같이 중심이 O_1, 반지름의 길이가 1이고 중심각의 크기가 $\frac{5\pi}{12}$ 인 부채꼴 $O_1A_1O_2$에서 호 A_1O_2 위에 점 B_1을 $\angle A_1O_1B_1=\frac{\pi}{4}$가 되도록 정한다. 이제 점 O_2를 지나고 선분 O_1A_1에 평행한 직선이 직선 O_1B_1과 만나는 점을 A_2라 하자. 중심이 O_2이고 중심각의 크기가 $\frac{5\pi}{12}$인 부채꼴 $O_2A_2O_3$을 부채꼴 $O_1A_1B_1$과 겹치지 않도록 그린 뒤, 호 A_2O_3 위에 점 B_2를 $\angle A_2O_2B_2=\frac{\pi}{4}$가 되도록 할 때, 선분 O_2A_2의 길이를 구하시오.

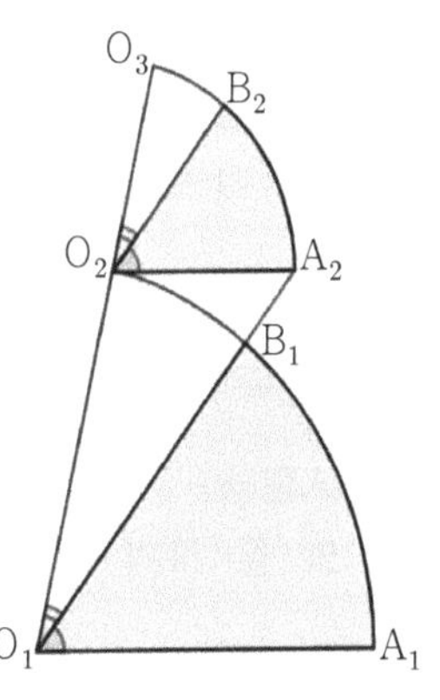

103 ☑ 실전에서 확인! (2015년 9월)

점 $F(p, 0)$과 곡선 C 위의 한 점 A에서 직선 $x=-p$에 내린 수선의 발을 B라 하고, 선분 BF와 곡선 C가 만나는 점을 C라 하자. 점 C에서 직선 $x=-p$에 내린 수선의 발을 H라고 할 때, $\overline{CH}=\overline{CF}$이다. $\overline{AB}=\overline{BF}=\overline{AF}$이고 $\overline{BC}+3\overline{CF}=6$일 때, 양수 p의 값은?

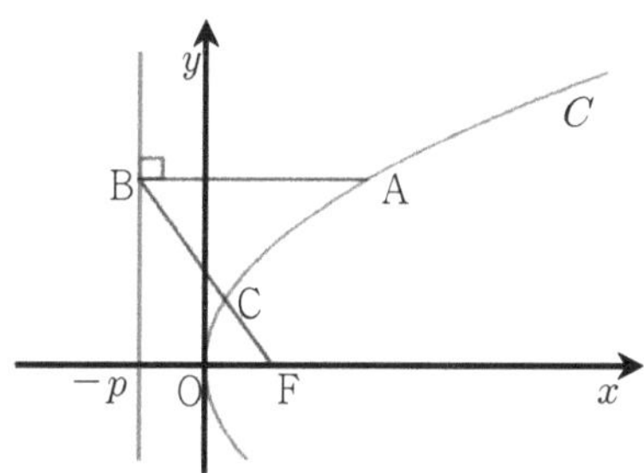

[Theme23] 삼각형의 합동

Q '같은 각, 길이를 찾는 방법 : 합동'

(2023년 11월 시행 수능 출제)

[Theme23] 삼각형의 합동

다음은 두 삼각형이 합동이 되기 위한 조건이다.

(1) (SSS합동) 대응하는 세 변의 길이가 각각 같다.

$\overline{AB}=\overline{DE}$, $\overline{BC}=\overline{EF}$, $\overline{AC}=\overline{DF}$

$\Rightarrow \triangle ABC \equiv \triangle DEF$

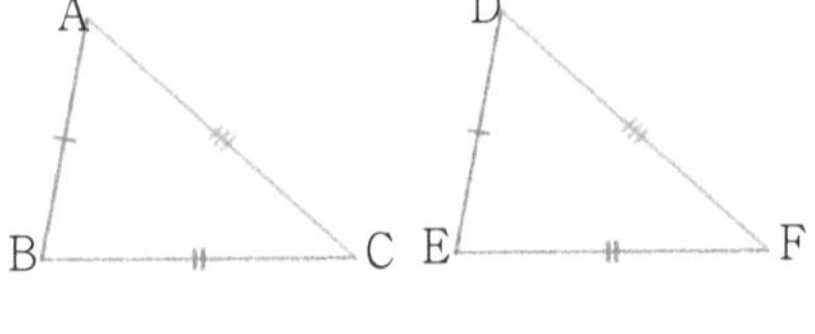

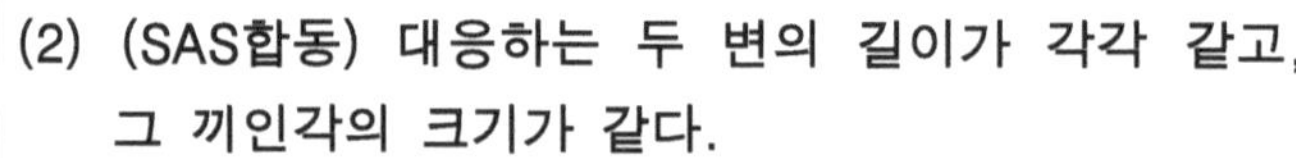

(2) (SAS합동) 대응하는 두 변의 길이가 각각 같고, 그 끼인각의 크기가 같다.

$\overline{AB}=\overline{DE}$, $\overline{BC}=\overline{EF}$, $\angle B=\angle E$

$\Rightarrow \triangle ABC \equiv \triangle DEF$

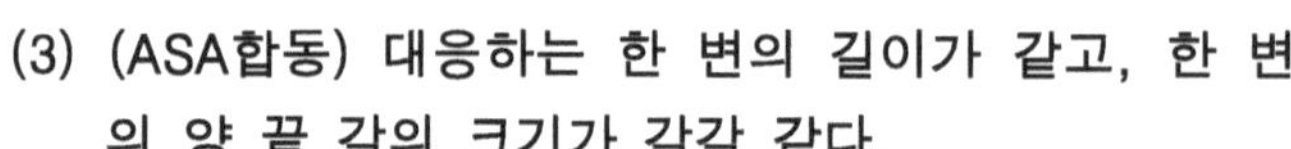

(3) (ASA합동) 대응하는 한 변의 길이가 같고, 한 변의 양 끝 각의 크기가 각각 같다.

$\overline{BC}=\overline{EF}$, $\angle B=\angle E$, $\angle C=\angle F$

$\Rightarrow \triangle ABC \equiv \triangle DEF$

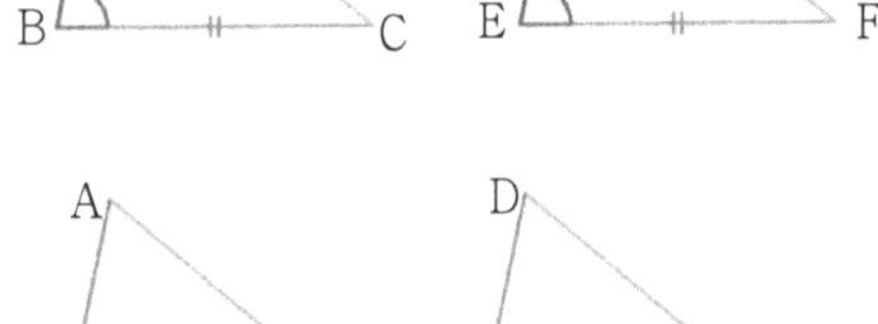

[직각삼각형의 합동 조건]

다음을 만족하는 두 직각삼각형은 합동이다.

(1) (RHA합동) 빗변의 길이(H)와 한 예각의 크기(A)가 각각 같은 두 직각(R)삼각형은 합동이다.

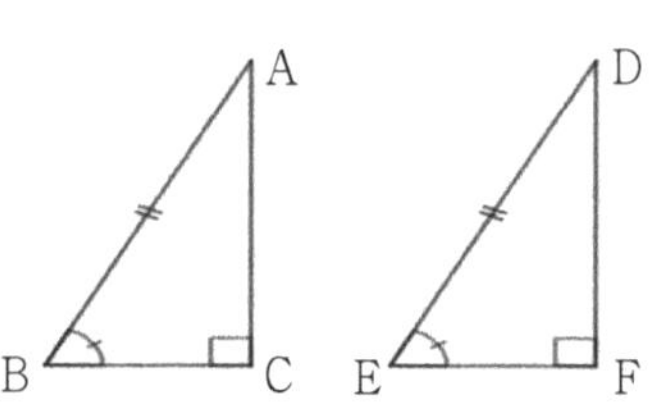

(2) (RHS합동) 빗변의 길이(H)와 다른 한 변의 길이(S)가 각각 같은 두 직각(R)삼각형은 서로 합동이다.

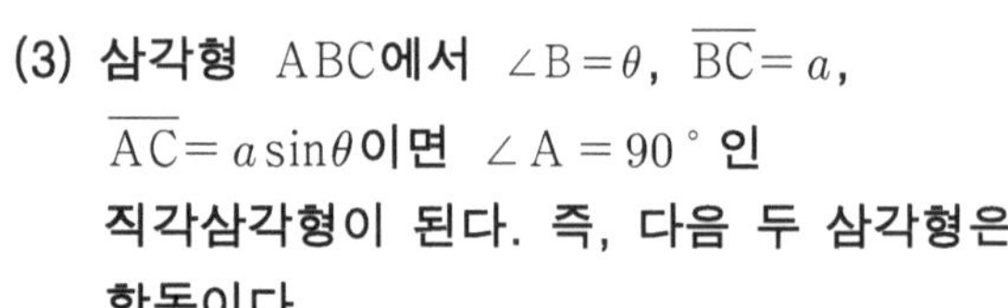

(3) 삼각형 ABC에서 $\angle B=\theta$, $\overline{BC}=a$, $\overline{AC}=a\sin\theta$이면 $\angle A=90^{\circ}$ 인 직각삼각형이 된다. 즉, 다음 두 삼각형은 합동이다.

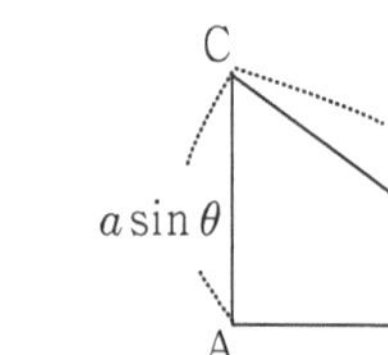

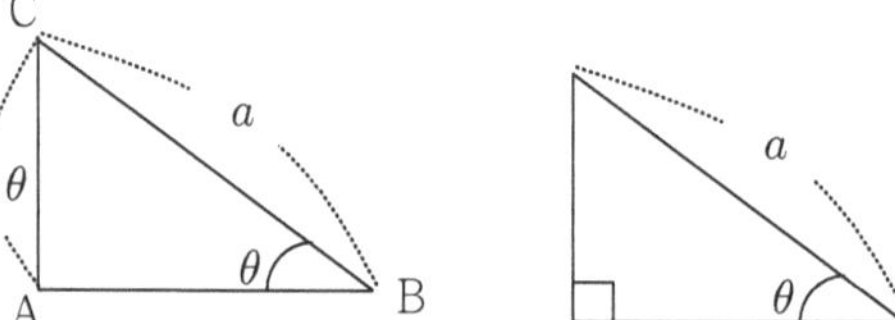

★ [직각삼각형의 합동 조건](3)은 중학교때 배우는 합동 조건에 나오진 않지만, 자주 등장하므로 반드시 알고 있어야 한다.

(이유: 삼각형 ABC에서 점 C에서 밑변 $\overline{AB}$에 내린 수선의 발을 H라고 하면 $\overline{AH}=a\sin\theta$이기 때문에 $\overline{AH}=\overline{AC}$가 되므로 $\angle CAB=90°$가 된다.

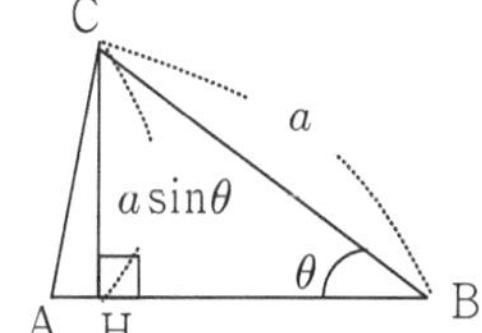

★ 삼각형의 합동 조건은 다르게 해석하면, '주어진 조건으로 만들 수 있는 삼각형은 유일하다'는 의미도 돼. 즉, 세 변의 길이가 주어진 삼각형은 한 종류 밖에 없고, 두 변과 그 끼인각이 주어진 삼각형도 유일하다는 거지.

★ 합동 조건 SAS에서 S는 변(side), A(angle)는 각, RHA, RHS에서 R는 직각(Right angle), H(Hypotenuse)는 빗변을 나타내.

☑ 개념 바로 확인!

다음 삼각형 중 합동인 두 삼각형을 모두 찾아 기호로 나타내고 합동 조건을 말하여라.

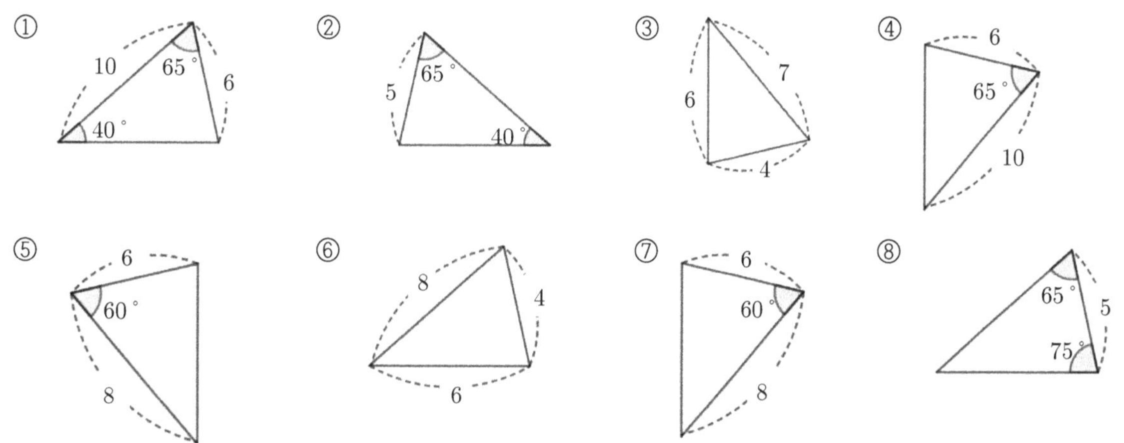

(답) ①과 ④(SAS합동), ②와 ⑧(ASA합동), ⑤와 ⑦(SAS합동)

☑ 개념 바로 확인!

다음 삼각형 중 합동인 두 직각삼각형을 모두 찾아 기호로 나타내고 합동 조건을 말하여라.

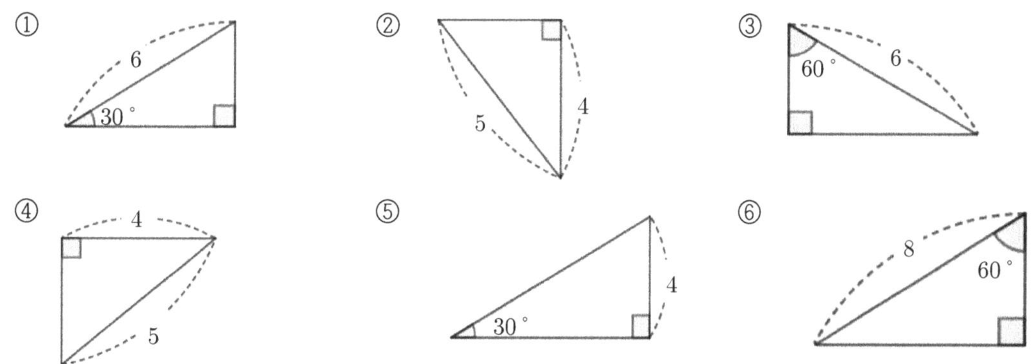

(답) ①과 ③ RHA합동, ②와 ④ RHS합동, ⑤와 ⑥ RHA합동

104 ☑ 실전에서 확인! (2021년 4월)

두 점 $\mathrm{F}(c, 0), \mathrm{F}'(-c, 0)$과 원점에 대해 대칭인 곡선 C 위의 한 점 P에 대해 $\overline{\mathrm{PF}}+\overline{\mathrm{PF}'}=12$이다. 점 P를 원점 O에 대해 대칭한 점이 Q일 때, $\overline{\mathrm{PF}'}+\overline{\mathrm{F}'\mathrm{Q}}$를 구하시오. (단, 점 P는 제1사분면 위의 점이다.)

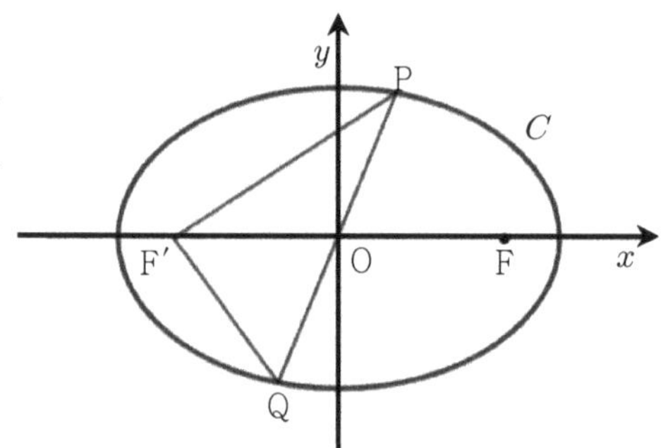

105 ☑ 실전에서 확인! (2021년 3월)

두 점 $\mathrm{F}(c, 0)$, $\mathrm{F}'(-c, 0)$ $(c>0)$와 제2사분면의 점 P에서 직선 $x=-k$에 내린 수선의 발을 Q라고 하자. $\overline{\mathrm{PQ}}=\overline{\mathrm{PF}}=8$, $\overline{\mathrm{QF}'}=\overline{\mathrm{F}'\mathrm{F}}$일 때, 상수 c의 값을 구하시오.

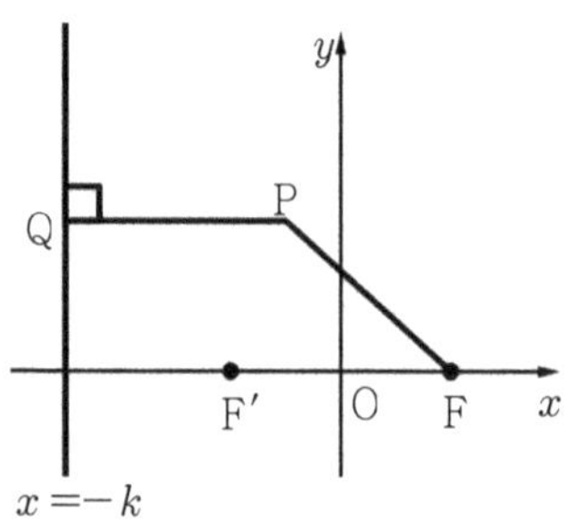

106 ☑ 실전에서 확인! (2019년 10월)

그림과 같이 $\overline{\mathrm{AB}}=2$, $\overline{\mathrm{BC}}=4$이고 $\angle \mathrm{ABC}=60°$ 인 삼각형 ABC에 대해 $\angle \mathrm{BAC}$의 크기를 구하시오.

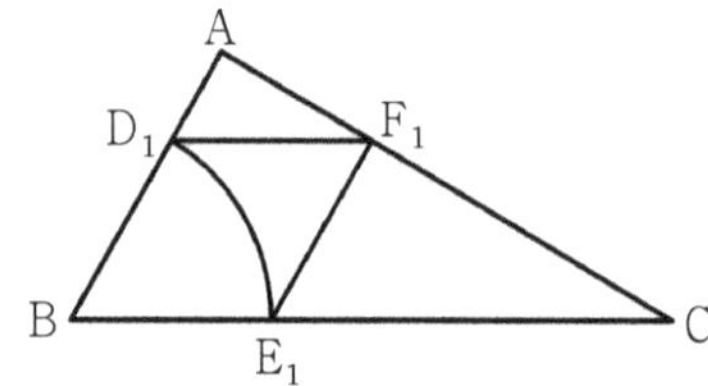

107 ☑ 실전에서 확인! (2023년 11월)

그림과 같이 삼각형 QFF'에 대하여 $\overline{\mathrm{QF}}=12$, $\overline{\mathrm{QF}'}=6$, $\angle \mathrm{QFF}'=\dfrac{\pi}{6}$일 때, 선분 FF'의 길이를 구하시오.

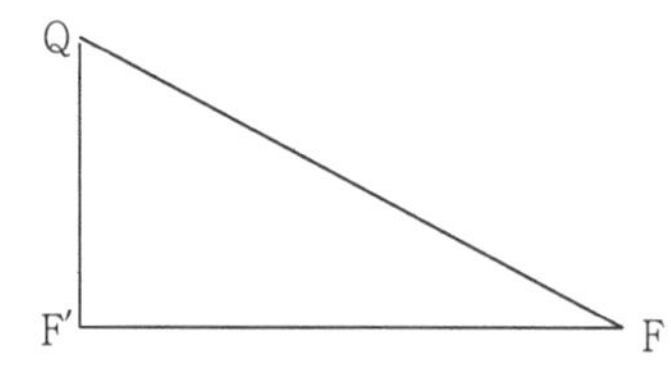

[Theme24] 삼각형의 닮음

'넓이, 길이를 쉽게 구하기 : 닮음'

(2021년 6월 시행 모의평가 출제)

닮음인 두 도형을 찾게 되면, 도형의 길이나 넓이, 각 등을 쉽게 구할 수 있다! 따라서 닮음의 조건도 합동의 조건처럼 머릿속에서 바로 나와서 적용할 수 있는 준비가 되어야 한다는 것! 닮음 조건은 수열의 극한(수학I) 뿐만 아니라, 확률과 통계, 기하 등등에서 자주 등장하는 단골메뉴!

[Theme24] 삼각형의 닮음

⇨ 한 도형을 일정한 비율로 확대하거나 축소하여 얻은 도형이 다른 도형과 합동이 될 때, 이 두 도형은 **[닮음]인 관계에 있다** 또는 **서로 닮았다**고 한다. 또, 서로 닮음인 관계에 있는 두 도형을 **닮은 도형**이라고 한다. 이때, 이 일정한 비율을 **닮음비**라고 한다.

(1) 평면도형의 닮음

★ $\triangle ABC$의 각 변을 2배로 늘이면 $\triangle A'B'C'$이 된다.

두 삼각형 $\triangle ABC$와 $\triangle A'B'C'$은 닮았다.
⇔ 기호 : $\triangle ABC \backsim \triangle A'B'C'$

★ 꼭짓점의 기호는 대응하는 순서대로 쓴다.

닮은 두 평면도형에서

① 대응하는 변의 길이의 비가 모두 일정하다.

★ $\triangle ABC \backsim \triangle A'B'C'$이면 $\overline{AB}:\overline{A'B'}=\overline{BC}:\overline{B'C'}=\overline{CA}:\overline{C'A'}$ (대응하는 변)

② 대응하는 각의 크기가 서로 같다.

★ $\triangle ABC \backsim \triangle A'B'C'$이면 $\angle A=\angle A'$, $\angle B=\angle B'$, $\angle C=\angle C'$ (대응하는 각)

(2) **입체도형의 닮음**

★ 사면체 ABCD의 네 모서리의 길이를 $\frac{2}{3}$배 하면 사면체 A′B′C′D′이 되므로 두 도형은 닮았고, 닮음비는 $3:2$이다.

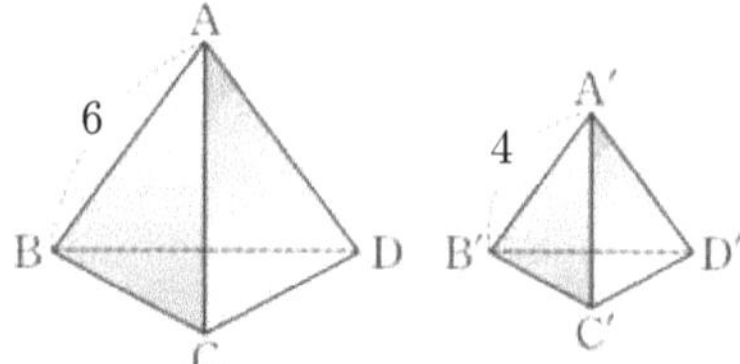

두 사면체 ABCD와 △A′B′C′D′은 닮았다.
⇔ 기호 : 사면체 ABCD∽사면체 A′B′C′D′

닮은 두 입체도형에서

① 대응하는 면은 각각 닮은 평면도형이다.

★ △ABC∽△A′B′C′, △ABD∽△A′B′D′, △ACD∽△A′C′D′, △BCD∽△B′C′D′

② 대응하는 모서리의 길이의 비는 닮음비로 일정하다.

(3) **닮은 두 도형에서 닮음비가 $m:n$이면 넓이비는 $m^2:n^2$, 부피비는 $m^3:n^3$이다.**

(4) **닮은 두 도형에서 닮음비가 $m:n$이면 도형의 둘레의 길이비도 $m:n$이 된다.**

예) (2)의 입체도형에서 두 삼각형 ABC와 A′B′C′의 모서리의 길이비인 닮음비는 $3:2$이고, 넓이는 $3^2:2^2$, 두 입체도형 ABCD와 A′B′C′D′의 부피비는 $3^3:2^3$이다.

★ 두 도형의 닮음 △ABCD∽△A′B′C′D′에서 대응하는 점의 순서대로 쓴 것임을 기억하자! 즉, 점 A의 대응점은 A′이고, 선분 AB에 대응하는 선분은 A′B′임을 알 수 있다.

☑ 개념 바로 확인!

오른쪽 그림에서 $\triangle ABC \backsim \triangle DEF$일 때, 다음을 구하시오.

(1) $\angle B$의 크기
(2) $\triangle ABC$와 $\triangle DEF$의 닮음비
(3) $\overline{EF}$의 길이
(4) $\triangle ABC$와 $\triangle DEF$의 넓이비

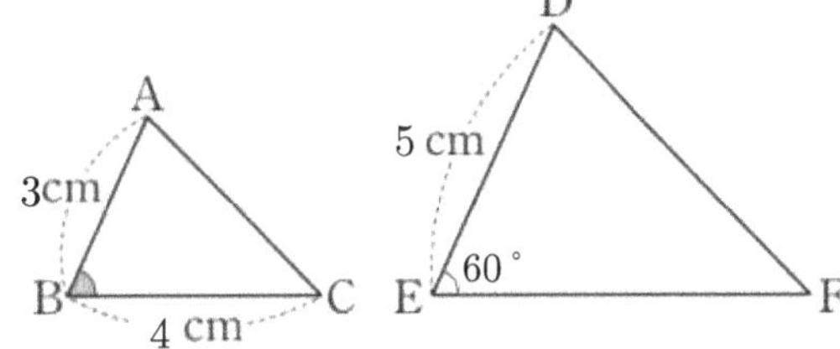

(답) (1) $60°$ (2) $3:5$ (3) $4\times\frac{5}{3}=\frac{20}{3}$ (4) $3^2:5^2$

☑ 개념 바로 확인!

오른쪽 그림에서 $\square ABCD \backsim \square A'B'C'D'$일 때, 다음을 구하시오.

(1) $\angle B$의 크기
(2) $\square ABCD$와 $\square A'B'C'D'$의 넓이비
(3) $\overline{B'C'}$의 길이

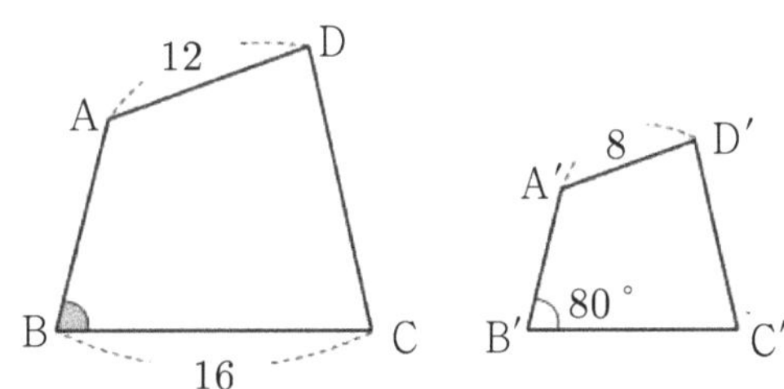

(답) (1) $80°$ (2) $9:4$ (3) $\frac{32}{3}$

108 ☑ 실전에서 확인! (2021년 6월)

그림과 같이 중심이 O_1, 반지름의 길이가 1이고 중심각의 크기가 $\frac{5\pi}{12}$인 부채꼴 $O_1A_1O_2$에서 호 A_1O_2 위에 점 B_1을 $\angle A_1O_1B_1=\frac{\pi}{4}$가 되도록 정한다. 이제 점 O_2를 지나고 선분 O_1A_1에 평행한 직선이 직선 O_1B_1과 만나는 점을 A_2라 하자. 중심이 O_2이고 중심각의 크기가 $\frac{5\pi}{12}$인 부채꼴 $O_2A_2O_3$을 부채꼴 $O_1A_1B_1$과 겹치지 않도록 그린 뒤, 호 A_2O_3 위에 점 B_2를 $\angle A_2O_2B_2=\frac{\pi}{4}$가 되도록 할 때, 두 부채꼴 $O_1A_1B_1$과 $O_2A_2B_2$의 넓이비를 구하시오.

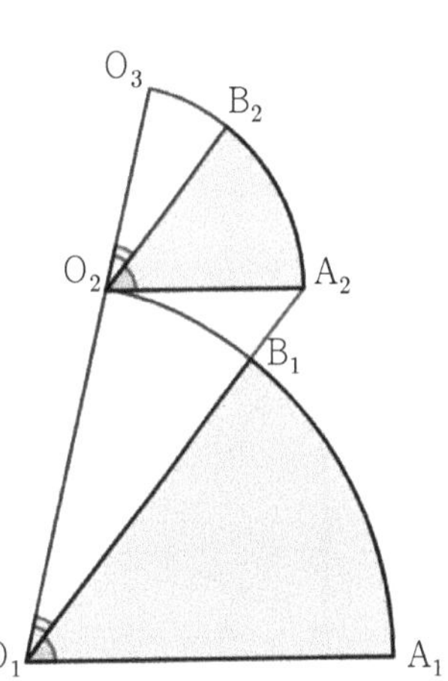

앞에서 배운 삼각형의 닮음비를 이용하여 넓이, 길이, 각 등을 쉽게 구하려면 아무렇게나 주어진 두 삼각형이 닮음인지 아닌지를 판단해야 한다. 이를 위해 알아야 하는 것이 바로 '삼각형의 닮음 조건'이라는 것!

[Theme24] 삼각형의 닮음 조건

다음의 세 조건 중 하나가 성립하면 $\triangle ABC \backsim \triangle A'B'C'$이다.

① 대응하는 세 변의 길이의 비가 같을 때,
즉, $a : a' = b : b' = c : c'$ (SSS닮음)

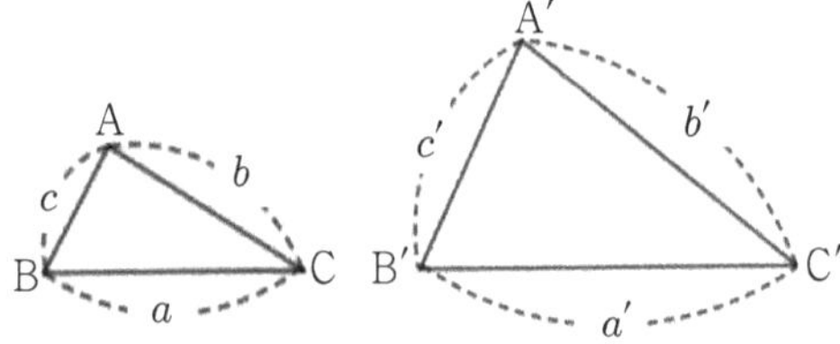

② 대응하는 두 변의 길이의 비가 같고 그 끼인각의 크기가 같을 때, 즉,
$a : a' = c : c'$, $\angle B = \angle B'$ (SAS닮음)

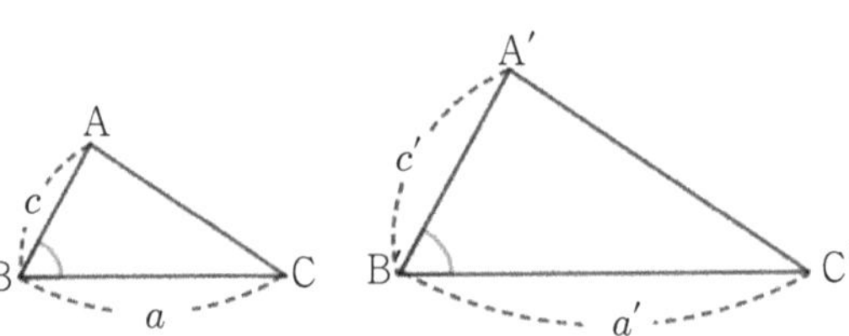

③ 대응하는 두 각의 크기가 각각 같을 때,
즉, $\angle B = \angle B'$, $\angle C = \angle C'$ (AA닮음)

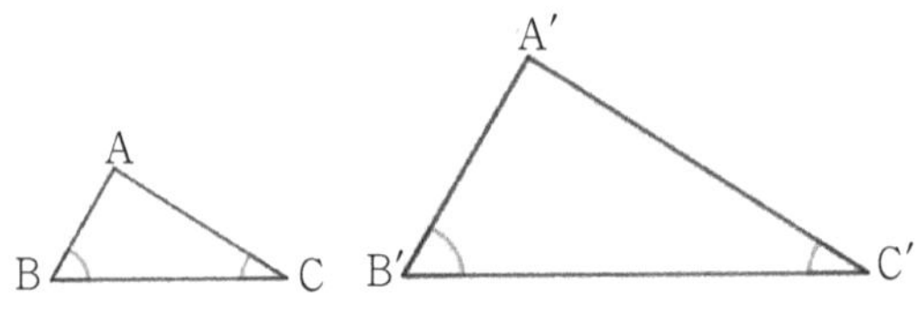

★ ③에서 두 삼각형의 두 각의 크기가 같으면 삼각형의 세 내각의 합이 $180°$임을 이용하여 나머지 한 각의 크기도 같음을 알 수 있기 때문에 두 삼각형의 대응하는 세 내각의 크기가 모두 같아진다.

☑ 개념 바로 확인!

다음 삼각형 중에서 서로 닮음인 것을 모두 찾고, 이때 이용한 삼각형의 닮음 조건을 말하여라.

①
6
30°
8

②
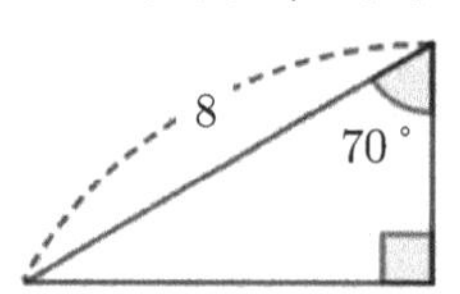

③
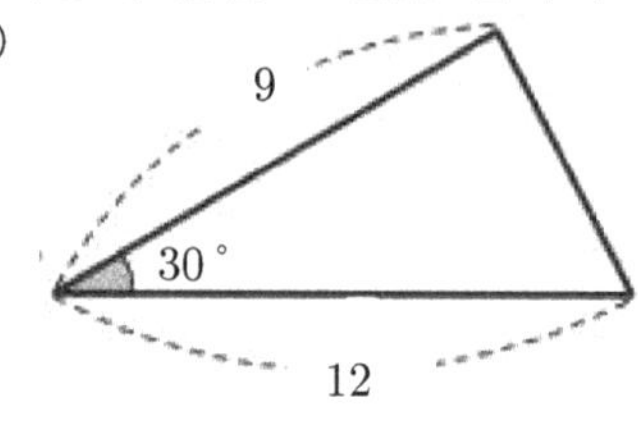

④
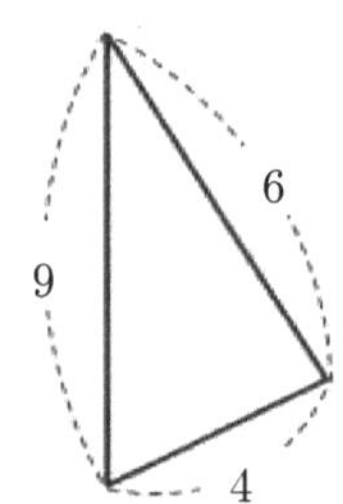

⑤
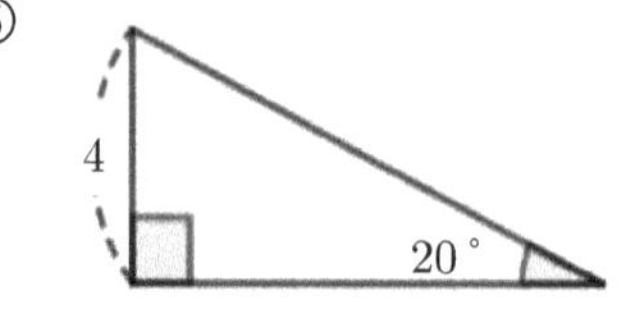

⑥
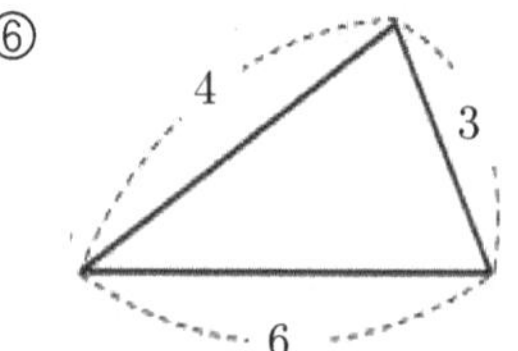

(답) ①과 ③ SAS닮음, ②와 ⑤ AA닮음

☑ 개념 바로 확인! [1] ✓풀이가 해설지에 있어요. ☺

다음 그림에서 x의 값을 구하시오.

(1)

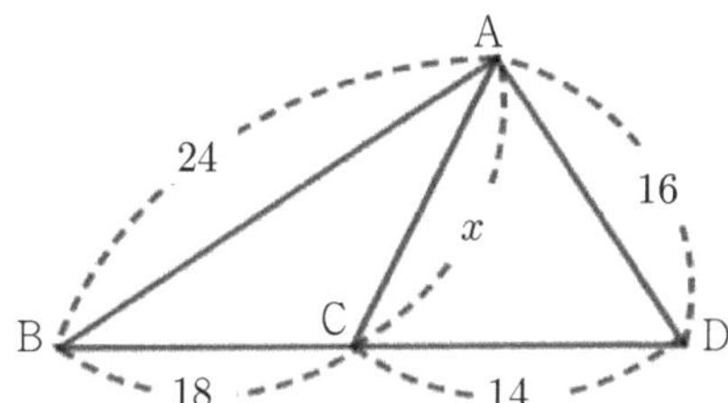

(2)

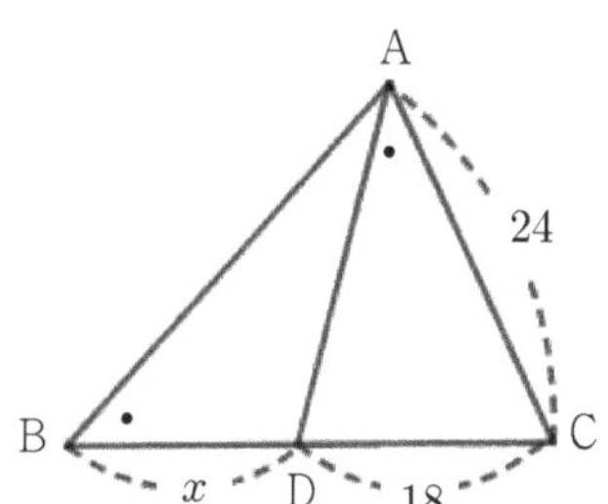

(답) (1) 12 (2) 11

109 ☑ 실전에서 확인! (2021년 9월)

그림과 같이 두 점 $\mathrm{F}(2, 0)$, $\mathrm{F}'(-2, 0)$과 곡선 C 위의 점 P에서 이 곡선에 접하는 직선을 l이라 하자. 점 F를 지나고 l에 평행한 직선이 이 곡선 C와 만나는 점 중 제2사분면 위에 있는 점을 Q라 하자. $\overline{\mathrm{QF}}+\overline{\mathrm{QF'}}=8$, 두 직선 $\mathrm{F'Q}$와 l이 만나는 점을 R, 직선 l이 x축과 만나는 점을 $\mathrm{S}(8, 0)$라 할 때, 삼각형 $\mathrm{SRF'}$의 둘레의 길이는?

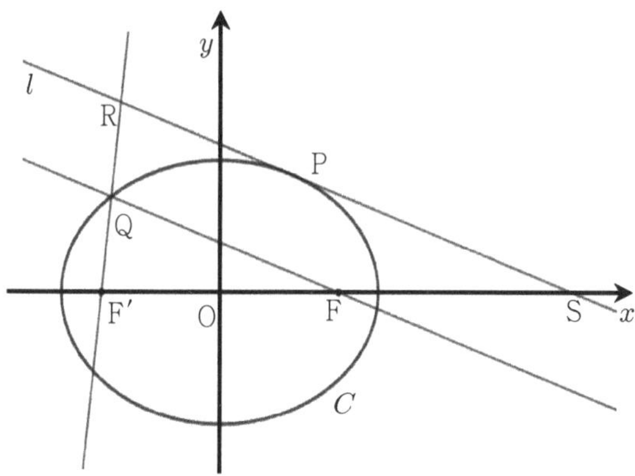

110 ☑ 실전에서 확인! (2022년 7월)

그림과 같이 $\overline{A_1B_1}=1$, $\overline{B_1C_1}=2$인 직사각형 $A_1B_1C_1D_1$이 있다. 선분 A_1D_1의 중점 E_1에 대하여 두 선분 B_1D_1, C_1E_1이 만나는 점을 F_1이라 하자. $\overline{G_1E_1}=\overline{G_1F_1}$이 되도록 선분 B_1D_1 위에 점 G_1을 잡아 삼각형 $G_1F_1E_1$을 그린다. 두 삼각형 $C_1D_1F_1$, $G_1F_1E_1$로 만들어진 ⋈ 모양의 도형에 색칠하여 얻은 그림을 R_1이라 하자. 그림 R_1에서 선분 B_1F_1 위의 점 A_2, 선분 B_1C_1 위의 두 점 B_2, C_2, 선분 C_1F_1 위의 점 D_2를 꼭짓점으로 하고 $\overline{A_2B_2}:\overline{B_2C_2}=1:2$인 직사각형 $A_2B_2C_2D_2$를 그린다. 직사각형 $A_2B_2C_2D_2$에 그림 R_1을 얻은 것과 같은 방법으로 ⋈ 모양의 도형에 색칠하여 얻은 그림을 R_2라 하자. 이때 두 직각삼각형 $B_1C_1D_1$과 직각삼각형 $B_2C_2D_2$의 닮음비를 구하시오.

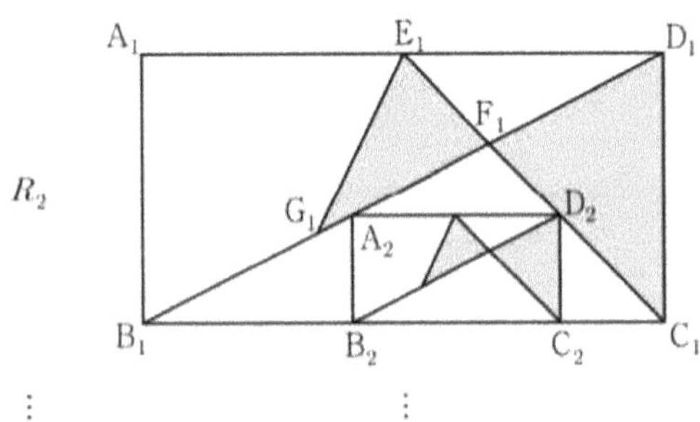

111 ☑ 실전에서 확인! (2022년 7월)

그림과 같이 $\overline{A_1B_1}=2$, $\overline{B_1A_2}=3$이고 $\angle A_1B_1A_2=\frac{\pi}{3}$인 삼각형 $A_1A_2B_1$과 이 삼각형의 외접원 O_1이 있다. 점 A_2를 지나고 직선 A_1B_1에 평행한 직선이 원 O_1과 만나는 점 중 A_2가 아닌 점을 B_2라 하자. 두 선분 A_1B_2, B_1A_2가 만나는 점을 C_1이라 할 때, 두 삼각형 $A_1A_2C_1$, $B_1C_1B_2$로 만들어진 ⧖ 모양의 도형에 색칠하여 얻은 그림을 R_1이라 하자. 그림 R_1에서 점 B_2를 지나고 직선 B_1A_2에 평행한 직선이 직선 A_1A_2와 만나는 점을 A_3이라 할 때, 삼각형 $A_2A_3B_2$의 외접원을 O_2라 하자. 그림 R_1을 얻을 것과 같은 방법으로 두 점 B_3, C_2를 잡아 원 O_2에 ⧖ 모양의 도형을 그리고 색칠하여 얻은 그림을 R_2라 하자. 이때 두 삼각형 $A_1B_1A_2$와 삼각형 $A_2B_2A_3$의 닮음비를 구하시오.

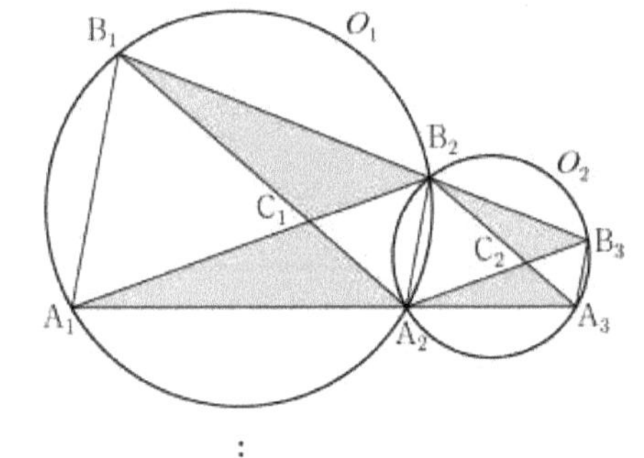

[Theme24] (직각)삼각형의 닮음 조건

(1) 직각삼각형의 닮음 조건 (AA닮음)

⇨ 두 직각삼각형이 직각 외의 나머지 한 각도 같으면 두 직각삼각형은 AA닮음($\triangle ABC \backsim \triangle A'B'C'$)이다.

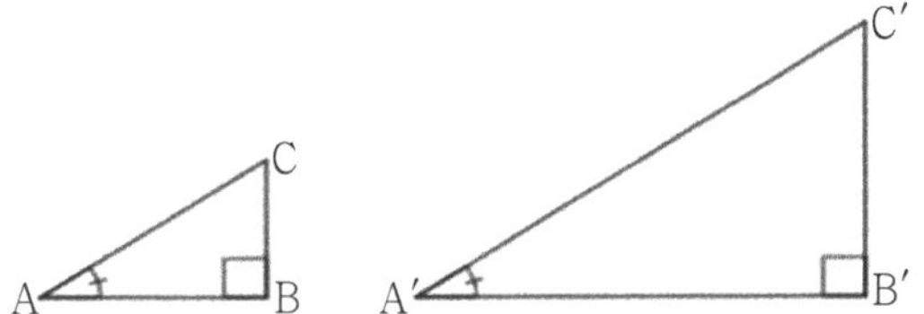

(2) $\angle A = 90°$ 인 직각삼각형 ABC에서 점 A에서 선분 BC에 내린 수선의 발을 H라고 할 때, 닮음인 삼각형은 모두 세 개이고 닮음비에 의해 다음의 성질이 성립한다.

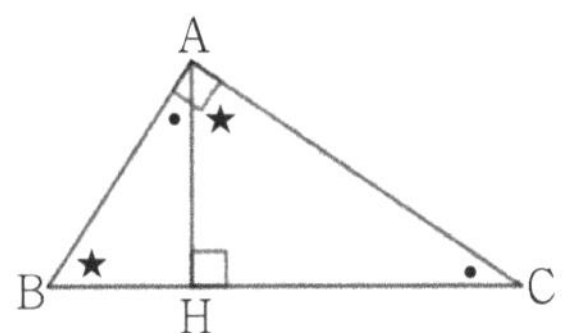

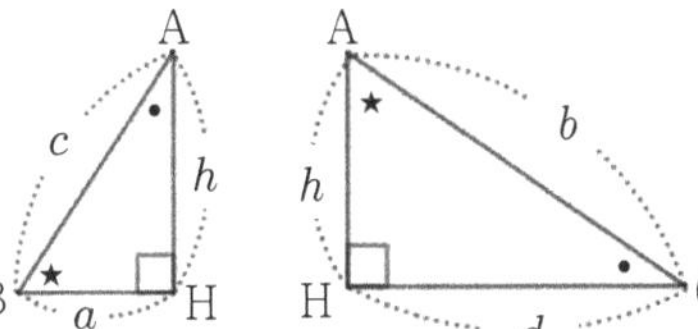

① $\triangle ABH \backsim \triangle CBA$ 이므로

$\frac{a}{c} = \frac{c}{a+d} \Rightarrow c^2 = a(a+d)$

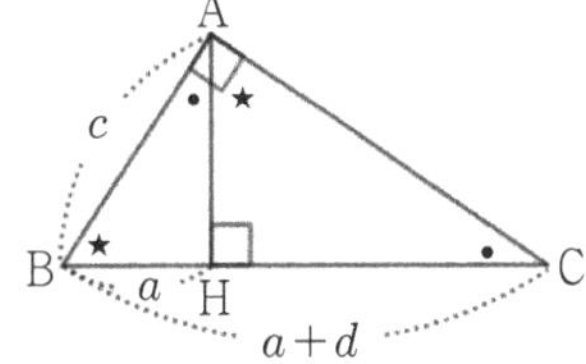

② $\triangle CAH \backsim \triangle CBA$ 이므로

$\frac{d}{b} = \frac{b}{a+d} \Rightarrow b^2 = d(a+d)$

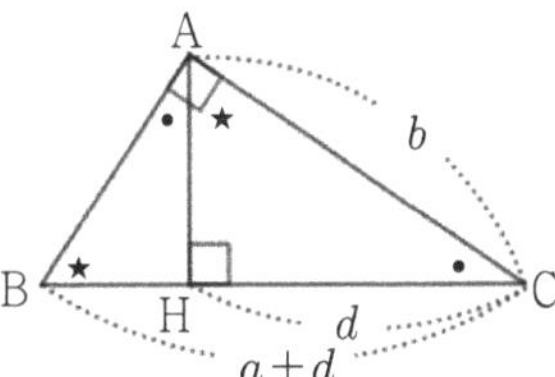

③ $\triangle ABH \backsim \triangle CAH$ 이므로

$\frac{h}{a} = \frac{d}{h} \Rightarrow h^2 = ad$

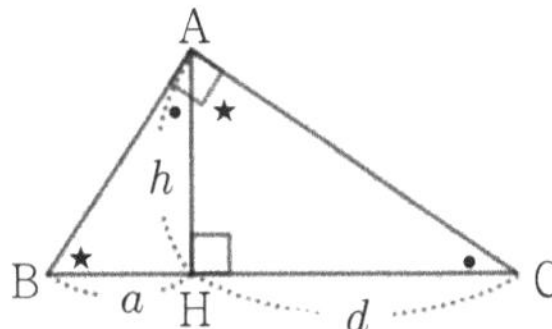

④ $\triangle ABC = \frac{1}{2} \times \overline{BC} \times \overline{AH} = \frac{1}{2} \times \overline{AB} \times \overline{AC} \quad \Rightarrow \quad \overline{BC} \times \overline{AH} = \overline{AB} \times \overline{AC}$

★ 위 공식을 외우기보다는 '세 개의 직각삼각형의 닮음 관계'를 인식하고 삼각비를 이용하여 선분의 길이를 구해도 된다.

☑ 개념 바로 확인! [2] ✓풀이가 해설지에 있어요. ☺

다음 그림에서 x의 값을 구하시오.

(1)

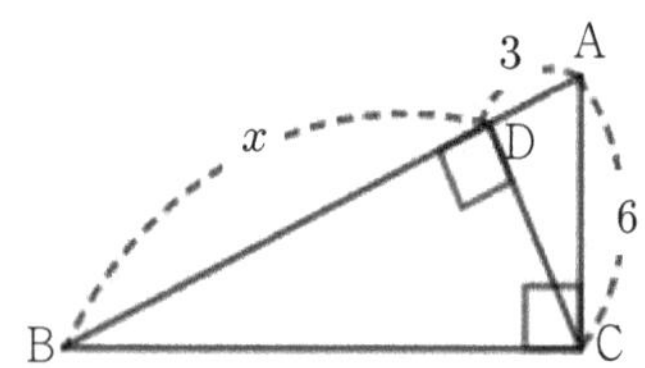

(2)

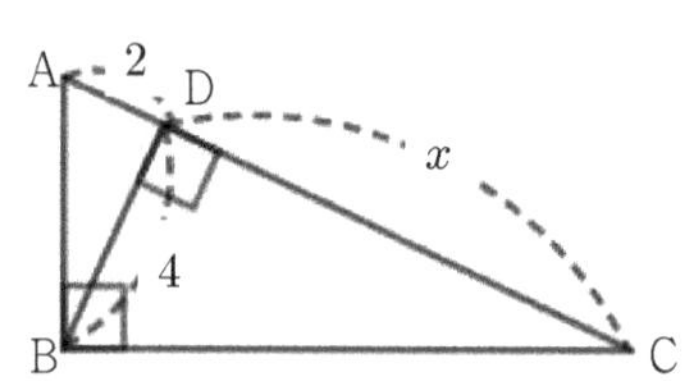

(답) (1) 9 (2) 8

☑ 개념 바로 확인! [3] ✓풀이가 해설지에 있어요. ☺

삼각형 ABC에서 변 BC 위의 한 점 E에 대해 $\overline{EC}=3$이고, 점 E에서 선분 AC에 내린 수선의 발을 D라고 할 때, 선분 DC의 길이를 구하시오.

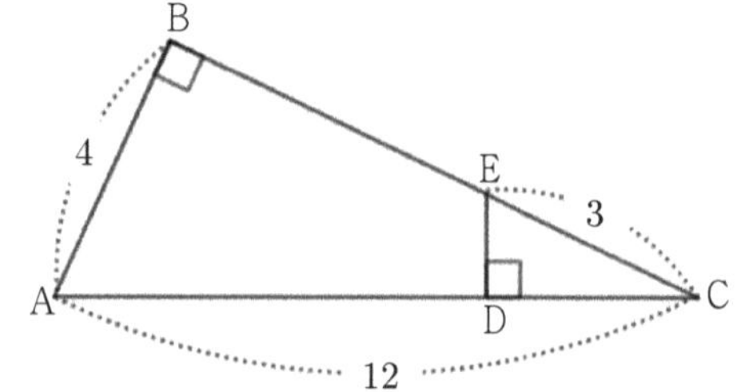

(답) $2\sqrt{2}$

☑ 개념 바로 확인! [4] ✓풀이가 해설지에 있어요. ☺

그림과 같이 $\angle B=90°$인 직각삼각형 ABC에서 $\overline{AB}=5$, $\overline{BC}=12$일 때, 선분 AH의 길이는?

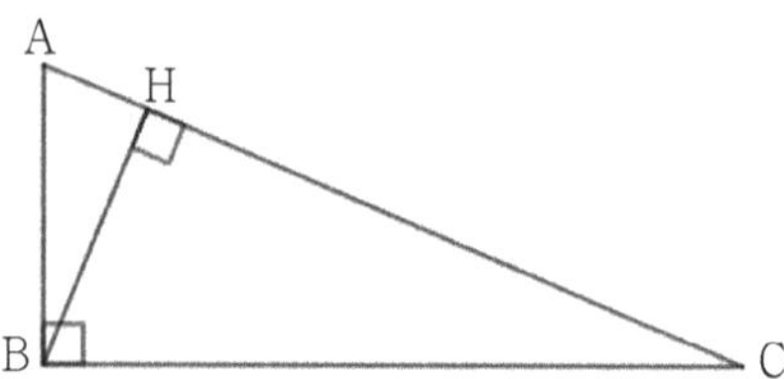

(답) $\frac{25}{13}$

112 ☑ 실전에서 확인! (2014년 9월)

$-1 \le x \le 1$에서 정의된 y축에 대칭인 함수 $f(x)$가 $-1 \le x \le 0$에서 $f(x)=a(x+1)$이다. 함수 $f(x)$의 그래프와 x축으로 둘러싸인 영역의 넓이가 1일 때, 직선 $x=\frac{1}{2}$과 x축, 함수 $f(x)$의 그래프로 둘러싸인 영역의 넓이를 구하시오. (단, $a>0$)

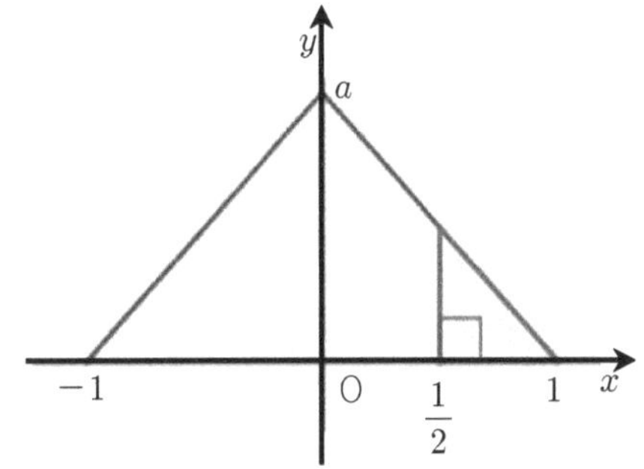

113 ☑ 실전에서 확인! (2016년 11월 수능)

곡선 C 위의 점 $\mathrm{A}(4,4)$에서의 접선 l이 직선 $x=-1$과 만나는 점을 B, x축과 만나는 점을 $\mathrm{C}(-4,0)$, 직선 $x=-1$이 x축과 만나는 점을 D라 하자. 삼각형 BCD의 넓이는?

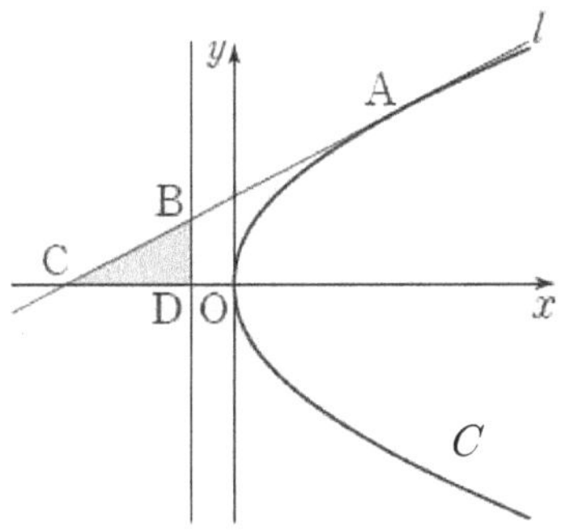

114 ☑ 실전에서 확인! (2016년 4월)

그림과 같이 곡선 C와 두 점 $\mathrm{F}(c,0)$, $\mathrm{F}'(-c,0)$과 곡선 C 위의 점 P에 대하여 선분 PF'의 중점 M의 좌표가 $(0,1)$이고 $\overline{\mathrm{PM}}=\overline{\mathrm{PF}}$일 때, 선분 PF와 F'F의 길이를 각각 구하시오.

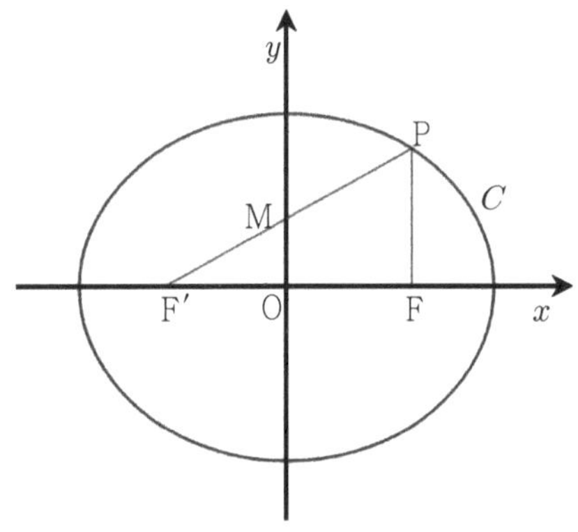

[Theme25] 삼각형의 각의 이등분선의 성질

Q '각의 이등분선과 비례식'

(2021년 10월 시행 학력평가 출제)

삼각형에서 한 '내각의 이등분선'이 나오면 무조건 떠올려야 되는 성질은 다음 중 하나야!

✓ 이번에 배우게 될 '각의 이등분선과 비례식'

✓ 각의 이등분선과 삼각형의 외접원이 함께 등장하면 '같은 크기의 원주각(중심각)' 찾기

✓ 같은 크기의 각을 이용하여 닮음인 삼각형 찾기

위 세 가지 중 첫 번째 내용을 여기서 살펴보고, 나머지 두 개는 '원'에서 공부할 때, 해결해보자.

[Theme25] 삼각형의 각의 이등분선의 성질

삼각형 ABC의 변 BC 위의 점 D에 대하여
$\angle BAD = \angle CAD$(선분 AD가 $\angle A$의 이등분선)이면

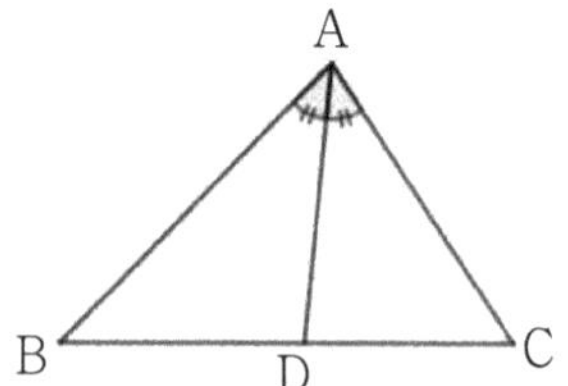

(1) $\overline{AB} : \overline{AC} = \overline{BD} : \overline{DC}$

(2) $\overline{AB} : \overline{BD} = \overline{AC} : \overline{DC}$

(1)의 (증명)

점 C를 지나면서 선분 AD에 평행한 직선과 직선 AB의 교점을 E라고 하자. 그럼, $\overline{AD} /\!/ \overline{EC}$이다. 따라서

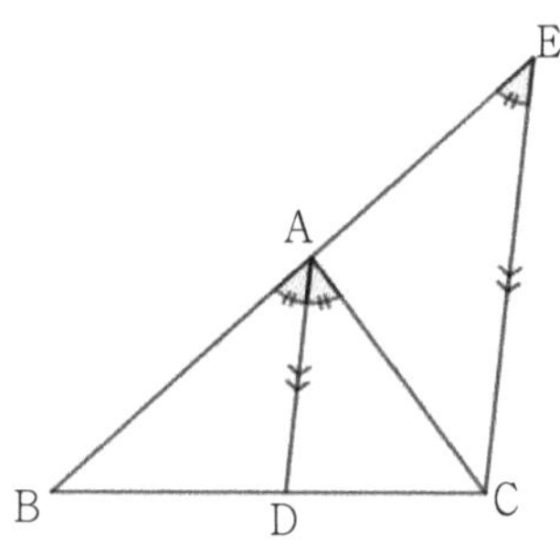

$i)$ $\angle BAD = \angle BEC$(동위각), $\angle B$(공통각)이므로
$\triangle BAD \backsim \triangle BEC$(AA닮음) $\Rightarrow$ $\overline{BA} : \overline{AE} = \overline{BD} : \overline{DC}$ ---(*)

$ii)$ $\overline{AD} /\!/ \overline{EC}$이므로 엇각으로서 $\angle CAD = \angle ACE$이므로
$\triangle ACE$는 $\angle AEC = \angle ACE$인 이등변삼각형이므로 $\overline{AE} = \overline{AC}$.

$iii)$ 즉, 식 (*)는 $\overline{BA} : \overline{AC} = \overline{BD} : \overline{DC}$ 이다.

(2)의 증명

(1)의 결과에 [Theme1]에서 배운 아래의 비례식의 성질을 이용하여 (2)를 유도할 수 있다.

$$a:b = x:y \Leftrightarrow a:x = b:y$$

즉, $\overline{BA} : \overline{AC} = \overline{BD} : \overline{DC}$ $\Leftrightarrow$ $\overline{BA} : \overline{BD} = \overline{AC} : \overline{DC}$ 이다. 근데, (1)이 거의 대부분에 문제에서 쓰이고, (2)는 자주 등장하지 않지만, 가끔 등장할 가능성을 위해 참고하자.

☑ 개념 바로 확인!

삼각형 ABC에 대하여 다음 물음에 답하여라.

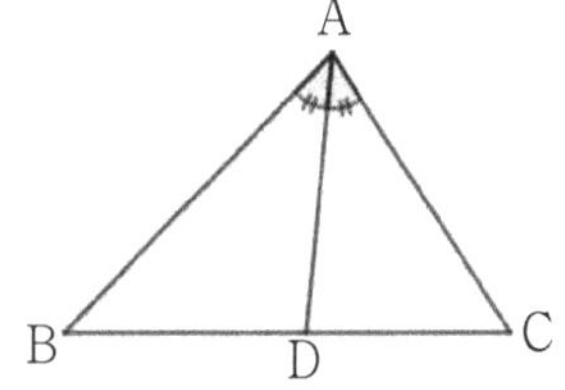

(1) $\overline{AB}=12$, $\overline{AC}=10$, $\overline{BD}=8$일 때, $\overline{DC}$의 길이를 구하시오.

(2) $\overline{AB}=10$, $\overline{AC}=8$, $\overline{BC}=12$일 때, $\overline{DC}$의 길이를 구하시오.

(답) (1) $\frac{20}{3}$ (2) $\frac{16}{3}$

115 ☑ 실전에서 확인! (2021년 10월)

그림과 같이 곡선 C 위에 있는 점 P와 x축 위에 있는 두 점 $F(\sqrt{17}, 0)$와 $F'(-\sqrt{17}, 0)$에 대해 점 F에서 선분 PF′에 내린 수선의 발을 Q라 하고, $\angle FQP$의 이등분선이 선분 PF와 만나는 점을 R라 하자. $4\overline{PR}=3\overline{RF}$이고 $\overline{PF'}-\overline{PF}=2$일 때, 선분 PF의 길이를 구하시오.

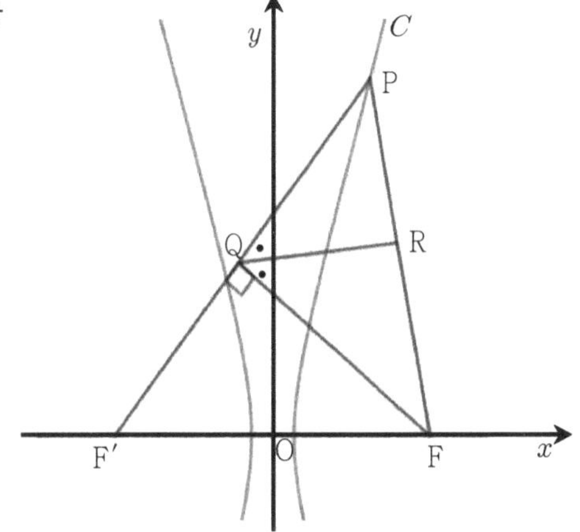

116 ☑ 실전에서 확인! (2015년 4월)

자연수 n에 대하여 그림과 같이 두 점 $A_n(n, 0)$, $B_n(0, n+1)$이 있다. 삼각형 OA_nB_n에 내접하는 원의 중심을 C_n이라 하고, 두 점 B_n과 C_n을 지나는 직선이 x축과 만나는 점을 P_n이라 하자. 선분 OP_n의 길이를 n에 대해 나타내시오.

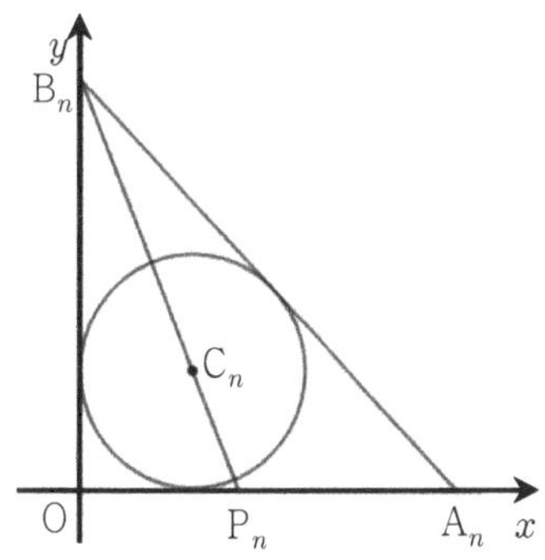

[Theme26] 삼각형과 평행선

Q '평행선과 비례식'

(2021년 수능연계교재)

[Theme26] 삼각형과 평행선(Ver.1)

$\triangle \mathrm{ABC}$에서 한 직선이 두 변 AB, AC 또는 그 연장선과 만나는 점을 각각 D, E라고 하면 다음이 성립한다.

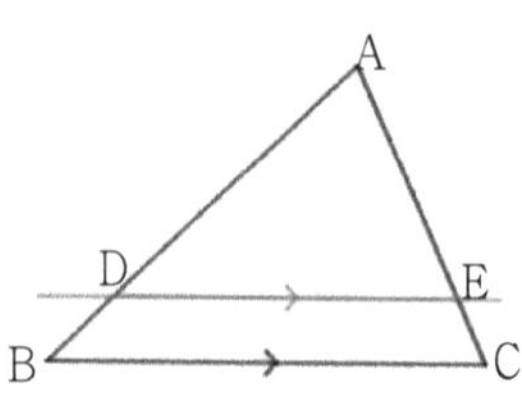

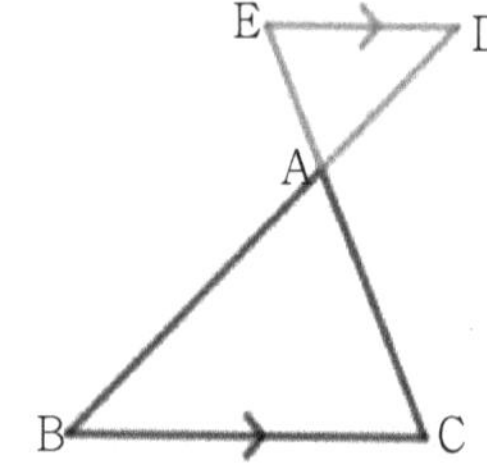

(1) ① $\overline{\mathrm{BC}} /\!/ \overline{\mathrm{DE}}$ 이면 $\overline{\mathrm{AD}} : \overline{\mathrm{AB}} = \overline{\mathrm{AE}} : \overline{\mathrm{AC}} = \overline{\mathrm{DE}} : \overline{\mathrm{BC}}$

② $\overline{\mathrm{AB}} : \overline{\mathrm{AD}} = \overline{\mathrm{AC}} : \overline{\mathrm{AE}}$ 이면 $\overline{\mathrm{BC}} /\!/ \overline{\mathrm{DE}}$

(2) ① $\overline{\mathrm{BC}} /\!/ \overline{\mathrm{DE}}$ 이면 $\overline{\mathrm{AD}} : \overline{\mathrm{DB}} = \overline{\mathrm{AE}} : \overline{\mathrm{EC}}$ ($\neq \overline{\mathrm{DE}} : \overline{\mathrm{BC}}$ 주의!)

② $\overline{\mathrm{AD}} : \overline{\mathrm{DB}} = \overline{\mathrm{AE}} : \overline{\mathrm{EC}}$ 이면 $\overline{\mathrm{BC}} /\!/ \overline{\mathrm{DE}}$

★ (1) ① $\overline{\mathrm{BC}} /\!/ \overline{\mathrm{DE}}$이면 $\angle \mathrm{ADE} = \angle \mathrm{ABC}$(동위각), $\angle \mathrm{AED} = \angle \mathrm{ACB}$(동위각)이므로 $\triangle \mathrm{ADE} \backsim \triangle \mathrm{ABC}$(닮음)이다. 이때, 두 삼각형의 닮음비는 $\overline{\mathrm{AD}} : \overline{\mathrm{AB}} = \overline{\mathrm{AE}} : \overline{\mathrm{AC}} = \overline{\mathrm{DE}} : \overline{\mathrm{BC}}$이다.

★ (2) 선분 BC 위의 점 F가 $\overline{\mathrm{DF}} /\!/ \overline{\mathrm{EC}}$일 때,

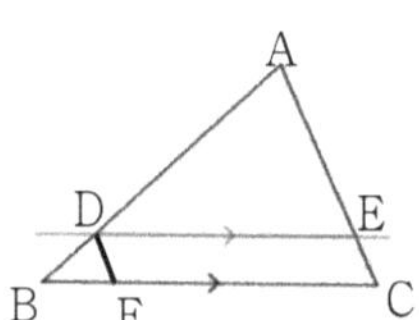

① $\overline{\mathrm{BC}} /\!/ \overline{\mathrm{DE}}$이므로 $\angle \mathrm{ADE} = \angle \mathrm{DBF}$(동위각),
$\angle \mathrm{AED} = \angle \mathrm{DFB}$(동위각)이므로 $\triangle \mathrm{ADE} \backsim \triangle \mathrm{DBF}$(AA닮음)이다.
$\overline{\mathrm{AD}} : \overline{\mathrm{DB}} = \overline{\mathrm{AE}} : \overline{\mathrm{DF}}$이고, $\overline{\mathrm{DF}} = \overline{\mathrm{EC}}$이므로 $\overline{\mathrm{AD}} : \overline{\mathrm{DB}} = \overline{\mathrm{AE}} : \overline{\mathrm{EC}}$.

☑ 개념 바로 확인!

다음 그림에서 $\overline{\mathrm{DE}} /\!/ \overline{\mathrm{BC}}$일 때, x, y의 값을 각각 구하시오.

①
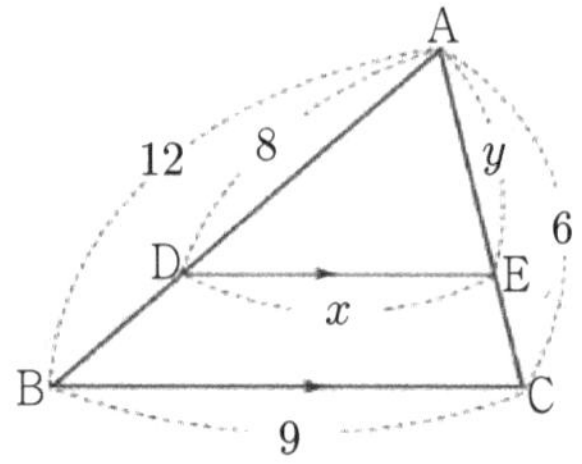

②
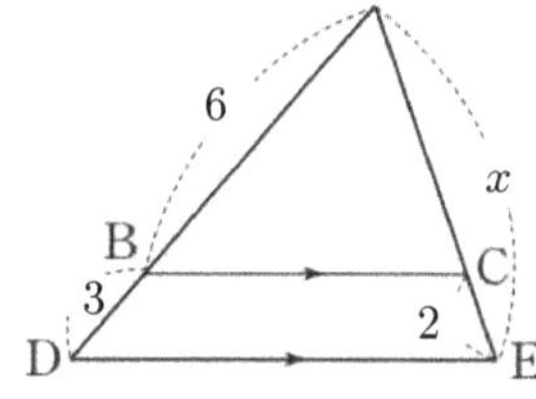

③
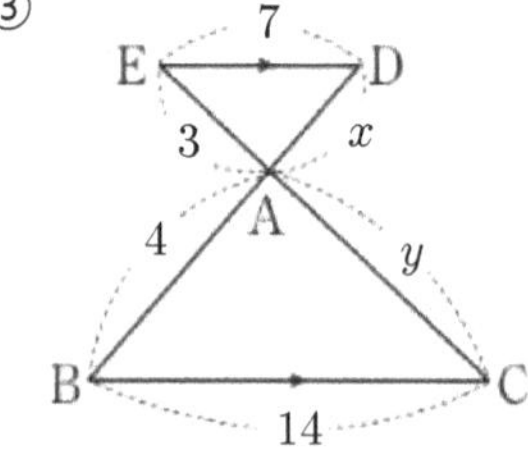

(답) ① $x=6$, $y=4$ ② $x=6$ ③ $x=2$, $y=6$

☑ 개념 바로 확인!

(1) 다음 그림에서 서로 평행한 선분을 찾아 기호로 나타내시오.

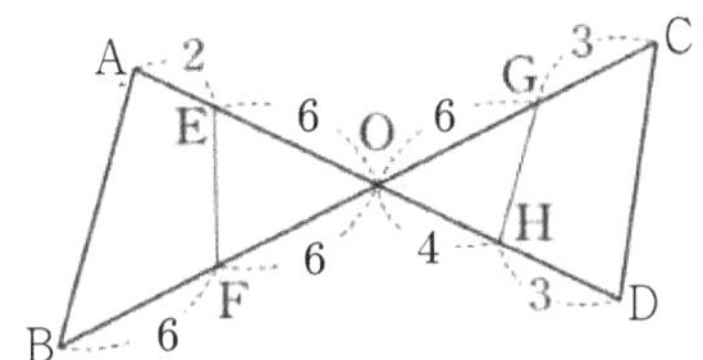

(2) 다음 그림에서 $\overline{BC} /\!/ \overline{DE}$ 인 것을 찾아라.

①

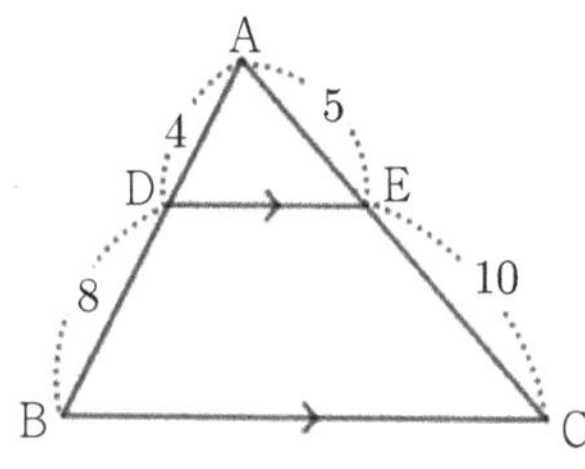

②

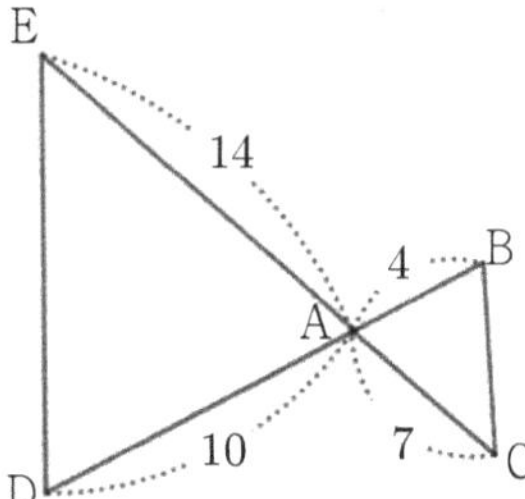

(3) 다음 그림에서 $\overline{AC} /\!/ \overline{DE}$ 이고 $\overline{BE} : \overline{CE} = 3 : 2$ 일 때, $\overline{AD}$ 의 길이를 구하시오.

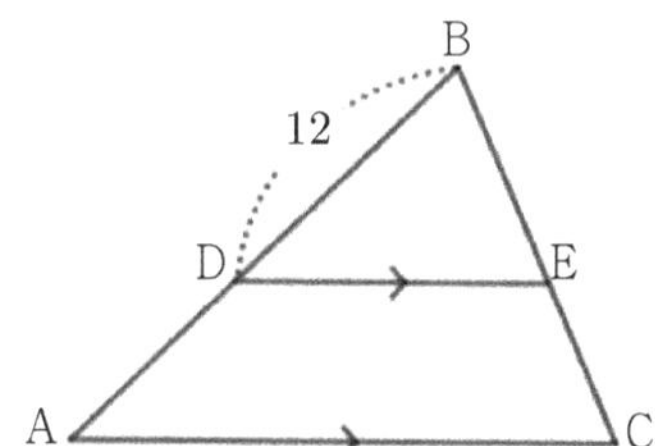

(답) (1) $\overline{AB} /\!/ \overline{GH}$ (2) ① (3) 8

117 ☑ 실전에서 확인! (2021년 수능연계교재)

그림과 같이 평행사변형 ABCD에서 선분 AB 위의 점 E에 대하여 $\overline{AE} : \overline{EB} = 2 : 1$ 이고, 직선 EC와 직선 BD의 교점을 F라 하자. $\overline{EF} : \overline{FC}$ 를 구하시오.

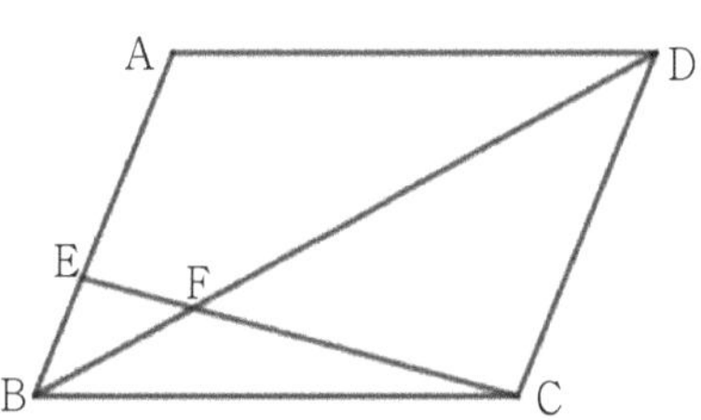

[Theme26] 삼각형과 평행선(Ver.2)

- $l \,/\!/\, m \,/\!/\, n$이면 $a : b = c : d$이다.
- $a : b = c : d$이면 $l \,/\!/\, m \,/\!/\, n$이다.

(1)

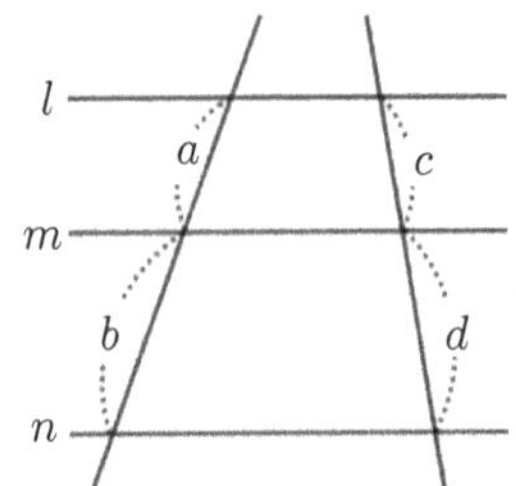

(2)

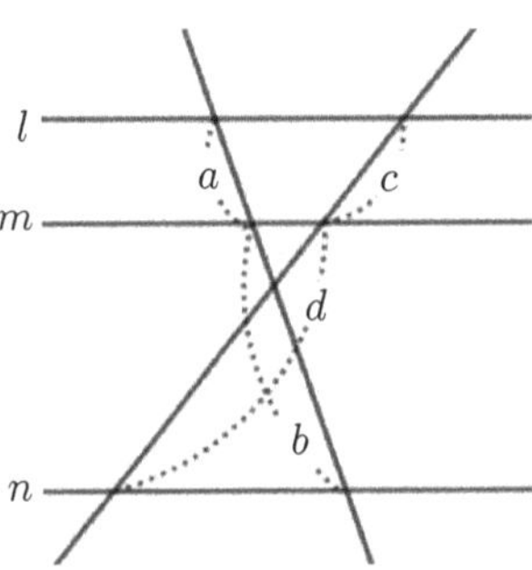

(1) 아래 그림과 같이 직선 ①을 평행이동한 직선 ②가 직선 ③과 점 P에서 만나면 삼각형과 평행선(Ver.1)에서 $a : b = c : d$임을 알 수 있다.

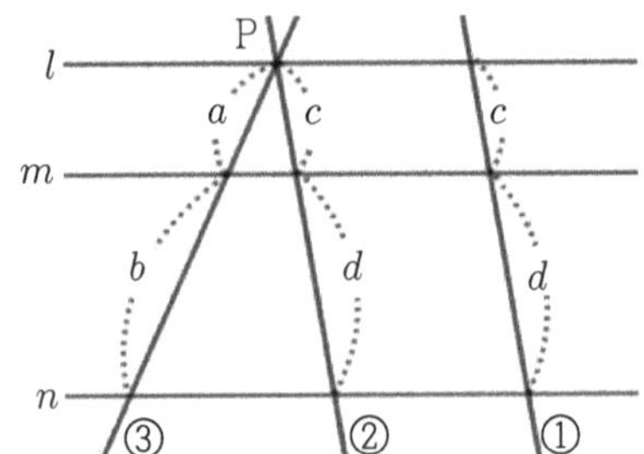

(2) 아래 그림과 같이 직선 ①을 평행이동한 직선 ②가 직선 ③과 점 P에서 만나면 삼각형과 평행선(Ver.1)에서 $a : b = c : d$임을 알 수 있다.

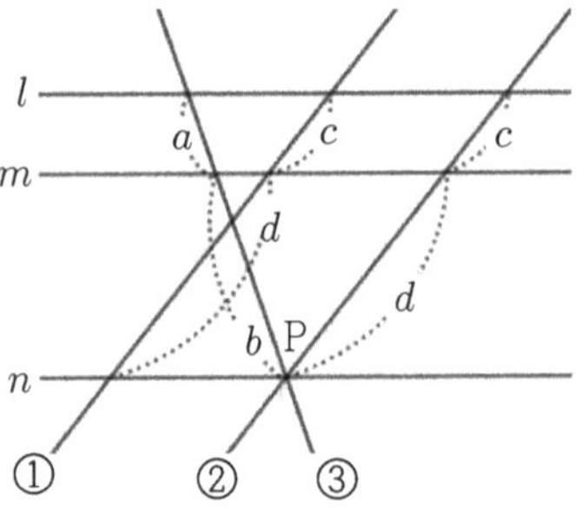

☑ 개념 바로 확인!

(1) 세 직선 l, m, n에 대하여 $l \,/\!/\, m \,/\!/\, n$일 때, x의 값을 구하시오.

①

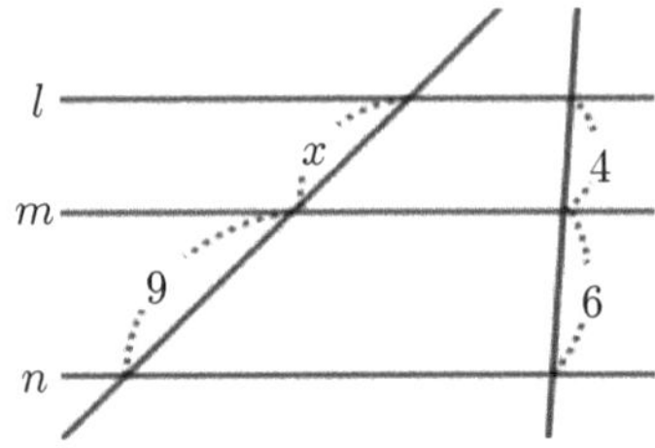

②

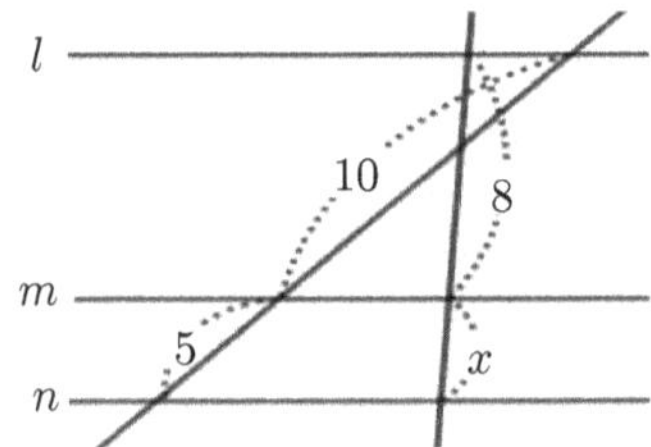

(2) 네 직선 k, l, m, n에 대하여 $k \,/\!/\, l \,/\!/\, m \,/\!/\, n$일 때, x, y의 값을 각각 구하시오.

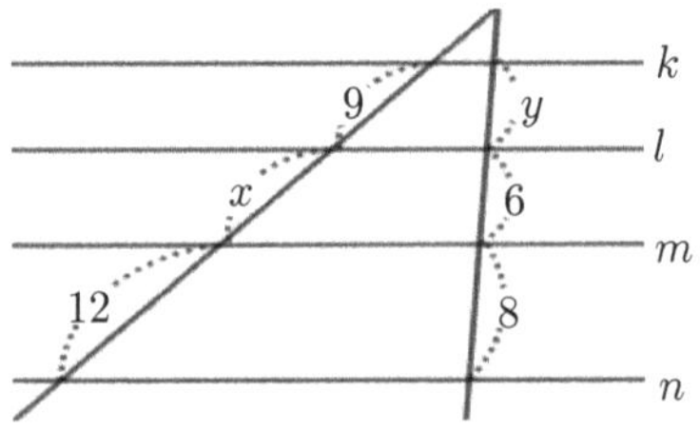

(답) (1) ① 6 ② 4 (2) $x = 9$, $y = 6$

[Theme27] 삼각형의 3심

'삼각형의 무게중심, 내심, 외심'

(2020년 10월 시행 학력평가 출제)

[Theme27] 삼각형의 3심(무게중심)

(1) 중선과 무게중심

삼각형의 한 꼭짓점과 그 대변의 중점을 이은 선분을 그 삼각형의 **중선**이라고 한다. (한 삼각형에는 세 개의 중선이 있다.)

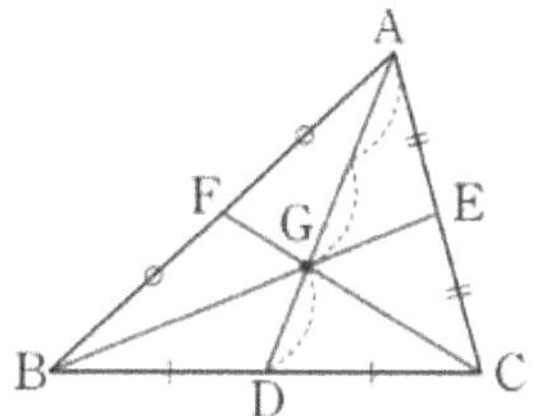

삼각형의 세 중선이 만나는 점을 그 삼각형의 **무게중심**이라고 하고, 기호 G로 나타낸다.

(2) 삼각형의 무게중심의 성질

무게중심은 각각의 중선의 길이를 꼭짓점으로부터 $2:1$로 나눈다.

$$\overline{AG} : \overline{GD} = \overline{BG} : \overline{GE} = \overline{CG} : \overline{GF} = 2:1$$

(3) 삼각형의 무게중심과 넓이(등적변형 이용)

① $\overline{AF} = \overline{FB} \Rightarrow \triangle AFC = \triangle BFC = \frac{1}{2}\triangle ABC$

② $\overline{BD} = \overline{DC} \Rightarrow \triangle BAD = \triangle CAD = \frac{1}{2}\triangle ABC$

③ $\overline{CE} = \overline{EA} \Rightarrow \triangle CBE = \triangle ABE = \frac{1}{2}\triangle ABC$

④ $\triangle AGB = \triangle BGC = \triangle CGA = \frac{1}{3}\triangle ABC$

⑤ $\triangle AGF = \triangle BGF = \triangle BGD = \triangle CGD = \triangle CGE = \triangle AGE = \frac{1}{6}\triangle ABC$

(4) 좌표를 이용한 무게중심의 표현 (고1개념)

세 점 $A(x_1, y_1)$, $B(x_2, y_2)$, $C(x_3, y_3)$에 대해 삼각형 ABC의 무게중심 G의 좌표는 다음과 같다.

$$G\left(\frac{x_1+x_2+x_3}{3}, \frac{y_1+y_2+y_3}{3}\right)$$

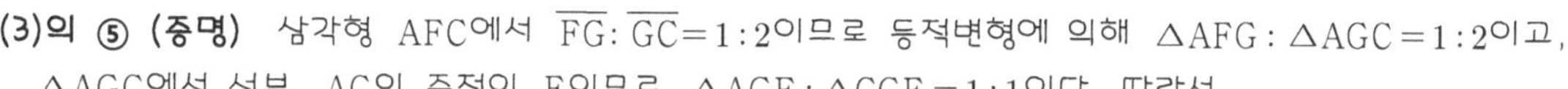

(3)의 ⑤ (증명) 삼각형 AFC에서 $\overline{FG}:\overline{GC}=1:2$이므로 등적변형에 의해 $\triangle AFG:\triangle AGC=1:2$이고, $\triangle AGC$에서 선분 AC의 중점이 E이므로 $\triangle AGE:\triangle CGE=1:1$이다. 따라서 $\triangle AFG:\triangle AGE:\triangle CGE=1:1:1$이므로 넓이가 서로 같고 이는 $\triangle ABC$의 $\frac{1}{6}$배이다.

(4)의 (증명) 고1 교육과정에 있는 내외분점의 좌표를 구하는 공식을 이용하여 유도해보자.

삼각형 ABC에서 선분 BC의 중점을 D이라고 하면 $D\left(\frac{x_2+x_3}{2}, \frac{y_2+y_3}{2}\right)$이다. 이때, 선분 AD를 $2:1$로 내분하는 점이 무게중심 G이므로 내분점 구하는 공식을 적용하면 다음을 얻는다.

$$G\left(\frac{x_1+x_2+x_3}{3}, \frac{y_1+y_2+y_3}{3}\right)$$

☑ 개념 바로 확인!

(1) 오른쪽 그림에서 점 G가 △ABC의 무게중심이고, 직선 AG가 선분 BC와 만나는 점을 D라고 할 때, 다음을 구하시오.

① $\overline{\mathrm{BD}}$

② $\overline{\mathrm{AG}}$

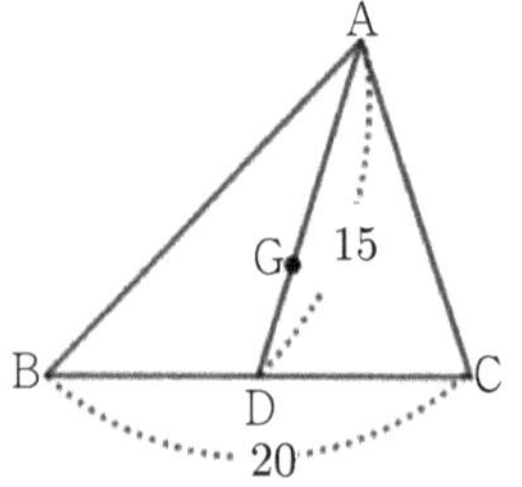

(2) 오른쪽 그림에서 점 G가 △ABC의 무게중심이고 △ABC의 넓이가 36일 때, △GDC의 넓이를 구하시오.

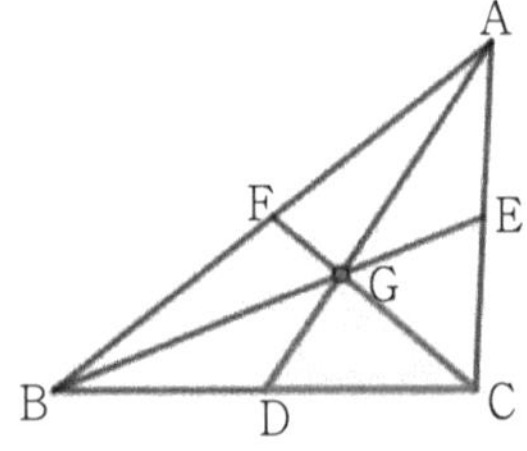

(답) (1) ① 10 ② 10 (2) 6

118 ☑ 실전에서 확인! (2016년 7월)

두 양수 m과 p에 대하여 곡선 C와 직선 $y=m(x-4)$가 만나는 두 점 중 제1사분면 위의 점을 A, 직선 $x=-p$가 x축과 만나는 점을 B, 직선 $y=m(x-4)$와 y축이 만나는 점을 C라 하자. 삼각형 ABC의 무게중심이 점 $(p, 0)$이 될 때, 상수 p의 값을 구하시오.

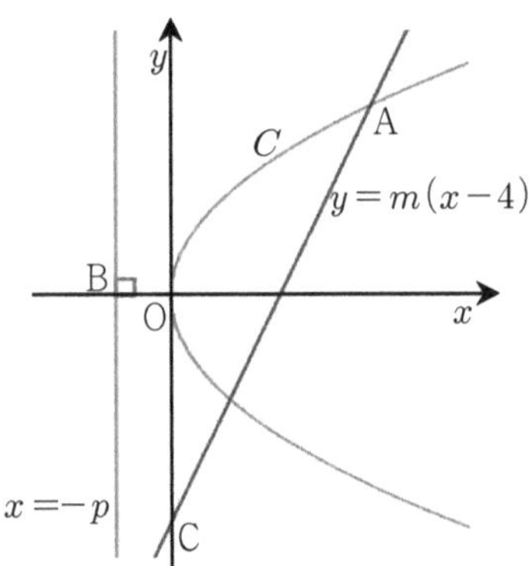

119 ☑ 실전에서 확인! (2018년 9월)

삼각형 ABC의 무게중심을 H, 선분 AB의 중점을 Q라고 할 때, 선분 QH의 길이를 구하시오.

[Theme27] 삼각형의 3심(외심, 내심)

(1) △ABC의 세 꼭짓점이 원 O 위에 있을 때, 이 원 O는 △ABC에 **외접**한다고 한다. 이때 원 O를 △ABC의 **외접원**이라 하고, 외접원의 중심 O를 △ABC의 **외심**이라고 한다.

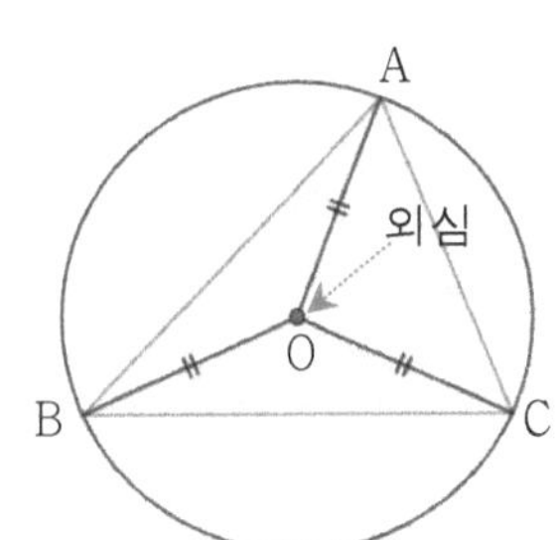

(성질)

① 세 선분 AO, BO, CO의 길이는 외접원의 반지름의 길이로 모두 같다. 따라서 △OAB, △OBC, △OCA는 모두 이등변삼각형이다.

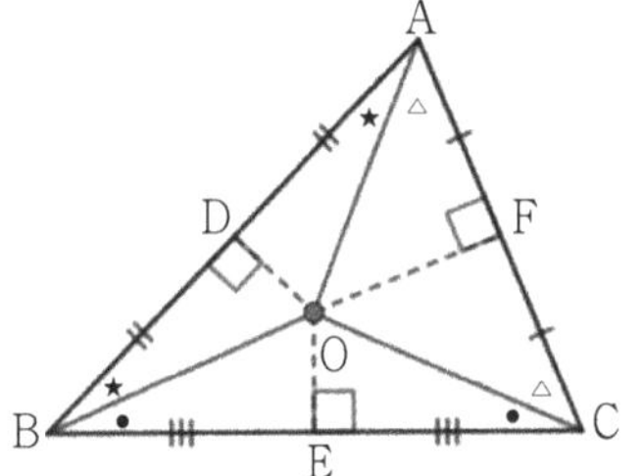

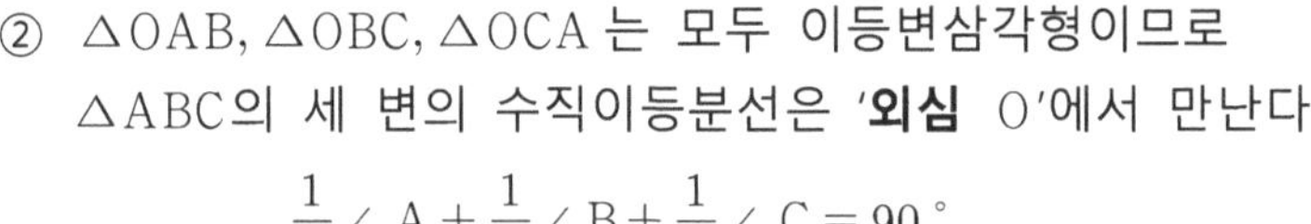

② △OAB, △OBC, △OCA는 모두 이등변삼각형이므로 △ABC의 세 변의 수직이등분선은 '**외심** O'에서 만난다.

$$\frac{1}{2}\angle A+\frac{1}{2}\angle B+\frac{1}{2}\angle C=90^\circ$$

(2) 원이 △ABC의 세 변에 모두 접할 때, 이 원은 △ABC에 **내접**한다고 한다. 이때 이 원을 △ABC의 **내접원**이라 하고, 내접원의 중심 I를 △ABC의 **내심**이라고 한다.

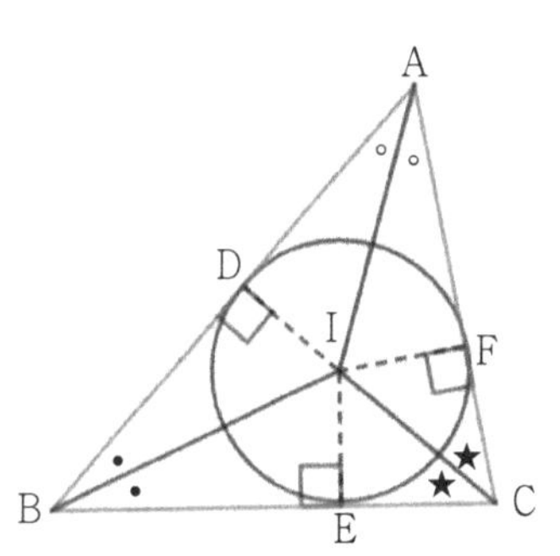

(성질)

① 삼각형의 세 내각의 이등분선은 한 점 '내심'에서 만나고, 내심에서 삼각형의 세 변에 이르는 거리는 내접원의 반지름의 길이로 모두 같다. 이때,

$\angle A+\angle B+\angle C=180^\circ$ 이므로

$$\frac{1}{2}\angle A+\frac{1}{2}\angle B+\frac{1}{2}\angle C=90^\circ$$

② 원 밖의 한 점에서 내접원 I에 그은 두 개의 접선의 접점까지의 거리는 같으므로 다음을 얻을 수 있다. $\overline{AD}=\overline{AF}$, $\overline{BE}=\overline{BD}$, $\overline{CF}=\overline{CE}$

③ △ABC의 세 변의 길이를 각각 a, b, c라 하고 내접원의 반지름의 길이를 r라고 하면 다음이 성립한다.

$$\triangle ABC=\frac{1}{2}r(a+b+c)$$

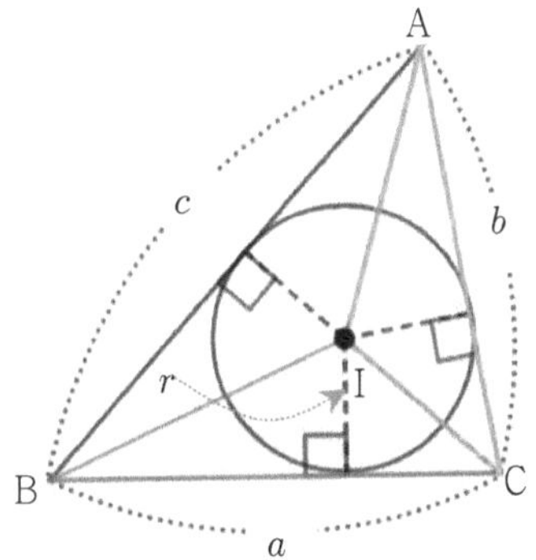

☑ 개념 바로 확인!

(1) 아래 그림에서 점 O가 $\triangle ABC$의 외심일 때, $\angle x$의 크기를 구하시오.

①

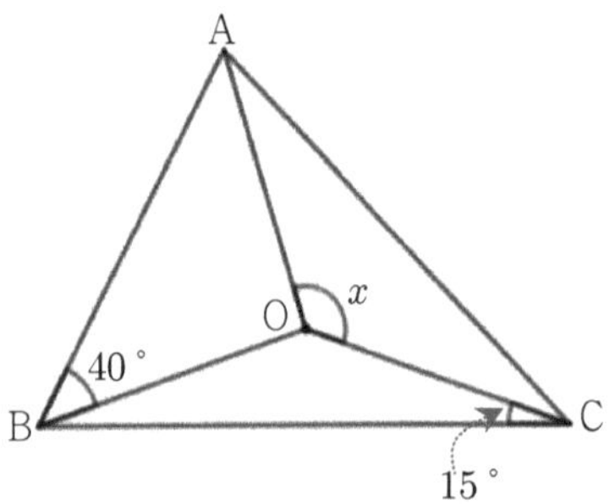

②

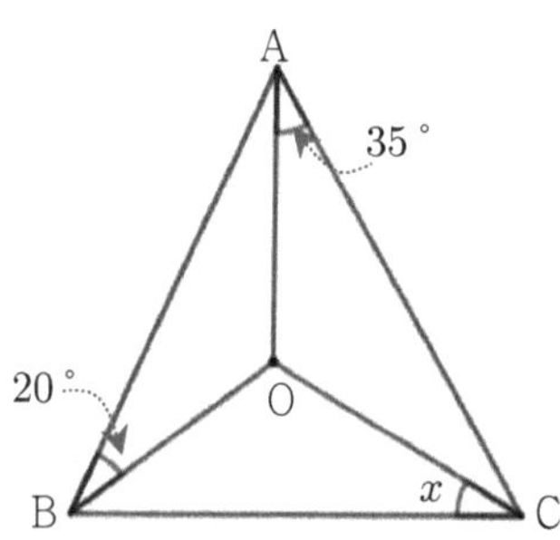

(2) 아래 그림에서 점 I가 $\triangle ABC$의 내심일 때, $\angle x$의 크기를 구하시오.

①

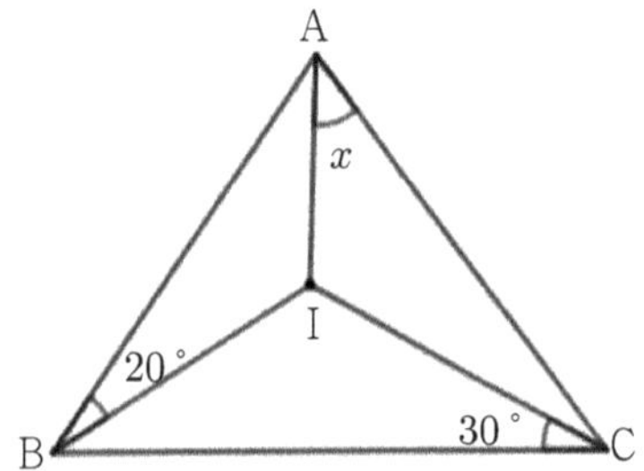

②

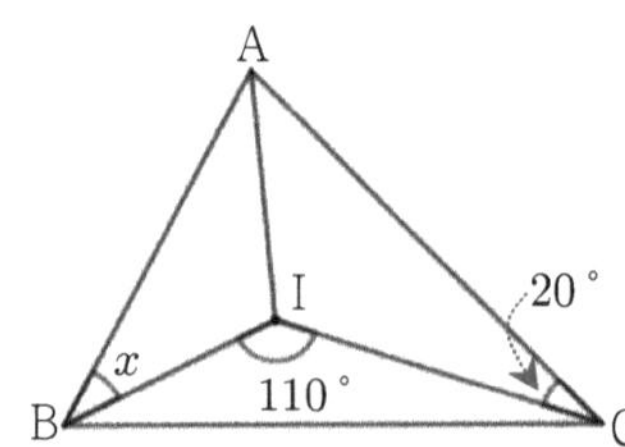

(3) 아래 그림에서 점 I는 $\triangle ABC$의 내심이고 세 점 D, E, F는 접점일 때, $\overline{BC}$의 길이를 구하시오.

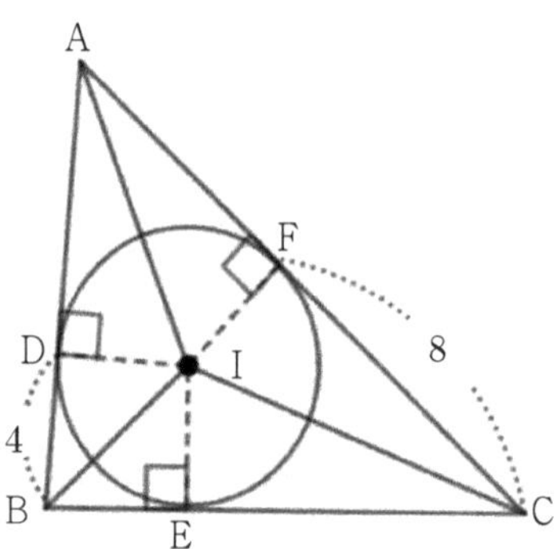

(답) (1) ① 110° ② 35° (2) ① 40° ② 50° (3) 12

(4) 오른쪽 그림과 같이 $\triangle ABC$의 내접원 O가 삼각형 ABC의 각 변과 세 점 P, Q, R에서 접하고 있다. 이때, $\triangle ABC$의 둘레의 길이를 구하시오.

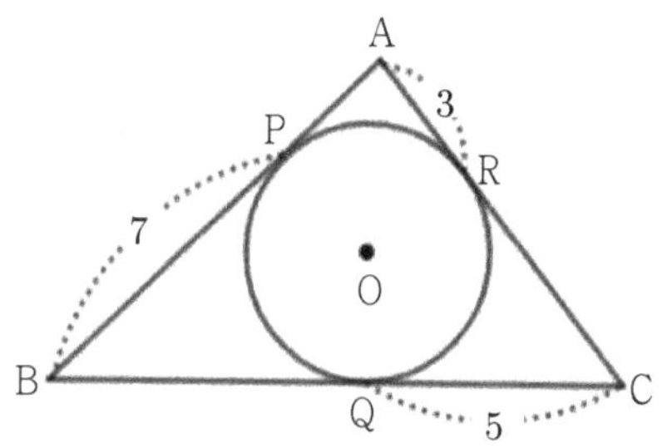

(5) 삼각형 ABC의 내심이 점 I일 때, 삼각형 ABC의 넓이를 구하시오.

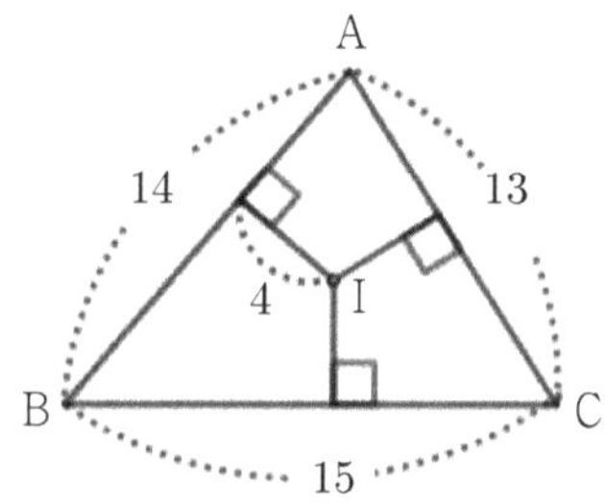

(6) 아래 그림에서 점 I는 $\triangle ABC$의 내심이고 세 점 D, E, F는 접점일 때, 내접원의 반지름의 길이 r을 구하시오.

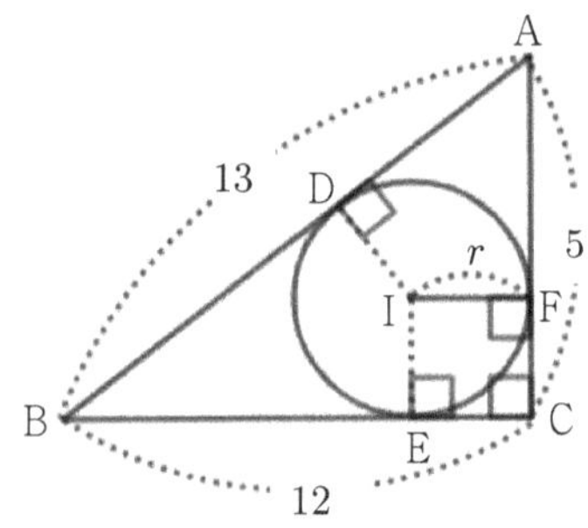

(답) (4) 30　　(5) 84　　(6) $r=2$

120 ☑ 실전에서 확인! (2020년 10월)

그림과 같이 $\angle ABC = \frac{\pi}{2}$인 삼각형 ABC에 내접하고 반지름의 길이가 3인 원의 중심을 O라 하자. 직선 AO가 선분 BC와 만나는 점을 D라 할 때, $\overline{DB} = 4$이다. 다음 물음에 답하여라.

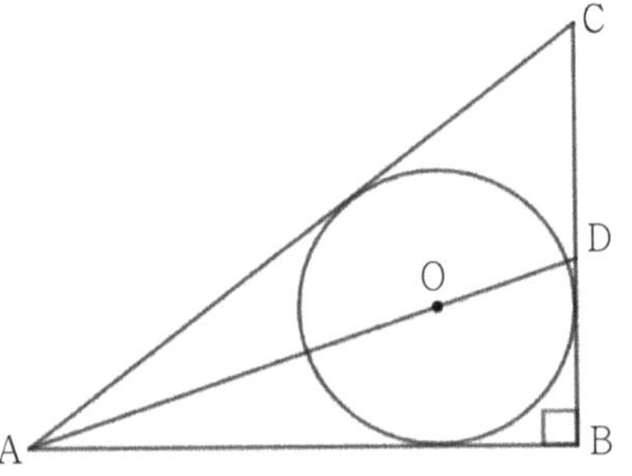

(1) 선분 AB의 길이는?
(2) 선분 AB와 원 O의 교점을 E라 할 때, 선분 AE의 길이는?
(3) 선분 CD의 길이는?

121 ☑ 실전에서 확인! (2017년 10월)

그림과 같이 $\overline{BC} = 1$, $\angle ABC = 60°$, $\angle ACB = 2\theta$인 삼각형 ABC에 내접하는 원의 반지름의 길이 r를 θ에 관한 함수로 나타내시오.

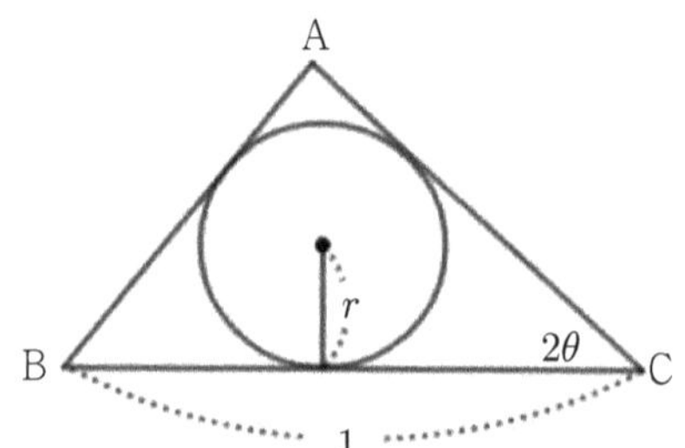

122 ☑ 실전에서 확인! (2015년 4월)

그림과 같이 두 점 $F(c, 0)$, $F'(-c, 0)$과 곡선 C 위의 점 P에 대하여 직선 PF가 곡선 C와 만나는 점 중 점 P가 아닌 점을 Q라 하자. $\overline{OQ} = \overline{OF}$, $\overline{FQ} : \overline{F'Q} = 1 : 4$, $\overline{PF} + \overline{PF'} = \overline{QF} + \overline{QF'}$이고 삼각형 PF'Q의 내접원의 반지름의 길이가 2일 때, 선분 PQ의 길이를 구하시오. (단, O는 원점이다.)

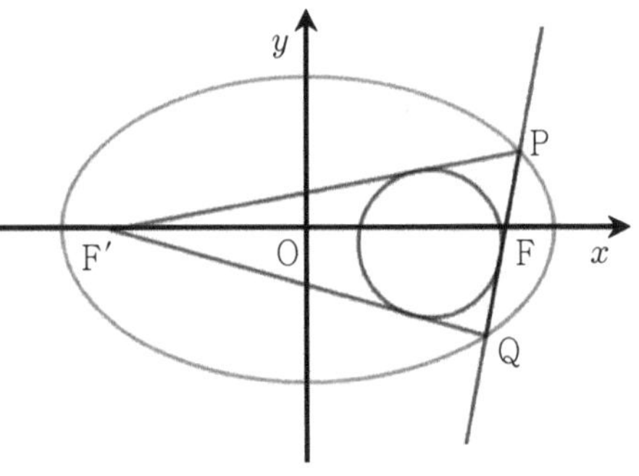

[사각형의 지도]

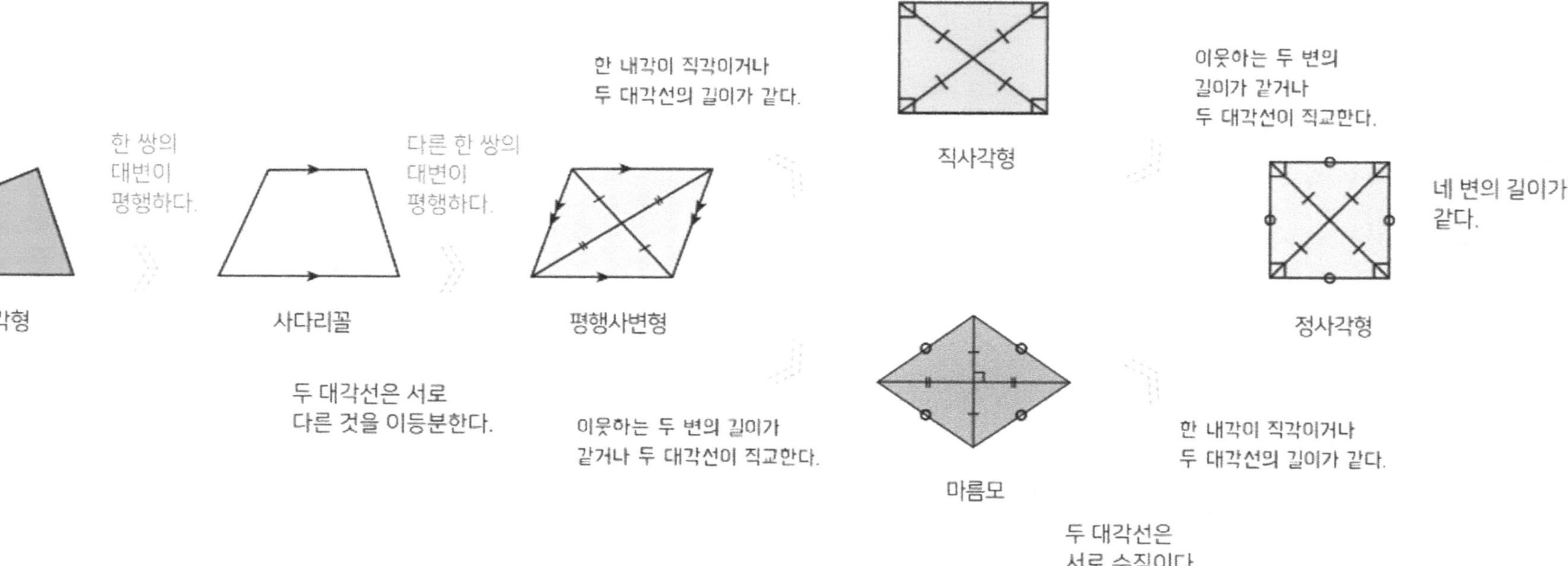

★ 따라서 정사각형은 사다리꼴이자, 평행사변형이며, 직사각형이고, 동시에 마름모이다.

[Theme28] 사각형

Q '여러 종류의 사각형의 정의와 성질'

(2021년 10월 시행 학력평가 출제)

[Theme28] 사각형(사다리꼴)

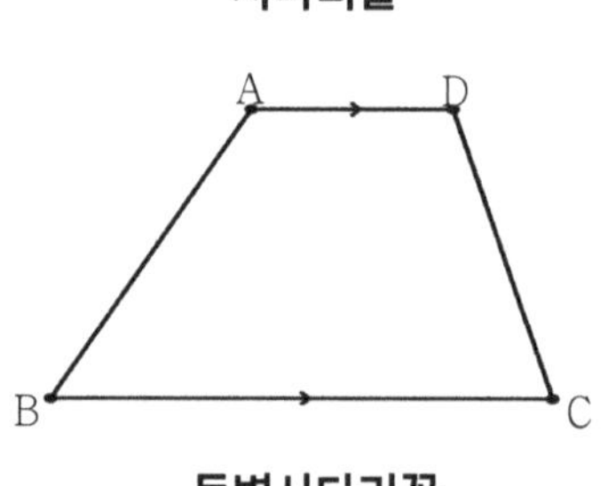

(1) **사다리꼴** : 한 쌍의 대변이 평행한 사각형 (즉, $\overline{AD} /\!/ \overline{BC}$)

(사다리꼴의 성질) $\overline{AD} /\!/ \overline{BC}$ 이므로 평행한 두 직선에 의해 생긴 동측내각의 합은 $180°$ 이다. 즉, $\angle A + \angle B = 180°$, $\angle C + \angle D = 180°$

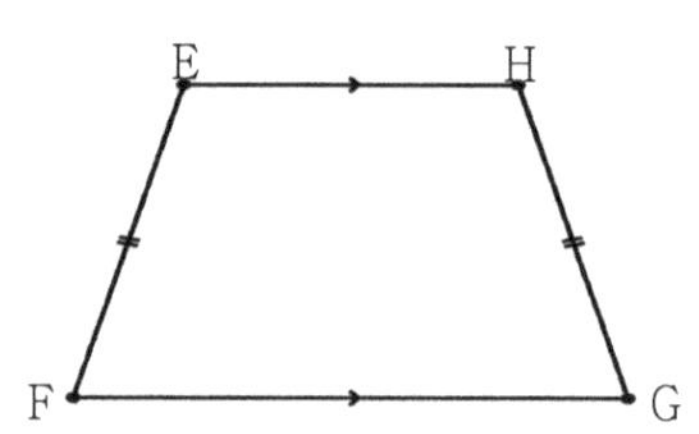

(2) **등변사다리꼴** : 한 쌍의 대변은 평행하고 나머지 평행하지 않은 두 변의 길이가 같은 사다리꼴

(3) **(등변사다리꼴의 성질)** 등변사다리꼴 $EFGH$ 에서

① $\angle E = \angle H$, $\angle F = \angle G$

② $\overline{EG} = \overline{HF}$

③ 두 점 E, H 에서 밑변에 내린 수선의 발을 각각 X, Y 라고 하면 $\triangle EFX \equiv \triangle HGY$ 이다.

(직각 공통, $\overline{EF} = \overline{HG}$, (높이)$= \overline{EX} = \overline{HY}$ 이므로 RHS합동)

따라서 $\overline{FX} = \overline{YG}$ 이다.

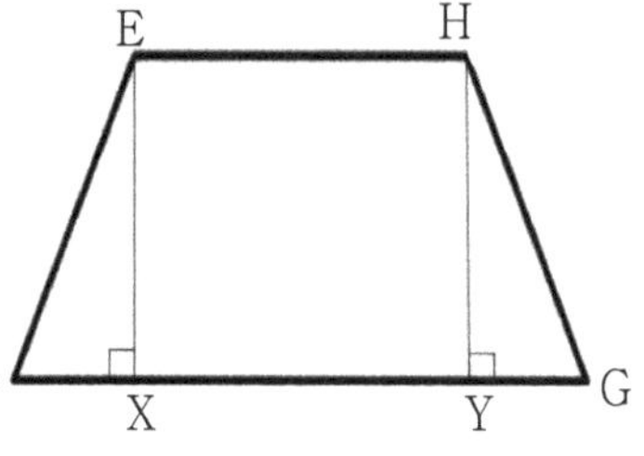

★ (3) 사다리꼴 $EFGH$ 가 등변사다리꼴 인지 모를 때, $\angle F = \angle G$ 인 조건이 있다면, ✔ 사다리꼴의 높이로서 $\overline{EX} = \overline{EF} \times \sin(\angle F) = \overline{HG} \times \sin(\angle G) = \overline{HY}$, ✔ 직각 공통, ✔ $\angle F = \angle G$ 이므로 $\triangle EFX \equiv \triangle HGY$ (ASA합동)이므로 $\overline{EF} = \overline{HG}$ 이다. 즉, **두 밑각의 크기가 같은 사다리꼴 $EFGH$ 는 등변사다리꼴**이다.

☑ 개념 바로 확인! [1] ✓풀이가 해설지에 있어요. ☺

두 선분 AD와 BC가 평행한 등변사다리꼴 ABCD에서 선분 BD가 ∠B를 이등분할 때, x의 값을 구하시오.

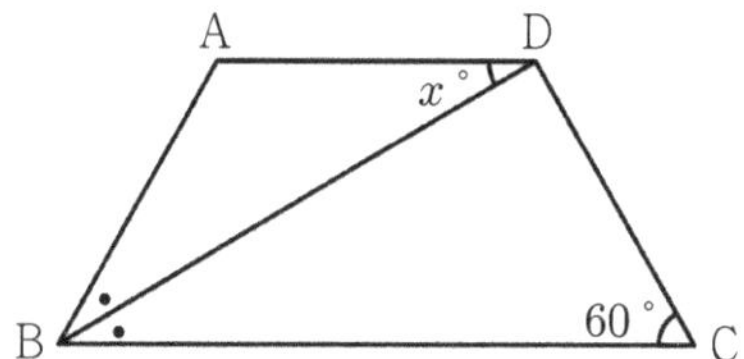

(답) 30

123 ☑ 실전에서 확인! (2021년 10월)

그림과 같이 변 AD가 변 BC와 평행하고 ∠CBA = ∠DCB인 사다리꼴 ABCD가 있다. $\overline{AD}=2$, $\overline{BC}=4$, 선분 BC의 중점 M에 대해 $\overline{AM}=\sqrt{5}$일 때, $\overline{BD}$의 값은?

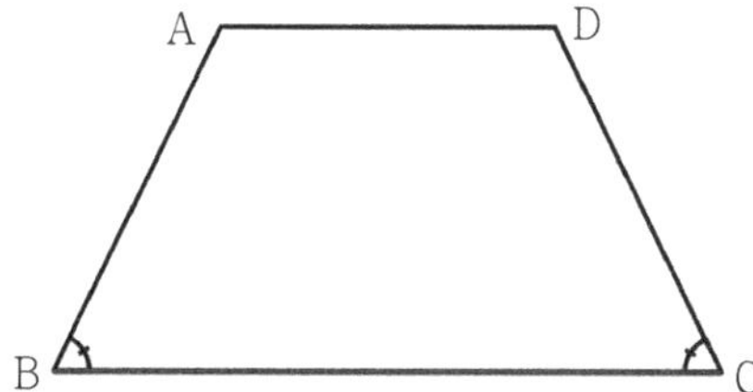

[Theme28] 사각형(평행사변형)

(1) **평행사변형** : 마주 보는 두 변이 서로 평행한 사각형

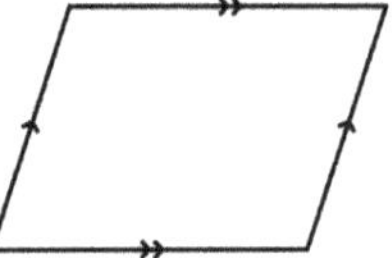

(2) **(평행사변형의 성질)**

① 두 쌍의 대변의 길이는 각각 같다.

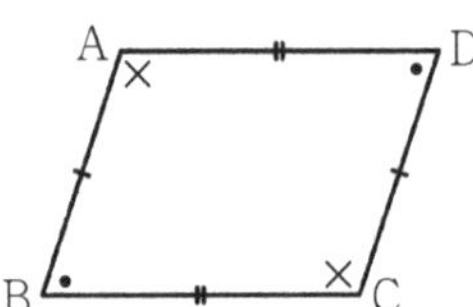

② 이웃한 두 대각의 합은 180° 이다. 즉,
$\angle A+\angle B=180°$, $\angle B+\angle C=180°$,
$\angle C+\angle D=180°$, $\angle D+\angle A=180°$

③ 두 쌍의 대각의 크기는 같다.

④ 평행사변형에서 두 대각선은 서로 다른 것을 이등분한다.
(두 대각선이 수직으로 만나지 않을 수도 있다.)

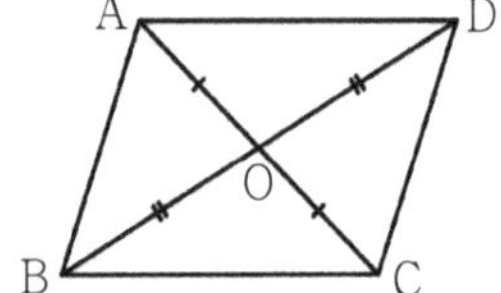

(3) **(평행사변형이 되는 조건)** 사각형이 다음 중 어느 한 조건을 만족시키면 평행사변형이 된다.

① (정의) 두 쌍의 대변이 각각 평행하다.

② 두 쌍의 대변의 길이가 각각 같다.

③ 두 쌍의 대각의 크기가 각각 같다.

④ 두 대각선이 서로 다른 것을 이등분한다.

⑤ 한 쌍의 대변이 평행하고 그 길이가 같다.

⑥ 모든 이웃한 두 내각의 크기의 합이 180° 이다.

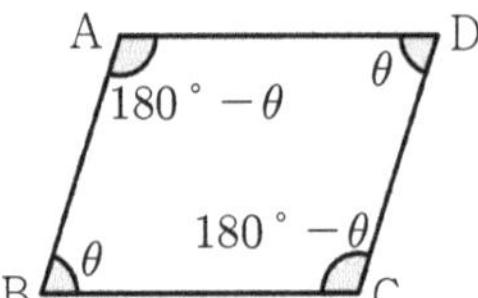

★ (1)③은 [Theme 13]의 평행선 성질에 의해 성립한다. 즉, 두 직선이 평행하면 동측내각의 크기의 합이 180° 이다. 즉, $\angle A+\angle B=180°$

★ (2)③ [Theme 13]에서 배운 내용을 적용하면, 이웃한 두 내각의 크기의 합(동측내각의 합)이 180° 이면 두 직선 AD와 BC가 평행함을 알려준다.

☑ 개념 바로 확인!

사각형 ABCD가 평행사변형일 때, x, y의 값을 각각 구하시오.

①
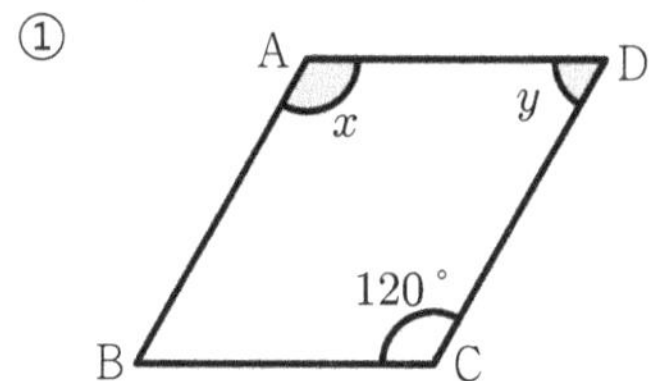

②
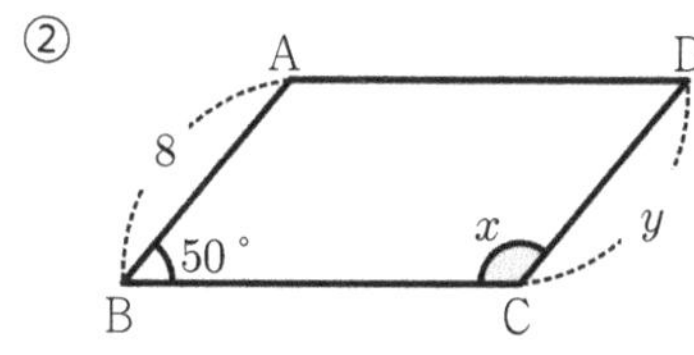

③
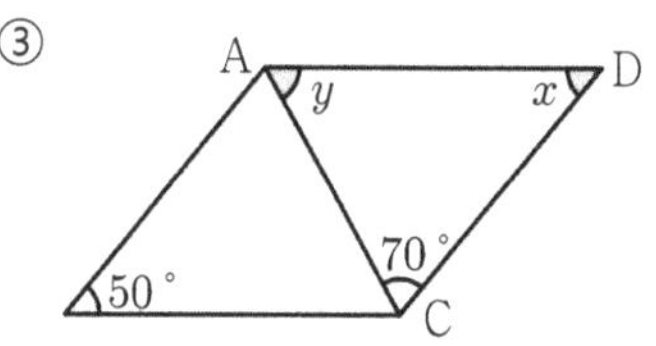

(답) ① $x=120°$, $y=60°$ ② $x=130°$, $y=8$ ③ $x=50°$, $y=60°$

☑ 개념 바로 확인!

사각형 ABCD가 평행사변형인 것을 고르시오.

①
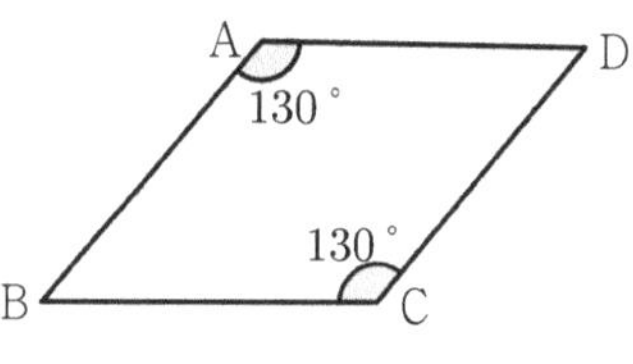

②
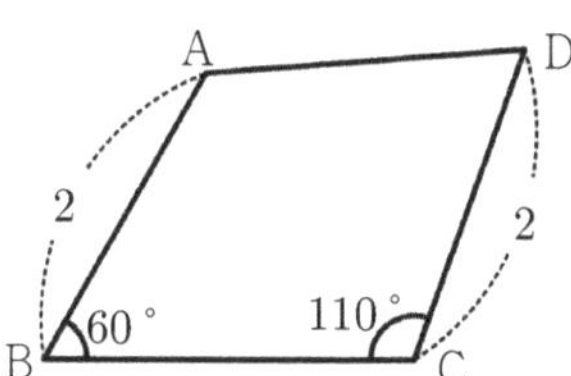

③
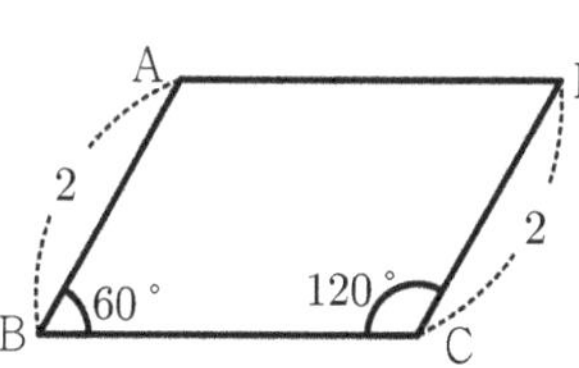

④
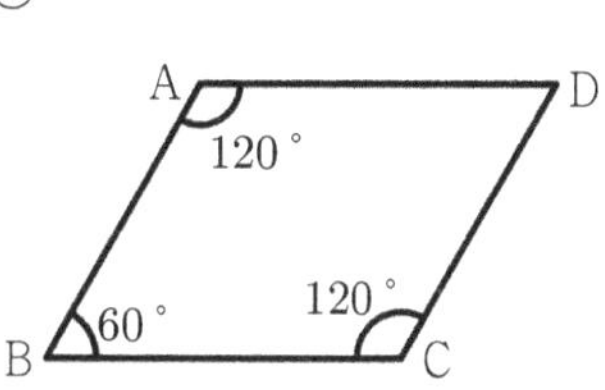

⑤
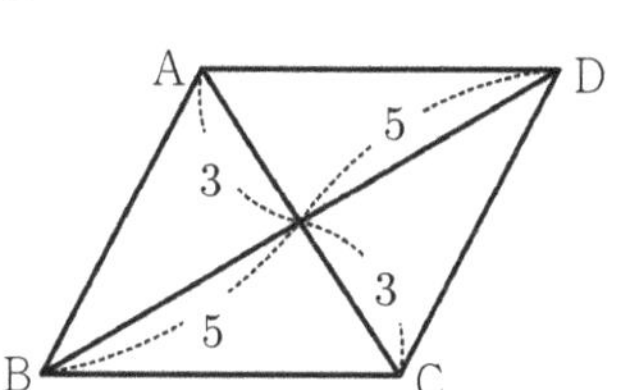

⑥
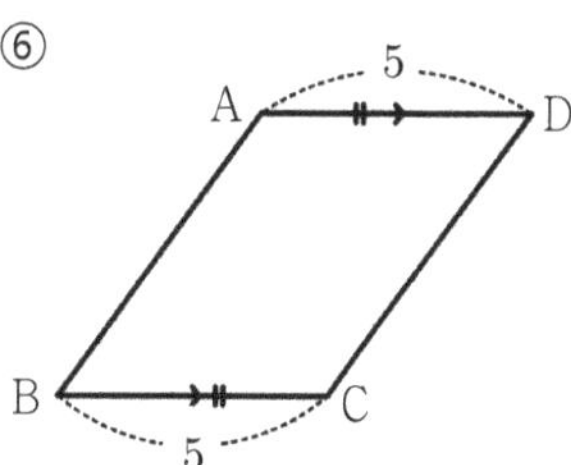

(답) ③, ④, ⑤, ⑥

[Theme28] 사각형(마름모)

(1) **마름모** : 네 변의 길이가 모두 같은 사각형

(2) **(마름모의 성질)**

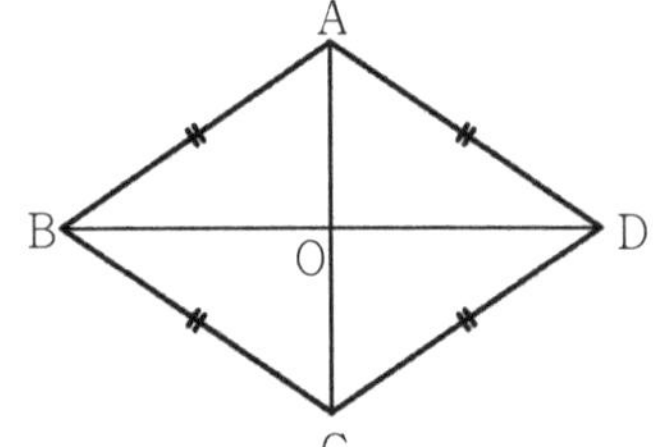

① 마름모는 평행사변형이므로 두 쌍의 대변이 서로 평행하고 두 쌍의 대각의 크기가 같으며 이웃하는 두 각의 크기의 합은 $180°$ 이다.
② 네 각의 이등분은 대각선이 된다.
③ 마름모의 두 대각선은 서로를 수직이등분한다.
④ 마름모의 두 대각선에 의해 생긴 네 삼각형은 모두 합동이다. 즉, $\triangle ABO \equiv \triangle CBO \equiv \triangle CDO \equiv \triangle ADO$

(3) **(마름모가 되는 조건)** 사각형이 다음 중 어느 한 조건을 만족시키면 마름모가 된다.
① 두 쌍의 대변이 서로 평행하고 이웃한 두 변의 길이가 같은 사각형은 마름모이다.
② 두 대각선이 서로 다른 것을 수직이등분 하는 사각형은 마름모이다.

☑ 개념 바로 확인!

다음 그림과 같은 마름모 $ABCD$에서 x, y의 값을 각각 구하시오.

①

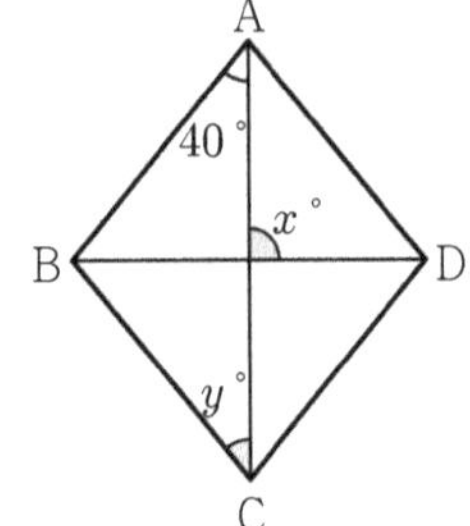

②

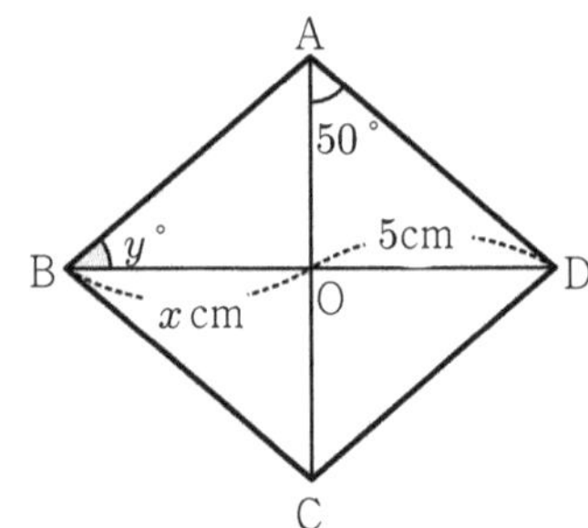

(답) ① $x=90$, $y=40$ ② $x=5$, $y=40$

124 ☑ 실전에서 확인! (2021년 3월)

두 점 $\mathrm{F}(c, 0)$, $\mathrm{F}'(-c, 0)$ $(c>0)$와 제2사분면의 점 P에서 직선 $x=-k$에 내린 수선의 발을 Q라고 하자. $\overline{\mathrm{PQ}}=\overline{\mathrm{PF}}$, $\overline{\mathrm{QF'}}=\overline{\mathrm{F'F}}$일 때, 사각형 PQF′F가 무슨 사각형인지 판단하시오.

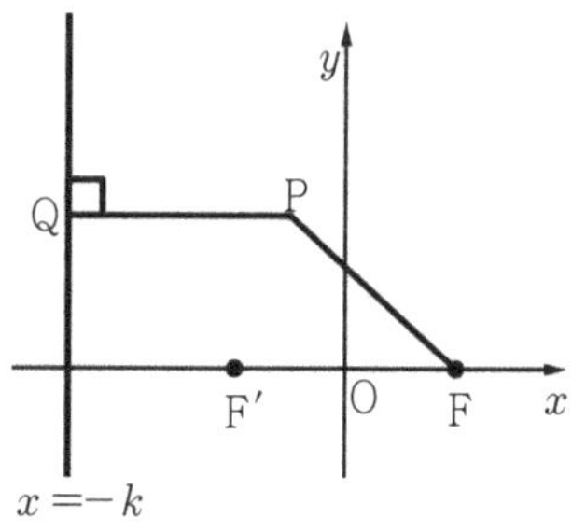

125 ☑ 실전에서 확인! (2019년 10월)

그림과 같이 $\overline{\mathrm{AB}}=2$, $\overline{\mathrm{BC}}=4$이고 $\angle \mathrm{ABC}=60^\circ$인 삼각형 ABC가 있다. 사각형 $\mathrm{D_1BE_1F_1}$이 마름모가 되도록 세 선분 AB, BC, CA 위에 각각 점 $\mathrm{D_1}, \mathrm{E_1}, \mathrm{F_1}$을 잡을 때, 마름모 $\mathrm{D_1BE_1F_1}$의 한 변의 길이를 구하시오.

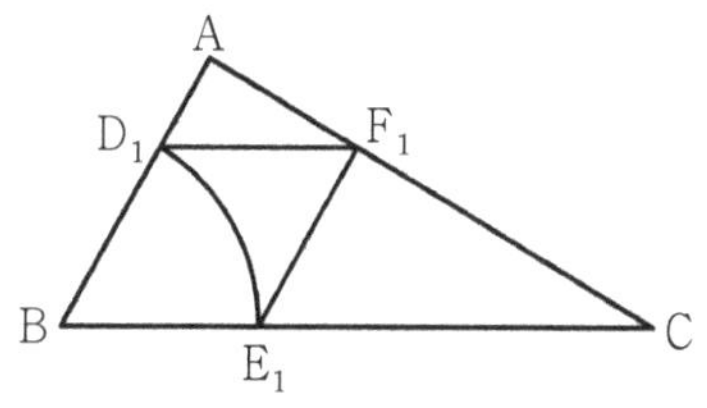

[Theme28] 여러 가지 사각형의 넓이

(1) 평행사변형의 넓이 : 밑변, 높이가 주어진 경우

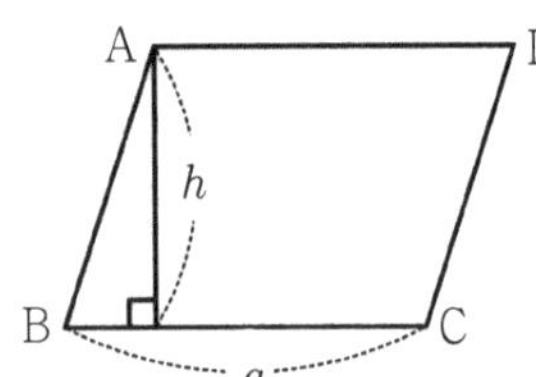

⇨

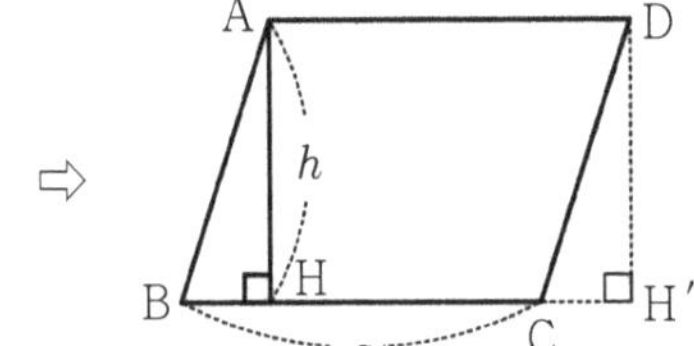

⇨

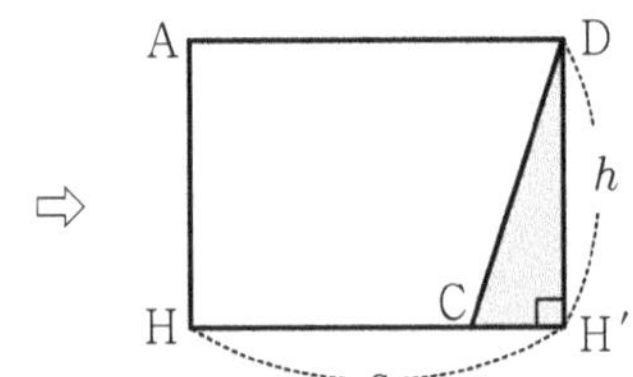

(평행사변형 ABCD의 넓이)$=\square$AHH′D$=$(밑변)$\times$(높이)$=ah$

(2) 평행사변형의 넓이 : 두 변, 끼인각이 주어진 경우

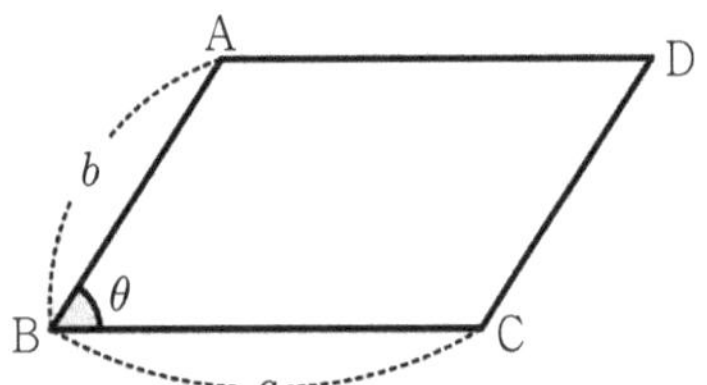

⇨

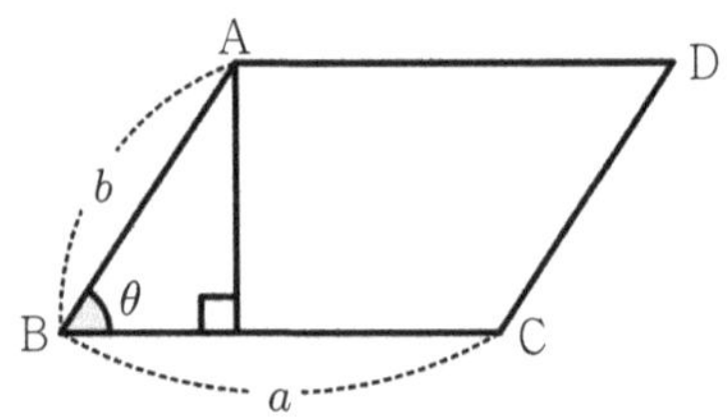

(평행사변형 ABCD의 넓이)$=\square$ABCD$=$(밑변)$\times$(높이)$=ab\sin\theta$

(3) 사다리꼴의 넓이

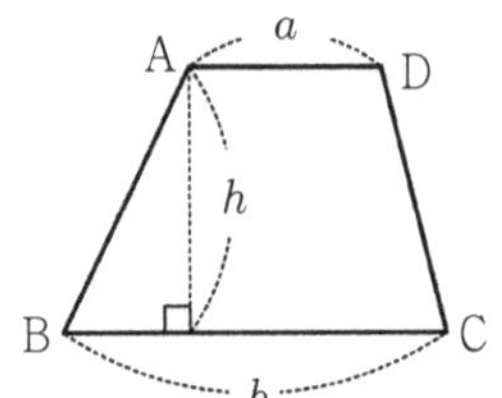

⇨

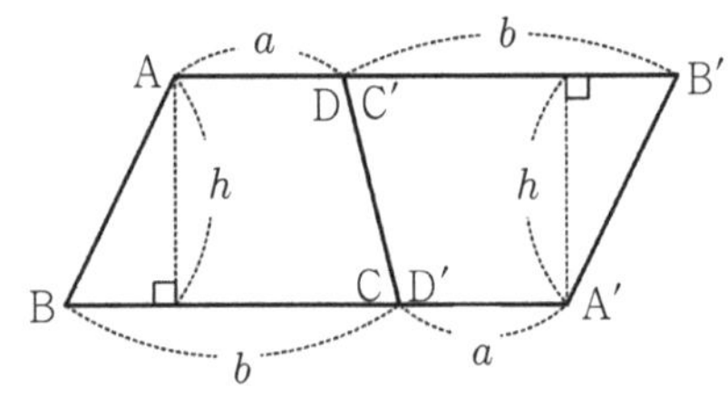

(사다리꼴 ABCD의 넓이)$=\frac{1}{2}$(평행사변형 ABA′B′의 넓이)

$=\frac{1}{2}\times$(윗변$+$아랫변)$\times$(높이)$=\frac{1}{2}(a+b)h$

(1) 밑변의 길이가 a이고 높이가 h인 평행사변형의 두 점 A, D에서 직선 BC에 내린 수선의 발을 각각 H, H′이라고 하면 $\triangle$ABH$\equiv\triangle$DCH′이므로 평행사변형 ABCD의 넓이는 직사각형 AHH′D의 넓이와 같다. 따라서 $\square$ABCD$=\square$AHH′D$=ah$이다.

(2) 이웃한 두 변의 길이 a, b와 끼인각 θ가 주어진 평행사변형은 높이가 $b\sin\theta$이므로 다음과 같다.
(평행사변형의 넓이)$=ab\sin\theta$

(3) 사다리꼴 ABCD를 180°회전한 사다리꼴을 A′B′C′D′이라 하고, 변 CD와 변 D′C′를 맞대어 붙이면 그림과 같은 평행사변형 ABA′B′이 된다. 이 평행사변형은 밑변의 길이가 $(a+b)$이고 높이가 h인 평행사변형이므로 넓이가 $(a+b)h$이고, 이 넓이의 반이 구하고자 하는 사다리꼴의 넓이이므로 다음을 얻는다.

(사다리꼴의 넓이)$=$(평행사변형의 넓이)$\times\frac{1}{2}=\frac{1}{2}(a+b)h$

[Theme28] 여러 가지 사각형의 넓이

(4) 마름모의 넓이

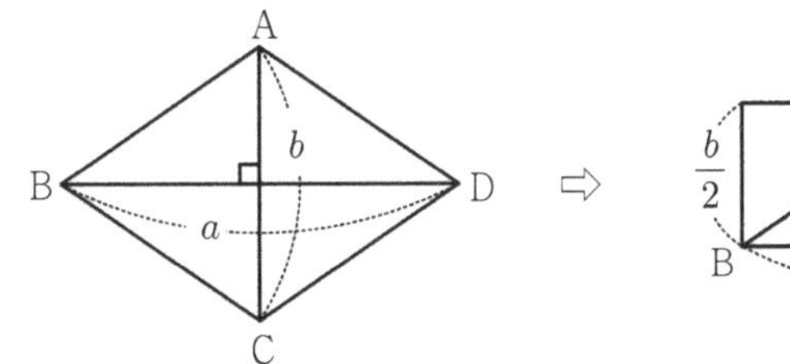

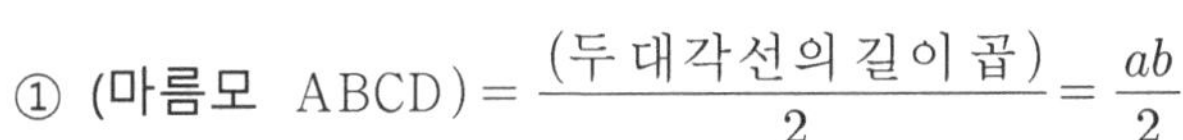

① (마름모 ABCD) $= \frac{(\text{두 대각선의 길이 곱})}{2} = \frac{ab}{2}$

② 마름모 ABCD는 평행사변형이므로 다음과 같이 넓이를 구할 수 있다.

(마름모 ABCD) $= \overline{\mathrm{AB}} \times \overline{\mathrm{BC}} \times \sin \mathrm{B}$

(5) 일반적인 사각형의 넓이(두 대각선의 길이와 그 끼인각이 주어진 경우)

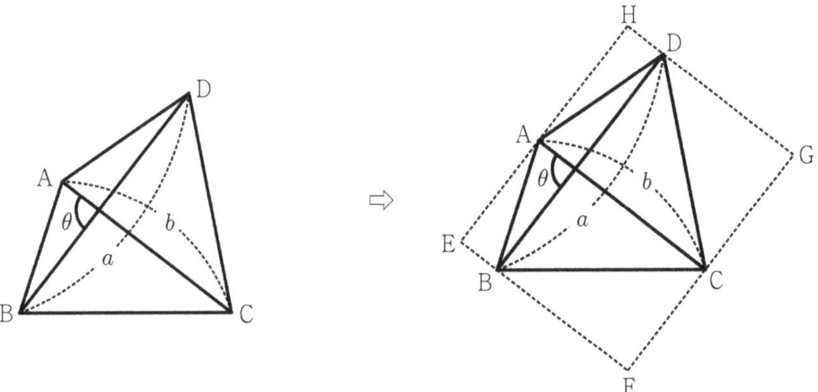

(사각형 ABCD) $= \frac{(\text{외접하는 평행사변형의 넓이})}{2} = \frac{1}{2}ab\sin\theta$

(4) (방법1) 마름모는 합동인 네 개의 직각삼각형으로 구성되므로 선분 BD밑에 있는 두 직각삼각형을 위로 옮겨 붙이면 가로와 세로의 길이가 각각 a, $\frac{b}{2}$인 직사각형이 되므로 넓이는 $\frac{ab}{2}$이다. 즉,

$\square \mathrm{ABCD} = \frac{ab}{2}$

(방법2) 아래 (5)의 내용을 이용하면 마름모의 넓이는 두 대각선의 길이가 a, b이고 끼인 각의 크기가 90°인 사각형이므로 다음과 같다. $\square \mathrm{ABCD} = \frac{1}{2}ab\sin 90^\circ = \frac{ab}{2}$

(5) 사각형 ABCD의 네 꼭짓점을 지나도록 사각형 ABCD의 두 대각선에 평행한 선분을 그어 사각형 ABCD에 외접한 평행사변형 EFGH를 그리면 이 평행사변형 EFGH의 넓이는 $ab\sin\theta$이고, 이 넓이의 반이 사각형 ABCD의 넓이이므로 다음과 같다. $\square \mathrm{ABCD} = \frac{1}{2}ab\sin\theta$

☑ **개념** 바로 확인!

다음 평행사변형 ABCD의 넓이를 구하시오.

①

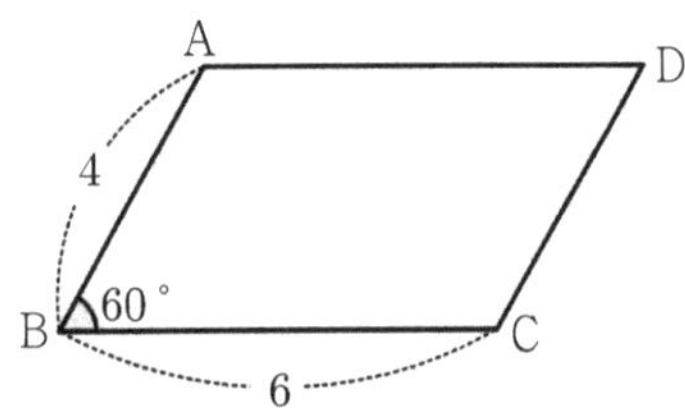

②

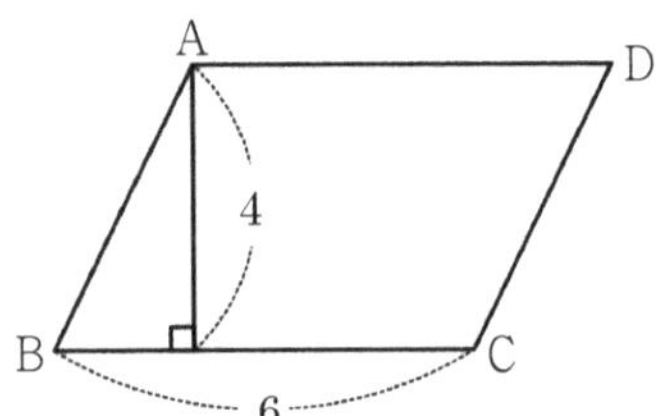

(답) ① $12\sqrt{3}$ ② 24

☑ **개념** 바로 확인!

다음 사다리꼴 ABCD의 넓이를 구하시오.

①

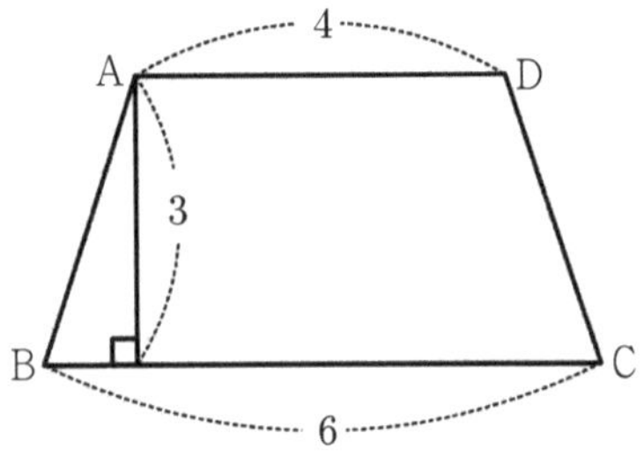

②

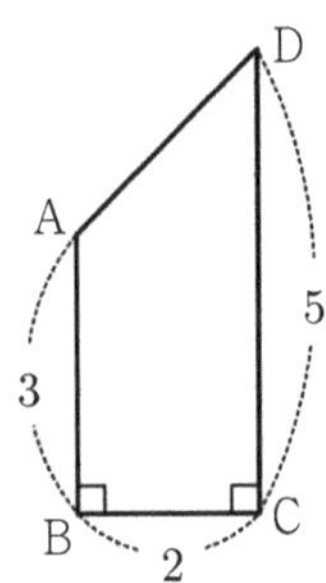

(답) ① 15 ② 8

☑ **개념** 바로 확인!

다음 사각형 ABCD의 넓이를 구하시오.

①

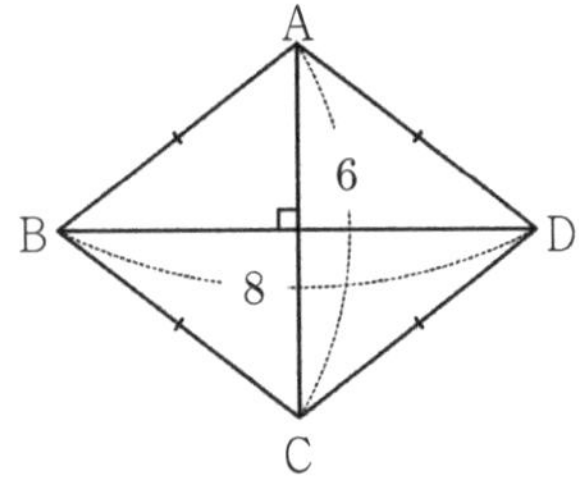

②

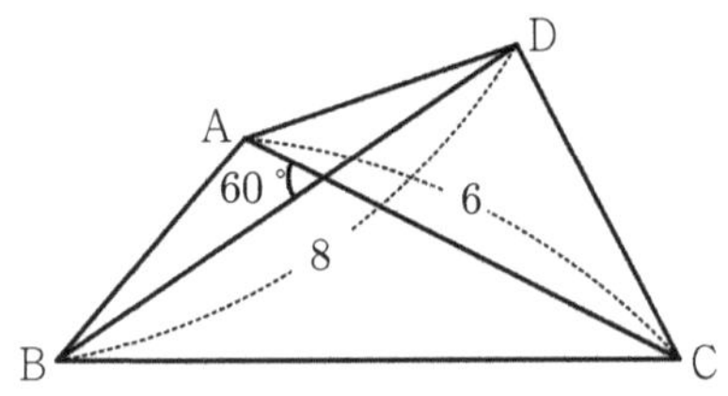

(답) ① 24 ② $12\sqrt{3}$

126 ☑ 실전에서 확인! (2021년 3월)

그림과 같이 두 점 O, O′를 각각 중심으로 하고 반지름의 길이가 3인 두 원 O, O′이 한 평면 위에 있다. 두 원 O, O′이 만나는 점을 각각 A, B라 할 때, $\angle AOB = \frac{5}{6}\pi$이다. 마름모 AOBO′의 넓이를 구하시오.

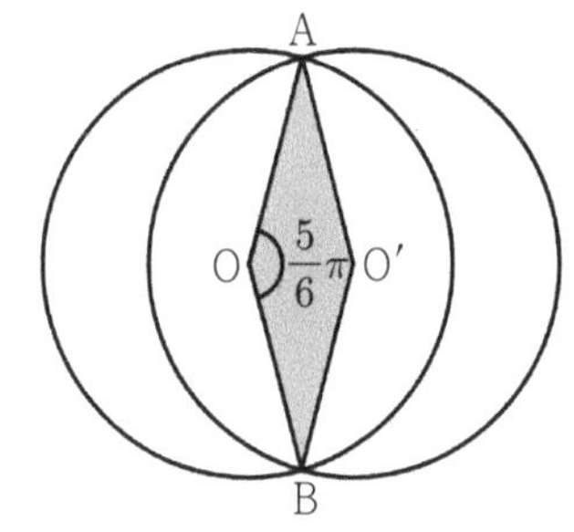

127 ☑ 실전에서 확인! (2015년 11월)

좌표평면에서 점 A의 좌표는 $(1, 0)$이고, $0 < \theta < \frac{\pi}{2}$인 θ에 대하여 점 B의 좌표는 $(\cos\theta, \sin\theta)$이다. 사각형 OACB가 평행사변형이 되도록 하는 제1사분면 위의 점 C에 대하여 사각형 OACB의 넓이 $f(\theta)$를 θ에 대한 함수로 나타내시오.

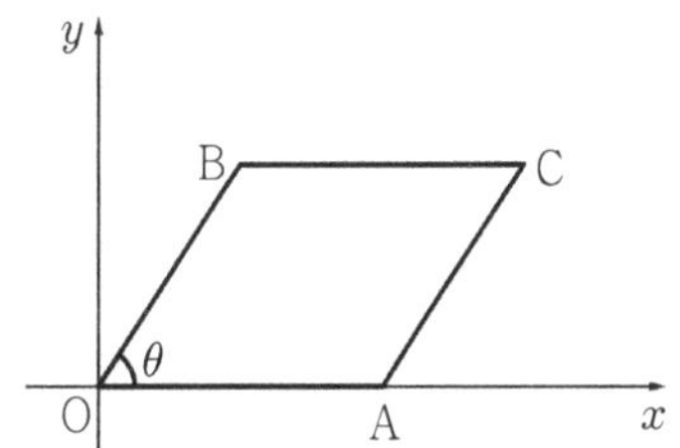

128 ☑ 실전에서 확인! (2019년 10월)

그림과 같이 $\overline{AB} = 2$, $\overline{BC} = 4$이고 $\angle ABC = 60°$인 삼각형 ABC가 있다. 사각형 $D_1BE_1F_1$이 마름모가 되도록 세 선분 AB, BC, CA 위에 각각 점 D_1, E_1, F_1을 잡을 때, 마름모 $D_1BE_1F_1$의 넓이를 구하시오.

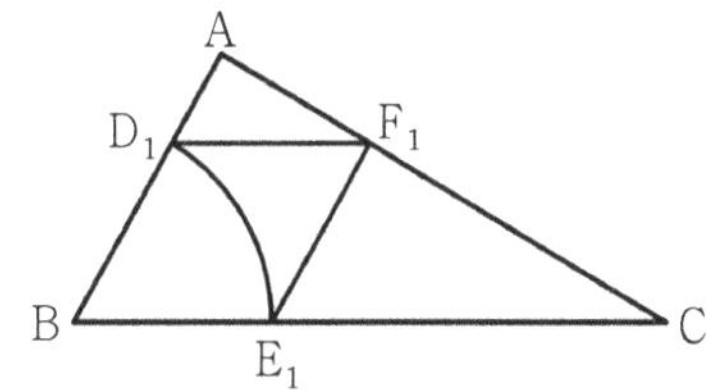

129 ☑ 실전에서 확인! (2021년 4월)

그림과 같이 원점 O를 지나는 곡선 P와 점 $\mathrm{F}(p, 0)$이 있다. 이 곡선 P 위의 점 A에서 x축, y축에 내린 수선의 발을 각각 B, C라 하자. $\overline{\mathrm{AC}}=8-p$이고 사각형 OFAC의 넓이와 삼각형 FBA의 넓이의 비가 $2:1$일 때, 상수 p의 값은? (단, 점 A는 제1사분면 위의 점이고, 점 A의 x좌표는 p크다.)

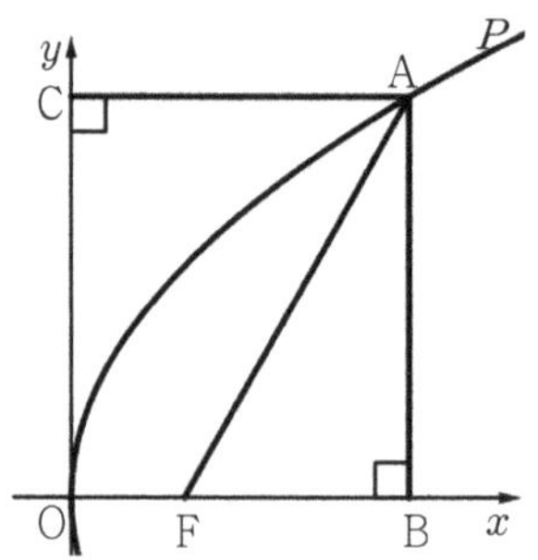

130 ☑ 실전에서 확인! (2021년 10월)

그림과 같이 두 곡선 $y=f(x)$, $y=g(x)$가 직선 $x=1$과 만나는 점을 각각 A, B라 하고, 두 곡선 $y=f(x)$, $y=g(x)$가 직선 $x=2$와 만나는 점을 각각 C, D라 하자. 사다리꼴 ABDC의 넓이를 두 함수 $f(x)$, $g(x)$를 이용하여 나타내시오.

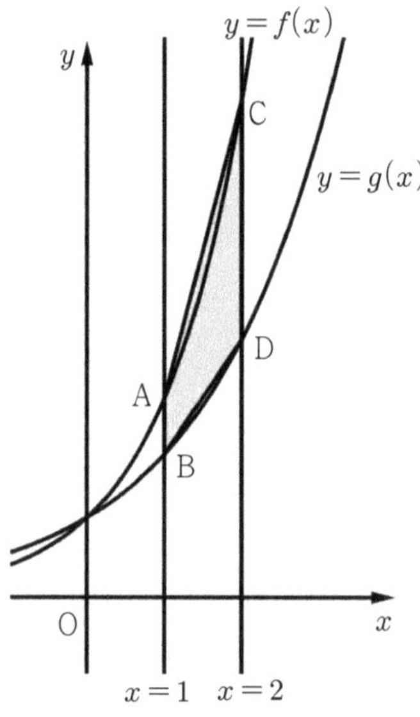

[Theme28] 사각형의 등적변형(等積변형)

—넓이가 같게 도형을 변형하기

(1) 밑변의 길이와 높이가 같은 직사각형과 평행사변형의 넓이는 모두 같다.

$$\square \mathrm{ABCD} = \square \mathrm{ABC'D'}$$

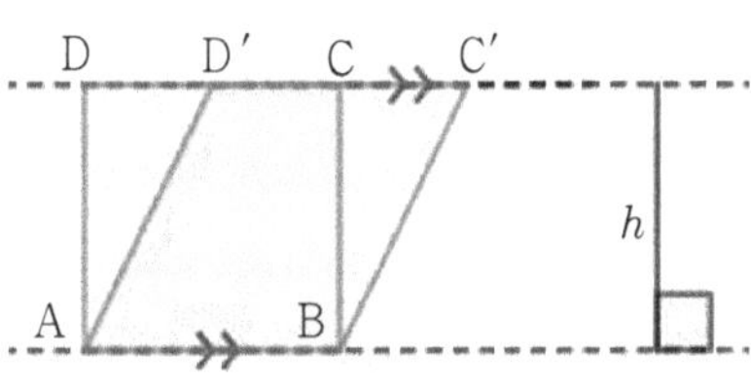

(2) 높이가 같은 두 직사각형 또는 평행사변형의 넓이는 밑변의 길이비와 같다.

$$\square \mathrm{ABCD} : \square \mathrm{AB'C'D'} = \overline{\mathrm{AB}} : \overline{\mathrm{AB'}}$$

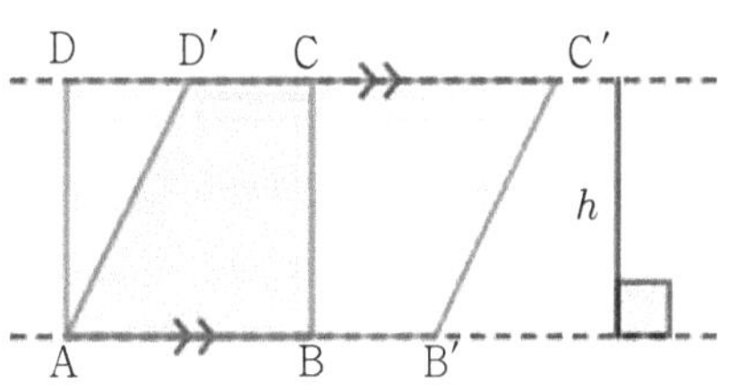

(1)의 (증명) $\square \mathrm{ABCD} = \overline{\mathrm{AB}} \times h = \square \mathrm{ABC'D'}$

(2)의 (증명) $\square \mathrm{ABCD} = \overline{\mathrm{AB}} \times h$, $\square \mathrm{AB'C'D'} = \overline{\mathrm{AB'}} \times h$

131 ☑ 실전에서 확인! (2015년 11월)

$0 \le x \le 3$에서 정의된 함수 $f(x)$의 그래프가 다음과 같다. 함수 $f(x)$의 그래프와 두 직선 $x=0$, $x=3$, 그리고 x축으로 둘러싸인 영역의 넓이가 1일 때, 함수 $f(x)$의 그래프와 두 직선 $x=0$, $x=2$와 x축으로 둘러싸인 영역의 넓이를 구하시오.

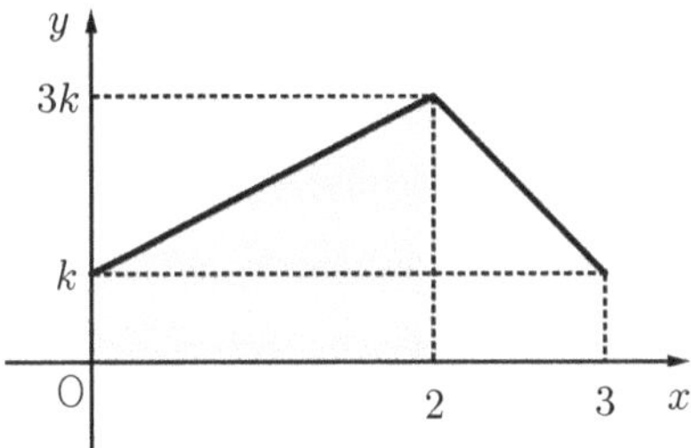

[Theme29] 다각형

Q '다각형의 여러 가지 성질'

(2022년 4월 시행 학력평가 출제)

[Theme29] 다각형

(1) n**각형의 대각선의 개수**는 $\frac{n(n-3)}{2}$ 이다.

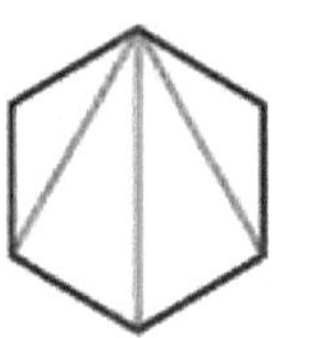

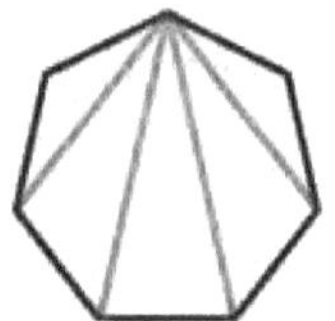

(2) **삼각형의 한 외각의 크기는 그와 이웃하지 않는 두 내각의 크기의 합과 같다.**

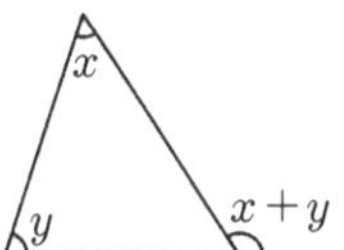

(3) n**각형의 내각의 크기의 합**은 $180° \times (n-2)$ 이다.

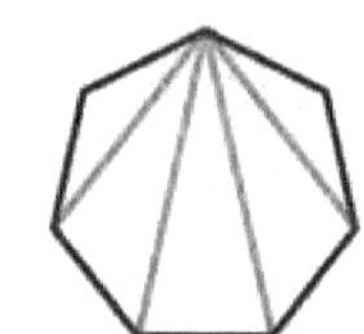

★ (n각형에서 만들 수 있는 삼각형의 개수) $\times 180^o = (n-2) \times 180^o$

(4) **정**n**각형의 한 내각의 크기**는 $\frac{180° \times (n-2)}{n}$ 이다.

(5) n**각형의 외각의 크기의 합**은 $360°$ 이다.

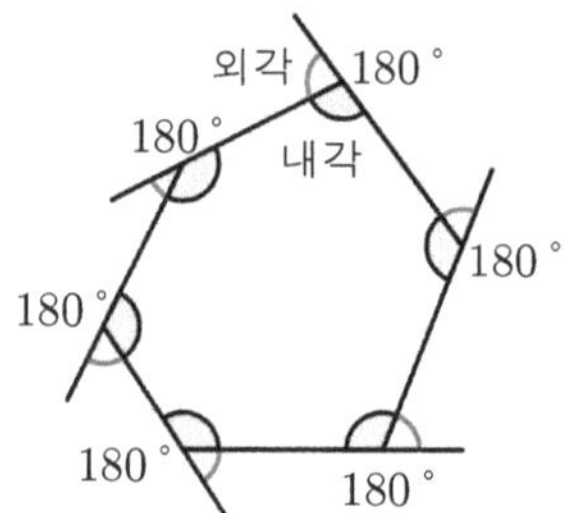

(6) **정**n**각형의 한 외각의 크기**는 $\frac{360°}{n}$ 이다.

(1) ＊ 한 점에서 '자기 자신과 이웃한 꼭짓점'을 빼고 남은 점의 개수 $(n-3)$이 한 점에서 그을 수 있는 대각선의 수이다. 이 과정을 n개의 점에서 반복하면 총 $n(n-3)$개의 대각선이 있고, 하나의 대각선의 양 끝점에서 중복해서 동일한 선분을 두번 개수를 세므로 $\frac{1}{2}$배 해준다.

(1) ✱ 이를 확률과 통계에서 배운 '조합'을 이용해보자. n각형에서 선분이 만들어지는 경우의 수는 n개의 점에서 두 개의 점을 택하는 것이므로 ${}_{n}\mathrm{C}_{2}$인데, 이 중에서 n각형의 n개의 변은 대각선이 아니므로, 구하는 대각선의 개수는 ${}_{n}\mathrm{C}_{2}-n=\dfrac{n(n-3)}{2}$이다.

(5) 그림과 같이 n각형의 각 변을 연장하면 아래 그림과 같이 n개의 직선이 있고, 각 n개의 직선은 (한 내각+ 한 외각)= 180°이다. 따라서 (외각의 크기의 합)$=180^{\circ}\times n-$(내각의 크기의 합)$=180^{o}\times n-180^{o}(n-2)=360^{o}$이다.

  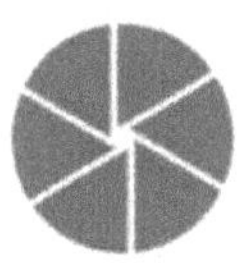

카메라의 조리개의 원리처럼 예를 들어, 육각형의 모든 꼭짓점이 한 점으로 모이면 6개의 외각의 합이 조리개가 닫힌 것처럼 360°인 것을 알 수 있다.

☑ 개념 바로 확인!

(1) ① 육각형의 대각선의 개수는 (　　　　)이다.

② 육각형의 내각의 크기의 합은 (　　　)이므로, 정육각형의 한 내각의 크기는 (　　　)이다.

(2) 다음 그림에서 x의 값을 구하시오.

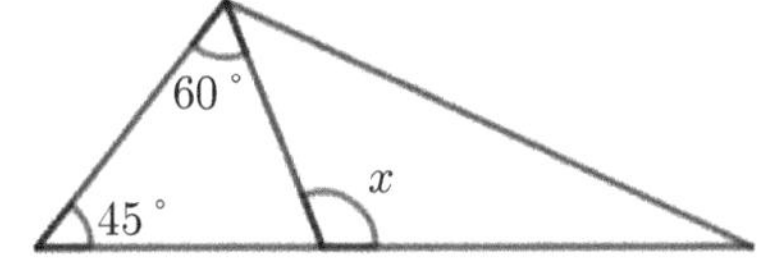

(3) 다음 다각형에서 $\angle x$의 크기를 구하시오.

①
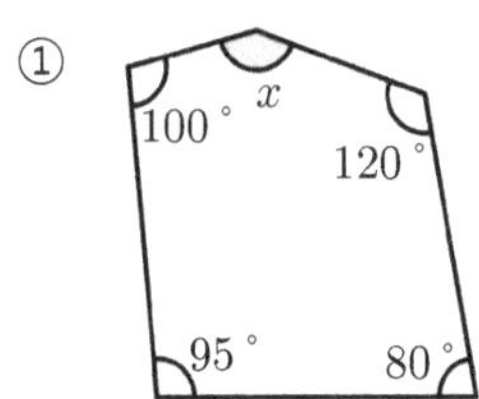

②
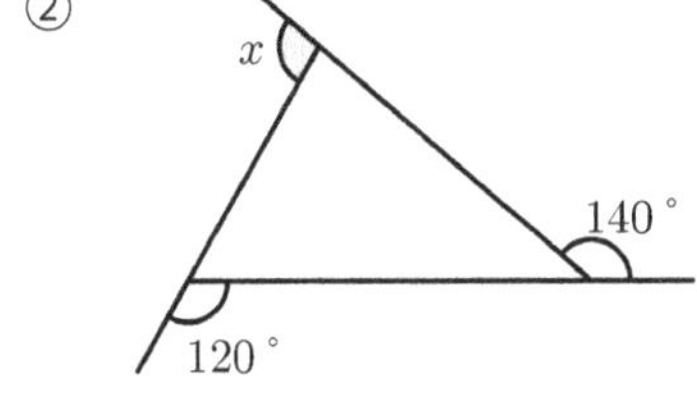

③
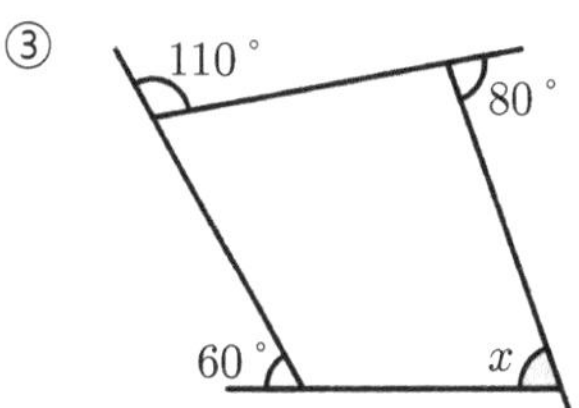

(답) (1) ① 9 ② $180^{o}\times 4$, 120° (2) 105° (3) ① 145° ② 100° ③ 70°

132 ☑ 실전에서 확인! (2022년 4월)

그림과 같이 한 변의 길이가 1인 정육각형 ABCDEF에서 $\angle$ADE의 크기를 구하시오.

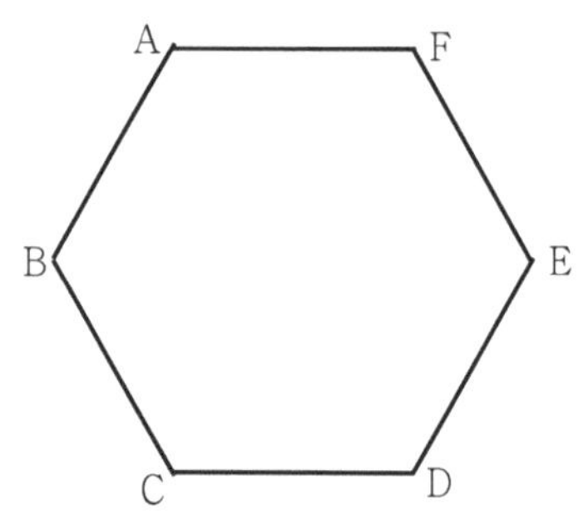

133 ☑ 실전에서 확인! (2015년 10월)

그림과 같이 선분 AB를 지름으로 하고 중심이 점 O인 반원 위의 점 P에 대하여 $\angle \mathrm{PAB}=\theta$라 하자. 선분 OB 위의 점 C가 $\angle \mathrm{APO}=\angle \mathrm{OPC}$를 만족시킬 때, 각 $\angle$POC와 $\angle$PCO를 각각 θ에 대해 나타내시오.

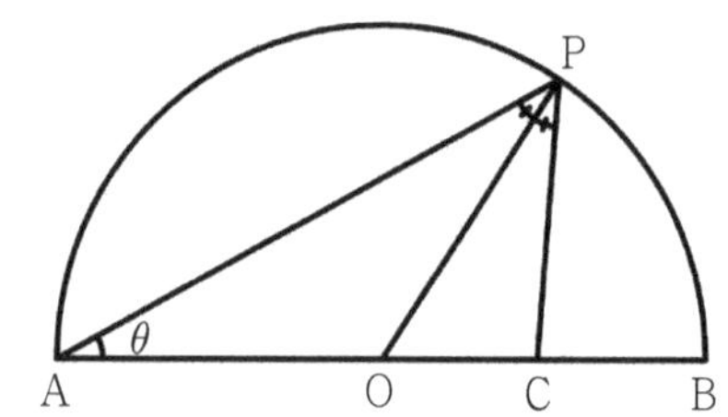

134 ☑ 실전에서 확인! (2015년 3월)

그림과 같이 중심이 점 A$(3, 0)$이고 점 B$(6, 0)$을 지나는 원이 있다. 이 원 위의 점 P를 지나는 두 직선 AP, BP가 y축과 만나는 점을 각각 Q, R라 하자. $\angle \mathrm{PBA}=\theta$라 할 때, $\angle$PAO를 각 θ에 대해 나타내시오. (단, $0<\theta<45°$)

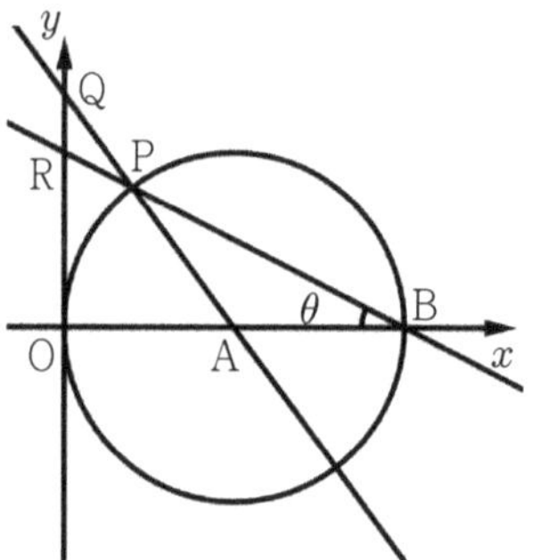

135 ☑ 실전에서 확인! (2021년 3월)

그림과 같이 $\overline{\mathrm{AB}}=5$, $\overline{\mathrm{BC}}=4$, $\overline{\mathrm{AC}}=6$인 삼각형 ABC에서 $\angle$ABC의 이등분선이 원과 만나는 점 중 점 B가 아닌 점을 E, $\angle$BAC의 이등분선이 선분 BE와 만나는 점을 D라고 하자. $\angle \mathrm{EAD}=k\times\angle \mathrm{ADE}$를 만족시키는 상수 k의 값을 구하시오.

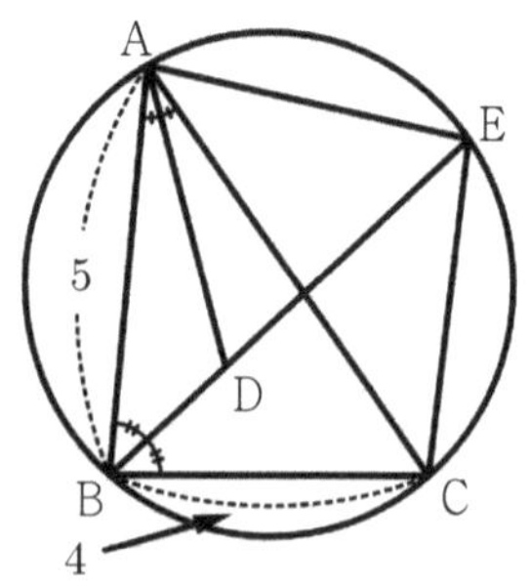

[Theme30] 원과 부채꼴

'원과 부채꼴의 다양한 성질'

(2022년 6월 모의평가 출제)

[Theme30] 원과 부채꼴

(1) 현과 할선

원 O 위의 두 점 A, B를 이은 선분을 **현** AB라고 한다. 또한, 직선 l이 원 O와 두 점에서 만날 때, 이 직선을 원 O의 **할선**이라고 한다.

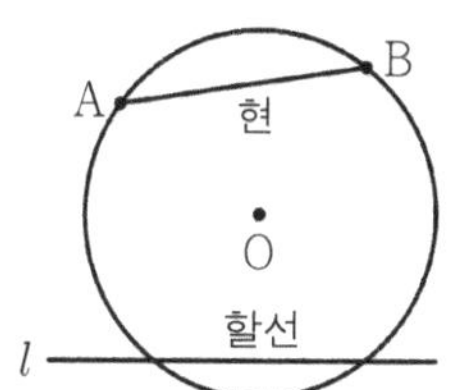

(2) 부채꼴, 중심각, 활꼴

원 O에서 두 반지름 OA, OB와 호 AB로 이루어진 도형을 부채꼴 AOB라고 한다. 이때 **부채꼴** AOB에서 ∠AOB를 호 AB에 대한 **중심각** 또는 부채꼴 AOB의 중심각이라 하고, 호 AB를 ∠AOB에 대한 호라고 한다.
또, 호 CD와 현 CD로 이루어진 도형을 **활꼴**이라고 한다.

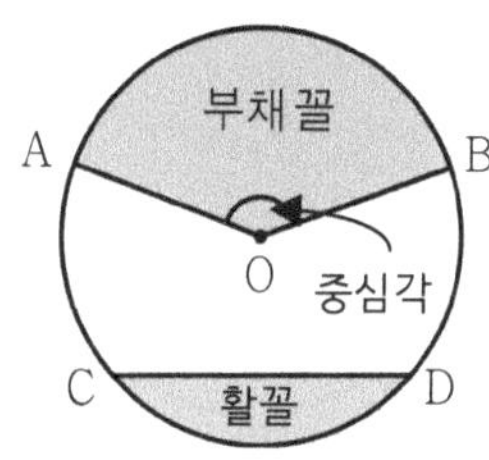

(3) 중심각과 호, 현, 부채꼴의 관계

① 한 원에서 중심각의 크기가 같은 두 부채꼴의 호의 길이(현의 길이, 부채꼴의 넓이)는 같다.

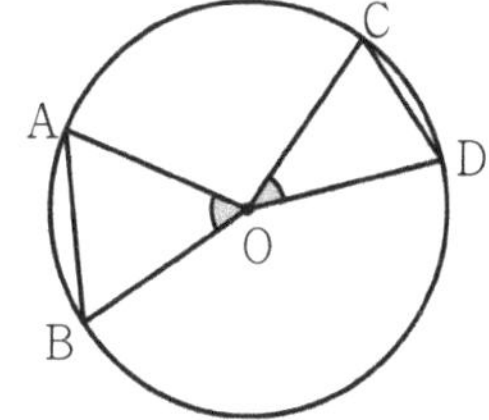

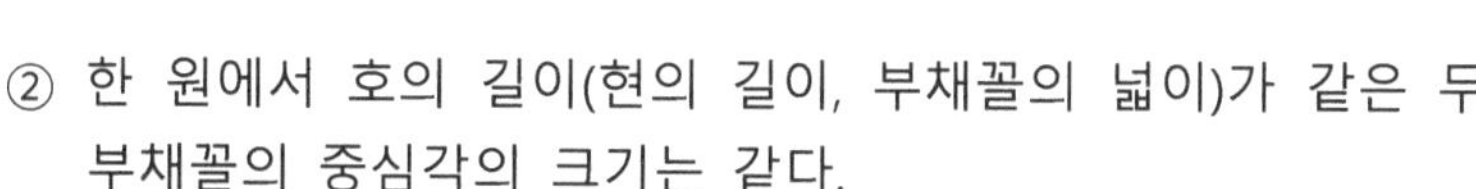

② 한 원에서 호의 길이(현의 길이, 부채꼴의 넓이)가 같은 두 부채꼴의 중심각의 크기는 같다.

③ 한 원에서 부채꼴의 호의 길이와 넓이는 각각 중심각의 크기에 정비례한다.

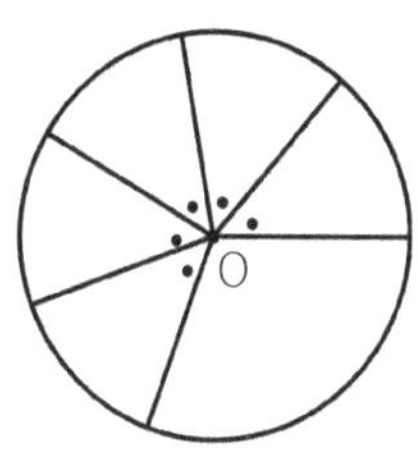
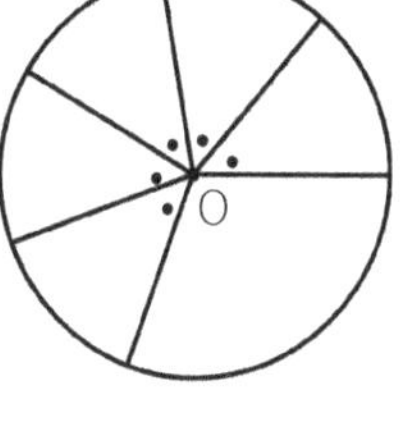

⚠ 주의 ⚠

한 원에서 현의 길이는 중심각의 크기에 정비례하지 않는다. 즉, 중심각의 크기가 2배, 3배, …가 되어도 현의 길이는 2배, 3배, …가 되지는 않는다.

(4) 부채꼴의 호의 길이와 넓이

반지름의 길이가 r, 중심각의 크기가 $a°$인 부채꼴의 호의 길이를 l, 넓이를 S라고 하면

$$l = 2\pi r \times \frac{a}{360},$$

$$S = \pi r^2 \times \frac{a}{360}$$

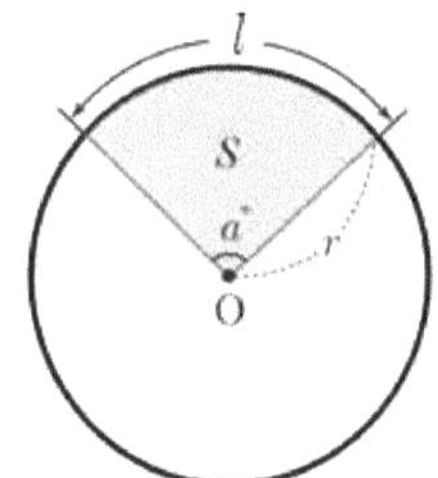

★ (4) 수학I에서 호도법을 배우면 반지름이 r이고 중심각 θ(라디안)인 부채꼴에 대하여 다음이 성립한다.

(호의 길이) $l = r\theta$, (부채꼴의 넓이) $S = \frac{1}{2}r^2\theta$

☑ 개념 바로 확인!

(1) 다음 그림의 원 O에서 x의 값을 구하시오.

①

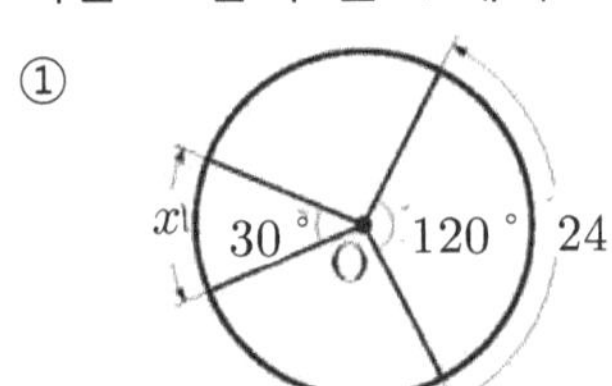

②

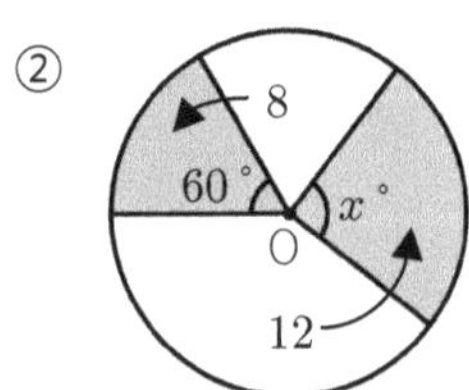

③

④

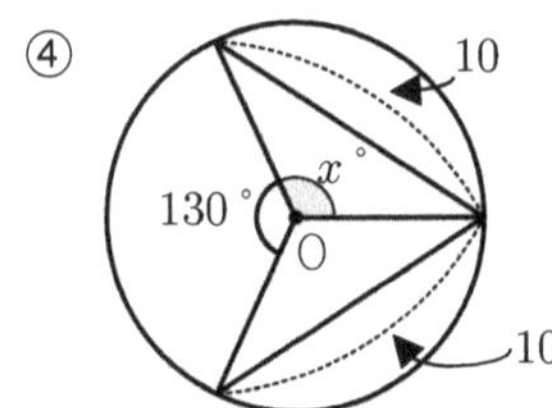

(2) 다음 부채꼴의 호의 길이와 넓이를 각각 구하시오.

①

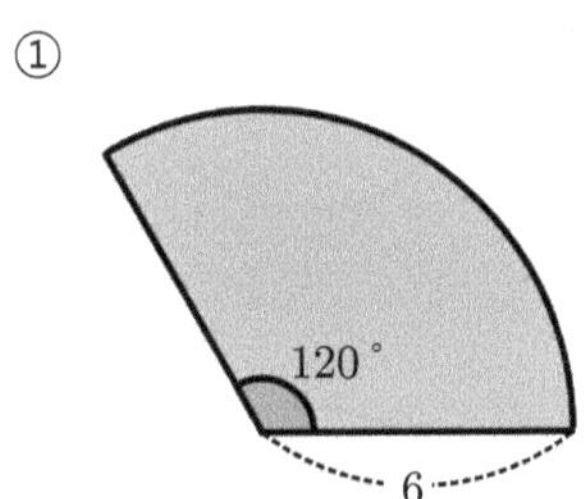

②

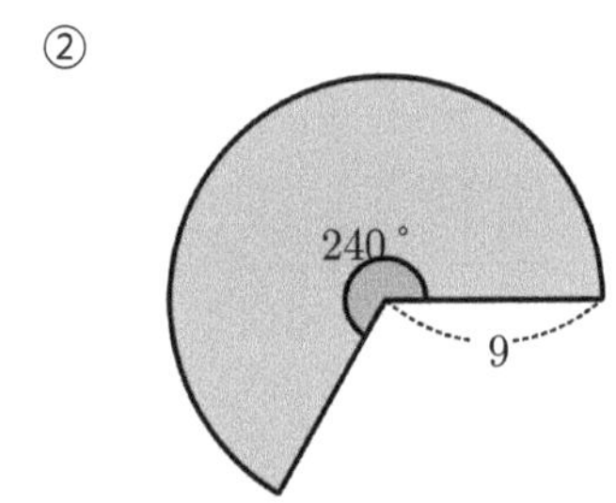

(3) 다음 부채꼴에서 색칠한 활꼴의 넓이를 구하시오.

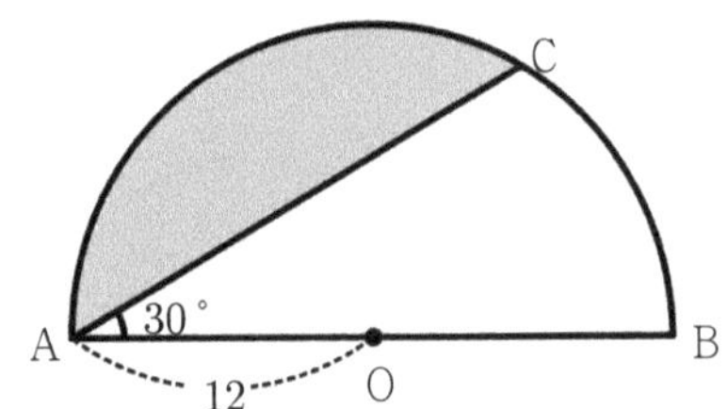

답) (1)①6 ②90 ③45 ④115 (2) ①호의 길이:4π, 넓이:12π ②호의 길이:12π, 넓이:54π
(3) $48\pi - 36\sqrt{3}$

136 ☑ 실전에서 확인! (2020년 4월)

그림과 같이 길이가 12인 선분 AB를 지름으로 하는 반원의 호 AB 위에 점 C가 있다. 호 CB의 길이가 2π일 때, 호 CB의 중심각의 크기를 구하시오.

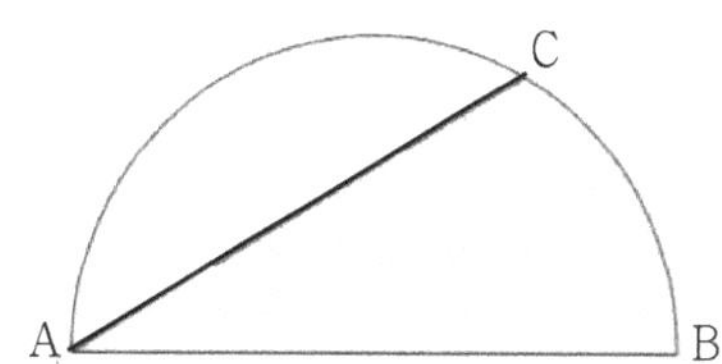

137 ☑ 실전에서 확인! (2020년 4월)

그림과 같이 중심각의 크기가 $60°$인 부채꼴 OAB에서 선분 OA를 $3:1$로 내분하는 점을 P, 선분 OB를 $1:2$로 내분하는 점을 Q라 하자. 삼각형 OPQ의 넓이가 $4\sqrt{3}$일 때 호 AB의 길이는?

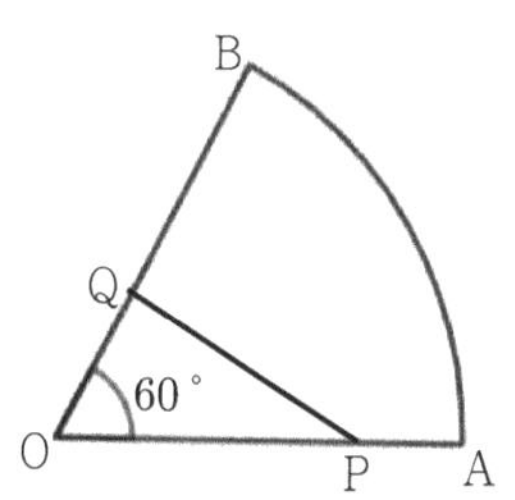

138 ☑ 실전에서 확인! (2019년 10월)

그림과 같이 $\overline{AB}=2$, $\overline{BC}=4$이고 $\angle ABC=60°$인 삼각형 ABC가 있다. 사각형 $D_1BE_1F_1$이 마름모가 되도록 세 선분 AB, BC, CA 위에 각각 점 D_1, E_1, F_1을 잡고, 마름모 $D_1BE_1F_1$의 내부와 중심이 B인 부채꼴 BE_1D_1의 외부의 공통부분에 색칠한 영역의 넓이는?

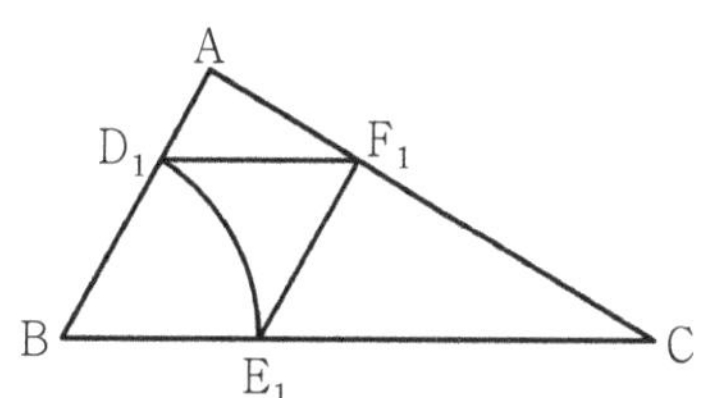

[Theme30] 원의 다양한 성질

(1) 원의 중심과 현의 수직이등분선

① 원의 중심에서 현에 내린 수선은 그 현을 (수직)이등분한다.

② 원에서 현의 수직이등분선은 그 원의 중심을 지난다.

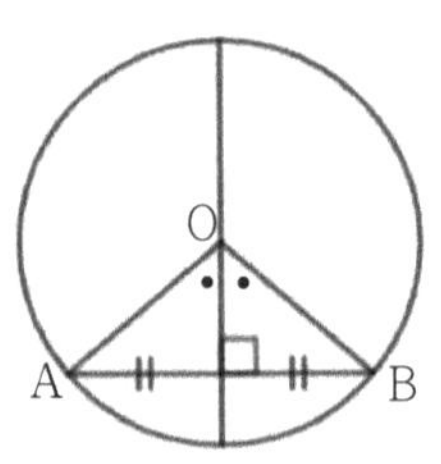

★ ②를 이용해서 두 개의 현의 수직이등분선의 교점이 그 원의 중심임을 알 수 있다!

★ 예) 위 그림에서 $\overline{OA}=5$, $\overline{AB}=8$이면 원의 중심 O에서 현 AB까지의 거리는 3이다.

(2) 원의 중심과 현의 길이

① 한 원에서 중심으로부터 같은 거리에 있는 두 현의 길이는 서로 같다.

② 한 원에서 길이가 같은 두 현은 원의 중심으로부터 서로 같은 거리에 있다.

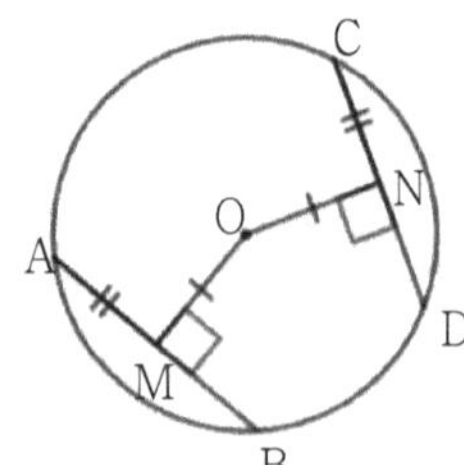

(3) 원 밖의 한 점에서 그은 두 접선

원 O 밖의 한 점 P에서 그 원에 그은 두 접선의 접점을 각각 A, B라고 할 때, $\triangle PAO \equiv \triangle PBO$(RHS합동 : $\overline{PO}$공통, $\overline{OA}=\overline{OB}$, 직각 공통)이므로 $\overline{PA}$와 $\overline{PB}$의 길이는 서로 같다.

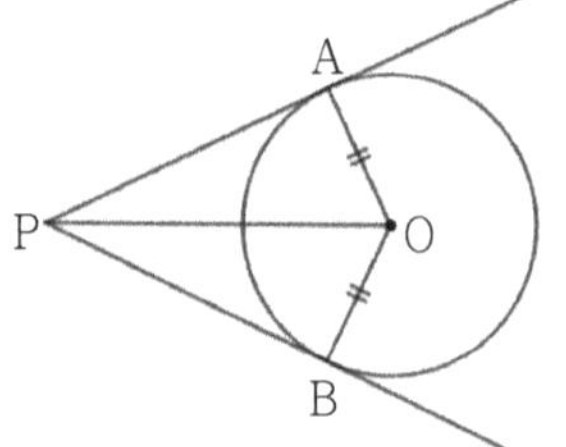

(4) 원주각과 중심각의 정의

원 O에서 호 AB 위에 있지 않은 원 위의 한 점 P에 대하여 $\angle APB$를 호 AB에 대한 **원주각**이라고 한다.
그리고 호 AB를 원주각 $\angle APB$에 대한 호라고 한다. 또한, 원의 중심 O에 대하여 $\angle AOB$를 호 AB에 대한 **중심각**이라고 한다.

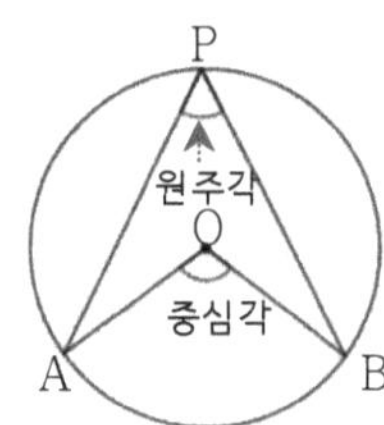

(5) 여러 개의 원주각과 유일한 중심각

① 한 호에 대한 원주각의 크기는 그 호에 대한 중심각의 크기의 $\frac{1}{2}$이다. 즉, $\angle APB=\frac{1}{2}\angle AOB$이다.

② 한 호에 대한 원주각은 무수히 많지만 크기는 모두 같고, 중심각은 유일하게 존재한다.

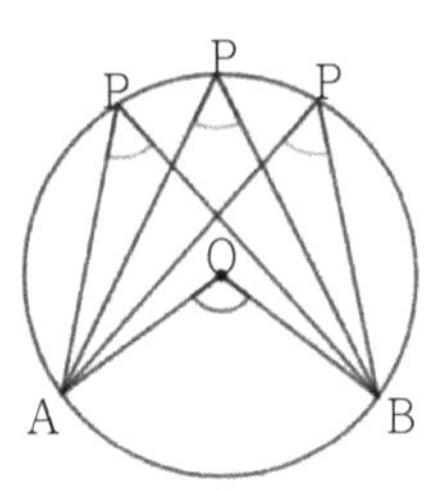

★ (5)①의 이유 : $\overset{\frown}{AB}$ 위에 있지 않은 원주 위 한 점 P에 대하여 $2\angle APB=\angle AOB$임을 보이자. $\angle APO=\alpha$, $\angle BPO=\beta$, 직선 PO가 원과 만나는 점을 Q라고 하면,

✓ $\angle APO=\angle OAP=\alpha$이므로 삼각형 APO의 한 외각 $\angle AOQ=2\alpha$이고,

✓ $\angle BPO=\angle OBP=\beta$이므로 삼각형 APO의 한 외각 $\angle BOQ=2\beta$이다. 즉, $\angle AOB=2\alpha+2\beta=2\angle APB$이다.

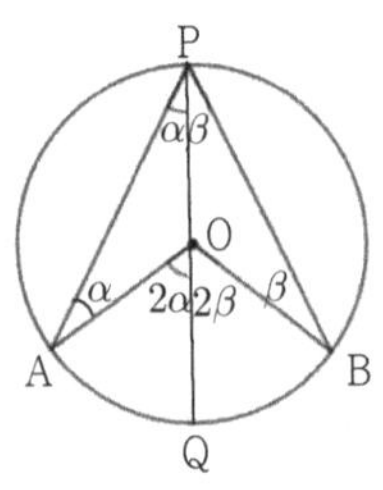

☑ 개념 바로 확인!

다음 그림과 같은 원 O에서 x의 값을 구하시오.

(1)

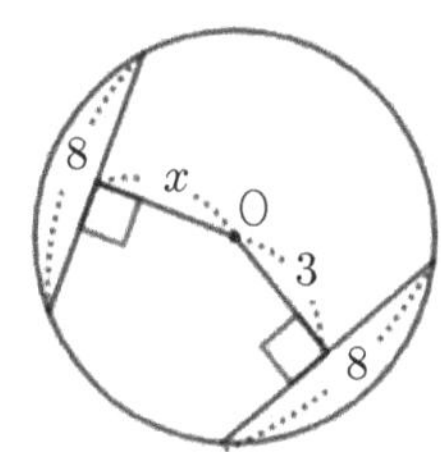

(2)

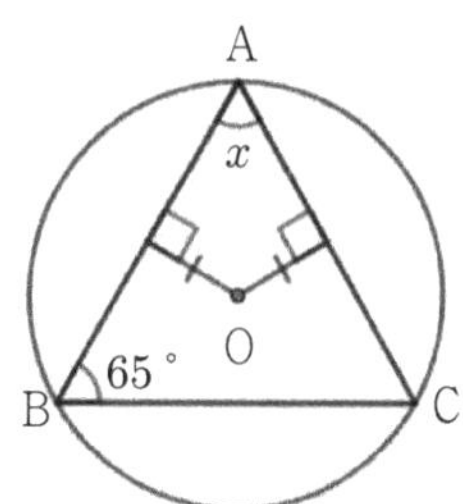

(3)

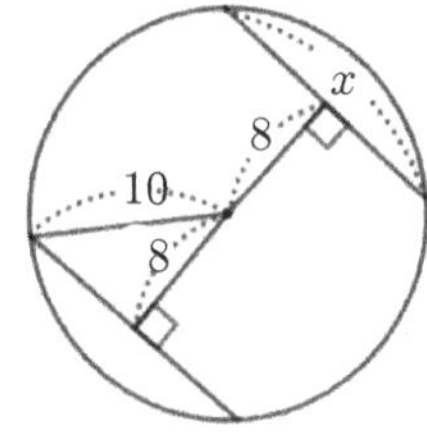

(4)

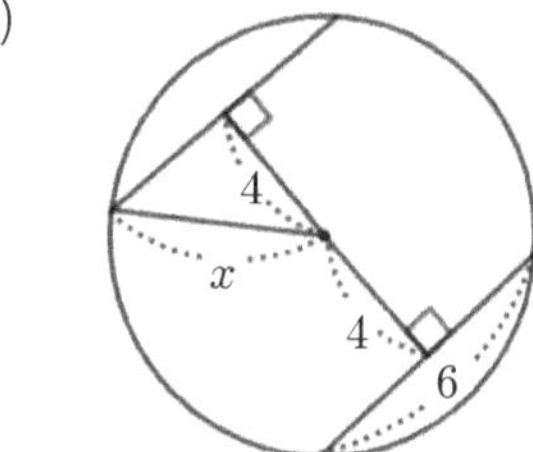

(답) (1) 3 (2) 50° (3) 12 (4) 5

☑ 개념 바로 확인!

다음 그림과 같이 원 O 밖의 한 점 P에서 원에 그은 두 접선의 접점을 각각 A, B라고 할 때, 상수 x의 값을 구하시오.

(1)

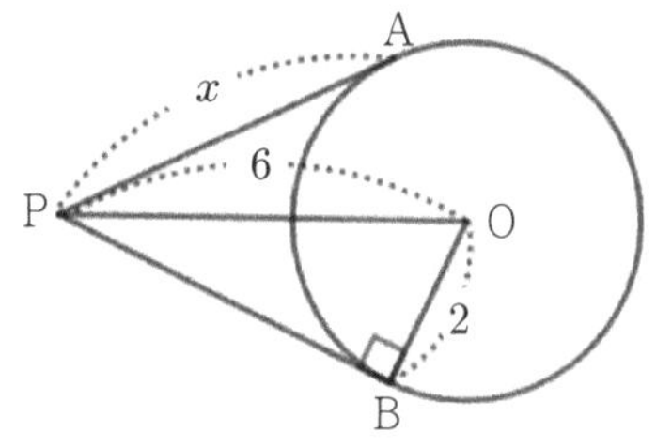

(2)

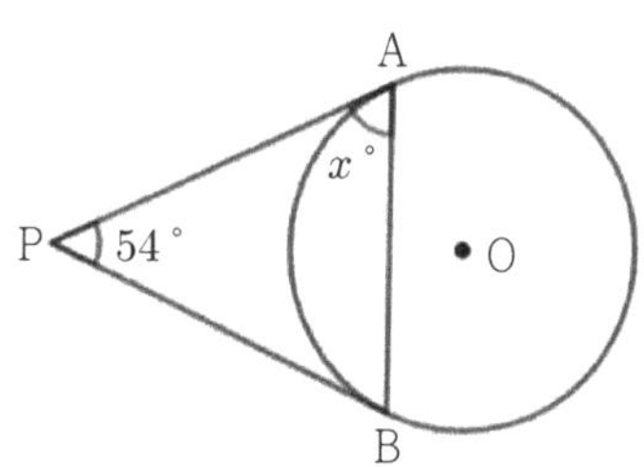

(답) (1) $4\sqrt{2}$ (2) 63

☑ 개념 바로 확인!

오른쪽 그림과 같이 중심이 점 O인 △ABC의 내접원이 세 점 P, Q, R에서 접하고 있다. △ABC의 둘레의 길이가 36일 때, x의 값을 구하시오.

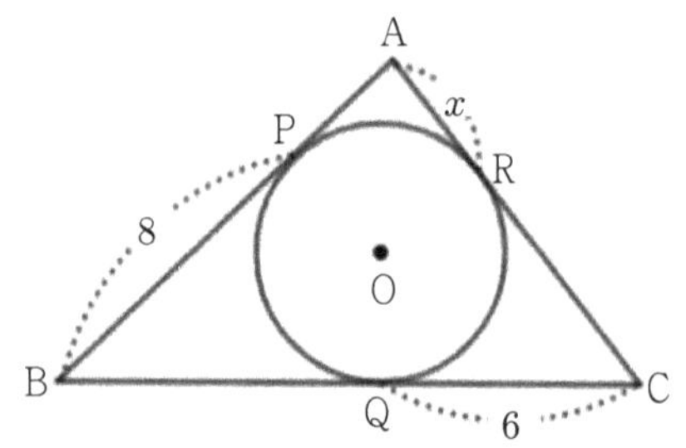

(답) 4

☑ 개념 바로 확인!

오른쪽 그림과 같이 중심이 점 O가 네 점 E, F, G, H에서 사각형 ABCD와 접한다고 할 때, 사각형 ABCD의 둘레의 길이가 40이다. x의 값을 구하시오.

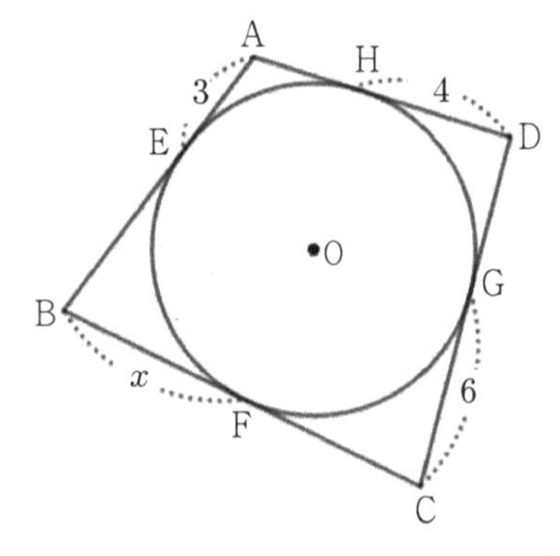

(답) 7

☑ 개념 바로 확인!

중심이 점 O인 원에서 x의 값을 구하시오.

(1)

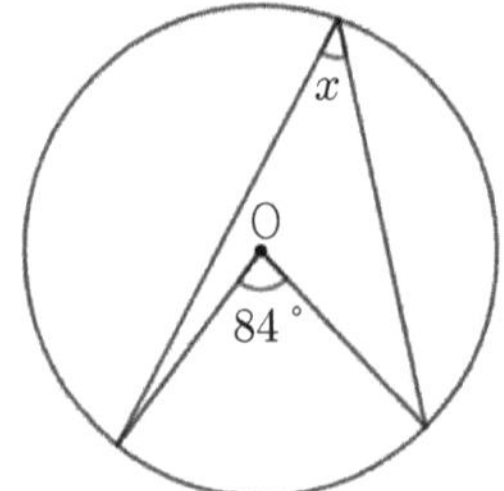

(2)

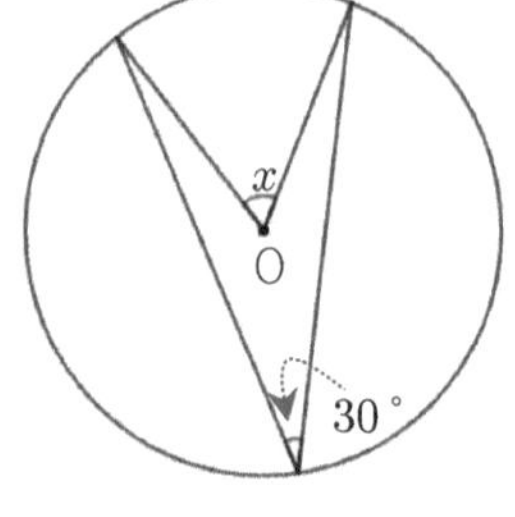

(3)

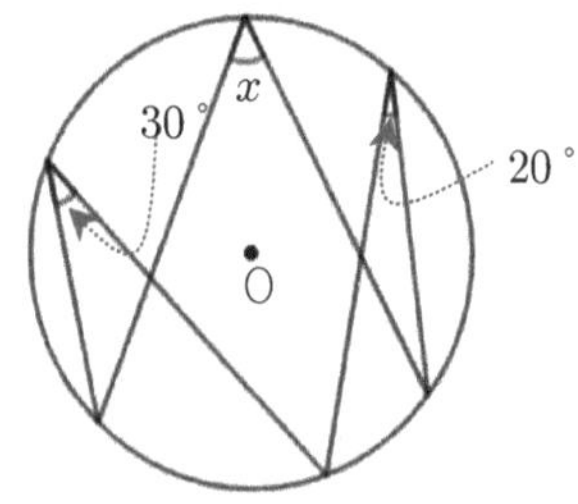

(4)

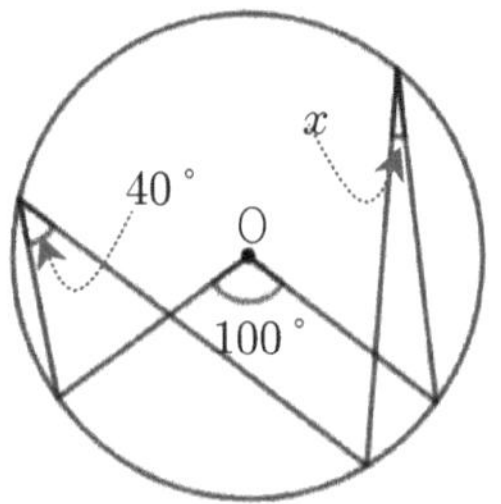

(답) (1) 42° (2) 60° (3) 50° (4) 10°

139 ☑ 실전에서 확인! (2020년 10월)

정삼각형 ABC가 반지름의 길이가 r인 원에 내접하고 있다. 선분 AC와 선분 BD가 만나고 $\overline{\mathrm{BD}}=\sqrt{2}$가 되도록 원 위에서 점 D를 잡는다. 다음 물음에 답하시오.

(1) $\angle\mathrm{BDC}$의 크기를 구하시오.

(2) $\angle\mathrm{DBC}=\theta$일 때, $\angle\mathrm{DAC}$의 크기를 θ에 대해 나타내시오.

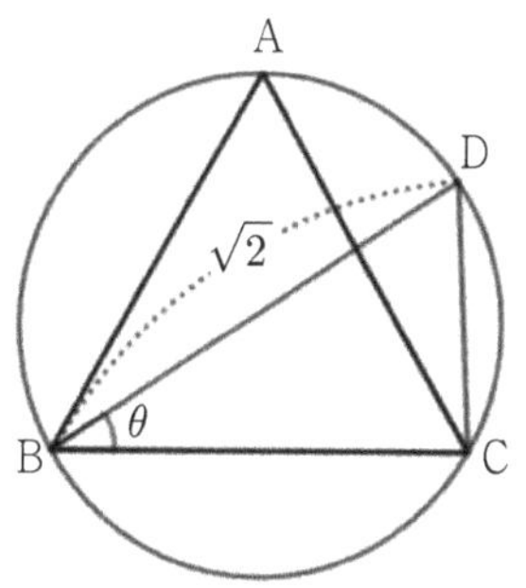

140 ☑ 실전에서 확인! (2015년 3월)

그림과 같이 중심이 $\mathrm{A}(3,\ 0)$이고 점 $\mathrm{B}(6,\ 0)$을 지나는 원이 있다. $\angle\mathrm{PBA}=\theta$라 할 때, $\angle\mathrm{OAP}$를 θ에 대해 나타내시오. (앞에서 이미 해결한 문제이지만, 원주각과 중심각의 관계를 이용해보자.)

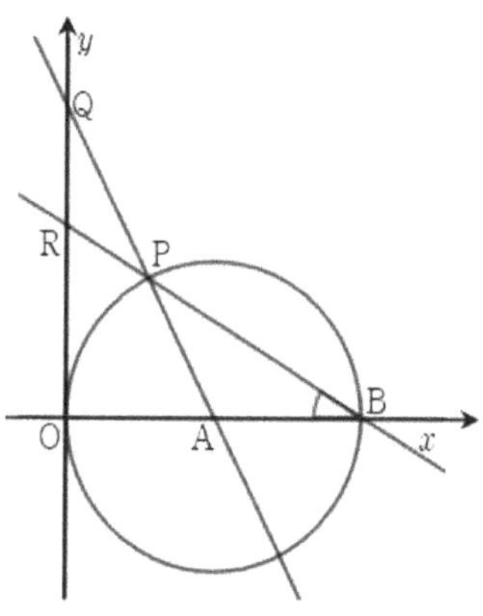

141 ☑ 실전에서 확인! (2020년 7월)

그림과 같이 길이가 4인 선분 AB를 지름으로 하고 중심이 O인 원 C가 있다. 원 C 위를 움직이는 점 P에 대하여 $\angle\mathrm{PAB}=\theta$라 할 때, 선분 AB 위에 $\angle\mathrm{APQ}=2\theta$를 만족시키는 점을 Q라 하자. $\angle\mathrm{ABR}$를 θ에 대해 나타내시오.

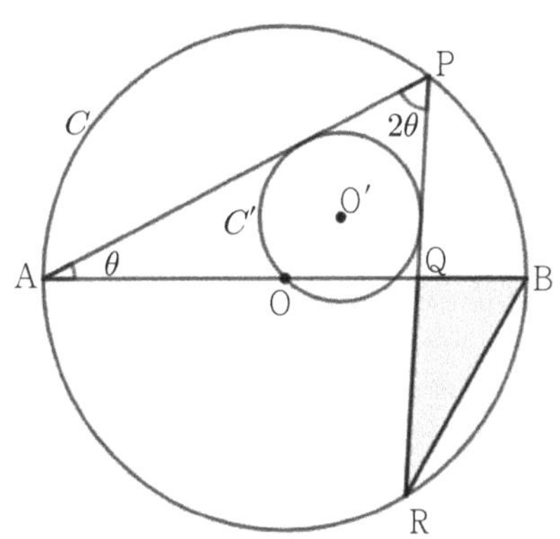

142 ☑ 실전에서 확인! (2016년 10월)

그림과 같이 $\overline{AB}=15$인 삼각형 ABC에 내접하는 원의 중심을 I라 하고, 점 I에서 변 BC에 내린 수선의 발을 D, 원과 선분 AB의 접점을 E라 하자. $\overline{BD}=8$일 때, $\overline{BA}\times\overline{BE}$의 값을 구하시오.

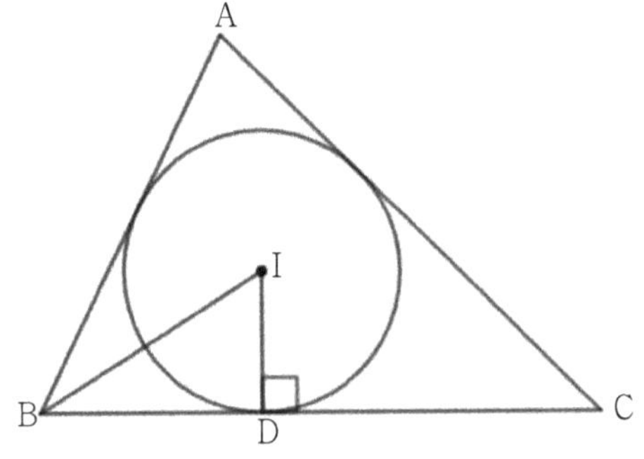

143 ☑ 실전에서 확인!

그림과 같이 선분 AB를 지름으로 하는 원 위의 점 P에서의 접선과 직선 AB가 만나는 점을 Q라고 할 때, 점 Q는 선분 AB를 5:1로 외분하고, $\overline{BQ}=\sqrt{3}$이다. 점 P에서 선분 AB에 내린 수선의 발을 P′이라고 할 때, 선분 AP′의 길이를 구하시오.

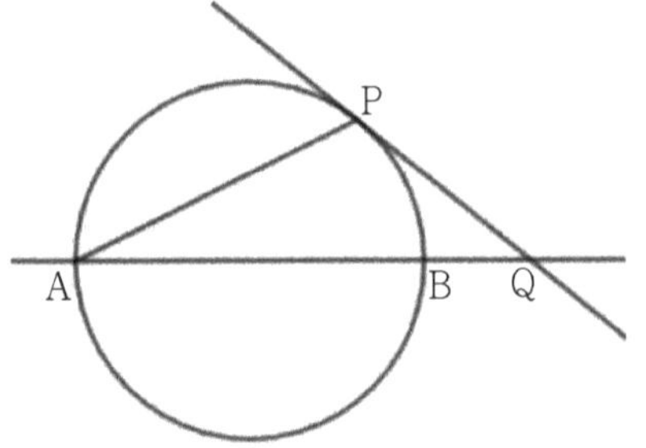

144 ☑ 실전에서 확인! (2021년 10월)

그림과 같이 길이가 2인 선분 AB를 지름으로 하는 원 C_1과 점 B를 중심으로 하고 원 C_1 위의 점 P를 지나는 원 C_2가 있다. 원 C_1의 중심 O에서 원 C_2에 그은 두 접선의 접점을 각각 Q, R라 하자. $\angle PAB=\theta$일 때, 사각형 ORBQ의 넓이 $S(\theta)$를 θ에 관한 함수로 나타내시오.

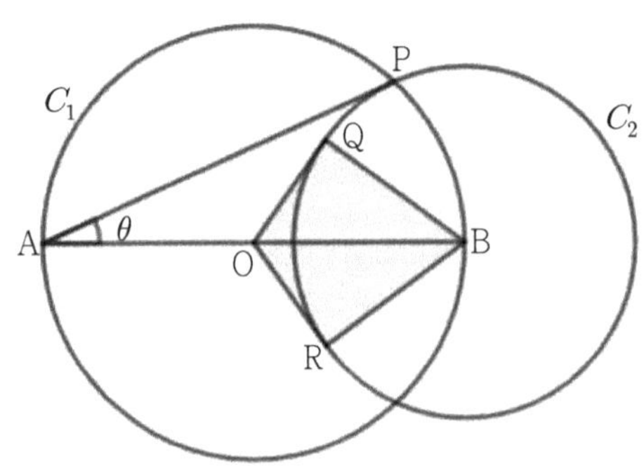

[Theme30] 원과 여러 가지 각

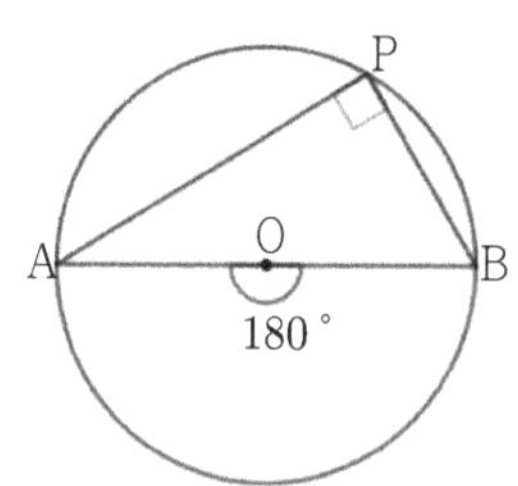

(1) $\overline{AB}$가 원 O의 지름인 경우에는
호 AB에 대한 중심각 ∠AOB의 크기가 180°이므로
원주각 ∠APB의 크기는 90°이다.

★ 직각삼각형의 외접원의 지름은 그 직각삼각형의 빗변이 된다.

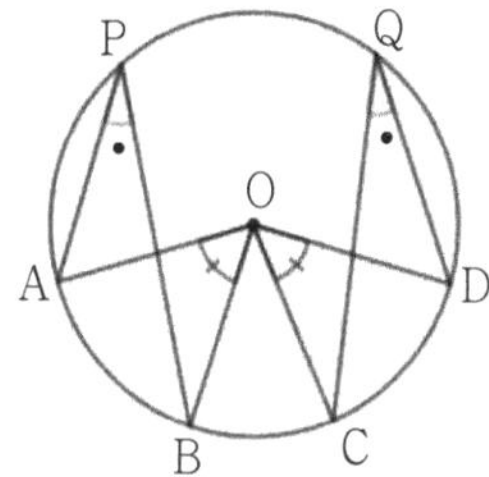

(2) **원주각(중심각)과 호**

① 한 원에서 길이가 같은 호에 대한 원주각(중심각)의 크기는 서로 같다.

즉, $\widehat{AB}=\widehat{CD} \Rightarrow \angle APB = \angle CQD(\angle AOB = \angle COD)$

② 한 원에서 크기가 같은 원주각(중심각)에 대한 호의 길이는 서로 같다.

즉, $\angle APB = \angle CQD,(\angle AOB = \angle COD) \Rightarrow \widehat{AB}=\widehat{CD}$

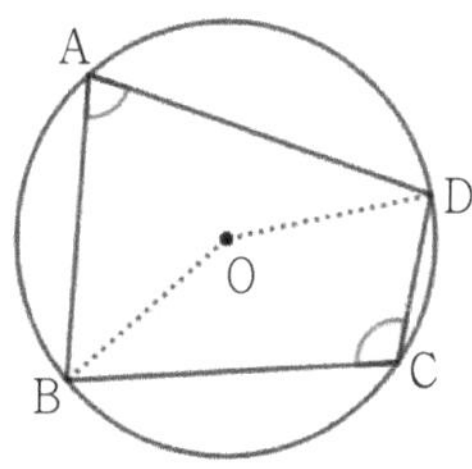

(3) **원에 내접하는 사각형**

원에 내접하는 사각형의 두 대각의 크기의 합은 180° 이다. 즉,

$$\angle A + \angle C = 180°,\ \angle B + \angle D = 180°$$

(4) **접선과 현이 이루는 각의 크기**

원의 접선과 그 접점에서 그은 현이 이루는 각의 크기는 이 각의 내부에 있는 호에 대한 원주각의 크기와 같다. 즉, 아래 그림에서 $\angle BAT = \angle APB$ (예각, 직각, 둔각에 상관없이 성립!)

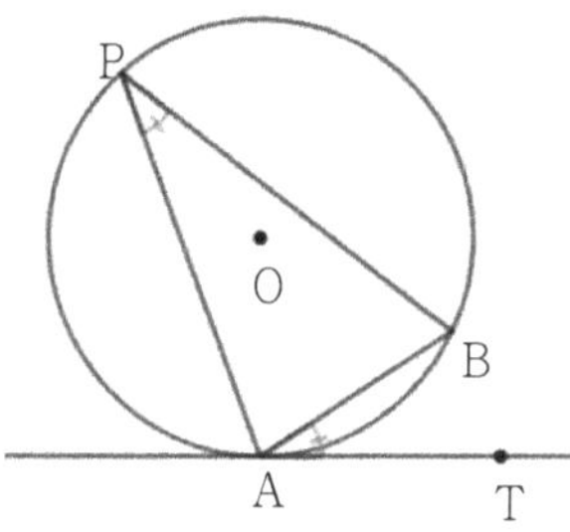

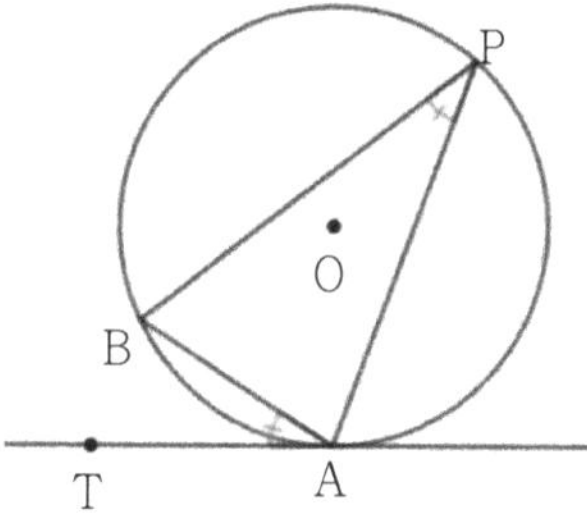

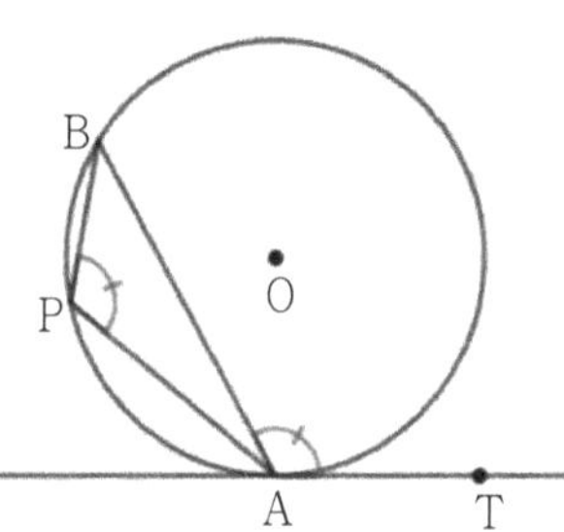

★ (4)의 이유 : 호 AB의 원주각과 중심각의 관계에 의해

$\angle AOB = 2\angle APB = 2\alpha°$ 이고 이등변삼각형 AOB에서

$\angle OAB = \angle OBA = 90° - \alpha°$ 이므로

$\angle BAT = 90° - \angle OAB = 90° - (90° - \alpha°) = \alpha°$ 이므로

$\angle BAT = \angle APB$이다.

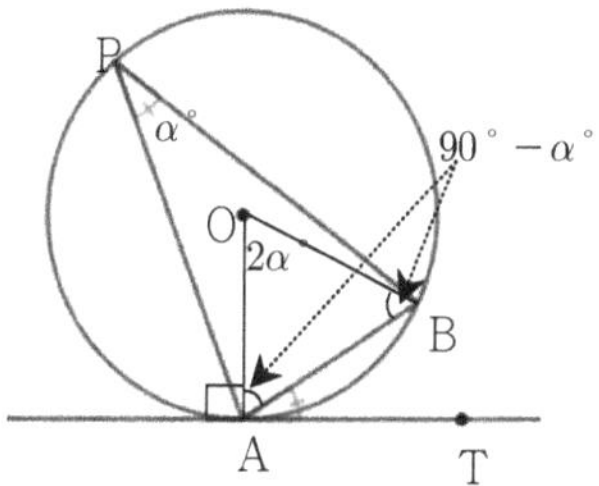

[Theme30] 원과 여러 가지 각

(5) (할선 정리) $\overline{PA} \cdot \overline{PB} = \overline{PC} \cdot \overline{PD}$

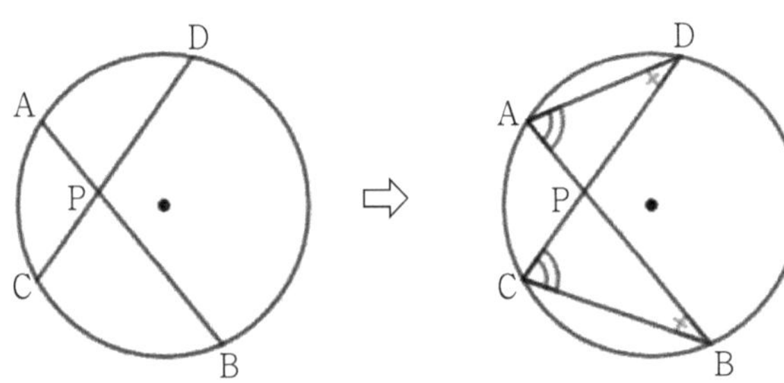

(6) (할선 정리) $\overline{PA} \cdot \overline{PB} = \overline{PC} \cdot \overline{PD}$

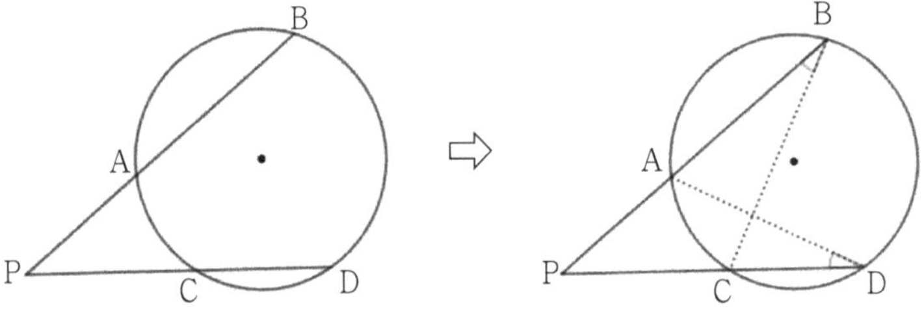

(5)번 (증명) $\triangle PAD \backsim \triangle PCB$이므로 $\overline{PD} : \overline{PB} = \overline{PA} : \overline{PC}$

(6번) (증명) $\triangle APD \backsim \triangle CPB$이므로 $\overline{PD} : \overline{PB} = \overline{PA} : \overline{PC}$

☑ 개념 바로 확인!

다음 그림과 같은 원 O에서 x, y의 값을 구하시오.

(1)

(2)

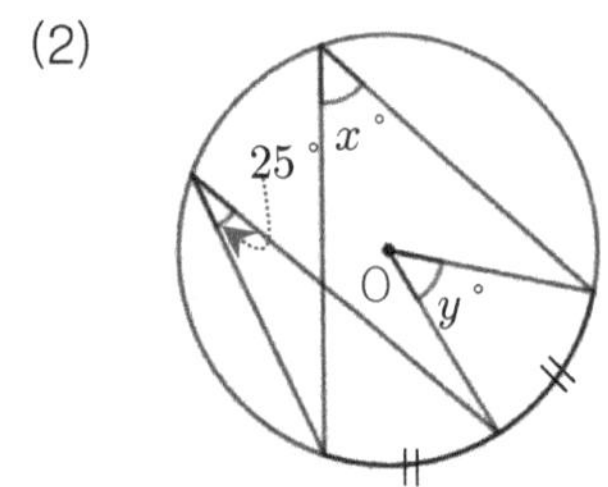

(3)

(4)

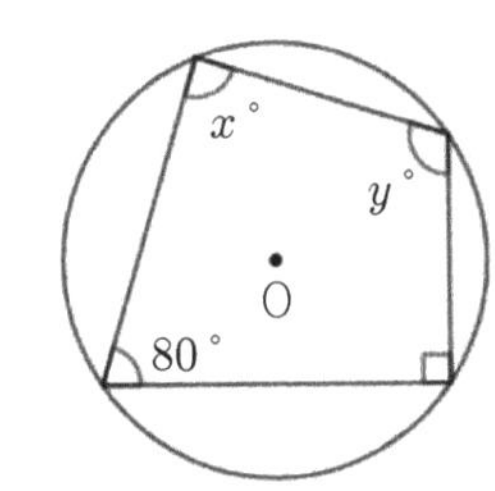

(답) (1) $x=5$, $y=35$ (2) $x=50$, $y=50$ (3) $x=120$, $y=110$ (4) $x=90$, $y=100$

☑ 개념 바로 확인!

다음 그림에서 직선이 원의 접선일 때, x의 값을 구하시오.

(1)

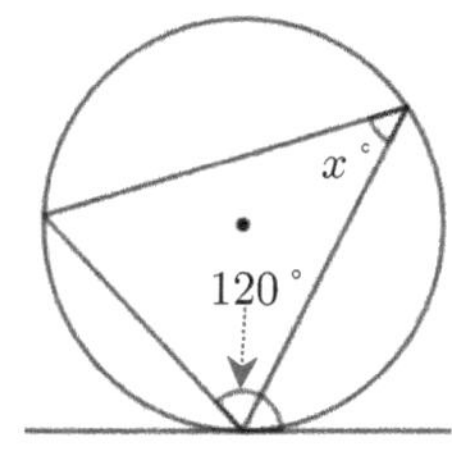

(2)

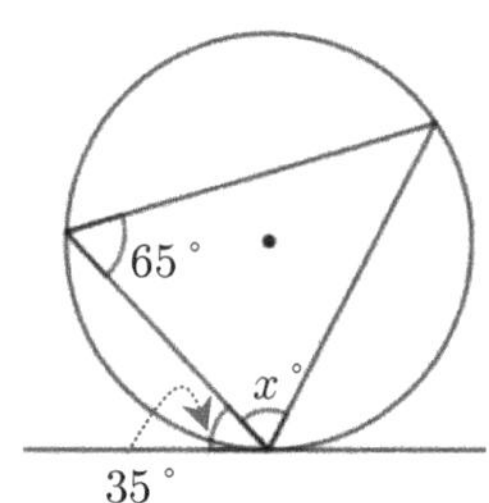

(3)

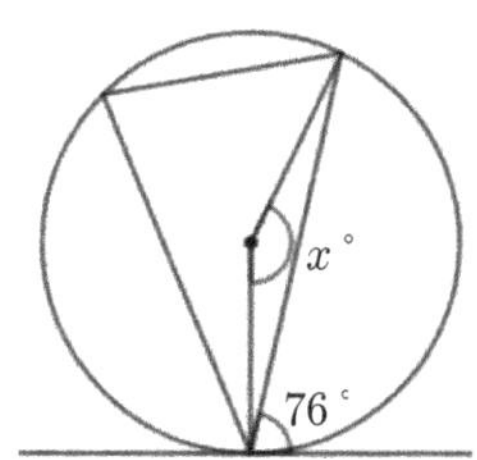

(답) (1) 60 (2) 80 (3) 152

☑ 개념 바로 확인!

다음 그림의 원과 두 현에 대하여 x의 값을 구하시오.

(1)

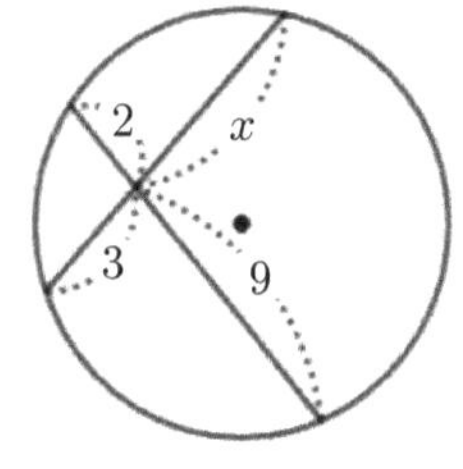

(2)

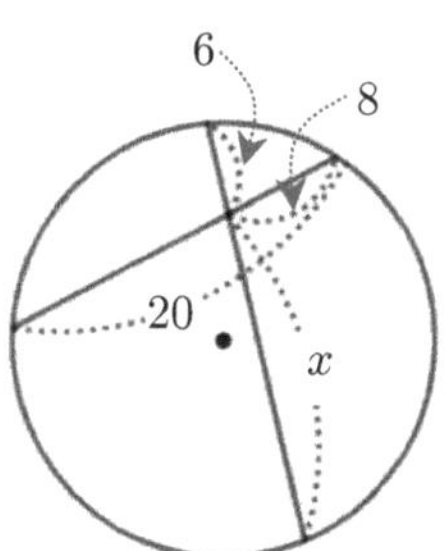

(3)

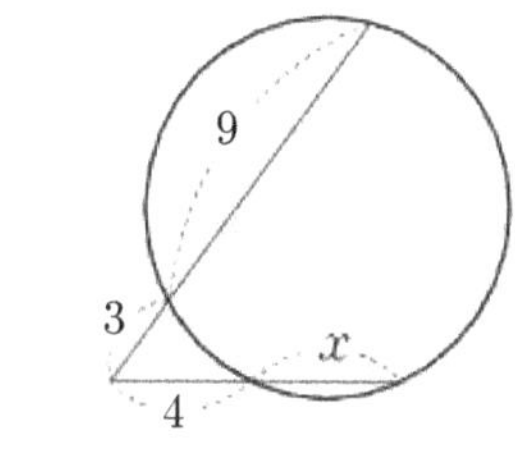

(답) (1) 6 (2) 16 (3) 5

145 ☑ 실전에서 확인! (2021년 7월)

그림과 같이 선분 AB를 지름으로 하는 원 위의 점 C에 대하여 ∠ACB의 크기를 구하시오.

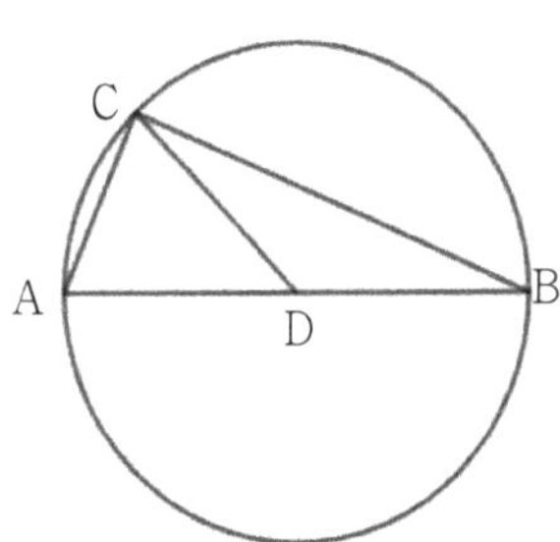

146 ☑ 실전에서 확인! (2023년 11월)

그림과 같이 사각형 ABCD가 한 원에 내접하고 $\angle BAC = \angle CAD$일 때, $\overline{BC} = k\overline{CD}$를 만족하는 상수 k의 값을 구하시오.

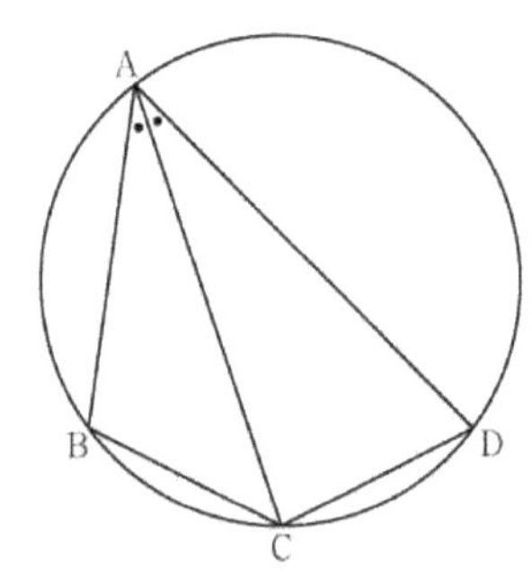

147 ☑ 실전에서 확인! (2021년 10월)

예각삼각형 ABC에서 $\angle A$의 이등분선과 삼각형 ABC의 외접원이 만나는 점을 D, 점 D에서 선분 AC에 내린 수선의 발을 E라 하자. <보기>에서 $\angle DAC$와 크기가 같은 각을 모두 고르시오.

<보기>

ㄱ. $\angle CBD$　　ㄴ. $\angle DAB$

ㄷ. $\angle DCB$　　ㄹ. $\angle BED$

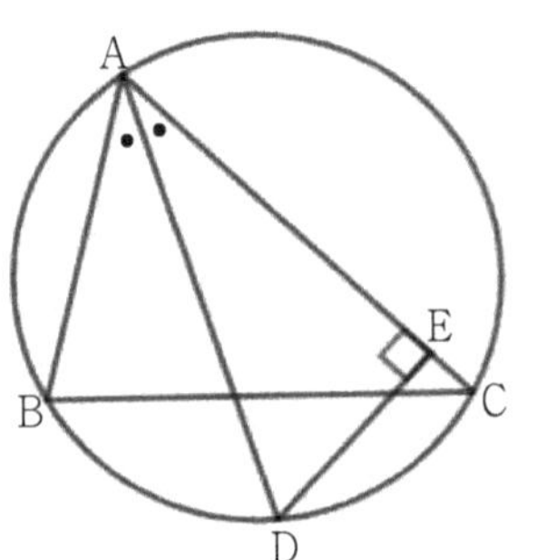

148 ☑ 실전에서 확인! (2021년 3월)

그림과 같이 $\overline{AB} = 5$, $\overline{BC} = 4$인 삼각형 ABC가 있다. $\overline{EA} = k \times \overline{EC}$를 만족시키는 상수 k의 값을 구하시오.

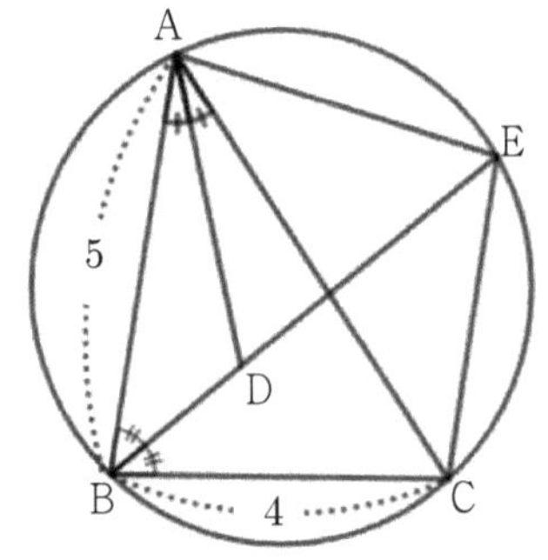

149 ☑ 실전에서 확인! (2020년 7월)

그림과 같이 길이가 4인 선분 AB를 지름으로 하고 중심이 O인 원 C가 있다. 원 C 위를 움직이는 점 P에 대하여 $\angle PAB = \theta$라 할 때, 선분 AB 위에 $\angle APQ = 2\theta$를 만족시키는 점을 Q라 하고, 직선 PQ가 원과 만나는 P가 아닌 점을 R라 하자. 중심이 삼각형 AQP의 내부에 있고, 두 직선 AP와 PR에 접하는 원 C'이 점 O를 지날 때, 원 C'의 중심 O′이 선분 OP 위에 있는지 답하여라.

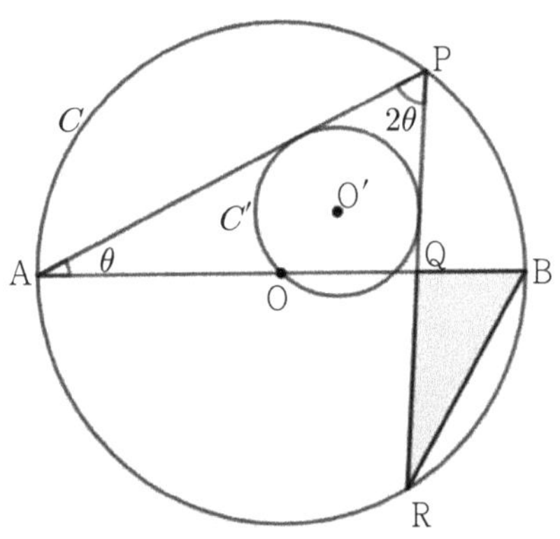

150 ☑ 실전에서 확인! (2016년 10월)

두 점 $F(6, 0)$, $F'(-6, 0)$에 대하여 선분 FF'을 지름으로 하는 원이 있다. 제1사분면에 있는 원 위의 점 P에서의 접선이 x축의 양의 방향과 이루는 각의 크기가 $150°$일 때, $\angle FOP$를 구하시오.

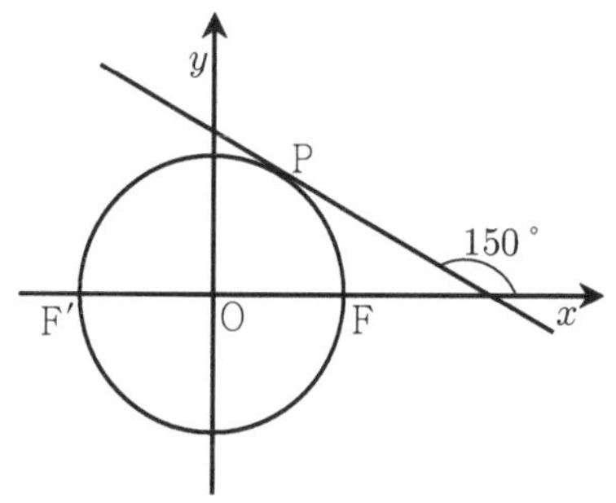

151 ☑ 실전에서 확인! (2021년 9월)

$\angle A = 60°$인 삼각형 ABC가 있다. 점 A를 포함하지 않은 호 BC 위의 점 D에 대하여 $\angle BDC$의 크기는?

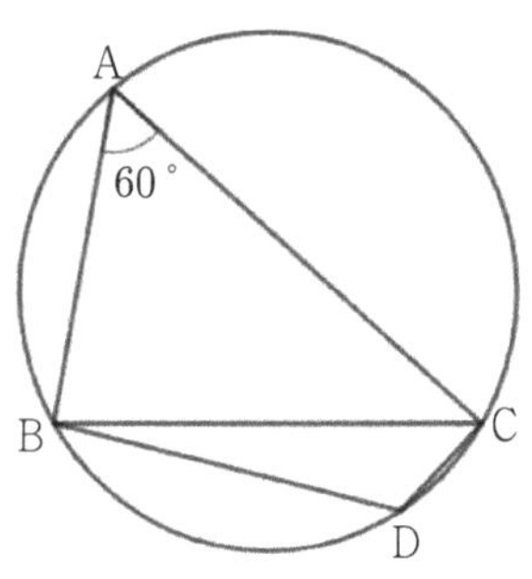

152 ☑ 실전에서 확인! (2022년 6월)

그림과 같이 $\overline{AC} = 4$인 삼각형 ABC가 있다. 선분 AC의 중점 M에 대하여 $\overline{BM} = \dfrac{\sqrt{10}}{2}$이고, 삼각형 ABC의 외접원이 직선 BM과 만나는 점 중 점 B가 아닌 점을 D라고 할 때, MD의 길이는?

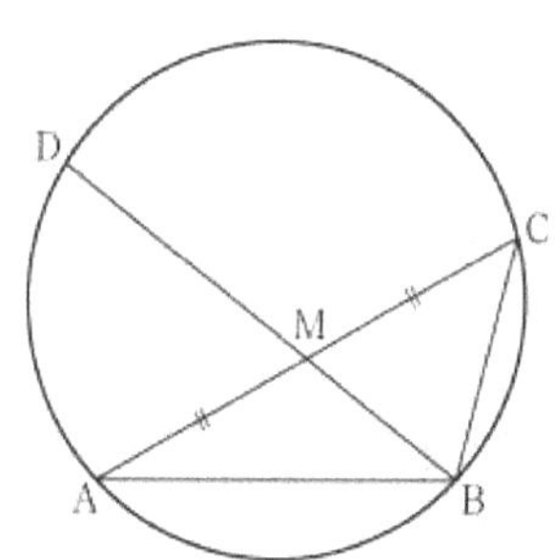

153 ☑ 실전에서 확인! (2022년 9월)

그림과 같이 선분 AB를 지름으로 하는 반원의 호 AB 위에 두 점 C, D가 있다. 선분 AB의 중점 O에 대하여 두 선분 AD, CO가 점 E에서 만나고, $\overline{CE} = 4$, $\overline{ED} = 3\sqrt{2}$이다. 직선 CE의 연장선이 원과 만나는 점 중, C가 아닌 점 F에 대하여 $\overline{EF} = 6$일 때, 선분 AE의 길이는?

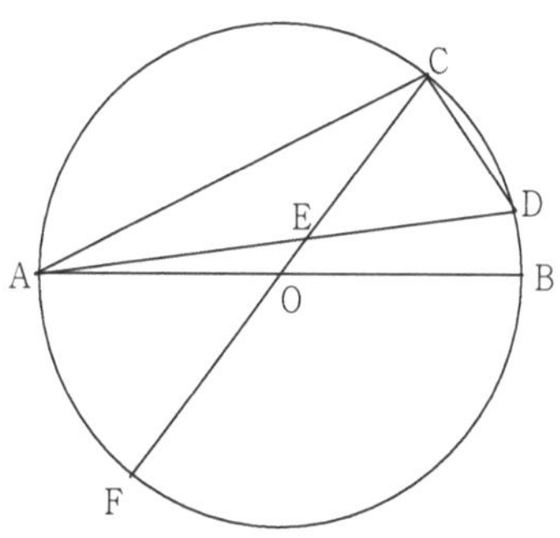

05

정답과 풀이

[Theme1] 비례식

☑ **실전**에서 확인!

1. 7
2. $3:4$
3. 2
4. 30

1 ☑ **실전**에서 확인!

풀이 $(m-2):3=(2m+1):9$에서 오른쪽의 수 $3, 9$끼리 약분하면 $(m-2):1=(2m+1):3$이고, 내항끼리 외항끼리 곱하면 $m=7$이다.

2 ☑ **실전**에서 확인!

풀이 $4a=3b$는 $\frac{a}{b}=\frac{3}{4}$이므로 $a:b=3:4$이다.

3 ☑ **실전**에서 확인!

풀이 $k+3=3k-1$이므로 $k=2$이다.

4 ☑ **실전**에서 확인!

풀이 식 $4:10=12:x$에서 왼쪽의 수 $4, 12$끼리 약분하면 $1:10=3:x$이므로 $x=30$이다.

[Theme2] 정수의 개수 세기

☑ **실전**에서 확인!

5. 6
6. 31

5 ☑ **실전**에서 확인!

풀이 -1부터 -6까지의 정수이므로 6개다. 또는 $0-(-7)-1=6$개로 구할 수도 있다.

6 ☑ **실전**에서 확인!

풀이 $31-(-1)-1=31$개다.

[Theme3] '약수와 배수'Ver1.

☑ **실전**에서 확인!

7. 12
8. 1과 2, 1과 3, 1과 4, 1과 5
9. 1
10. (1) $(n+1)\times(n+2)$ (2) 2^n-1
11. 8
12. 4

[Theme3] 소인수분해로 자연수 N의 약수와 배수

☑ **개념** 바로 확인! [1]

풀이 다음의 각 수를 소인수분해하여 $90=2\times3^2\times5$의 약수인지 판정하려면

$$2^{0,\,1}\times3^{0,\,1,\,2}\times5^{0,\,1}\text{꼴-----(*)}$$

인지 확인하면 된다.

또한, $90=2\times3^2\times5$의 배수인지 판정하려면

$$2^{1\text{이상}}\times3^{2\text{이상}}\times5^{1\text{이상}}\text{꼴-----(**)}$$

인지 확인하면 된다.

① $40=2^3\times5$이므로 (*)와 (**)의 형태가 모두 아니므로 90의 약수도 배수도 아니다.

② $2^2\times3\times5$는 (*)와 (**)의 형태가 모두 아니므로 90의 약수도 배수도 아니다.

③ $2^2\times3^2\times5$는 (**)의 형태이므로 90의 배수이다.

④ $2\times3\times5$는 (*)의 형태이므로 90의 약수이다.

⑤ $60=2^2\times3\times5$는 (*)와 (**)의 형태가 모두 아니므로 90의 약수도 배수도 아니다.

⑥ $2^3\times3^2\times5\times7$는 (**)의 형태이므로 90의 배수이다.

☑ **개념** 바로 확인! [2]

풀이 $90=2\times3^2\times5$이므로 약수의 개수는 $(1+1)\times(2+1)\times(1+1)=12$이다.

7 ☑ **실전**에서 확인!

풀이 $2^a\times4^b$를 소인수분해하여 나타내면 2^{a+2b}이고, 8을 소인수분해하여 나타내면 2^3이다. 즉,
(8의 배수)$=2^{3\text{이상의 자연수}}\times$(홀수인 자연수)꼴이다. 이제
$2^{a+2b}=2^{3\text{이상의 자연수}}\times$(홀수인 자연수)를 만족하려면 $a+2b=$(3이상의 자연수)를 만족하는 순서쌍은 다음과 같다.
$b=2,3$이면 $a=0,1,2,3$.
$b=1$이면 $a=1,2,3$.
$b=0$이면 $a=3$. 따라서 12개다.

8 ☑ **실전**에서 확인!

풀이 주어진 수를 소인수분해하면 $1,2,3,2^2,5$이므로 두 수의 곱의 모든 양의 약수의 개수가 3이 되려면 약수의 개수가 1개인 수와 3개인 수의 곱이 되어야 하는데, 약수의 개수가 1개인 수는 1뿐이고, 약수의 개수가 3인 수는 2^2뿐이다. 마찬가지로, 두 수의 곱의 모든 양의 약수의 개수가 2가 되려면 약수의 개수가 1개인 수와 2개인 수의 곱이 되어야 하는데, 이는 1과 2,3,5 중 하나와의 곱이다. 따라서 $1+3=4$(가지)다.

9 ☑ **실전**에서 확인!

풀이 $36=2^2\times3^2$이므로 모든 양의 약수를 나열하면, $2^0\times3^0$, $2^0\times3$, $2^0\times3^2$, $2^1\times3^0$, $2^1\times3^1$, $2^1\times3^2$, $2^2\times3^0$, $2^2\times3^1$, $2^2\times3^2$이고 이를 순서대로 $a_1,a_2,\cdots,a_9$라고 하자. 그럼 $f(a_k)$가 짝수인 경우는 a_k를 소인수분해 했을 때, 지수 중 적어도 하나가 홀수여야 하므로 $a_k=2,\ 3,\ 2\times3,\ 2\times3^2,\ 2^2\times3$인 경우이고 이때, $(-1)^{f(a_k)}=1$이다. 반면, $f(a_k)$가 홀수인 경우는 a_k를 소인수분해 했을 때, 지수가 모두 짝수여야 하므로 $a_k=1,\ 3^2,\ 2^2,\ 2^2\times3^2$이고 이때 $(-1)^{f(a_k)}=-1$이다. 따라서 $(-1)^{f(a_k)}$의 모든 합을 구하면 $1\times5+(-1)\times4=1$이다.

10 ☑ **실전**에서 확인!

풀이 (1) $3^n\times5^{n+1}$의 양의 약수의 개수는 3과 5가 서로소인 두 소수이므로 $(n+1)\times(n+2)$개다.
(2) 2^{n-1}의 모든 양의 약수의 합은 $a_n=1+2+2^2+\cdots+2^{n-1}$이다. 또한, 수학I에서 배운 등비수열의 합 공식을 이용하면 $a_n=2^n-1$이다.

11 ☑ **실전**에서 확인!

풀이 주어진 수 $1,2,3,6,18$을 소인수분해 하면 각각 이는 모두 2와 3의 거듭제곱으로 표현할 수 있다. 또한, 두 수의 곱이 6의 배수가 되려면 두 수의 곱이 다음과 같아야 한다.
$2\times3\times(\text{자연수})=(2^{1\text{이상의 자연수}}\times3^{1\text{이상의 자연수}})$
즉, 다음의 네 종류로 구분할 수 있다.

① $6\times$(자연수), $18\times$(자연수)
② $3\times$(2의 배수)
③ $2\times$(3의 배수)
④ $1\times$(6의 배수)

따라서 구하는 경우를 나열하면 (18과 1,2,3,6), (6과 1,2,3), (3과 2)의 여덟 가지가 있다.

12 ☑ **실전**에서 확인!

풀이 $60=2^2\times3\times5$이므로 60의 배수가 되려면 다음과 같다.

$$2^{2\text{이상}}\times3^{1\text{이상}}\times5^{1\text{이상}}\times7^{0\text{이상}}$$

따라서 2를 2번, 3과 5를 1번 미리 선택해두면 총 골라야 하는 숫자는 5개 중 4개를 고른 것이므로 나머지 하나만 2, 3, 5, 7 중에 고르면 되므로 그 경우의 수는 4가지이다.

[Theme4] '약수와 배수'Ver2.

☑ 실전에서 확인!

13. $1, 2, 4, 5, 10, 20$

14. 33

15. 3

16. 12

[Theme4] 소인수분해로 자연수 N의 약수와 배수

☑ 개념 바로 확인! [1]

풀이 ㉠ $2\times(\text{자연수})=7(m+1)$에서 2는 $7(m+1)$의 약수라서 이 수를 나누는데, 두 수 2와 7이 서로소이므로 2는 $m+1$을 나누어야 한다. 즉, $m+1$이 짝수이므로 m이 홀수이다. (참)

㉡ $2n^2=7\times(\text{자연수})$이므로 7은 $2n^2$의 약수라서 이 수를 나누는데, 두 수 2와 7이 서로소이므로 7은 n^2을 나눈다. (참)

㉢ 7이 n^2을 나누고 n이 소수이므로 n은 7이다. (참)

☑ 개념 바로 확인! [2]

풀이 $\frac{3n^2}{35m}$이 자연수이므로 $3n^2=35m\times(\text{자연수})$로 생각할수 있다.

㉠ m은 $3n^2$을 나누므로 $3n^2$의 약수이다. (참)

㉡ 분모의 35는 $3n^2$의 약수인데, $35=5\times7$의 두 소인수 5, 7이 분자의 3과 서로소이므로 35는 n^2을 나누어야 한다. 즉, 35는 n을 나누므로 n은 35의 배수이다. (참)

㉢ $\frac{3n^2}{35m}$이 최솟값을 가질 때, n은 최소이므로 $n=35$이다. 즉, $\frac{3n^2}{35m}=\frac{3\times35^2}{35m}=\frac{3\times35}{m}$가 최솟값을 가질 때, m은 3×35가 된다. (거짓)

13 ☑ 실전에서 확인!

풀이 $\frac{20}{n}$이 자연수가 되려면 n은 20의 약수이어야 하고 따라서 $n=1, 2, 2^2, 1\times5, 2\times5, 2^2\times5$이다.

14 ☑ 실전에서 확인!

풀이 $\frac{2n}{3}$이 정수가 되려면 3은 2와 서로소이므로 3은 n을 나누어야 한다. 즉, n은 3의 배수이므로 $n=3\times1, 3\times2, 3\times3, \cdots, 3\times33$이 가능하므로 33(개)이다.

15 ☑ 실전에서 확인!

풀이 $\frac{32n^3}{27}$이 자연수가 되려면 27은 $32n^3$을 나누어야 한다. 이때, 27과 32는 서로소이므로 개념 (2)에 의해 27은 n^3을 나누어야 한다. 즉, $n^3=27\times(\text{자연수})=3^3\times(\text{자연수})$꼴이므로 n이 최소가 되면 n^3도 최소가 되고 따라서 $n^3=27$이다. 즉, 최솟값은 $n=3$이다.

16 ☑ 실전에서 확인!

풀이 **(방법1)** $\frac{bc}{a}=\frac{bc}{3}$가 정수가 되려면 3이 b를 나누거나, 3이 c를 나누어야 한다. 즉, $b=3$이거나 $c=3$이 된다. 이때, $\frac{bc}{3}=0$인 경우도 추가하면 $b=0, 3$이거나 $c=0, 3$이다.

① $b=0, 3$일 때, $c=0, 1, 2, 3$이 될 수 있으므로 $2\times4=8$가지, 마찬가지로

② $c=0, 3$일 때, $b=0, 1, 2, 3$이 될 수 있으므로 8가지, 이제 ①과 ②에서 겹치는 경우는 $b=0, 3$, $c=0, 3$인 경우이므 로 $2\times2=4$가지이다. 따라서 구하는 경우는 $8+8-4=12$가지이다.

(방법2) $\frac{bc}{a}=\frac{bc}{3}$가 정수가 되는 경우는 전체 순서쌍 $(3, b, c)$의 개수인 4×4에서 $\frac{bc}{3}$가 정수가 되지 못하는 경우의 수를 제외하여 구해도 된다. 즉, 3이 b를 나누지 못하고, 동시에 c도 나누지 못하는 경우이므로 이는 b, c가 1, 2에서만 나오는 경우이다. 이러한 순서쌍

$(3, b, c)$의 개수는 $2 \times 2 = 4$개이므로 구하는 순서쌍은 $16 - 4 = 12$(개)이다.

[Theme5] 배수 판정

☑ **실전**에서 확인!

17. $(4, 4)$, $(1$또는$5, 3)$, $(2$또는$6, 2$또는$6)$, $(3, 1$또는$5)$

18. 42

19. 4

20. 7

☑ **개념** 바로 확인! [1]

① $197 + 273$을 5로 나눈 나머지는 197을 5로 나눈 나머지인 2와 273을 5로 나눈 나머지인 3의 합인 $2 + 3$을 5로 나눈 나머지이고 이는 0이다.

② $197 + 273$을 4로 나눈 나머지는 197을 4로 나눈 나머지인 1과 273을 4로 나눈 나머지인 1의 합인 $1 + 1$을 4로 나눈 나머지이고 이는 2이다. (이때, 197을 4로 나눈 나머지를 쉽게 구하는 방법은 4의 배수 판정을 이용한다. 197의 끝 두 자리인 97은 4의 배수가 아니다. 하지만, 96이라면 4의 배수가 되며 197근처에 있는 4의 배수는 196이다. 따라서 4로 나눈 나머지는 $197 - 196 = 1$이다.)

③ $197 + 273$을 3으로 나눈 나머지는 197을 3으로 나눈 나머지인 1과 273을 3로 나눈 나머지인 1의 합인 $1 + 1$을 3로 나눈 나머지이고 이는 2이다.

④ 197×273을 5로 나눈 나머지는 197을 5로 나눈 나머지인 2와 273을 5로 나눈 나머지인 3의 곱인 2×3을 5로 나눈 나머지이고 이는 1이다.

⑤ 197×273을 4로 나눈 나머지는 197을 4로 나눈 나머지인 1과 273을 4로 나눈 나머지인 1의 곱인 1×1을 4로 나눈 나머지이고 이는 1이다.

⑥ 197×273을 3으로 나눈 나머지는 197을 3으로 나눈 나머지인 1과 273을 3로 나눈 나머지인 1의 곱인 1×1을 3으로 나눈 나머지이고 이는 1이다.

17 ☑ **실전**에서 확인!

풀이 (주사위의 눈 $1, 2, 3, 4, 5, 6$을 4로 나눈 나머지)를 이용하여 두 눈의 수의 합이 4의 배수가 되는 경우를 찾아보자.
$1, 2, 3, 4, 5, 6$을 4로 나눈 나머지는 차례대로 $1, 2, 3, 0, 1, 2$이다.

나머지1: 1, 5　나머지2: 2, 6　나머지3: 3　나머지0: 4

따라서 두 눈의 수의 합이 4의 배수가 되려면 나머지의 합이 4로 나누어떨어져야 하므로 이러한 경우는 나머지로 계산하면 $0+0, 1+3, 2+2, 3+1$과 같이 총 네 가지 경우이다. 나머지가 이에 대응하는 경우를 순서쌍 (첫 번째 눈, 두 번째 눈)으로 나타내면 다음과 같다.

$(4, 4)$, $(1$또는$5, 3)$, $(2$또는$6, 2$또는$6)$, $(3, 1$또는$5)$

총 9가지이다.

18 ☑ **실전**에서 확인!

풀이 우리의 목적은 세 수 $1, 2, 3$과 같이 세 원소의 합이 $1 + 2 + 3 = 6$이 되어 3의 배수가 되는 경우를 모두 구하는 거야. 이걸 무작정 다 구하기엔 너무 복잡해ㅠ 그래서 **'나머지'**만 생각할거야. ^^
즉, 나머지 $0, 1, 2$의 합이 3의 배수가 되는 경우를 찾아보자.

10이하의 자연수를 3으로 나눈 나머지로 분류하면
(나머지가 1인 수)$=1, 4, 7, 10$, (나머지가 2인 수)$=2, 5, 8$, (나머지가 0인 수)$=3, 6, 9$

나머지1: 1, 4, 7, 10　나머지2: 2, 5, 8　나머지0: 3, 6, 9

이므로 '세 수의 합이 3의 배수가 되려면 나머

지의 합이 3의 배수가 되어야' 해. 즉,

① 나머지가 같은 무리에서 3개의 수를 고르면 된다. 같은 나머지를 세 번 더하므로 나머지의 합도 3의 배수가 되므로 원래 수의 합도 3의 배수가 된다.

(i) 예를 들어, 나머지가 1인 세 수의 나머지를 더하면 $1+1+1=3$이므로 원래 세 수를 3으로 나눈 나머지가 0이 된다. 이러한 경우는 $1, 4, 7, 10$에서 3개를 택하는 경우이므로 $1, 4, 7/1, 4, 10/1, 7, 10/4, 7, 10$이다. 모두 4가지

(ii) 나머지가 2인 세 수를 더하면 나머지의 합은 $2+2+2=6$이므로 3으로 나눈 나머지가 0이 된다. 즉, $2, 5, 8$의 합은 3의 배수이다. 모두 1가지

(iii) 나머지가 0인 세 수를 더하면 나머지의 합은 $0+0+0=0$이므로 3으로 나눈 나머지가 0이 된다. 즉, 세 수 $2, 5, 8$의 합은 3의 배수이다. 모두 1가지

② 나머지가 $0, 1, 2$인 집합에서 하나씩 고르면 된다. 그러면 3으로 나눈 나머지의 합이 $0+1+2=3$이므로 세 수의 합은 3의 배수가 된다. 예를 들어, 세 수를 $4, 8, 9$라고 하면 $4+8+9=21$이므로 세 수의 합이 3의 배수가 된다. 그리고 이러한 경우의 수는 (나머지가 0인 수에서 1개 택하는 경우의 수)×(나머지가 1인 수에서 1개 택하는 경우의 수)×(나머지가 0인 수에서 1개 택하는 경우의 수)$=4\times3\times3=36$이다.

이제 ①과 ②의 모든 경우를 더하면 $4+1+1+36=42$(가지)이다.

19 ☑ 실전에서 확인!

풀이 $1, 2, 3, 4, 5$를 3으로 나눈 나머지로 구분하면

(나머지가 0인 수)=3, (나머지가 1인 수)=1, 4, (나머지가 2인 수)=2, 5

이므로 '세 수의 합이 3의 배수가 되려면 세 나머지의 합이 3의 배수가 되어야' 한다.

① 나머지가 같은 한 무리에서 세 수를 고르거나

② (나머지가 0인 수)에서 한 개, (나머지가 1인 수)에서 한 개, (나머지가 2인 수)에서 한 개)씩 고르면 나머지의 합이 $0+1+2=3$이므로 세 수의 합이 3배수가 된다. 즉, 각 수를 3으로 나눈 나머지만 생각해도 된다는 것! 이때 ①의 경우는 불가능하므로 ②에 해당하는 경우의 수는 $1\times2\times2=4$(가지)이다.

20 ☑ 실전에서 확인!

풀이 $f(3), f(4)$는 $1, 2, 3, 4, 5, 6$ 중 하나이므로 이들을 5로 나눈 나머지로 분류하자.

나머지1	나머지2	나머지3	나머지4	나머지0
1, 6	2	3	4	5

이제 여기서 고른 두 수의 합이 5의 배수가 되려면 나머지끼리의 합이 5의 배수가 되어야 하고 이를 아래와 같이 순서쌍으로 나열해보자.

($f(3)$을 5로 나눈 나머지, $f(4)$을 5로 나눈 나머지) ⇒

✓ $(0, 0)$인 경우 : 1×1가지
✓ $(1, 4)$인 경우 : 2×1가지
✓ $(2, 3)$인 경우 : 1×1가지
✓ $(3, 2)$인 경우 : 1×1가지
✓ $(4, 1)$인 경우 : 1×2가지

따라서 $f(3), f(4)$를 결정하는 경우의 수는 $(1+2+1+1+2)=7$(가지)의 방법으로 $f(3), f(4)$를 결정할 수 있다.

[Theme6] 부정방정식

☑ 실전에서 확인!

21. $(1, 1, 4)$, $(1, 4, 1)$, $(4, 1, 1)$, $(2, 2, 1)$, $(2, 1, 2)$, $(1, 2, 2)$
22. 풀이 참조
23. 12

21 ☑ 실전에서 확인!

풀이 세 수 a, b, c는 1부터 6까지의 자연수이고, 방정식 $a\times b\times c=4$의 해를 4의 약수

를 고려하여 순서쌍 (a, b, c)로 나타내면 다음과 같다.
$(1, 1, 4)$, $(1, 4, 1)$, $(4, 1, 1)$, $(2, 2, 1)$, $(2, 1, 2)$, $(1, 2, 2)$

22 ☑ 실전에서 확인!

풀이 주어진 방정식은 0이상의 정수 x, y에 대하여 방정식 $x+y=2$의 해를 구하는 것과 비슷하다. $1 \le a, b \le 6$인 정수에 대해 방정식 $|a-3|+|b-3|=2$는 다음의 경우로 분류하여 풀 수 있다.

① $|a-3|=0, |b-3|=2 \Rightarrow a=3, b=5, 1 \Rightarrow (a, b)=(3,5), (3, 1)$
② $|a-3|=1, |b-3|=1 \Rightarrow a=b=2, 4 \Rightarrow (a, b)=(2,2), (2, 4), (4, 2), (4, 4)$
③ $|a-3|=2, |b-3|=0 \Rightarrow a=5, 1, b=3 \Rightarrow (a, b)=(5,3), (1, 3)$

23 ☑ 실전에서 확인!

풀이 $1 \le a, b, c \le 6$인 정수에 대해 방정식 $(a-2)^2+(b-3)^2+(c-4)^2=2$는 다음의 경우로 분류하여 풀 수 있다.

① $(a-2)=0, (b-3)=\pm 1, (c-4)=\pm 1$
$\Rightarrow a=2, b=2$ 또는 $4, c=3$ 또는 5
$\Rightarrow 1\times 2\times 2=4$(가지)
② $(a-2)=\pm 1, (b-3)=0, (c-4)=\pm 1$
$\Rightarrow a=1$ 또는 3, $b=3, c=3$ 또는 5
$\Rightarrow 2\times 1\times 2=4$(가지)
③ $(a-2)=\pm 1, (b-3)=\pm 1, (c-4)=0$
$\Rightarrow a=1$또는 $3, b=2$또는 $4, c=4$
$\Rightarrow 2\times 2\times 1=4$(가지)

따라서 ①부터 ③까지의 모든 경우를 더하면 12(가지)이다.

[Theme 7] 두 변수가 결합된 식의 최대, 최소

☑ 실전에서 확인!

24. 90
25. 2

24 ☑ 실전에서 확인!

풀이

$\overline{AF}\times\overline{BF}=(1+x_1)(1+x_2)=1+(x_1+x_2)+x_1x_2$
$=1+17+x_1x_2$

즉, x_1x_2의 값이 $\overline{AF}\times\overline{BF}$의 최댓값을 결정한다. 이제 $x_1+x_2=17$일 때, x_1x_2의 최댓값을 다음의 두 가지 방법으로 구해보자.

(방법1) (이차함수의 최대, 최소)
$x_1x_2=x_1\times(17-x_1)$이므로 이차함수 $y=x(17-x)$의 최댓값을 구하는 것과 같다.
이차함수의 두 x절편이 0과 17이므로
꼭짓점의 x좌표는 $\frac{0+17}{2}$이고 $x=8.5$에서 최댓값을 갖는다. 이때, 문제의 조건에서 두 점 A, B의 x좌표는 1보다 큰 자연수이므로 $x=8.5$에 가까운 자연수인 $x_1=8$ 또는 $x_1=9$이어야 한다. 즉, $x_1=8, x_2=9$(또는 $x_1=9, x_2=8$)일 때, $x_1x_2=72$로 최댓값을 갖는다. 따라서 $x_1=8, x_2=9$(또는 $x_1=9, x_2=8$)일 때, $\overline{AF}\times\overline{BF}$의 최댓값은 90이다.

(방법2) (부정방정식) 두 수 x_1, x_2가 $x_1+x_2=17$를 만족시키는 자연수이므로 부정방정식 $x_1+x_2=17$의 해를 나타내는 순서쌍 (x_1, x_2)를 나열하여 x_1x_2의 최댓값을 찾을 수 있다.
$(x_1, x_2) \Rightarrow (1, 16)$, $(2, 15)$, $(3, 14)$, $(4, 13)$, $(5, 12)$, $(6, 11)$, $(7, 10)$, $(8, 9)$, $(9, 8)$, $\cdots$, $(16, 1)$
(번거롭지만) 각 경우에 대해 x_1x_2의 값을 구해보면, $(8, 9)$또는 $(9, 8)$의 경우, x_1x_2의 최댓값은 72이다.

(참고) (산술평균, 기하평균)
두 수 x_1, x_2가 양수이므로 산술평균, 기하평균을 다음과 같이 적용할 수 있다.

$$\frac{x_1+x_2}{2} \ge \sqrt{x_1x_2} \Rightarrow \left(\frac{x_1+x_2}{2}\right)^2 \ge x_1x_2 \Rightarrow$$

$\left(\frac{17}{2}\right)^2 \geq x_1x_2$

하지만, x_1x_2의 최댓값을 찾기 위해 등호 조건 $(x_1 = x_2)$을 적용하려면 $x_1 + x_2 = 17$이면서 $x_1 = x_2$이어야 하는데 이를 만족하는 두 자연수 x_1, x_2는 없다. 따라서 산술평균, 기하평균으로 x_1x_2의 최댓값을 찾는 것은 적절치 않다.

25 ☑ 실전에서 확인!

풀이 $x > 1$인 실수 x에 대해 $x-1>0$, $\frac{2}{x-1} > 0$을 만족하므로 산술평균 기하평균을 적용하면 다음을 얻을 수 있다.

$$x-1+\frac{2}{x-1} \geq 2\sqrt{(x-1)\times\frac{2}{x-1}} = 2\sqrt{2}$$

이때, $x-1+\frac{2}{x-1}$의 최솟값은 등호를 택하는 경우이고 등호 조건을 적용하면 $x-1=\frac{2}{x-1}$이다. 즉, $(x-1)^2=2$인 실수 x에 대하여 $x-1+\frac{2}{x-1}$의 최솟값은 $2\sqrt{2}$이다. 따라서

$$\frac{x-1+\frac{2}{x-1}}{\sqrt{2}} \geq \frac{2\sqrt{2}}{\sqrt{2}} = 2$$

이므로 최솟값은 2이다.

[Theme8] 상등 조건

☑ 실전에서 확인!

26. $a=5$, $b=-2$
27. $a=10$, $b=17$
28. 27
29. 12

26 ☑ 실전에서 확인!

풀이 실수의 상등 조건에 의해 $5-2\sqrt{2}=a+b\sqrt{2}$를 만족하는 유리수 $a=5$, $b=-2$이다.

27 ☑ 실전에서 확인!

풀이 실수의 상등 조건에 의해 $10+\sqrt{17}=a+\sqrt{b}$를 만족하는 유리수 $a=10$, $b=17$이다.

28 ☑ 실전에서 확인!

풀이 $a=\frac{5}{2}$, $b=2$이므로 $6(a+b)=27$이다.

29 ☑ 실전에서 확인!

풀이 $a=\frac{1}{6}$, $b=\frac{1}{6}$이므로 $36(a+b)=12$이다.

[Theme11] 함수의 대칭성

☑ 실전에서 확인!

30. -1
31. $f(x)=x^2+c$(단, $c>0$인 상수)
32. 풀이 참조
33. (1) 우함수 (2) 우함수
34. 참
35. $f(x)=x^3+bx$
36. $f(x)=(x-1)^3-(x-1)$
37. 2
38. 8

30 ☑ 실전에서 확인!

풀이 두 다항함수 $f(x)$, $g(x)$가 모든 실수 x에 대하여 $f(-x)=-f(x)$, $g(-x)=g(x)$를 만족시키므로 $f(x)$는 기함수, $g(x)$는 우함수이다. 따라서 둘을 곱해 만든 $h(x)$는 기함수이므로 $h(-x)=-h(x)$가 된다. 따라서 $a=-1$이다.

31 ☑ 실전에서 확인!

풀이 $\frac{x}{f(x)}$가 기함수이고 분자에 있는 x도 기함수이므로 $f(x)$는 우함수가 되어야 한다. 따라서 최고차항의 계수가 1인 이차함수 $f(x)=x^2+c$(단, c는 상수)인데 함수 $\frac{x}{f(x)}$가

정의되기 위해 $c>0$이어야 한다.

32 ☑ 실전에서 확인!

풀이 **(방법1)** $f(x)$가 우함수이고, $\sin x$는 기함수이므로 이 둘을 합성한 $\sin f(x)$는 우함수이다. 또한, $g(x)=\frac{\sin f(x)}{x}$는 $\frac{\text{우함수}}{\text{기함수}}$이므로 기함수가 된다. 즉, $g(-x)=-g(x)$이므로 $g(x)+g(-x)=0$이 성립한다.

(방법2) 모든 x에 대해

$$g(-x)=\frac{\sin f(-x)}{-x}=\frac{\sin f(x)}{-x}=-\frac{\sin f(x)}{x}=-g(x)$$

이므로 $g(-x)=-g(x)$이다.

33 ☑ 실전에서 확인!

풀이 (1) $f(x)$와 $y=\cos 2\pi x$는 우함수이고, 우함수끼리의 곱은 우함수이므로 $f(x)\times\cos 2\pi x$는 우함수이다.

(2) 우함수의 도함수인 $f'(x)$는 기함수이고, $y=\sin 2\pi x$는 기함수이다. 기함수를 짝수번 곱하면 우함수이므로(−를 짝수번 곱하면 +) $f'(x)\times\sin 2\pi x$는 우함수이다.

34 ☑ 실전에서 확인!

풀이 함수 $y=\pi\cos x$는 우함수이고 $y=\sin x$는 기함수이므로 이 둘을 합성한 함수 $f'(x)$는 우함수이다. 그러나, 이를 적분한 함수인 $f(x)$는 상수항의 여부로 인해 기함수인지 알 수 없으나, $f(0)=0$이므로 $f(x)$는 기함수이다. 즉, 함수 $f(x)$는 원점 대칭이므로 주어진 명제는 참이다.

35 ☑ 실전에서 확인!

풀이

$$\begin{aligned} f(x)&=\frac{g(x)-g(-x)}{2}\\ &=\frac{x^3+ax^2+bx+c}{2}-\frac{\{(-x)^3+a(-x)^2+b(-x)+c\}}{2}\\ &=x^3+bx \end{aligned}$$

이므로 홀수차항으로 구성된 다항식 $f(x)$는 기함수가 된다. 여기서 얻을 수 있는 아이디어는 어떤 다항함수 $g(x)$에 대해서도 $\frac{g(x)-g(-x)}{2}$로 정의된 함수는 짝수차항과 상수항을 제거해 버리므로 늘 기함수임을 알 수 있다.

36 ☑ 실전에서 확인!

풀이 **(방법1)** $f(0)=0$이므로 함수 $f(x)$는 $(0,0)$을 지난다. 또한, $f(1-x)=-f(1+x)$는 $\frac{f(1-x)+f(1+x)}{2}=0$이므로 주어진 함수는 $(1,0)$에 대칭임을 알 수 있다. 즉, $f(x)=a(x-1)^3+b(x-1)$이다. 이때, 최고차항의 계수가 1이므로 $a=1$이고, $f(0)=0$이므로 $b=-1$이다. 따라서 $f(x)=(x-1)^3-(x-1)$이다.

(방법2) $f(0)=0$이므로 함수 $f(x)$는 점 $(0,0)$을 지난다. 또한, $f(1-x)=-f(1+x)$는 $\frac{f(1-x)+f(1+x)}{2}=0$이므로 주어진 함수는 점 $(1,0)$에 대칭임을 알 수 있다. 즉, 점 $(1,0)$을 기준으로 점 $(0,0)$이 대칭이 되는 점 $(2,0)$도 지나야 한다. 즉, 방정식 $f(x)=0$의 해가 $x=0,1,2$이므로 $f(x)=x(x-1)(x-2)$이다.

37 ☑ 실전에서 확인!

풀이 주어진 함수가 모든 실수 x에 대하여 $f(-x)=-f(x)$가 성립하므로 원점 대칭인 함수이다. 따라서

($-1\le x\le 0$에서 함수 $f(x)$의 그래프와 x축, 직선 $x=-1$으로 둘러싸인 영역의 넓이)

=($0\le x\le 1$에서 함수 $f(x)$의 그래프와 x축, 직선 $x=1$로 둘러싸인 영역의 넓이)

$=1$
따라서 구하는 영역의 넓이는 밑변의 길이가 1, 높이가 3인 직사각형의 넓이인 3에서 1을 제외한 2가 된다.

38 ☑ 실전에서 확인!

풀이 (가) 조건으로부터 함수 $f(x)$는 $x=a$에 대칭임을 알 수 있다. 따라서 정의역의 모든 x에 대해 $f(2a-x)=f(x)$가 된다. 즉, 구하는 것은 $0 \le x \le a$에서 함수 $f(x)$와 x축 사이의 넓이를 구하는 것이고 이는 (나)에 의해 8임을 알 수 있다.

[Theme 12] 절댓값을 포함한 함수

☑ 실전에서 확인!

39. 풀이 참조
40. 풀이 참조
41. 풀이 참조
42. 풀이 참조
43. $a=0$, $b=3$
44. 풀이 참조
45. 30

39 ☑ 실전에서 확인!

풀이 곡선 $y=e^{|x|}$의 그래프를 그리면 아래와 같다.

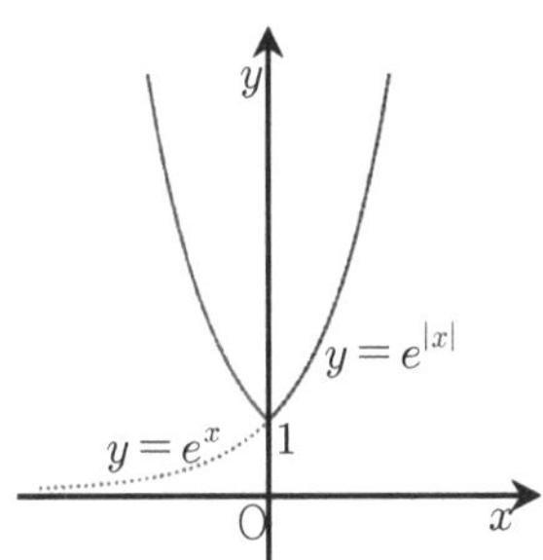

40 ☑ 실전에서 확인!

풀이 함수 $f(x)=|x+3|$의 그래프를 그리면 아래와 같다.

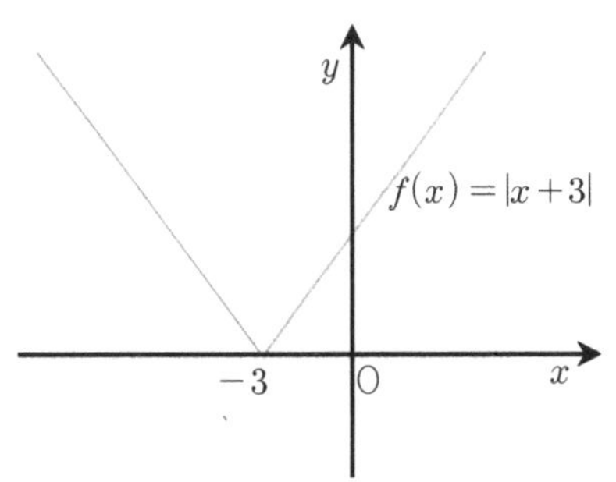

41 ☑ 실전에서 확인!

풀이 함수 $f(x)=|\log_a x|$의 그래프를 그리면 아래와 같다.

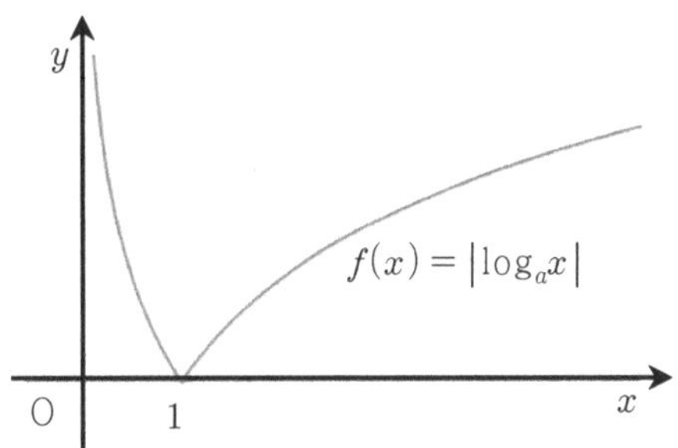

42 ☑ 실전에서 확인!

풀이 함수 $f(x)=\log_3|2x|$의 그래프를 그리면 아래와 같다.

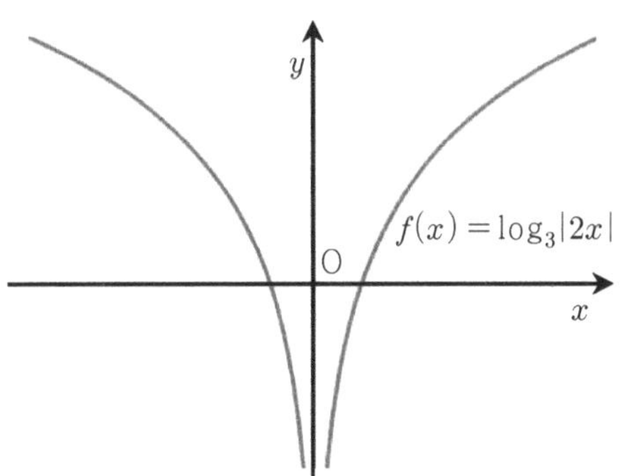

43 ☑ 실전에서 확인!

풀이 함수 $f(x)=2^{|x|}$의 그래프를 그리면 다음과 같다.

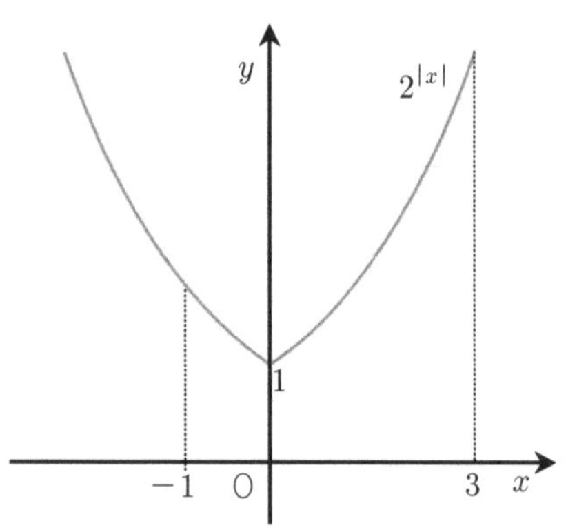

함수 $2^{|x|}$는 y축 대칭이고 $x \ge 0$에서 증가하므로 $x=0$에서 최솟값 1을 갖고, $x=3$에서 최댓값을 갖는다. 따라서 $a=0$, $b=3$이다.

44 ☑ 실전에서 확인!

풀이 함수 $f(x)$의 그래프를 이용하여 함수 $|f(x)|$의 그래프를 그리면 다음과 같다.

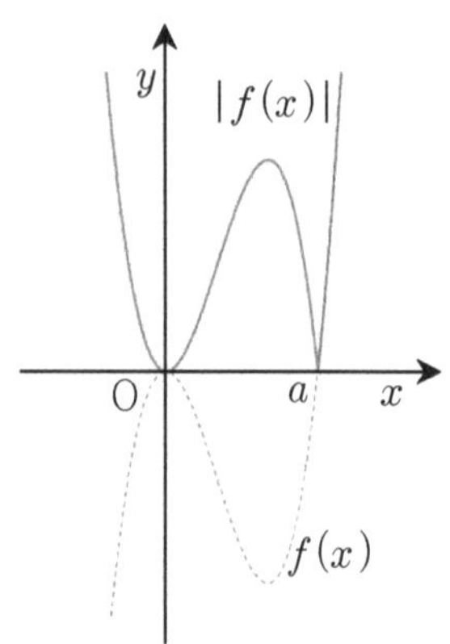

45 ☑ 실전에서 확인!

풀이 함수 $f(x)=\left|f(x)+\frac{1}{4}\right|$의 그래프를 그리면 아래와 같다.

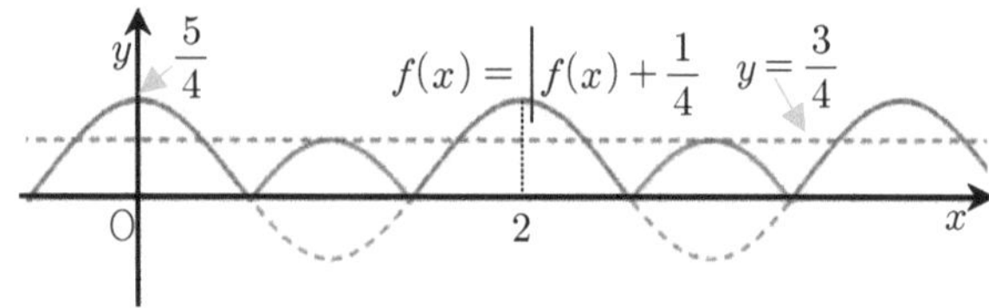

이제, 직선 $y=\frac{3}{4}$와 함수 $f(x)=\left|f(x)+\frac{1}{4}\right|$는 $0 \le x \le 2$에서 서로 다른 3개의 교점이 생긴다. 따라서 $k=\frac{3}{4}$이므로 $40k=30$이다.

[Theme13] 함수의 주기성

☑ 실전에서 확인!

46. 8
47. (1) 풀이 참고 (2) 3
48. (1) 풀이 참조 (2) 12
49. 풀이 참조
50. 풀이 참조
51. 3
52. 참

[Theme13] 함수의 주기성

☑ 개념 바로 확인! [1]

풀이 (1) $f(21)=f(2\times10+1)=f(1)=2$

(2) $f(22)=f(4\times5+2)=f(2)=(2-2)^2=0$

(3) $0 \le x \le 4$에서 $f(x)=(x-2)^2$의 그래프를 그린 뒤, 반복하여 그리면 다음과 같다.

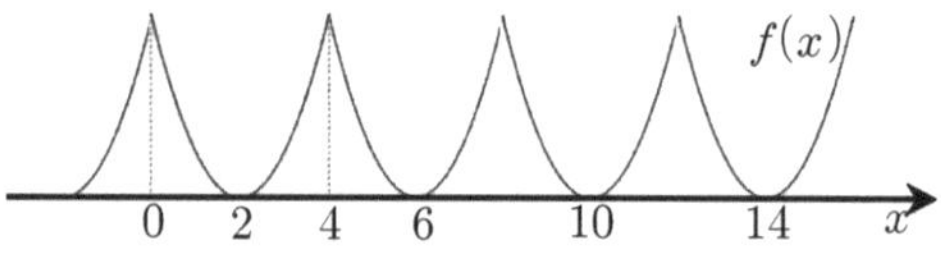

(4) ✓ (반복성) 구간 $[-1, 1]$에서의 함수 $f(x)$의 그래프가 반복되므로 $f(x+2)=f(x)$를 만족한다.

✓ (최소성) 구간 $[-1, 1]$에서의 함수 $f(x)$의 그래프가 이 구간내에서 반복되는 부분이 없으므로 주기 $p=2$의 최소성이 보장된다.

따라서 함수 $f(x)$의 주기는 2이다.

☑ 개념 바로 확인! [2]

풀이 (1) $0 \le x \le 6$에서 그려지는 함수 $f(x)$의 그래프는 $0 \le x \le 3$에서 그려지는 함수 $f(x)$의 그래프가 두 번 반복되므로 구하는 영역의 넓이는 $10\times2=20$이다.

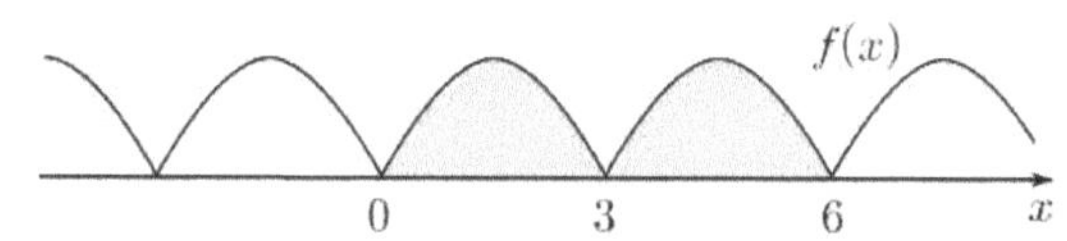

(2) $-1 \le x \le 2$에서 그려지는 함수 $f(x)$의 그래프로 둘러싸인 영역의 넓이는 $0 \le x \le 3$에서 그려지는 함수 $f(x)$의 그래프로 둘러싸인 영역의 넓이와 같으므로 10이다. 이를 일반화하면 $a \le x \le a+3$에서 함수 $f(x)$의 그래프로 둘러싸인 영역의 넓이는 $0 \le x \le 3$에서 그려지는 함수 $f(x)$의 그래프로 둘러싸인 영역의 넓이와 같으므로 항상 10이다. 즉, x가 놓이는 범위가 3이면 그 구간에서의 넓이는 늘 같다는 것!

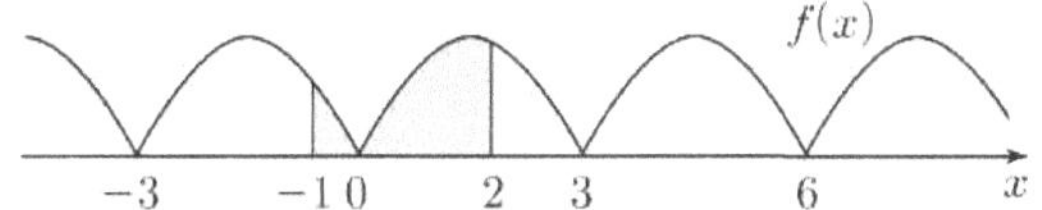

(3) $-4 \le x \le 5$에서 그려지는 함수 $f(x)$의 그래프로 둘러싸인 영역의 넓이는 $0 \le x \le 3$에서 그려지는 함수 $f(x)$의 그래프로 둘러싸인 영역의 넓이를 3배 한 것과 같다. 왜냐하면, $-4 \le x \le 5$는 $5-(-4)=9$의 간격이고 (즉, 구간의 길이가 9)이는 $0 \le x \le 3$에서 그려지는 그래프가 3번 그려지는 것을 의미한다.

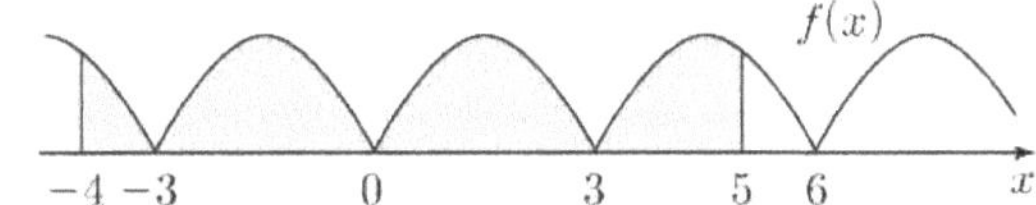

따라서 구하는 영역의 넓이는 $10 \times 3 = 30$이다.

46 ☑ 실전에서 확인!

풀이 $0 \le x \le 3$에서 함수 $f(x)$의 그래프와 x축으로 둘러싸인 영역의 넓이는 2이고, $-6 \le x \le 6$에서 그려지는 함수 $f(x)$의 그래프는 $0 \le x \le 3$에서 그려지는 함수의 그래프를 $\frac{6-(-6)}{3}=4$번 그린 것이므로 구하는 영역의 넓이는 $2 \times 4 = 8$이다.

47 ☑ 실전에서 확인!

풀이 (1) $f(0)=f(1)=1$이므로
$0 \le x < 1$에서 $f(x)=3$, $f(1)=1$이 되도록 그리고, 이를 주기가 1가 되도록 반복하여 $-2 \le x \le 3$에서 그리면 다음과 같다.

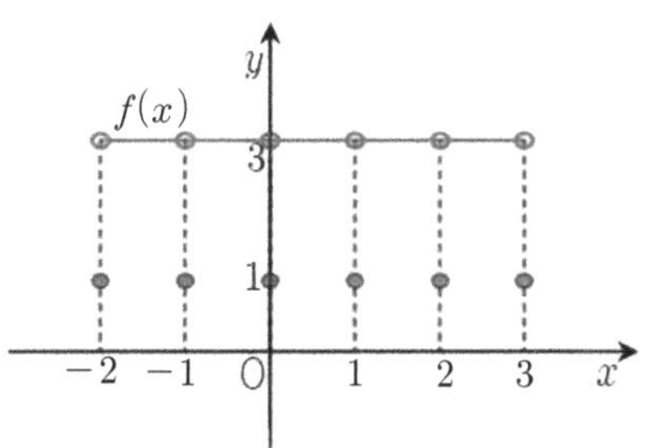

(2) $k=1$이면 $f(\sqrt{1})=f(1)=1$, $k=2$이면 $f(\sqrt{2})=3$, $k=3$이면 $f(\sqrt{3})=3$, $k=4$이면 $f(\sqrt{4})=f(2)=1$, $k=5$이면 $f(\sqrt{5})=3$이다.

48 ☑ 실전에서 확인!

풀이 (1) 함수 $f(x)$는 주기가 3이므로 함수의 그래프를 그리면 다음과 같다.

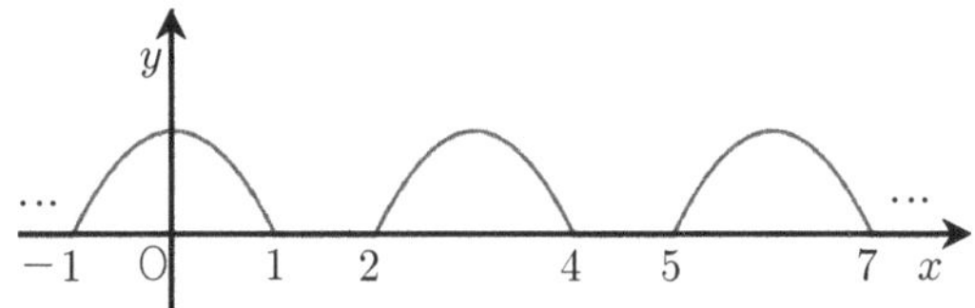

(2) 범위 $-1 \le x \le 26$에는 범위 $-1 \le x \le 2$에서의 그래프가 $\frac{26-(-1)}{3}=9$번 반복이 된다. 따라서 구하는 넓이는 $\frac{4}{3} \times 9 = 12$이다.

49 ☑ 실전에서 확인!

풀이 $f(x)=\sin \pi x$, $h(x)=e^x-1$이라 두면 $g(x)=(h \circ f)(x)$이다. 이때, $f(x)$가 주기가 2인 함수이므로 $f(x+2)=f(x)$이고,

$$\begin{aligned} g(x+2) &= (h \circ f)(x+2) = h(f(x+2)) \\ &= h(f(x)) = g(x) \end{aligned}$$

이다. 즉, 곡선 $y=g(x)$도 구간의 길이 2만큼씩 같은 곡선이 반복됨을 알 수 있다. 따라서 곡선 $y=e^{\sin \pi x}-1$의 그래프는 다음과 같다.

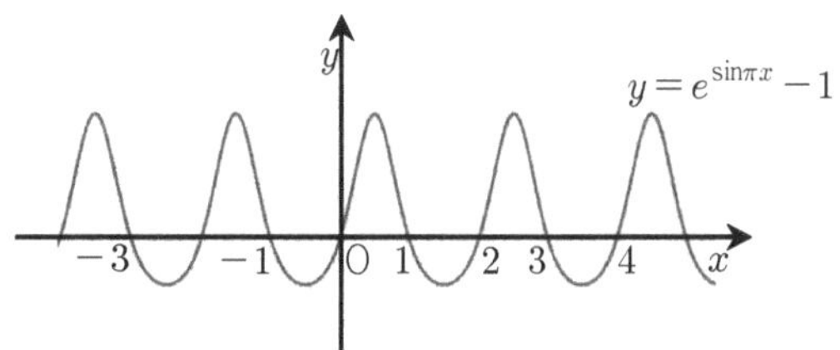

이때, 증가와 감소는 뒤 [Theme16-2]합성함수의 그래프에서 확인하자.

50 ☑ 실전에서 확인!

풀이 $x>0$에서 함수 $g(x)=|2\sin 3x+1|$의 그래프를 그려보지 않아도 주기가 $\frac{2\pi}{3}$인 주기함수 $y=2\sin 3x+1$와 절댓값 함수를 합성한 것이므로 $g\left(x+\frac{2\pi}{3}\right)=g(x)$를 만족한다. 물론 이 사실만으로 함수 $g(x)$의 주기가 $\frac{2\pi}{3}$인지 알 수는 없지만, 구간 $\left[0, \frac{2\pi}{3}\right]$에서 같은 모양이 반복되지 않으므로 주기가 $\frac{2\pi}{3}$임을 알 수 있다.(최소성 보장) 따라서 곡선 $g(x)=|2\sin 3x+1|$의 그래프를 그려보면 다음과 같다.

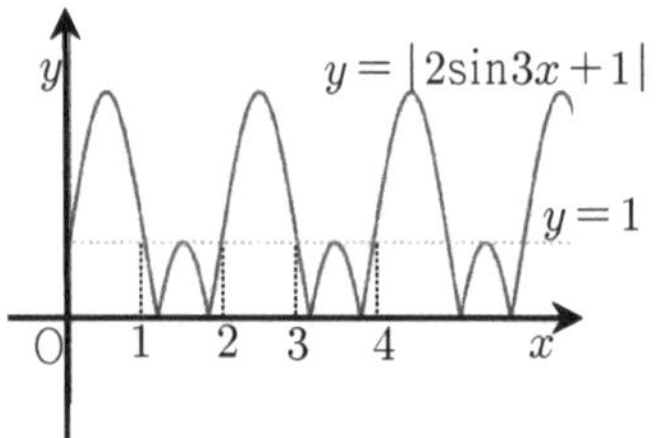

51 ☑ 실전에서 확인!

풀이 함수 $f(x)$의 주기가 2이므로 $0\le x\le 6$에서 함수 $f(x)$의 그래프는 같은 곡선이 $\frac{6-0}{2}=3$회 반복된다. 즉, $0\le x\le 2$에서 함수 $f(x)$의 그래프와 x축 사이의 영역의 넓이 S가 3번 반복되므로 $kS=3S$이다. 따라서 $k=3$이다.

52 ☑ 실전에서 확인!

풀이 ✓ 함수 $f(x)$가 등식 $f(1+x)=f(1-x)$를 만족하면 직선 $x=1$에 대칭이고

✓ 등식 $f(2+x)=f(2-x)$를 만족시키면 직선 $x=2$에 대칭이다. 이 두 조건을 만족하는 함수를 다음의 순서에 따라 그려보자.

✓ $0\le x\le 1$에서의 함수 $f(x)$의 그래프를 직선 $x=1$에 대칭하여 $1\le x\le 2$에서 그린다.

(그림 예시)

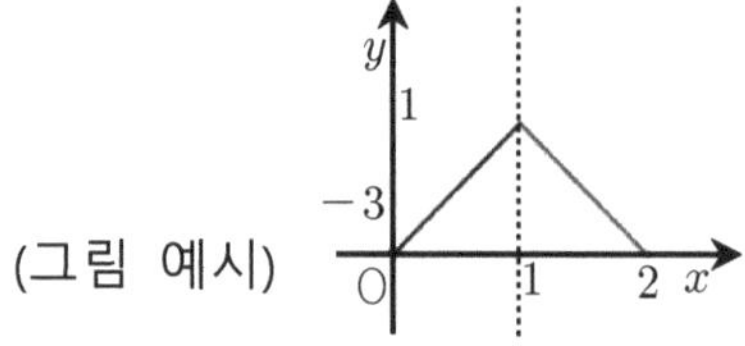

✓ 또한, $0\le x\le 2$에서 그린 그래프는 직선 $x=2$에 대칭하여 $2\le x\le 4$에서 그린다.
결국 주어진 함수 $f(x)$의 그래프는 주기가 2인 함수임을 알 수 있다.

(그림 예시)

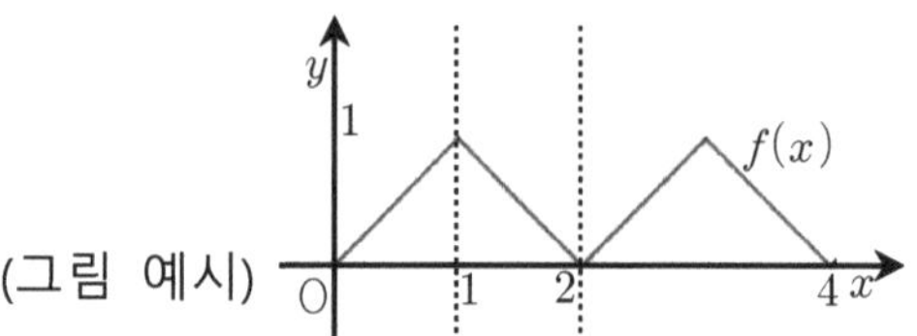

[Theme 14] 함수 $af(x)$, $f(ax)$

☑ 실전에서 확인!

53. 풀이 참고
54. 풀이 참고
55. $x=\frac{a}{2}$
56. 풀이 참고

53 ☑ 실전에서 확인!

풀이 함수 $y=|x|$의 그래프는 함수 $y=x$의 그래프에서 $x<0$인 부분을 x축 대칭하여 그린다.
함수 $y=2|x|$의 그래프는 함수 $y=|x|$를 x축의 점을 고정하고 위 아래로 2배 늘여 그린다.

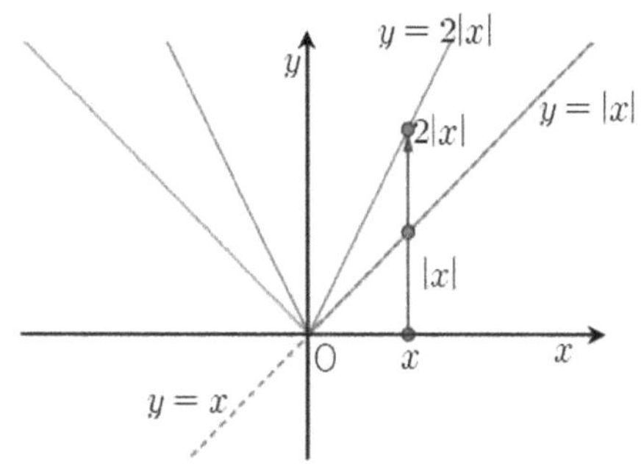

54 ☑ **실전**에서 확인!

풀이 함수 $\frac{1}{2^n}f(x)$의 그래프는 함수 $f(x)$의 그래프를 x축을 고정하고 위 아래로 $\frac{1}{2^n}$하여 그린 그래프로 다음과 같다.

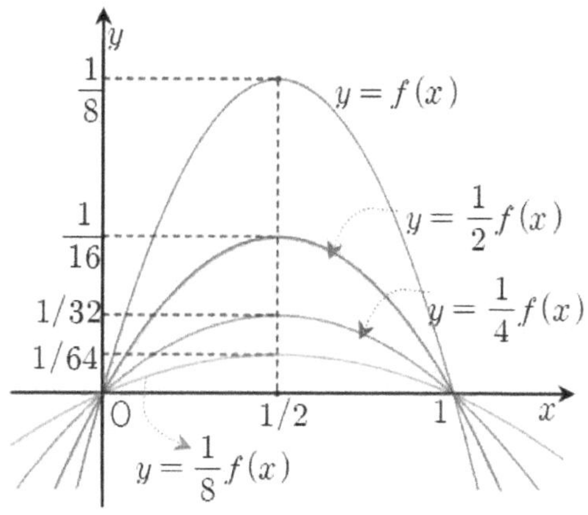

55 ☑ **실전**에서 확인!

풀이 함수 $f(2x)$는 함수 $f(x)$를 y축을 고정하고 좌우로 $\frac{1}{2}$배 만큼 줄여 그린 것이다. 따라서 함수 $f(2x)$는 직선 $x=\frac{a}{2}$에 대칭이 된다.

56 ☑ **실전**에서 확인!

풀이 함수 $f\left(\frac{1}{2}x\right)$의 그래프는 함수 $f(x)$를 y축을 고정하고 좌우로 2배 만큼 늘여 그린 것이다. 따라서 함수 $f\left(\frac{1}{2}x\right)$의 그래프는 아래와 같다.

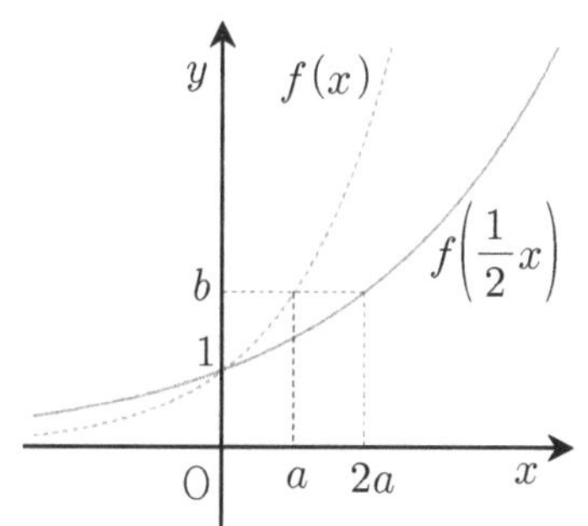

[Theme15] 함수 $f(x) \pm g(x)$

☑ **실전**에서 확인!

57. 풀이 참고

58. 풀이 참고

57 ☑ **실전**에서 확인!

풀이 [Theme14]에서 확인한 것처럼 함수 $\frac{1}{2^n}f(x)$의 그래프는 $n=1,2,3$에 대해 아래 그림과 같다. 이제 함수 $y=\frac{1}{2^n}f(x)+x$의 그래프는 직선 $y=x$ 위의 각 점 (x, x)를 y축의 방향으로 $\frac{1}{2^n}f(x)$만큼 평행이동한 것이다. 따라서 구하는 그래프는 직선 $y=x$ 위에 함수 $f(x)$그래프만큼 얹혀서 그린 그래프로 각 점이 $\left(x,\, x+\frac{1}{2^n}f(x)\right)$이다. 따라서 $0 \le x \le 1$에서 $y=\frac{1}{2^n}f(x)+x$의 그래프는 아래와 같다.

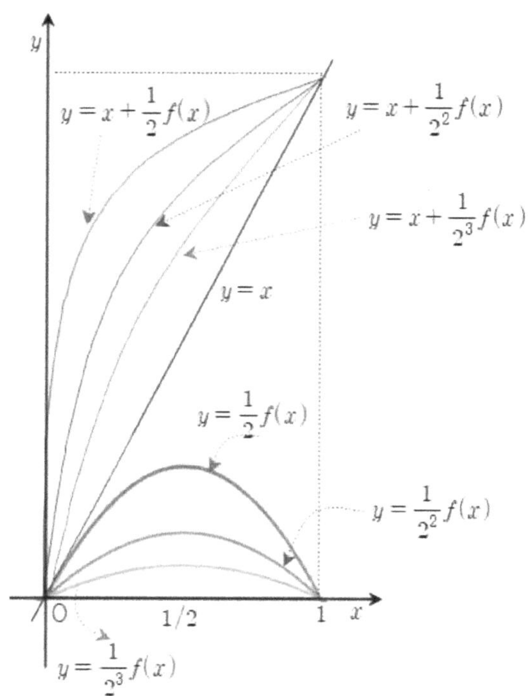

58 ☑ **실전**에서 확인!

풀이 [Theme14]에서 확인한 것처럼 함수

$\frac{1}{2^n}f(x)(n=5,6,7)$의 그래프는 그림과 같다.

이제 함수 $y=x-\frac{1}{2^n}f(x)$의 그래프는 직선 $y=x$ 위의 각 점 (x,x)를 y축의 방향으로 $-\frac{1}{2^n}f(x)$만큼 평행이동한 것이다. 따라서 구하는 그래프는 직선 $y=x$위에 함수 $f(x)$그래프만큼 내려서 그린 그래프로 각 점이 $\left(x,\ x-\frac{1}{2^n}f(x)\right)$이다. 따라서 $0 \le x \le 1$에서 $y=x-\frac{1}{2^n}f(x)$의 그래프는 아래와 같다.

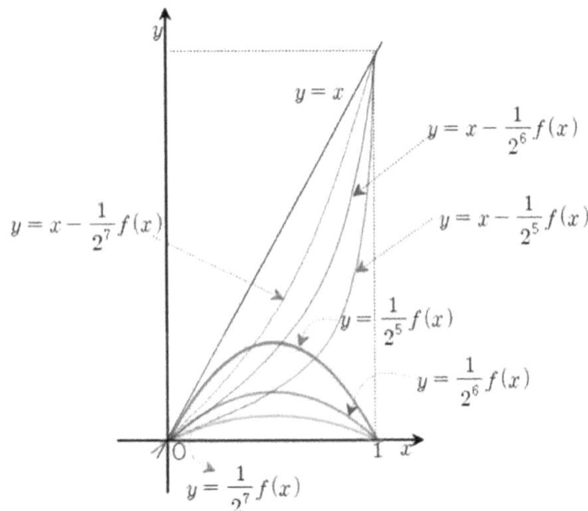

[Theme16-2] 합성함수의 그래프

☑ **실전**에서 확인!

59. 실수 전체에서 증가한다.
60. 풀이 참고
61. 거짓
62. 풀이 참고
63. 풀이 참고

[Theme16-2] 합성함수의 그래프

☑ **개념** 바로 확인! [1]

풀이 앞에서 해결한 문제이지만, 합성함수의 증가, 감소 판정법을 이용하여 새로운 방법으로 해결해보자.

$g(x)=2x^2+1$이라 두면 함수 $g(x)$는 $x \ge 0$에서 증가, $x<0$에서 감소한다. 이때, $h(x)=\frac{2}{x}$는 정의역에서 감소하고,

$f(x)=(h \circ g)(x)$이므로 $x \ge 0$에서는 '감 ∘ 증=감'이므로 $f(x)=(h \circ g)(x)$는 감소하고, $x<0$에서는 '감 ∘ 감=증'이므로 $f(x)=(h \circ g)(x)$는 증가한다.

59 ☑ 실전에서 확인!

풀이 두 함수 $f(x)=2\times\left(\frac{1}{4}\right)^x+1$, $g(x)=\log_{\frac{1}{3}}x$는 실수 전체에서 감소한다.

이때, '감 ∘ 감=증'이므로(두 감소함수의 합성은 증가함수) $(g \circ f)(x)$도 정의역인 실수 전체에서 증가한다.

추가로, $(f \circ g)(x)$도 두 감소함수의 합성함수이므로 정의역인 $x>0$에서 증가한다.

60 ☑ 실전에서 확인!

풀이 두 함수 $f(x)=e^x-1$와 $h(x)=\sin\pi x$에 대하여 $g(x)=(f \circ h)(x)$이다.

이때, 함수 $f(x)$는 실수 전체에서 증가하므로 합성함수 $g(x)=(f \circ h)(x)$의 증가와 감소는 함수 $h(x)=\sin\pi x$가 결정한다. 즉, 함수 $h(x)=\sin\pi x$가 증가하는 범위에서 함수 $g(x)=(f \circ h)(x)$가 증가하고, 함수 $h(x)=\sin\pi x$가 감소하는 범위에서 함수 $g(x)=(f \circ h)(x)$가 감소한다. 함수 $h(x)=\sin\pi x$의 그래프가 아래와 같으므로

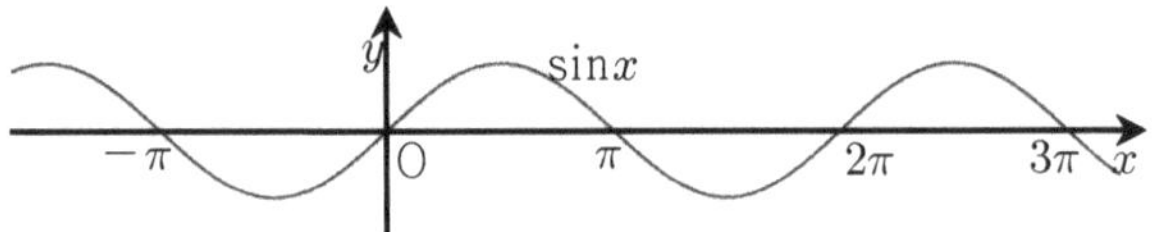

$g(x)=(f \circ h)(x)$의 그래프의 증가하는 구간과 감소하는 구간도 동일하게 찾아 다음과 같이 그릴 수 있다.

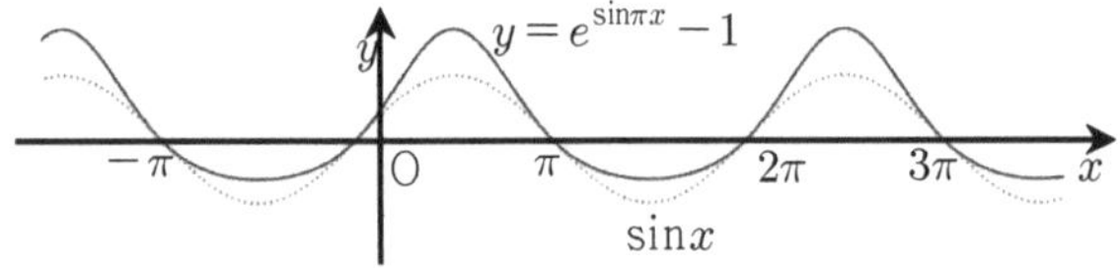

61 ☑ 실전에서 확인!

풀이 ✓ 열린구간 $(0, 1)$에서 함수 $f(x)=x^n-1$는 $f(x)<0$이다. ✓ 함수 $y=x^4+2n$는 $x<0$에서 감소하고 $y=\log_3 x$는 정의역에서 증가하므로 이 두 함수를 합성한 함수 $g(x)=\log_3(x^4+2n)$는 $x<0$에서 감소한다. 따라서 ✓ 열린구간 $(0, 1)$에서 $h(x)=(g\circ f)(x)$는 감소한다. 즉, 주어진 명제는 거짓이다.

62 ☑ 실전에서 확인!

풀이 함수 $y=\ln x$는 정의역 $x>0$에서 증가함수이므로 함수 $|f(x)|$와 합성할 때, 함수 $|f(x)|$의 증가, 감소를 그대로 보존한다. 즉, 합성함수 $\ln|f(x)|$가 증가하는 구간은 함수 $|f(x)|$가 증가하는 구간이고, 합성함수 $\ln|f(x)|$가 감소하는 구간은 함수 $|f(x)|$가 감소하는 구간이다. 따라서 함수 $g(x)$의 그래프의 개형은 아래와 같다.

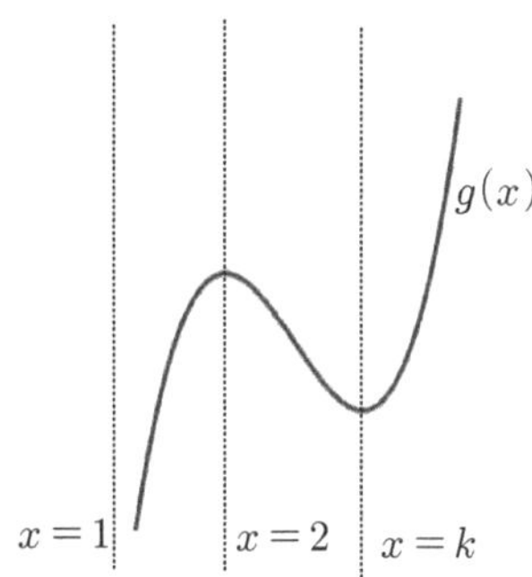

63 ☑ 실전에서 확인!

풀이 함수 $(f\circ f)(x)$에서 $f(x)$의 치역이 합성하면서 함수 $f(x)$의 정의역이 되므로 $(f\circ f)(x)$의 그래프를 그리기 위해 다음과 같이 정의역을 나누어 생각하자.

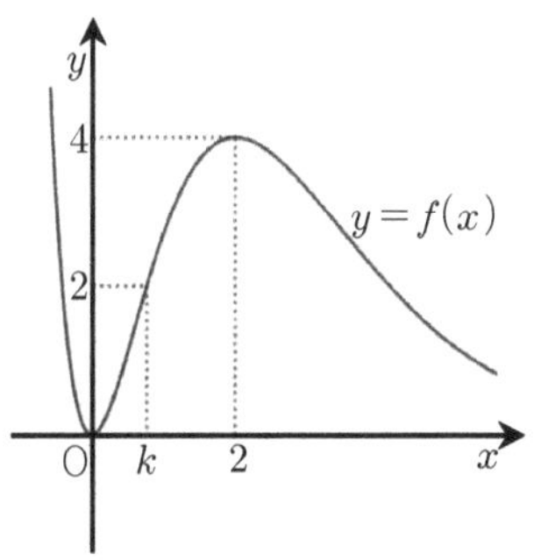

✓ $0\le x\le k$에서 함수 $f(x)$는 증가하고

$f(0)\le f(x)\le f(k) \Rightarrow 0\le f(x)\le 2$

$\Rightarrow 0\le x\le 2$에서 함수 $f(x)$는 증가

$\Rightarrow f(0)\le f(f(x))\le f(2)$

$\Rightarrow 0\le (f\circ f)(x)\le f(2)=4$

즉, $0\le x\le k$에서 함수 $(f\circ f)(x)$는 증가하고 치역은 $[0, 4]$이다.

✓ $k\le x\le 2$에서 함수 $f(x)$는 증가하고

$f(k)\le f(x)\le f(2) \Rightarrow 2\le f(x)\le 4$

이때, $[2, 4]$에서 함수 $f(x)$는 감소하므로

$f(2)\ge f(f(x))\ge f(4)$

$\Rightarrow 4\ge f(f(x))\ge 16e^{-2}$ 이다.

즉, $k\le x\le 2$에서 함수 $(f\circ f)(x)$는 감소하고 치역은 $[16e^{-2}, 4]$이다.

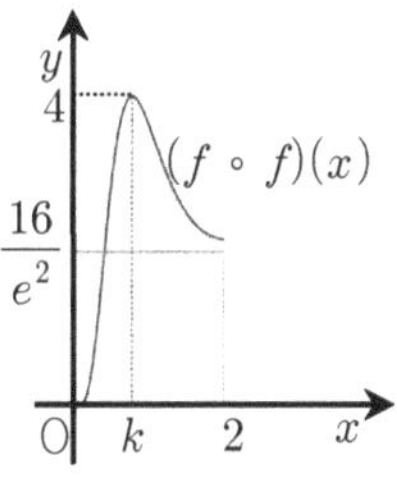

따라서 함수 $(f\circ f)(x)$의 그래프는 위와 같다.

[Theme 17] 아르키메데스의 원리

☑ 실전에서 확인!

64. $\frac{8}{3}$

65. 4

66. $\frac{10}{3}$

67. 32

68. $\frac{40}{3}$

69. 9

[Theme17] 포물선의 넓이를 직사각형의 넓이를 이용하여 구하기

☑ 개념 바로 확인! [1]

풀이 (1) 구하는 영역은 가로의 길이가 2이고 높이가 1인 직사각형에 내접하는 포물선으로 둘러싸인 영역이므로 다음과 같이 구할 수 있다.

$$(\text{직사각형 넓이})\times\frac{2}{3}=2\times1\times\frac{2}{3}=\frac{4}{3}$$

(2) 구하는 영역은 포물선 $y=-x^2+1$과 직선 $y=x-1$로 둘러싸인 영역의 넓이이므로 포물선 $y=-x^2+1-(x-1)$과 x축으로 둘러싸인 영역의 넓이와 같다. 즉, 이 포물선은 $y=-(x-1)(x+2)$이므로 가로의 길이가 3이고 높이가 $-\left(-\frac{1}{2}-1\right)\left(-\frac{1}{2}+2\right)$인 직사각형에 내접하는 포물선으로 둘러싸인 영역이므로 다음과 같이 구할 수 있다.

$$(\text{직사각형 넓이})\times\frac{2}{3}=3\times\frac{9}{4}\times\frac{2}{3}=\frac{9}{2}$$

64 ☑ 실전에서 확인!

풀이 점 B의 좌표는 $x>0$에서 $y=\frac{1}{2}x^2+2$와 $y=2x$의 교점이므로 $\frac{1}{2}x^2+2=2x$에서 $x=2$ 즉, $B(2, 4)$이고 y축 대칭인 점 $A(-2, 4)$이다. 따라서 아르키메데스의 원리를 이용하면 직선 AB와 함수 $y=\frac{1}{2}x^2+2$의 그래프로 둘러싸인 영역의 넓이는 $4\times2\times\frac{2}{3}=\frac{16}{3}$이다. 따라서 구하는 색칠된 영역의 넓이는 다음과 같다.

$\triangle ABO-$(포물선으로 둘러싸인 넓이)

$=\frac{1}{2}\times4\times4-\frac{16}{3}=\frac{8}{3}$

65 ☑ 실전에서 확인!

풀이 (구하는 영역의 넓이)

$=1\times f\left(\frac{1}{2}\right)\times\frac{2}{3}=\frac{1}{3}=\frac{q}{p}$

따라서 $p+q=3+1=4$

66 ☑ 실전에서 확인!

풀이 ✓ 세 점 $A(2, 0), B(2, 1), C(0, 1)$에 대해 색칠한 영역의 넓이를 S, 직사각형 OABC의 넓이를 S_1, 선분 BC와 곡선 $y=|x^2-2x|+1$으로 둘러싸인 영역의 넓이를 S_2라고 하면 $S=S_1+S_2$이다.

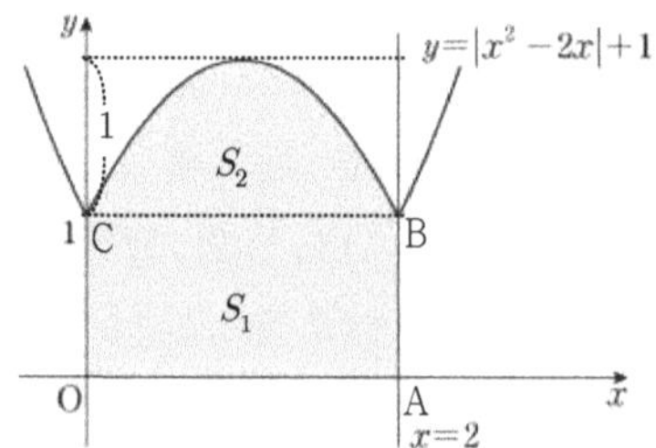

이때, $S_1=2\times1=2$,

$S_2=\overline{BC}\times(\text{높이})\times\frac{2}{3}=2\times1\times\frac{2}{3}=\frac{4}{3}$,

따라서 $S=2+\frac{4}{3}=\frac{10}{3}$이다.

(사실, 3초컷 풀이는 $S_2=S_1\times\frac{2}{3}$이므로

$S=S_1\times\frac{5}{3}=2\times\frac{5}{3}=\frac{10}{3}$이다.)

67 ☑ 실전에서 확인!

풀이 색칠한 영역의 네 꼭짓점 O, $A(2, 0)$, $B(0, -4)$, $C(2, -4)$에 대해

$S=\square OACB\times\frac{1}{3}=(2\times4)\times\frac{1}{3}=\frac{8}{3}$

따라서 $12S=12\times\frac{8}{3}=32$

68 ☑ 실전에서 확인!

풀이 ✓ 함수 $f(x)=x^2-4x$와 x축으로 둘러싸인 영역의 넓이는 $(4-0)\times|f(2)|\times\frac{2}{3}=\frac{32}{3}$

✓ 곡선 $y=-x^2+2x=-x(x-2)$와 x축으로 둘러싸인 영역의 넓이는 $(2-0)\times1\times\frac{2}{3}=\frac{4}{3}$

✓ 곡선 $y=-x^2+6x-8=-(x-2)(x-4)$는 곡선 $y=-x^2+2x$를 x축으로 2만큼 평행이동한 것이므로 x축으로 둘러싸인 영역의 넓이도 $\frac{4}{3}$이다. 따라서 두 함수 $f(x), g(x)$그래프와 x축으로 둘러싸인 영역의 넓이는 $\frac{32}{3}+\frac{4}{3}+\frac{4}{3}=\frac{40}{3}$이다.

69 ☑ **실전**에서 확인!

풀이 구하는 영역의 넓이는 곡선 $y=x^2-4x+6$과 접선 $y=2x-3$ 그리고 y축으로 둘러싸인 영역의 넓이이고 곡선 $y=x^2-4x+6-(2x-3)$과 x축, y축으로 둘러싸인 영역의 넓이이다. 즉, 포물선 $y=(x-3)^2$과 x축, y축으로 둘러싸인 영역의 넓이는 그림과 같고, 이는 외접하는 직사각형이 가로의 길이가 3, 세로의 길이가 9이므로 구하는 영역의 넓이는 아르키메데스의 원리를 이용하여 다음과 같이 구할 수 있다.

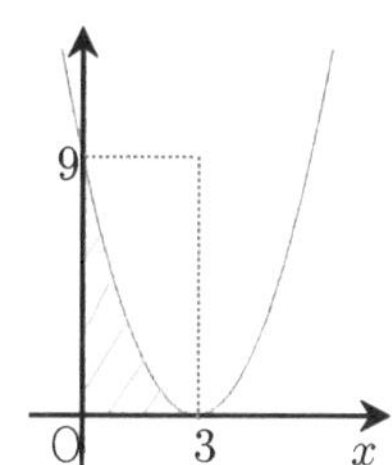

(빗금친 넓이)$=3\times 9\times\frac{1}{3}=9$

[Theme18] 카바리에리 원리

☑ **실전**에서 확인!

70. (가) $x=\frac{a}{2}$ (나) 8

71. $n=0$ 일 때 $\frac{1}{12}$, $n=1$일 때 $\frac{1}{24}$

$n=2$일 때 $\frac{1}{48}$, $n=3$일 때 $\frac{1}{96}$

72. 26

[Theme18] 카바리에리 원리

☑ **개념** 바로 확인! [1]

풀이 (1) 함수 $2f(x)$는 함수 $f(x)$를 y축 방향으로 2배 늘인 것이므로 넓이도 2배가 된다.

(2) 함수 $\frac{1}{2}f(x)$는 함수 $f(x)$를 y축 방향으로 $\frac{1}{2}$배 줄인 것이므로 넓이도 $\frac{1}{2}$배가 된다.

(3) 함수 $f(2x)$는 함수 $f(x)$를 x축 방향으로 $\frac{1}{2}$배 줄인 것이므로 넓이도 $\frac{1}{2}$배가 된다.

(4) 함수 $f(\frac{1}{2}x)$는 함수 $f(x)$를 x축 방향으로 2배 늘인 것이므로 넓이도 2배가 된다.

☑ **개념** 바로 확인! [2]

풀이 $0\le x\le 4$에서 함수 $f(x)$의 그래프와 x축으로 둘러싸인 영역의 넓이는 $\frac{1}{2}\times 4\times 2$이고, 함수 $3f\left(\frac{1}{2}x\right)$의 그래프는 함수 $y=f(x)$의 그래프를 y축을 고정하고 좌우로 2배하고 위로 3배한 그래프이므로 카바리에리 원리에 의해 $3f\left(\frac{1}{2}x\right)$의 그래프가 x축으로 둘러싸인 영역의 넓이도 $\left(\frac{1}{2}\times 4\times 2\right)\times 2\times 3=24$가 된다.

70 ☑ **실전**에서 확인!

풀이 함수 $f(2x)$의 그래프는 함수 $f(x)$의 그래프를 y축을 고정하고 좌우로 $\frac{1}{2}$배 줄인 것이므로 대칭축이 $x=\frac{a}{2}$가 된다. 따라서 (가) : $x=\frac{a}{2}$이다. 또한, $0 \le x \le a$에서 함수 $f(x)$의 그래프와 x축 사이 영역의 넓이를 8이라고 하면 $0 \le x \le \frac{a}{2}$에서 함수 $f(2x)$의 그래프와 x축 사이 영역의 넓이는 카바리에리 원리에 의해 $8\times\frac{1}{2}=4$가 된다. 이때, 함수 $f(2x)$의 그래프가 $x=\frac{a}{2}$에 대칭이므로 $\frac{a}{2}\le x \le a$에서 함수 $f(2x)$의 그래프와 x축 사이 영역의 넓이도 4가 된다. 즉, $0 \le x \le a$ 함수 $f(2x)$의 그래프와 x축 사이 영역의 넓이는 $4+4=8$이다.

71 ☑ 실전에서 확인!

풀이 함수 $f(x)-x=\frac{-x(x-1)}{2}$의 그래프는 다음과 같고

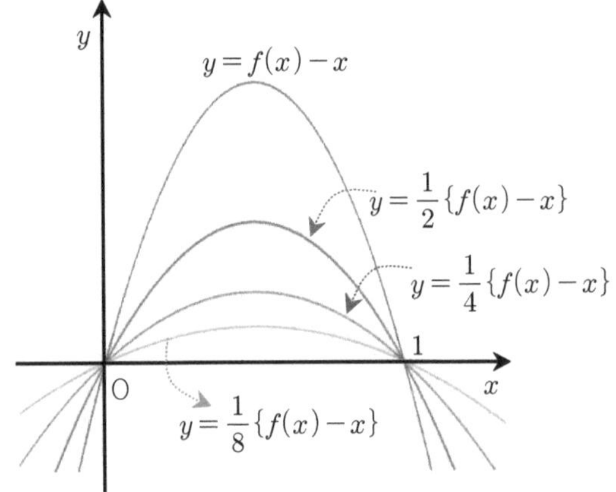

$0 \le x \le 1$에서 함수 $y=f(x)-x$의 그래프와 x축으로 둘러싸인 영역의 넓이는 아르키메데스의 원리에 의해 $1\times\frac{1}{8}\times\frac{2}{3}=\frac{1}{12}$이다.

① $n=0$일 때, 함수 $y=f(x)-x$의 그래프와 x축으로 둘러싸인 영역의 넓이는 $\frac{1}{12}$이다.

② $n=1$일 때, 함수 $y=\frac{1}{2}\{f(x)-x\}$의 그래프와 x축으로 둘러싸인 영역의 넓이는 카바리에리 원리에 의해 $\frac{1}{12}\times\frac{1}{2}=\frac{1}{24}$이다.

③ $n=2$일 때, 함수 $y=\frac{1}{2^2}\{f(x)-x\}$의 그래프와 x축으로 둘러싸인 영역의 넓이는 카바리에리 원리에 의해 $\frac{1}{12}\times\frac{1}{2^2}=\frac{1}{48}$이다.

④ $n=3$일 때, 함수 $y=\frac{1}{2^3}\{f(x)-x\}$의 그래프와 x축으로 둘러싸인 영역의 넓이는 카바리에리 원리에 의해 $\frac{1}{12}\times\frac{1}{2^3}=\frac{1}{96}$이다.

72 ☑ 실전에서 확인!

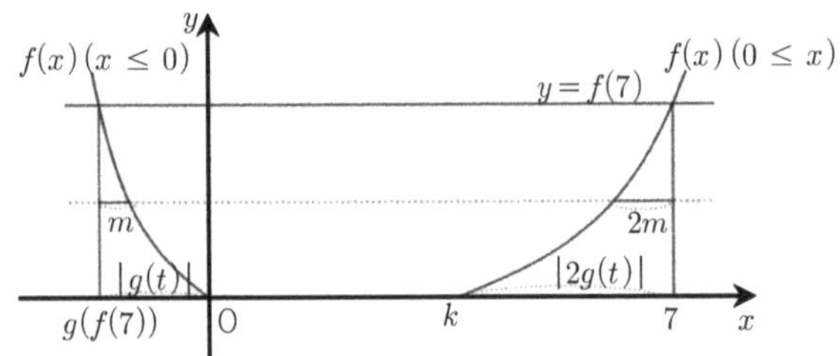

함수 $f(x)$의 그래프와 x축 및 직선 $x=g(f(7))$로 둘러싸인 도형을 A, 함수 $f(x)$의 그래프와 x축 및 직선 $x=7$로 둘러싸인 도형을 B라고 하면 x축과 평행한 임의 직선과 각 도형 A, B가 만나서 생기는 선분의 길이의 비는 $1:2$이므로 카바리에리 원리에 의해 다음이 성립한다.

(도형 A의 넓이):(도형 B의 넓이)$=1:2$

따라서 함수 $f(x)$의 그래프와 x축 및 직선 $x=g(f(7))$로 둘러싸인 영역의 넓이는 $\frac{1}{2}\times 52=26$이다.

[Theme 19] 직각삼각형

☑ **실전**에서 확인!

73. 9
74. $\sqrt{2n^2+2n+1}$
75. 24
76. 직각
77. $\sqrt{3}\,r$
78. $\frac{2\sin\theta}{1+\sin\theta}$
79. $2a$
80. $\sqrt{11}$

73 ☑ 실전에서 확인!

풀이 $\overline{PF}=r$이라 두면, $\overline{PF'}=10-r$이고, $\overline{FF'}=8$이므로 피타고라스 정리에 의해 $8^2=(10-r)^2+r^2$에서 $r(10-r)=18$이다.
따라서 삼각형 PFF′의 넓이는
$\frac{1}{2}r(10-r)=\frac{1}{2}\times 18=9$이다.

74 ☑ 실전에서 확인!

풀이 $\triangle OA_nB_n$이 직각삼각형이므로 피타고라스 정리에 의해

$$\begin{aligned}\overline{A_nB_n}&=\sqrt{\overline{OA_n}^2+\overline{OB_n}^2}\\&=\sqrt{n^2+(n+1)^2}\\&=\sqrt{2n^2+2n+1}\end{aligned}$$

이다.

75 ☑ 실전에서 확인!

풀이 **(방법1)** $\triangle MPQ$와 $\triangle MPF$가 이등변삼각형이므로 $\angle PQM=\angle MPQ$, $\angle MPF=\angle MFP$에서 $\angle MPF+\angle MPQ=90^\circ$이다. 이때, $\overline{PQ}=6$, $\overline{QF}=10$이므로 피타고라스 정리에 의해 $\overline{PF}=8$. 따라서 $\triangle FPQ=\frac{1}{2}\times 6\times 8=24$이다.

(방법2) $\overline{PQ}=6$, $\overline{PF}=r$, $\overline{FM}=\overline{MQ}=\overline{MF}=5$이므로 중선 정리를 이용하면 $\overline{PQ}^2+\overline{PF}^2=2\left(\overline{PM}^2+\overline{MF}^2\right)$ $\Rightarrow$ $6^2+r^2=2(5^2+5^2)$ $\Rightarrow$ $r=8$이다. 이때, $\overline{PQ}=6$, $\overline{QF}=10$, $\overline{PF}=8$이므로 피타고라스 정리에 의해 삼각형 PQF는 선분 QF를 빗변으로 하는 직각삼각형이 된다. 따라서 $\angle FPQ=90^\circ$이다. 따라서
$\triangle FPQ=\frac{1}{2}\times 6\times 8=24$이다.

(방법3) $\overline{MF}=\overline{MP}=\overline{MQ}$이므로 점 M은 삼각형 FPQ의 외심이고 $\overline{QF}$가 지름이다. 따라서 $\angle FPQ=90^\circ$이다.

76 ☑ 실전에서 확인!

풀이 삼각형 ABC에서 $\overline{AB}=8$, $\overline{BC}=15$, $\overline{AC}=17$이면
$17^2=8^2+15^2$ $\Rightarrow$ $\overline{AC}^2=\overline{AB}^2+\overline{BC}^2$이므로 각 B는 직각이다.

77 ☑ 실전에서 확인!

풀이 삼각비에 의해 $\overline{AC}=\overline{AB}\times\sin 60^\circ$
$\Rightarrow$ $\frac{3}{2}r=\overline{AB}\times\frac{\sqrt{3}}{2}$ $\Rightarrow$ $\overline{AB}=\sqrt{3}r$
(또는 $\overline{AB}=\frac{\overline{AC}}{\sin 60^\circ}=\sqrt{3}r$)

78 ☑ 실전에서 확인!

풀이 $\sin\theta=\frac{\overline{O'H}}{\overline{PO'}}=\frac{r}{2-r}$ $\Rightarrow$
$(2-r)\sin\theta=r$이므로 r를 θ에 대해 정리하면
$r=\frac{2\sin\theta}{1+\sin\theta}$이다.

79 ☑ 실전에서 확인!

풀이 특수각 60°의 삼각비에 의해
$a:b=1:2$이므로 $b=2a$이다.

80 ☑ 실전에서 확인!

풀이 접선이 x축과 만나는 점을 P라 하고, $\angle FPH_1=\theta$라 할 때, 접선의 기울기는 $\tan\theta$이다.

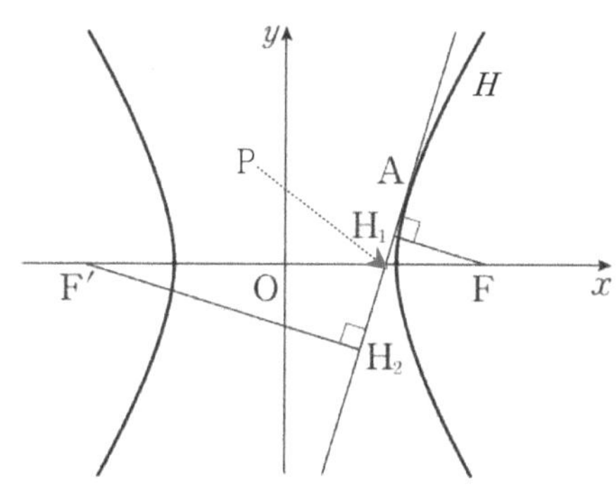

이때, $\cos\theta=\frac{\overline{PH_1}}{\overline{FP}}=\frac{\overline{P'H_2}}{\overline{F'P}}$ $\Rightarrow$

$\cos\theta = \frac{\overline{H_1H_2}}{\overline{F'F}} = \frac{2}{4\sqrt{3}} = \frac{1}{2\sqrt{3}} \Rightarrow$

$\tan\theta = \sqrt{11}$ 이다. 따라서 접선의 기울기는 $\sqrt{11}$ 이다.

[Theme20] 이등변삼각형, 정삼각형

☑ 실전에서 확인!

81. 삼각형 ABF와 AF′F는 이등변삼각형
82. 5
83. 이등변삼각형
84. $\sqrt{3}r$
85. $\frac{1}{3}$
86. $\frac{1}{3}$
87. (1)30° (2) 1

81 ☑ 실전에서 확인!

풀이 삼각형 AF′F의 한 변 AF의 수직이등분선이 나머지 한 꼭짓점 F′을 지나므로 선분 AF의 수선과 중선이 같아지므로 삼각형 AF′F는 이등변삼각형이다. 마찬가지로 ABF의 한 변 AF의 수직이등분선이 나머지 한 꼭짓점 B를 지나므로 삼각형 ABF도 이등변삼각형이다.

82 ☑ 실전에서 확인!

풀이 $\overline{FF'} = \overline{PF'}$ 이므로 삼각형 PF′F는 이등변삼각형이고 수선 F′R은 선분 PF의 중선이다. 즉, 점 R는 선분 PF의 중점이므로 $\overline{RF} = \sqrt{3}$ 이다. 피타고라스 정리를 이용하면 $\overline{F'R} = \sqrt{(2\sqrt{7})^2 - (\sqrt{3})^2} = 5$ 이다.

83 ☑ 실전에서 확인!

풀이 점 P에서 원 C에 그은 두 접선의 접점 중 하나가 Q이므로 나머지 접점을 R라 하면 $\overline{QP} = \overline{PR}$ 이다. 이때, $2\overline{PQ} = \overline{PF}$ 이므로 $\overline{QP} = \overline{PR} = \overline{RF}$ 이다. 이제, 점 R가 원 C의 접점이므로 선분 CR은 선분 PF의 중선이자 수선이 된다. 따라서 삼각형 CFP는 이등변삼각형이 된다.

84 ☑ 실전에서 확인!

풀이 점 A에서 밑변 BC에 내린 수선의 발을 H라고 하면 정삼각형은 이등변삼각형이므로 점 H는 선분 BC의 중점이 된다.

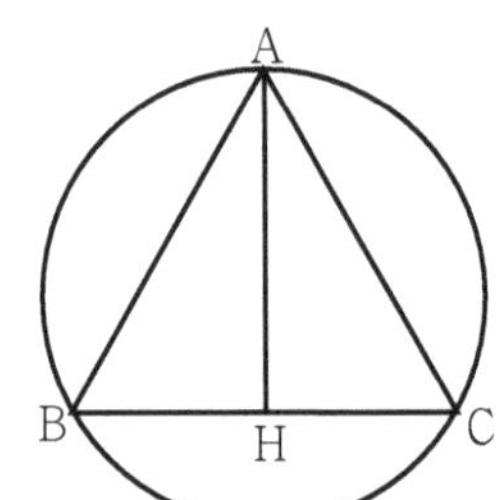

이때, 정삼각형 ABC의 무게중심을 G라고 하면 점 G는 외접원의 중심이 되므로 $\overline{AG} = r$이다. 또한, 점 G가 무게중심이므로 $\overline{AG} : \overline{GH} = 2 : 1$에서 $\overline{GH} = \frac{r}{2}$ 이다. 즉,

$\overline{AH} = \overline{AG} + \overline{GH} = r + \frac{1}{2}r = \frac{3}{2}r$이고,

$\angle ABH = 60°$ 이므로 삼각비에 의해

$\overline{BH} = \frac{3}{2}r \times \frac{1}{\sqrt{3}} = \frac{\sqrt{3}}{2}r \Rightarrow \overline{BC} = \sqrt{3}r$이다.

85 ☑ 실전에서 확인!

풀이 점 A에서 평면 BCD에 내린 수선의 발 H가 삼각형 BCD의 무게중심이므로 $3\overline{HM} = \overline{BM}$ 이다.

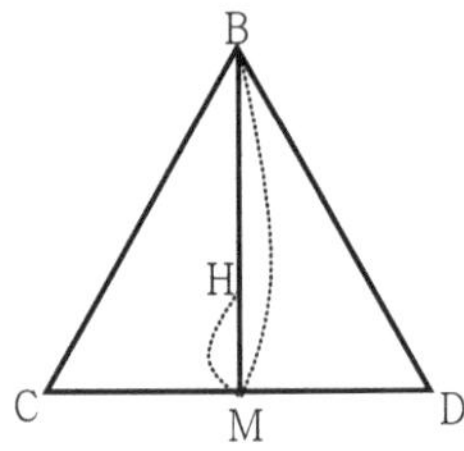

또한, 정사면체 ABCD 의 네 면은 합동인 정사각형이므로 각 네 삼각형에서의 중선의 길이는 모두 같으므로 $\overline{BM} = \overline{AM}$ 이다. 따라서 $\frac{\overline{HM}}{\overline{AM}} = \frac{\overline{HM}}{\overline{BM}} = \frac{\overline{HM}}{3\overline{HM}} = \frac{1}{3}$ 이다.

86 ☑ **실전**에서 확인!

풀이 점 A′이 정삼각형 BCD의 무게중심이므로 선분 BA′이 선분 CD와 만나는 교점을 M이라고 하면 선분 $\overline{BM} \perp \overline{CD}$ 이므로

$$\triangle A'CD = \frac{1}{2}\times\overline{CD}\times\overline{A'M} = \frac{1}{2}\times\overline{CD}\times\frac{1}{3}\overline{BM}$$
$$= \frac{1}{3}\left(\frac{1}{2}\times\overline{CD}\times\overline{BM}\right) = \frac{1}{3}\triangle BCD$$

이다. 따라서 상수 $k=\frac{1}{3}$ 이다.

87 ☑ **실전**에서 확인!

풀이 (1) 정삼각형의 한 내각의 크기는 $60°$ 이므로 $\angle A_2B_1C_1 = 30°$ 이다.

(2) 정삼각형의 세 내각의 이등분선의 교점은 정삼각형의 무게중심이 되므로 점 A_2는 삼각형 $A_1B_1C_1$의 무게중심이다. 따라서 무게중심 A_2에서 선분 B_1C_1에 내린 수선의 발을 H라고 하면,

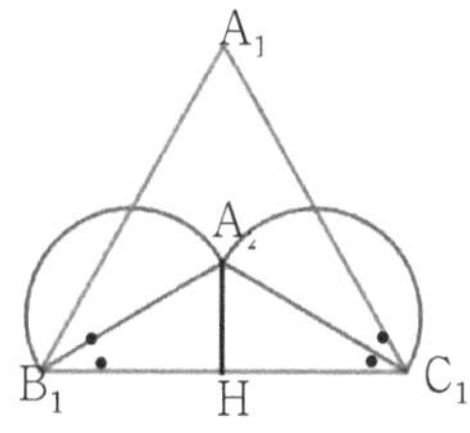

점 H는 선분 BC의 중점이 되므로 $\overline{B_1H} = \sqrt{3}$, $\overline{A_2B_1} = 2$가 된다. 따라서 반원의 반지름의 길이는 1이다.

[Theme21] 삼각형의 넓이

☑ **실전**에서 확인!

88. $\frac{3\sqrt{3}}{4}r^2$
89. $8\sqrt{6}$
90. $\frac{\sqrt{3}}{4}$
91. $\sqrt{3}$
92. 5
93. 8
94. 1
95. $P\left(3, \frac{3}{2}\right)$
96. $\frac{1}{3}$
97. $\frac{\sqrt{3}}{4}$
98. $\frac{3}{4}$
99. $\frac{\sqrt{3}}{15}$
100. $\frac{11}{48}\sqrt{3}$

88 ☑ **실전**에서 확인!

풀이 앞 문제에서 삼각형 ABC의 한 변의 길이가 $\sqrt{3}r$임을 알았다. 따라서 정삼각형의 넓이 구하는 공식에 의해 다음과 같이 넓이를 구할 수 있다.

$$\triangle ABC = \frac{\sqrt{3}}{4}\times(\sqrt{3}r)^2 = \frac{3\sqrt{3}}{4}r^2$$

89 ☑ **실전**에서 확인!

풀이 밑변을 AF라고 두면 $\overline{AF}=4$이고 높이는 $\sqrt{10^2-2^2} = 4\sqrt{6}$ 이다. 따라서 이등변삼각형의 넓이는 $\frac{1}{2}\times 4\sqrt{6}\times 4 = 8\sqrt{6}$ 이다.

90 ☑ **실전**에서 확인!

풀이 (삼각형의 넓이)

$$= \frac{1}{2}\times 1\times 1\times \sin 120° = \frac{\sqrt{3}}{4}$$

91 ☑ **실전**에서 확인!

풀이 $\overline{DP}$의 최솟값을 h라고 하면 $\overline{DB}\times\overline{DC} = \overline{BC}\times h$이므로 $h=\sqrt{3}$ 이다.

[Theme21]
삼각형의 넓이(삼각형의 등적변형)
—넓이가 같게 도형을 변형하기

☑ 개념 바로 확인! [1]

풀이 (1) 등적변형에 의해

$\triangle ABC : \triangle ADE = \overline{BC} : \overline{DE} = 3:1$이므로

$\triangle ADE = \triangle ABC \times \frac{1}{3} = 36 \times \frac{1}{3} = 12$

(2) 등적변형에 의해

$\triangle BFG : \triangle BAD = \overline{FG} : \overline{AD} = 1:3$이므로

$\triangle BFG = \triangle ABD \times \frac{1}{3} = 12 \times \frac{1}{3} = 4$

☑ 개념 바로 확인! [2]

풀이 점 P를 지나고 선분 CD에 평행한 직선이 선분 BC와 만나는 점을 P′이라고 하면, 등적변형에 의해 $\triangle CDP = \triangle CDP'$이다. 또한,

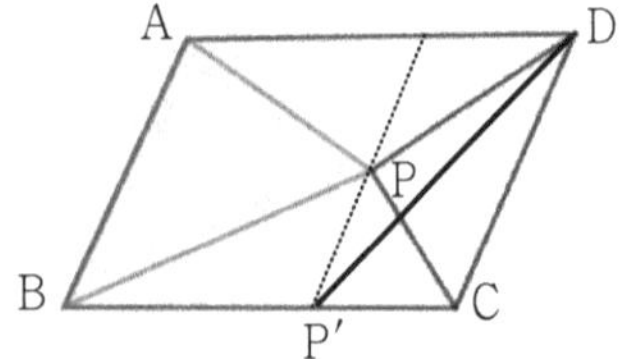

등적변형에 의해 $\triangle CDB : \triangle CDP' = \overline{BC} : \overline{CP'}$

이때, $\triangle CDB = \frac{1}{2} \times \square ABCD = 24$이므로

$\triangle CDB : \triangle CDP' = \overline{BC} : \overline{CP'}$

$\Rightarrow 24:8 = \overline{BC} : \overline{CP'}$

즉, $\overline{CP'} = \frac{1}{3} \times \overline{BC}$이고 $\overline{BP'} = \frac{2}{3} \times \overline{BC}$이다.

따라서

$\triangle ABP = \triangle ABP' = \frac{2}{3} \times \triangle ABC = \frac{2}{3} \times 24 = 16$

92 ☑ 실전에서 확인!

풀이 두 삼각형의 넓이 S_n, T_n은 두 삼각형의 높이가 같기 때문에 넓이비는 등적변형에 의해 밑변의 길이비와 같고 다음을 얻는다.

$$\frac{T_n}{S_n} = \frac{\overline{B_nC_n}}{\overline{A_nB_n}} \Leftrightarrow T_n : S_n = \overline{B_nC_n} : \overline{A_nB_n}$$

이때, $\overline{A_nB_n} = 2^n - 2^{n-1} = 2^{n-1}$,

$\overline{B_nC_n} = 4^n$이므로

$\frac{64}{1} = \frac{T_n}{S_n} = \frac{\overline{B_nC_n}}{\overline{A_nB_n}} = \frac{4^n}{2^{n-1}} = 2^{n+1}$에서

$n=5$이다.

93 ☑ 실전에서 확인!

풀이 점 P는 선분 AC를 $3:1$로 내분하는 점이므로 $\triangle ADP = 3$이면 밑변을 AP, AC로 생각하여 등적변형을 적용했을 때,

$\overline{AP} : \overline{AC} = 3:4$이므로

$\triangle ADP : \triangle ADC = 3:4$이다. 즉,

$\triangle ADC = 4$이다. 따라서 직사각형의 넓이는 8이 된다.

94 ☑ 실전에서 확인!

풀이 높이가 같은 두 삼각형의 넓이비가 밑변의 길이의 비라는 것을 이용하자.

① (가)에 의해 $\triangle ADB : \triangle BDC = 1:3$이므로 $\triangle ADB = k$라고 두면 $\triangle BDC = 3k$이다.

② (나)에 의해 $\triangle AED : \triangle BDC = 4:3$이므로 $\triangle AED = 4k$이다. 이때, $\triangle ADC = 4k$이므로 $\triangle AED : \triangle ADC = 1:1$이다. 즉, $\overline{DE} : \overline{DC} = 1:1$이므로 $\overline{DE} = \overline{CD}$, $a=1$이다.

95 ☑ 실전에서 확인!

풀이 두 삼각형 $\triangle APB$와 $\triangle AOB$의 밑변을 각각 $\overline{AP}$, $\overline{AO}$라고 하면, 두 삼각형의 높이가 같으므로 넓이비는 밑변의 길이비와 같다. 즉, $\triangle APB : \triangle AOB = \overline{AP} : \overline{AO} \Rightarrow$ 이때, $\triangle APB = 1$, $\triangle AOB = 2$이므로

$1:2 = \overline{AP} : \overline{AO}$이므로 $P\left(2+1, 1+\frac{1}{2}\right)$이다.

즉, $P\left(3, \frac{3}{2}\right)$이다.

[Theme21] 등적변형의 활용

☑ 개념 바로 확인! [3]

풀이 (1) 등적변형의 활용을 적용하면

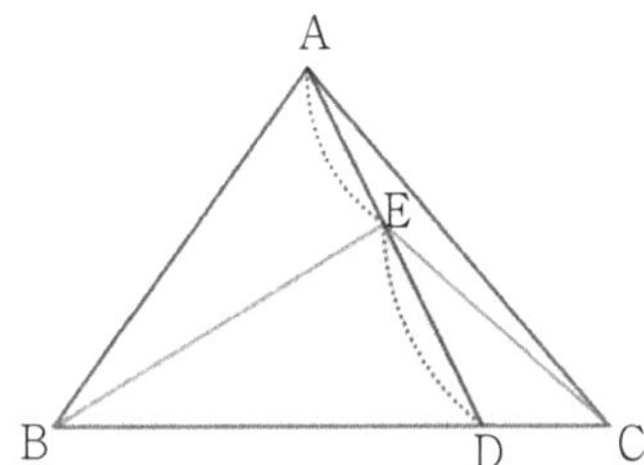

$\triangle ABC : \triangle EBC =$
$(\triangle ABC$의 높이$):(\triangle EBC$의 높이$) = 5:3$

따라서 $\triangle EBC = \triangle ABC \times \frac{3}{5} = 60 \times \frac{3}{5} = 36$

(2) 등적변형에 의해

$\triangle BFG : \triangle BAD = \overline{FG} : \overline{AD} = 1:3$

$\triangle CFG : \triangle CAD = \overline{FG} : \overline{AD} = 1:3$

이므로

$(\triangle BFG + \triangle CFG) : (\triangle BAD + \triangle CAD)$
$= 1:3$

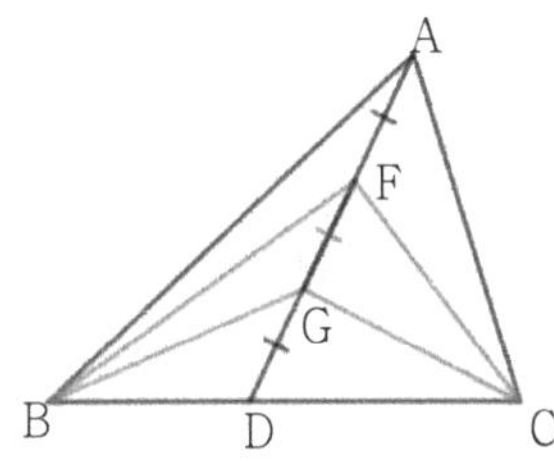

즉, (색칠한 영역의 넓이)$: \triangle ABC = 1:3$
이므로

(색칠한 영역의 넓이)$= \frac{1}{3} \times \triangle ABC = 20$이다.

☑ 개념 바로 확인! [4]

풀이

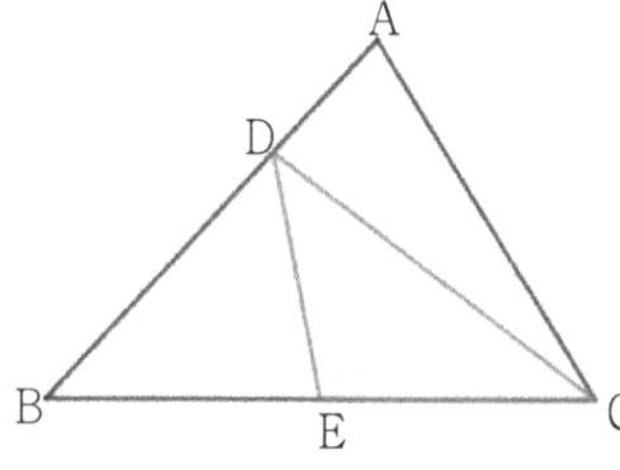

$\triangle DBC : \triangle ABC = 2:3$(높이비)이므로

$\triangle DBC = \frac{2}{3} \times \triangle ABC = 40$이다. 또한,

$\triangle EDC = \frac{1}{2} \times \triangle DBC = 20$이다. 따라서 삼각형 CDE의 넓이는 20이다.

96 ☑ 실전에서 확인!

풀이 $\triangle ADC = \triangle ABC \times \frac{3}{5}$,

$\triangle APC = \triangle ADC \times \frac{1}{4}$,

$\triangle APQ : \triangle APC = 1:9$

$\triangle APQ = \left(\triangle ABC \times \frac{3}{5} \times \frac{1}{4}\right) \times \frac{1}{9} = \frac{1}{3}$

97 ☑ 실전에서 확인!

풀이 $\overline{AP} = \frac{3}{2}\overline{AM}$ 이므로 점 P는 선분 MD의 중점이다. 따라서

$\triangle PFC : \triangle FCD = \overline{MP} : \overline{MD} = 1:2$

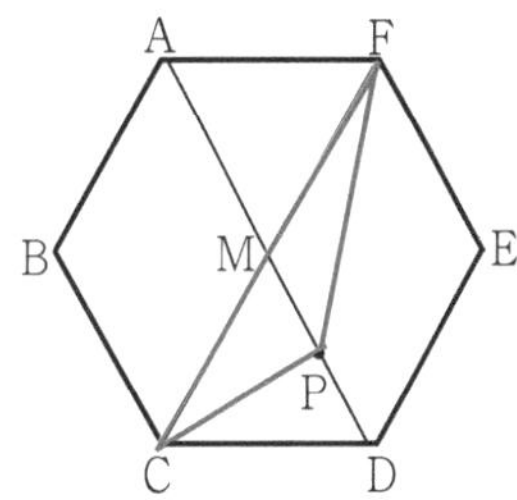

이때, $\overline{FD} = \sqrt{3}$ 이므로 $\triangle FCD = \frac{1}{2} \times 1 \times \sqrt{3}$.

따라서 $\triangle PFC = \frac{1}{2} \times \triangle FCD = \frac{\sqrt{3}}{4}$ 이다.

98 ☑ 실전에서 확인!

풀이 $\overline{DP} = \overline{PC}$ 이므로 $\triangle DPA : \triangle PCB$는 각각 $\overline{DP}$와 $\overline{PC}$를 밑변으로 하면 높이비가 넓이비 이다. 이때, $\overline{DB} : \overline{DA} = 4:3$이 (가짜)높이비이므로

$\triangle DPA : \triangle PCB = 3:4 = S : T$이다. 따라서

$\frac{S}{T} = \frac{3}{4}$ 이다.

99 ☑ 실전에서 확인!

풀이 삼각형 ABC의 넓이가 $\frac{\sqrt{3}}{4}$ 이고, 밑변의 길이비와 (가짜)높이비가 넓이비를 결정함(등적변형의 활용)을 이용하여 삼각형 M′P′Q′의 넓이를 구할 수 있다.

① $\triangle A'M'P' = \left(\triangle A'BC \times \frac{1}{2}\right) \times \frac{2}{5}$

② $\triangle A'P'Q' = \left(\triangle A'CD \times \frac{2}{5}\right) \times \frac{2}{3}$

③ $\triangle A'Q'M' = \triangle A'DB \times \left(\frac{2}{3} \times \frac{1}{2}\right)$

이제 ①~③에서

$$\triangle A'BC = \triangle A'CD = \triangle A'BD = \frac{1}{3} \times \triangle BCD = \frac{1}{3} \times \frac{\sqrt{3}}{4}$$

이므로

$$\triangle M'P'Q' = \frac{\sqrt{3}}{12} \times \left(\frac{1}{5} + \frac{4}{15} + \frac{1}{3}\right) = \frac{\sqrt{3}}{15}$$

100 ☑ 실전에서 확인!

풀이 $\triangle BA'D = \triangle BA'C = \triangle CA'D = \left(\frac{\sqrt{3}}{4} \times 2^2\right) \times \frac{1}{3} = \frac{\sqrt{3}}{3}$

이므로

$$\triangle E'F'G' = \frac{\sqrt{3}}{3}\left(\frac{3}{4} \times \frac{1}{4} + \frac{1}{4} \times \frac{1}{2} + \frac{1}{2} \times \frac{3}{4}\right) = \frac{11\sqrt{3}}{48}$$

[Theme22] 여러 가지 각과 평행

☑ 실전에서 확인!

101. (1) α (2) β

102. $\frac{\sqrt{2}}{2}$

103. $\frac{9}{10}$

101 ☑ 실전에서 확인!

풀이 두 직선 RS와 QF가 서로 평행하므로 다음은 서로 동위각으로서 같다.

(1) $\angle OFQ = \angle FSP = \alpha$

(2) $\angle F'QF = \angle QRP = \beta$

102 ☑ 실전에서 확인!

풀이 점 O_2에서 선분 A_2O_1에 내린 수선의 발을 H라고 하면,

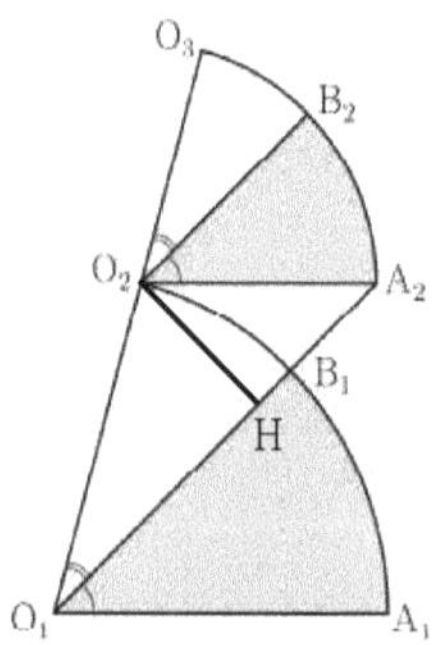

$\angle B_1O_1O_2 = \frac{\pi}{6}$이므로 $\overline{O_2H} = \frac{1}{2}$이다. 이때, $\overline{O_1A_1} /\!/ \overline{O_2A_2}$에서 엇각으로서

$\frac{\pi}{4} = \angle A_1O_1B_1 = \angle O_2A_2B_1$이므로

$\angle B_2O_2A_2 = \angle O_2A_2B_1$이다. 즉, 엇각이 같으므로 $\overline{O_1A_2} /\!/ \overline{O_2B_2}$이다. 이제

$\triangle O_2A_2H$에서 $\overline{O_2H} = \frac{1}{2}$, $\angle O_2A_2H = \frac{\pi}{4}$임을 이용하면 $\overline{O_2A_2} = \frac{\sqrt{2}}{2}$이다.

103 ☑ 실전에서 확인!

풀이 $\triangle ABF$는 정삼각형이므로

$\angle ABF = 60°$ 이다. 이때, $\overline{AB} /\!/ x$축 이므로

$\angle ABF = \angle BFO = 60°$ (엇각) ,

$\overline{CH} = \overline{CF} = a$라 하면, $\triangle BCH$에서

$\angle BCH = 60°$ ($\angle CFO = 60°$ 의 동위각)이므로

삼각비에 의해 $\overline{BC} = 2a$, 주어진 관계식

$6 = \overline{BC} + 3\overline{CF} = 2a + 3a$에서 $a = \frac{6}{5}$, 직선

$x = -p$와 x축의 교점을 R라 하면

$\triangle BFR$에서 $\overline{BF} = 3a = \frac{18}{5}$,

$\overline{RF} = 2p = \frac{1}{2}\overline{BF} = \frac{9}{5}$이다. 따라서 $p = \frac{9}{10}$이다.

[Theme23] 삼각형의 합동

☑ **실전**에서 확인!

104. 12

105. 4

106. 90°

107. $6\sqrt{3}$

104 ☑ **실전**에서 확인!

풀이 ① 점 P를 원점에 대칭한 점이 Q이므로 $\overline{PO}=\overline{OQ}$.

② 두 점 F, F′은 원점 대칭이므로 $\overline{FO}=\overline{F'O}$.

③ $\angle POF=\angle QOF'$(맞꼭지각)

①~③에 의해

$\triangle POF\equiv\triangle QOF'$(SAS합동)이므로 $\overline{PF}=\overline{QF'}$.

따라서 $\overline{PF'}+\overline{F'Q}=\overline{PF'}+\overline{PF}=12$이다.

105 ☑ **실전**에서 확인!

풀이 $\overline{PQ}=\overline{PF}$, $\overline{QF'}=\overline{F'F}$이고, $\overline{PF'}$은 공통변이므로

$\triangle FPF'\equiv\triangle QPF'$(SSS합동)이다. 즉, 대응하는 두 각으로 $\angle QPF'=\angle FPF'$이다. 또한, 직선 PQ는 x축과 평행하므로 엇각으로서 $\angle QPF'=\angle PF'F$이다. 따라서 삼각형 FPF′은 두 밑각의 크기가 같은 이등변삼각형이 되므로

$8=\overline{PQ}=\overline{PF}=\overline{QF'}=\overline{F'F}=2c$에서

$c=4$이다.

106 ☑ **실전**에서 확인!

풀이 세 점 D, E, F에 대해 그림과 같이 삼각형 DEF는 $\angle DEF=60^\circ$, $\angle EDF=90^\circ$, $\overline{DE}=2$, $\overline{EF}=4$인 직각삼각형이다. 이제,

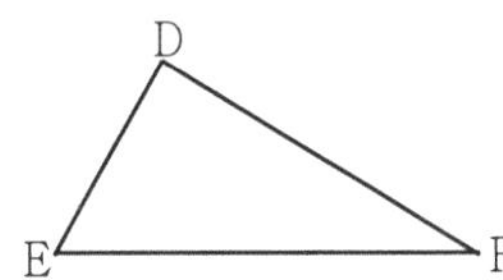

$\triangle DEF\equiv\triangle ABC$이다.

(이유: $\overline{AB}=2=\overline{DE}$, $\overline{BC}=4=\overline{EF}$, $\angle ABC=60^\circ=\angle DEF$이므로 $\triangle DEF\equiv\triangle ABC$는 SAS합동이다.)

두 삼각형의 합동에서 대응하는 두 각의 크기가 같으므로 $\angle BAC=\angle EDF=90^\circ$이다.

107 ☑ **실전**에서 확인!

풀이 그림과 같이 삼각형 QFF′에 대하여

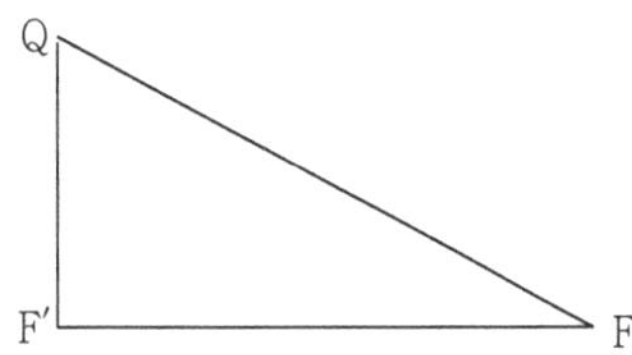

$\overline{QF}=12$, $\overline{QF'}=6$, $\angle QFF'=\frac{\pi}{6}$일 때, 점 Q에서 선분 FF′에 내린 수선의 발을 H라고 하면 $\overline{QH}=12\times\sin\frac{\pi}{6}=6=\overline{QF'}$이므로 $\angle QF'F=90^\circ$가 되어 $\overline{FF'}=6\sqrt{3}$이다. 즉, 삼각형 QFF′는 다음의 삼각형과 합동이다.

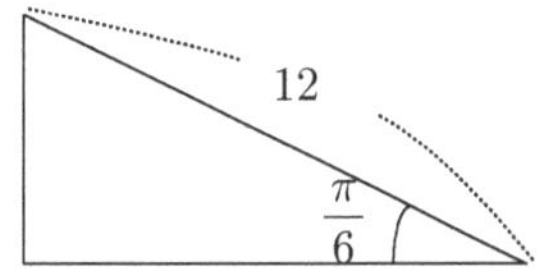

[Theme24] 삼각형의 닮음

☑ **실전**에서 확인!

108. $2:1$

109. 30

110. $5:2$

111. $2:1$

112. $\frac{1}{8}$

113. $\frac{9}{4}$

114. $\overline{PF}=2$, $\overline{FF'}=2\sqrt{3}$

108 ☑ **실전**에서 확인!

풀이 닮음비는 각 부채꼴의 반지름의 길이비와 같고 이는 $1:\frac{1}{\sqrt{2}}$이므로 넓이비는

$1^2 : \left(\frac{1}{\sqrt{2}}\right)^2 = 1 : \frac{1}{2} = 2:1$이다.

[Theme24] 삼각형의 닮음 조건

☑ 개념 바로 확인! [1]

풀이 (1) 아래 그림의 두 삼각형 ABC와 DBA에서 $\overline{AB}:\overline{BC}=\overline{BD}:\overline{BA}$이고 끼인각 $\angle B$가 공통각이므로 $\triangle ABC \backsim \triangle DBA$이다. 따라서 $24:18:x=18+14:24:16$에서 $x=12$이다.

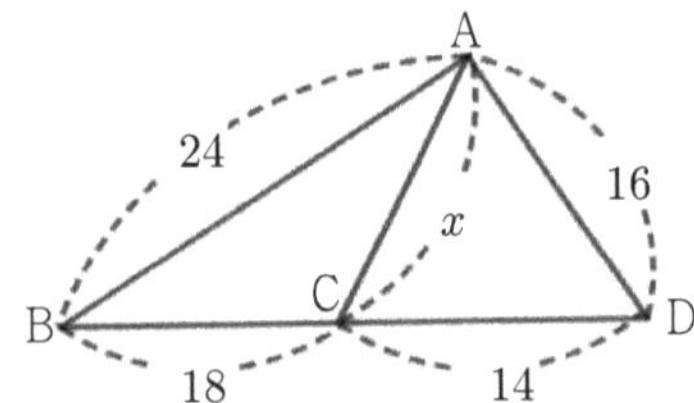

(2) 아래 그림의 두 삼각형 ABC와 ADC에서 $\angle DAC = \angle ABC$이고, $\angle C$가 공통이므로 $\triangle CBA \backsim \triangle CAD$이다.

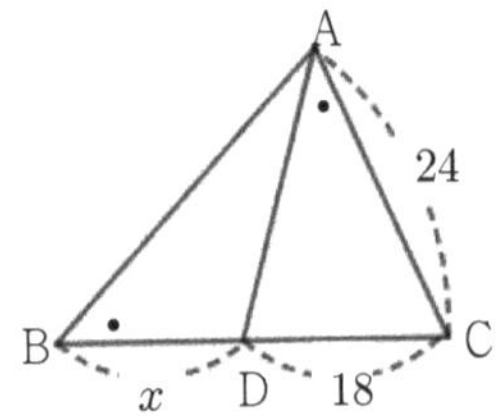

즉, $\overline{BC}:\overline{CA}=\overline{AC}:\overline{CD} \Rightarrow x+18:24=24:18$
$\Rightarrow x=14$이다.

109 ☑ 실전에서 확인!

풀이 ① (직선 l)//(직선 FQ) ⇒ $\angle QFF' = \angle RSF'$(동위각), ② $\angle QF'F$(공통각)
이제 ①과 ②에 의해
$\triangle FQF' \backsim \triangle SRF'$(AA닮음)이다. 또한, 닮음비는 $\overline{FF'}:\overline{SF'}=4:2+8=2:5$이므로
(삼각형 SRF'의 둘레의 길이)=(FQF'의 둘레의 길이)$\times\frac{5}{2}=(8+4)\times\frac{5}{2}=30$

110 ☑ 실전에서 확인!

풀이 ✓ 두 선분 B_1D_1과 B_2D_2는 가로와 세로의 길이비가 $2:1$인 직사각형의 대각선이므로 기울기가 $\frac{1}{2}$로 평행하다. ✓
이제 $\overline{C_2D_2}=k$라고 두면 $\overline{B_2C_2}=2k$이다.
✓ $\overline{A_2B_2}=\overline{C_2D_2}=2k$, $\angle A_2B_1B_2 = \angle D_2B_2C_2$, $\angle A_2B_2B_1 = \angle D_2C_2B_2 = 90^\circ$ 이므로 $\triangle A_2B_2B_1 \equiv \angle D_2C_2B_2$(ASA합동)이다. 즉, $\overline{B_1B_2}=\overline{B_2C_2}=2k$이다.
✓ 또한, 직선 C_1E_1의 기울기가 -1이므로 $\angle E_1C_1B_1 = 45^\circ$ 이므로 $\overline{D_2C_2}=\overline{C_2C_1}=k$이다.
✓ 이제, $\overline{B_1C_1}=\overline{B_1B_2}+\overline{B_2C_2}+\overline{C_2C_1}$
$\Rightarrow 2=2k+2k+k \Rightarrow k=\frac{2}{5}$
$\Rightarrow \overline{B_2C_2}=2k=\frac{4}{5}$
따라서 두 삼각형의 닮음비는
$\overline{B_1C_1}:\overline{B_2C_2}=2:\frac{4}{5}=5:2$이다.

111 ☑ 실전에서 확인!

풀이 ✓ $\overline{A_1B_1} /\!/ \overline{A_2B_2}$이므로
$\angle B_1A_2A_1 = \angle B_2A_3A_2$(동위각),
✓ $\overline{A_2B_1} /\!/ \overline{A_3B_2}$이므로
$\angle A_1B_1A_2 = \angle A_2B_2A_3 = \frac{\pi}{3}$이다. 즉,
$\triangle A_1B_1A_2 \backsim \triangle A_2B_2A_3$(AA닮음)이다. 따라서 닮음비는 $\overline{A_1B_1}:\overline{A_2B_2}$이다.
✓ 이때, 호 A_1A_2에 대한 원주각으로
$\angle A_1B_1A_2 = \frac{\pi}{3} = \angle A_1B_2A_2$이고,
$\overline{A_1B_1} /\!/ \overline{A_2B_2}$에서
$\angle A_1B_1A_2 = \angle B_1A_2B_2 = \frac{\pi}{3}$이므로
$\triangle A_2B_2C_2$와 $\triangle A_1B_1C_1$는 두 내각이 $\frac{\pi}{3}$이므로 정삼각형이다. 이때, $\overline{B_1A_2}=3$,
$\overline{A_1B_1}=2=\overline{B_1C_1}$이므로 $\overline{C_1A_2}=1=\overline{A_2B_2}$이다.
따라서 구하는 닮음비는
$\overline{A_1B_1}:\overline{A_2B_2}=2:1$이다.

[Theme24] (직각)삼각형의 닮음 조건

☑ 개념 바로 확인! [2]

풀이 (1) (방법1) $\angle A$와 직각이 공통이므로 $\triangle ABC \backsim \triangle ACD$(AA닮음)이므로 $x+3:6=6:3$에서 $x=9$이다.

(방법2) 다음 그림의 직각삼각형 $A'B'C'$에서 $c^2=a\times(a+d)$이므로 이를 활용하면

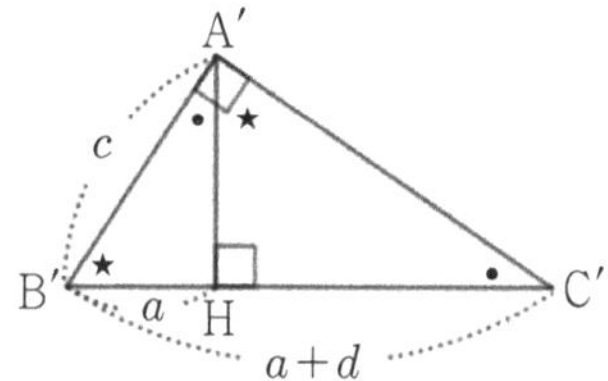

아래 그림의 직각삼각형 ABC에서

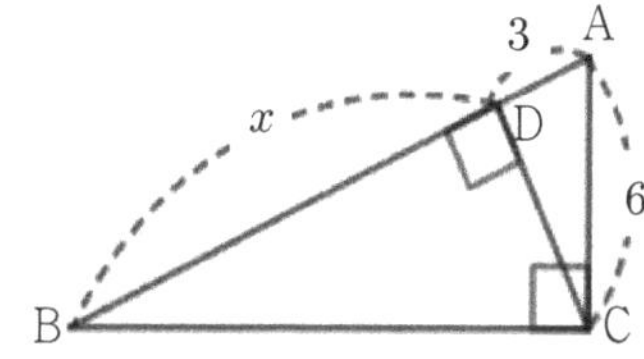

$\overline{AC}^2=\overline{AD}\times\overline{AB} \Rightarrow 6^2=3\times(3+x)$이다.

(2) $\angle A$와 직각이 공통이므로 $\triangle ADB \backsim \triangle BDC$(AA닮음)이므로 $2:4=4:x$에서 $x=8$이다.

☑ 개념 바로 확인! [3]

풀이 ✓ $\angle BAC=\angle DEC$, 직각 공통이므로 $\triangle BAC \backsim \triangle DEC$(AA닮음)이다.

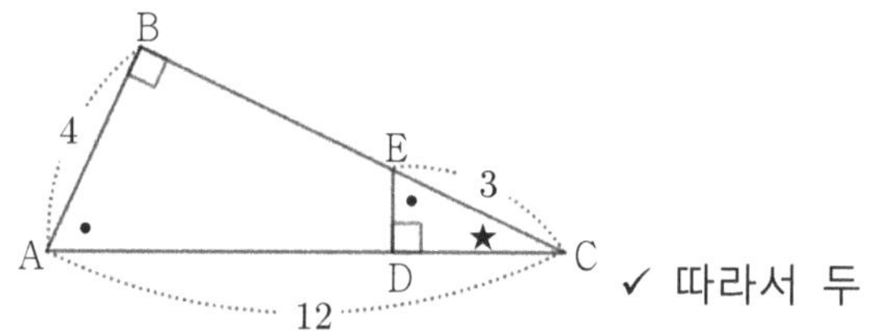

✓ 따라서 두 삼각형의 닮음비에 의해 $\overline{EC}:\overline{DC}=\overline{AC}:\overline{BC} \Rightarrow$ $3:\overline{DC}=12:8\sqrt{2} \Rightarrow \overline{DC}=2\sqrt{2}$

☑ 개념 바로 확인! [4]

풀이 ✓ $\angle ABH=\angle BCH$, 직각 공통이므로 $\triangle BAH \backsim \triangle CAB$(AA닮음)이다.

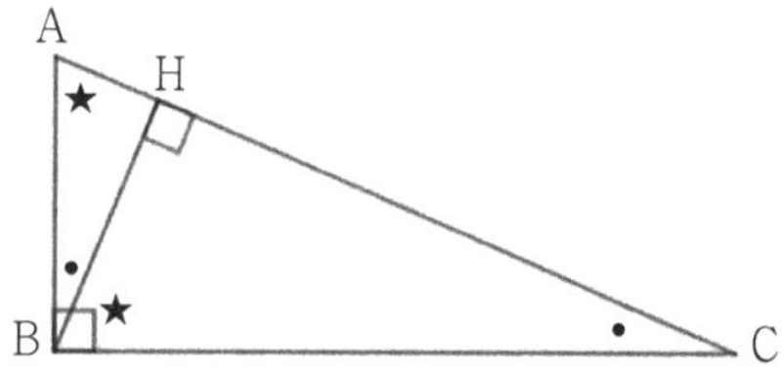

✓ 따라서 두 삼각형의 닮음비에 의해

$\overline{AB}:\overline{AH}=\overline{AC}:\overline{AB}$

$\Rightarrow 5:\overline{AH}=13:5$

$\Rightarrow \overline{AH}=\dfrac{25}{13}$

112 ☑ 실전에서 확인!

풀이 세 점 $A(-1,0)$, $B(1,0)$, $C(0,a)$에 대하여 선분 $\overline{OB}$의 중점을 M, 선분 $\overline{CB}$의 중점을 N이라고 하면 $\dfrac{1}{2}\le x\le 1$에서 함수 $f(x)$의 그래프와 x축, 직선 $x=\dfrac{1}{2}$로 둘러싸인 영역의 넓이는 삼각형 BMN의 넓이와 같고

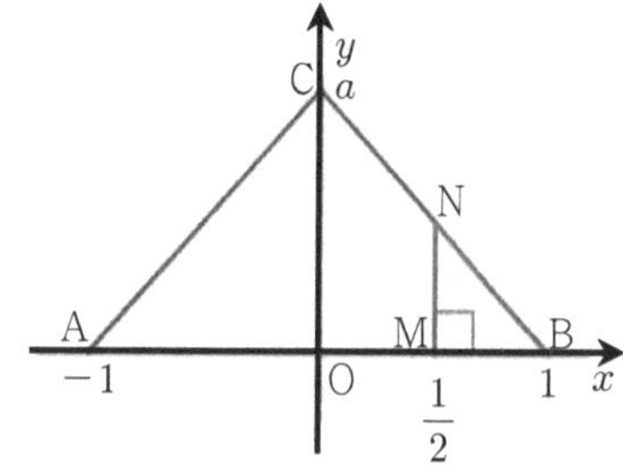

이는 상수 a의 값을 구하지 않아도 삼각형의 닮음을 이용하여 아래와 같이 구할 수 있다.

$\triangle BMN \backsim \triangle BOC$ (AA닮음)

이고 닮음비가 $1:2$이므로 넓이비는 $1^2:2^2$이다.

또한, $\triangle ABC=1$이고 $\triangle ABC$가 y축 대칭이므로 $\triangle BOC=\dfrac{1}{2}$이다. 따라서

$\triangle BMN=\left(\dfrac{1}{2}\right)^2\times\triangle BOC=\left(\dfrac{1}{2}\right)^2\times\dfrac{1}{2}=\dfrac{1}{8}$이다.

113 ☑ 실전에서 확인!

풀이 ① 점 A에서 x축에 내린 수선의 발을 H라고 하면 $\angle BDC=\angle AHC=90°$이고 $\angle C$가 공통이므로 $\triangle BCD \backsim \triangle ACH$(AA닮음)

② 닮음비가 $\overline{CD}:\overline{CH}=3:8$이므로 넓이비는 $3^2:8^2$이다. 즉,

$$\triangle BCD=\triangle ACH\times\frac{3^2}{8^2}=\frac{1}{2}\times 8\times 4\times\frac{3^2}{8^2}=\frac{9}{4}$$

114 ☑ **실전**에서 확인!

풀이 $\overline{F'M}:\overline{F'P}=1:2=\overline{F'O}:\overline{F'F}$이고, $\angle MF'O$는 공통각이므로 $\triangle MOF'\backsim\triangle PFF'$(SAS닮음)이다. 따라서 대응하는 변의 닮음비를 적용하면 $\overline{MO}:\overline{PF}=1:2$이므로 $\overline{PF}=2$이다. 또한 대응하는 각이 같음을 적용하면 $\angle MOF'=90^\circ=\angle PFF'$이고, $\overline{PF}:\overline{PF'}=2:4$이므로 $\angle FPF'=60^\circ$가 되어 $\overline{F'F}=2\sqrt{3}$이다.

[Theme25] 각의 이등분선

☑ **실전**에서 확인!

115. 8

116. 풀이 참조

115 ☑ **실전**에서 확인!

풀이 $4\overline{PR}=3\overline{RF}\Rightarrow\overline{PR}:\overline{RF}=3:4$이다.
또한, 선분 $\overline{QR}$이 $\angle FQP$의 이등분선이므로 $\overline{FQ}:\overline{QP}=\overline{FR}:\overline{RP}=4:3$이다. 이제 $\overline{FQ}=4s$, $\overline{QP}=3s$, $\angle PQF=90^\circ$에서 $\overline{PF}=5s$이다. 이제 $\overline{PF'}-\overline{PF}=2$임을 이용하면 $\overline{PF'}=5s+2$이다. 또한, $\overline{QF'}=2s+2$, $\overline{QF}=4s$, $\overline{F'F}=2\sqrt{17}$, $\angle FQF'=90^\circ$이므로 $(2s+2)^2+(4s)^2=(2\sqrt{17})^2$에서 $s=\frac{8}{5}$이다.

따라서 $\overline{PF}=5s=5\times\frac{8}{5}=8$.

116 ☑ **실전**에서 확인!

풀이 직선 B_nC_n이 $\angle OB_nA_n$의 이등분선이므로 각의 이등분선의 성질에 의해 $\overline{OB_n}:\overline{B_nA_n}=\overline{OP_n}:\overline{P_nA_n}$이다. 즉,

$(n+1):\sqrt{n^2+(n+1)^2}=\overline{OP_n}:(n-\overline{OP_n})$

이 식에서 $\overline{OP_n}=\dfrac{n(n+1)}{n+1+\sqrt{2n^2+2n+1}}$임을 알 수 있다.

[Theme26] 삼각형과 평행선

☑ **실전**에서 확인!

117. 1:3

117 ☑ **실전**에서 확인!

풀이 $\overline{AB}\,/\!/\,\overline{DC}$이므로
$\overline{EF}:\overline{FC}=\overline{EB}:\overline{EA}=1:1+2=1:3$

[Theme27] 삼각형의 3심

☑ **실전**에서 확인!

118. 2

119. 2

120. (1) 12 (2) 9 (3) 5

121. $\dfrac{1}{\sqrt{3}+\dfrac{\cos\theta}{\sin\theta}}$

122. 5

118 ☑ **실전**에서 확인!

풀이 ① 점 $(4,0)$을 D라고 하면 직선 $y=m(x-4)$는 점 $D(4,0)$을 지난다.
② 삼각형 ABC의 무게중심 $G(p,0)$는 중선 $\overline{BD}$를 $2:1$로 내분하는데 $\overline{BO}=p=\overline{OG}$이므로 $\overline{BG}:\overline{GD}=2:1$에서 $\overline{GD}=p$가 된다. 즉, $\overline{BG}=2p=4$이므로 $p=2$이다.

119 ☑ **실전**에서 확인!

풀이 삼각형 $\triangle ABC=\frac{1}{2}\times\overline{AB}\times h\Rightarrow$

$24 = \frac{1}{2} \times 8 \times h \Rightarrow h = 6$

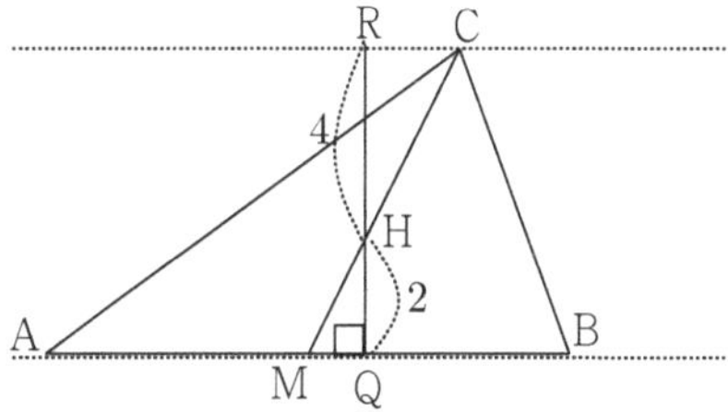

선분 AB의 중점 M에 대하여 중선 CM을 2:1로 내분하는 무게중심 H는 선분 RQ를 2:1로 내분한다.

따라서 $\overline{QH} = \frac{1}{3} \times h = \frac{1}{3} \times 6 = 2$이다.

120 ☑ 실전에서 확인!

풀이 (1) 내접원의 성질을 이용하여 구하자.
선분 AB, AC, BC와 내접원의 교점을 각각 E, F, G라 하면, $\overline{CF} = \overline{CG}$. 이때, 내접원의 반지름의 길이가 3이므로 $\overline{DG} = \overline{DB} - 3 = 1$. 이제 $\triangle DOG \backsim \triangle DAB$이므로 닮음비를 이용하면
$\overline{OG} : \overline{GD} = \overline{AB} : \overline{BD} \Rightarrow 3 : 1 = \overline{AB} : 4$
에서 $\overline{AB} = 12$이다.
(2) 점 B에서 원 O의 두 접점까지의 거리가 같으므로 $\overline{EB} = \overline{BG} = 3$이고,
$\overline{AE} = \overline{AB} - \overline{EB} = 12 - 3 = 9$이다.

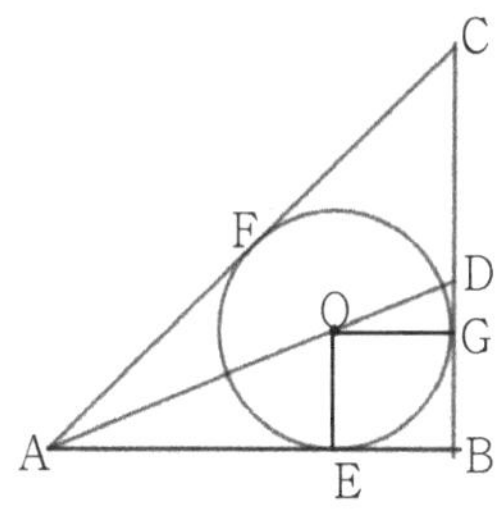

(3) **(방법1)** $\overline{CD} = x$라 두면 내접원의 성질에 의해 $\overline{CG} = \overline{CF} = x + 1$이다. 이때, 점 O가 내심이므로 직선 AD는 $\angle BAC$를 이등분한다. 따라서 각의 이등분선의 성질에 의해
$\overline{AB} : \overline{AC} = \overline{BD} : \overline{DC} \Rightarrow 12 : 9 + (x+1) = 4 : x$이므로 $x = 5$이고, $\overline{CD} = 5$이다.

(방법2) $\triangle ABC = \frac{1}{2} \times 12 \times (4 + x)$

$= \frac{1}{2} \times (\overline{AB} + \overline{BC} + \overline{CA}) \times 3 \Rightarrow x = 5$

121 ☑ 실전에서 확인!

풀이 내접원의 중심을 I라고 하고, 점 I에서 선분 BC에 내린 수선의 발을 H라 하자.

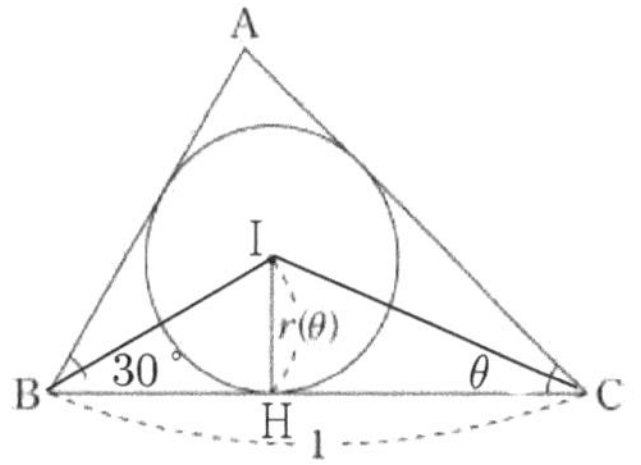

삼각형 ABC의 내심이 점 I이므로
$\angle IBH = 30°$, $\angle ICH = \theta$, $\overline{BH} = \sqrt{3}r$이고
$\overline{CH} = \frac{r}{\tan\theta}$이다. 이때,

$1 = \overline{BC} = \overline{BH} + \overline{HC} = \sqrt{3}r + r\frac{1}{\tan\theta}$이므로

$r = \frac{1}{\sqrt{3} + \frac{1}{\tan\theta}} = \frac{\tan\theta}{\tan\theta\sqrt{3} + 1}$이다.

122 ☑ 실전에서 확인!

풀이 $\overline{OQ} = \overline{OF}$이므로 점 Q는 중심이 원점 O이고 선분 F′F를 지름으로 하는 원 위의 점이므로 $\angle FQF' = 90°$이다. $\overline{FQ} = k$라 하면 $\overline{FQ} : \overline{F'Q} = 1 : 4$에서 $\overline{F'Q} = 4k$이고
$\overline{PF} + \overline{PF'} = \overline{QF} + \overline{QF'} = 5k$이다. 삼각형 PF′Q의 내접원의 반지름의 길이가 2이므로

$\triangle PF'Q = \frac{1}{2} \times \overline{F'Q} \times \overline{PQ}$

$= \frac{1}{2} \times 2 \times (\overline{F'P} + \overline{F'Q} + \overline{PQ})$

이때, $\overline{F'P} + \overline{F'Q} + \overline{PQ} = 5k + 5k$이므로

$\frac{1}{2} \times 4k \times \overline{PQ} = \frac{1}{2} \times 2 \times 10k$에서 $\overline{PQ} = 5$이다.

[Theme28] 사각형

☑ 실전에서 확인!

123. $\sqrt{13}$
124. 마름모
125. $\frac{4}{3}$
126. $\frac{9}{2}$
127. $\sin\theta$
128. $\frac{8}{9}\sqrt{3}$
129. 2
130. $\frac{1}{2}\{(f(1)-g(1))+(f(2)-g(2))\}$
131. $\frac{2}{3}$

☑ 개념 바로 확인! [1]

풀이 ✓ $\angle ABC = 60^\circ \Rightarrow \angle ABD = 30^\circ$

✓ $\angle ABC = 60^\circ$ 이므로 $\angle BAD = 120^\circ$ 이다. 이제 삼각형 ABD에서 $x^\circ = 30^\circ$ 이다.

123 ☑ 실전에서 확인!

풀이 사다리꼴 ABCD가 $\angle ABC = \angle DCB$이므로 등변사다리꼴이 된다.

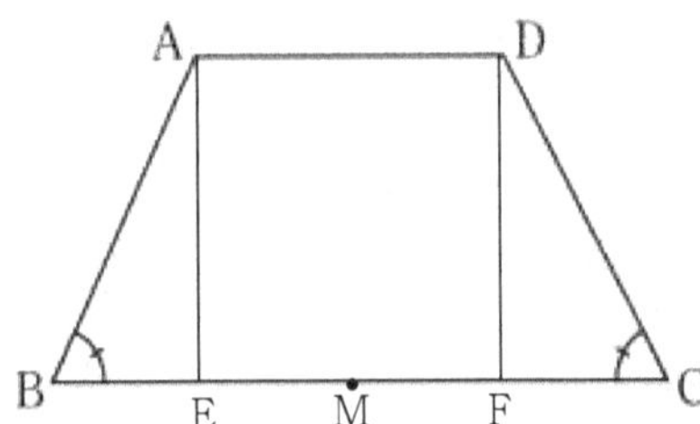

두 점 A, D에서 선분 BC에 내린 수선의 발을 각각 E, F라고 하면 $\overline{EF}=2$이다. 이때, $\overline{EM}=1$, $\overline{AM}=\sqrt{5}$ 이므로 $\overline{AE}=2$이다. 즉, 등변사다리꼴의 높이는 $\overline{AE}=\overline{DF}=2$이므로 $\overline{BD}=\sqrt{3^2+2^2}=\sqrt{13}$ 이다.)

124 ☑ 실전에서 확인!

풀이 $\overline{PQ}=\overline{PF}$, $\overline{QF'}=\overline{F'F}$이고, $\overline{PF'}$은 공통변이므로 $\triangle FPF' \equiv \triangle QPF'$(SSS합동)이다. 이때, 직선 PQ는 x축과 평행하므로 엇각으로서 $\angle QPF' = \angle PF'F$이다. 즉, $\triangle FPF'$, $\triangle QPF'$은 이등변삼각형이 되므로 $\overline{PQ}=\overline{PF}=\overline{QF'}=\overline{F'F}$가 되어 사각형 PQF'F는 마름모가 된다.

125 ☑ 실전에서 확인!

풀이 마름모의 한 변의 길이를 r라 하면, $\overline{E_1C}=4-r$이고, $\triangle CE_1F_1$와 $\triangle CBA$는 닮음이므로 $\overline{E_1C}:\overline{E_1F_1}=2:1$에서

$4-r:r=2:1$이므로 $r=\frac{4}{3}$이다.

126 ☑ 실전에서 확인!

풀이 마름모 AOBO′는 한 변의 길이가 3이고 두 변 AO, OB가 이루는 각이 $\frac{5}{6}\pi=150^\circ$ 이므로 구하는 넓이는

$\square AOBO' = 3\times3\times\sin\frac{5}{6}\pi=\frac{9}{2}$이다.

127 ☑ 실전에서 확인!

풀이 점 B의 x좌표는 $\overline{OB}\cos\theta$로 구할 수 있는데, 주어진 조건에 의하면 $\cos\theta$가 되므로 $\overline{OB}=1$임을 알 수 있다. 이제 평행사변형 OACB의 넓이 $f(\theta)$다음과 같이 구할 수 있다.

$f(\theta)=(\text{밑변})\times(\text{높이})=1\times\sin\theta=\sin\theta$

또는 $f(\theta)=\overline{OA}\times\overline{OB}\times\sin\theta$

$=1\times1\times\sin\theta=\sin\theta$.

따라서 $f(\theta)=\sin\theta$이다.

128 ☑ 실전에서 확인!

풀이 마름모 단원에서 해결한 것처럼 마름모의 한 변의 길이를 r라 하면, $\overline{E_1C}=4-r$이고, $\triangle CE_1F_1$와 $\triangle CBA$는 닮음이므로 $\overline{E_1C}:\overline{E_1F_1}=2:1$에서

$4-r:r=2:1$이므로 $r=\frac{4}{3}$이다. 즉, 사각형 $D_1BE_1F_1$은 한 변의 길이가 $\frac{4}{3}$인 마름모이고, 마름모는 평행사변형이므로 $\angle ABC=60°$ 임을 이용하면 다음과 같다.

(마름모 $D_1BE_1F_1$의 넓이)

$=\frac{4}{3}\times\frac{4}{3}\times\sin 60°=\frac{8}{9}\sqrt{3}$

129 ☑ 실전에서 확인!

풀이 $\overline{AC}//\overline{OF}$이므로 사각형 OFAC는 사다리꼴이다. 이제 점 A의 y좌표를 y_1이라고 하면 $\square OFAC=2\times\triangle FBA \Rightarrow$

$\frac{1}{2}\times(\overline{OF}+\overline{AC})\times y_1=\left(\frac{1}{2}\times\overline{FB}\times y_1\right)\times 2 \Rightarrow$

$\frac{1}{2}\times((8-p)+p)\times y_1=\left\{\frac{1}{2}\times(8-2p)\times y_1\right\}\times 2$

$\Rightarrow \quad p=2$

130 ☑ 실전에서 확인!

풀이 사다리꼴의 평행한 두 변이 $\overline{AB}$, $\overline{CD}$이므로 높이는 1이 된다. 따라서 넓이는 다음과 같다.

(사다리꼴 ABDC의 넓이)

$=\frac{1}{2}(\overline{AB}+\overline{CD})\times 1$

$=\frac{1}{2}\{(f(1)-g(1))+(f(2)-g(2))\}$

131 ☑ 실전에서 확인!

풀이 등적변형을 이용하면 상수 k의 값을 몰라도 넓이를 구할 수 있다. $A(2,0)$, $B(2,k)$, $C(0,k)$, $D(2,3k)$, $E(3,0)$, $F(3,k)$라고 두면,

① $\square OABC:\square AEFB=2:3-2$
(밑변의 길이의 비)

② $\triangle CBD:\triangle DBF=2:3-2$
(밑변의 길이의 비)

①과 ②에 의해

$\square ADCO:\square DAEF=2:1$이다. 따라서

$\square ADCO=\frac{2}{3}$이다.

[Theme29] 다각형

☑ 실전에서 확인!

132. $60°$

133. $\angle POC=2\theta$, $\angle PCO=180°-3\theta$

134. 2θ

135. 1

132 ☑ 실전에서 확인!

풀이 정육각형의 한 내각의 크기는

$\frac{180°\times(6-2)}{6}=120°$이고 선분 AD는 각 $\angle D$의 이등분선이므로 $\angle ADE=60°$이다.

133 ☑ 실전에서 확인!

풀이 삼각형 APO의 한 외각이 $\angle POC$이므로 나머지 두 내각의 합으로 구할 수 있다. 즉,

$\angle POC=\angle OAP+\angle OPA=2\theta$이다. 또한,

$\angle PCO=180°-(\angle POC+\angle CPO)$

$=180°-3\theta$이다.

134 ☑ 실전에서 확인!

풀이 $\angle PAO$는 삼각형 ABP의 한 외각이므로 나머지 두 내각의 크기의 합과 같다. 즉, 다음과 같다.

$\angle PAO=\angle ABP+\angle APB=\theta+\theta=2\theta$

135 ☑ 실전에서 확인!

풀이 ① $\angle BAD=\alpha$, $\angle ABD=\beta$라고 하면, 삼각형 ABD에서 한 외각의 크기는 두 내각의 크기의 합이므로

$\angle ADE=\angle BAD+\angle ABD=\alpha+\beta$이다.

② 원주각의 성질에 의해 호 EC에 대한 원주각으로 $\angle EBC=\angle EAC=\beta$이므로

$\angle$ EAD $= \alpha + \beta$이다. 즉,
$\angle$ EAD $= \angle$ ADE이므로 $k = 1$이다. 또한,
삼각형 ADE는 $\overline{AE} = \overline{DE}$인
이등변삼각형이다.

[Theme30] 원

☑ 실전에서 확인!

136. 60°
137. $\frac{8\pi}{3}$
138. $\frac{8(3\sqrt{3}-\pi)}{27}$
139. (1) $\angle$ BDC $= 60^\circ$
(2) $\angle$ DAC $= \theta$
140. 2θ
141. 2θ
142. 120
143. $\frac{10}{3}\sqrt{3}$
144. $2\sin\theta\sqrt{1-4\sin^2\theta}$
145. 90°
146. 1
147. ㄱ, ㄴ, ㄷ
148. 1
149. P, O, O′은 한 직선 위에 있다.
150. 60°
151. 120°
152. $\frac{4\sqrt{10}}{5}$
153. $4\sqrt{2}$

136 ☑ 실전에서 확인!

풀이 선분 AB의 중점(원의 중심)을 O, $\angle$BOC $= \alpha^\circ$ 라고 할 때,
(부채꼴 BOC의 호의 길이)$= 2\pi \times 6 \times \frac{\alpha^\circ}{360^\circ}$
이다. 즉,
$2\pi = 2\pi \times 6 \times \frac{\alpha^\circ}{360^\circ}$에서 $\alpha^\circ = 60^\circ$ 이다.

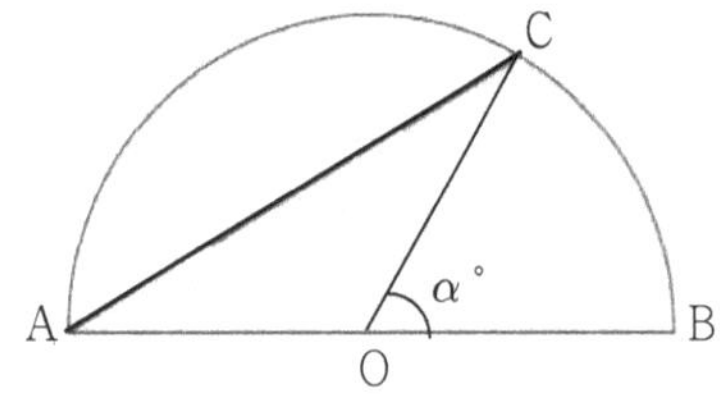

137 ☑ 실전에서 확인!

풀이 부채꼴 OAB의 반지름의 길이를 r라 하면 $\overline{OP} = \frac{3}{4}r$, $\overline{OQ} = \frac{1}{3}r$이므로 삼각형 OPQ의 넓이 $4\sqrt{3}$은
$4\sqrt{3} = \frac{1}{2} \times \frac{3}{4}r \times \frac{1}{3}r \times \sin 60^\circ$ 에서
$r = 8$이다. 따라서 호 AB의 길이는
$2\pi \times 8 \times \frac{60^\circ}{360^\circ} = \frac{8\pi}{3}$이다.

138 ☑ 실전에서 확인!

풀이 '마름모' 개념에서 해결한 것과 같이 마름모의 한 변의 길이는 $\frac{4}{3}$이다. 또한, 부채꼴 BE_1D_1의 넓이는 $\pi \times \left(\frac{4}{3}\right)^2 \times \frac{60^\circ}{360^\circ}$이다.
따라서 색칠된 영역의 넓이는 다음과 같다.
$$\frac{4}{3} \times \frac{4}{3} \times \sin 60^\circ - \pi \times \left(\frac{4}{3}\right)^2 \times \frac{60^\circ}{360^\circ}$$
$$= \frac{8(3\sqrt{3}-\pi)}{27}$$

139 ☑ 실전에서 확인!

풀이 (1) 호 BC에 대한 원주각으로
$\angle$ BDC $= \angle$ BAC $= 60^\circ$ 이다.
(2) 호 DC에 대한 원주각으로
$\angle$ DAC $= \angle$ DBC $= \theta$이다.

140 ☑ 실전에서 확인!

풀이 이미 앞에서 해결한 문제지만 원주각과 중심각의 관계를 이용한 다른 방법으로 해결할 수도 있다. 점 A가 원의 중심이므로 호 OP에 대한 중심각이 $\angle$ OAP, 원주각이 $\angle$ OBP이고, 원주각:중심각$=1:2$에서 $\angle$ OAP $= 2\theta$이다.

141 ☑ 실전에서 확인!

풀이 호 AR에 대한 원주각은 $\angle$ APR과 $\angle$ ABR로 같으므로
$\angle$ ABR $= \angle$ APR $= 2\theta$이다.

142 ☑ **실전**에서 확인!

풀이 $\overline{BE}=\overline{BD}=8$이므로
$\overline{BA}\times\overline{BE}=15\times 8=120$이다.

143 ☑ **실전**에서 확인!

풀이 주어진 원의 중심을 O라고 하면 $\overline{AQ}=5\sqrt{3}$에서 원의 반지름의 길이는 $2\sqrt{3}$이다. 점 P에서 직선 AB에 내린 수선의 발을 P′,

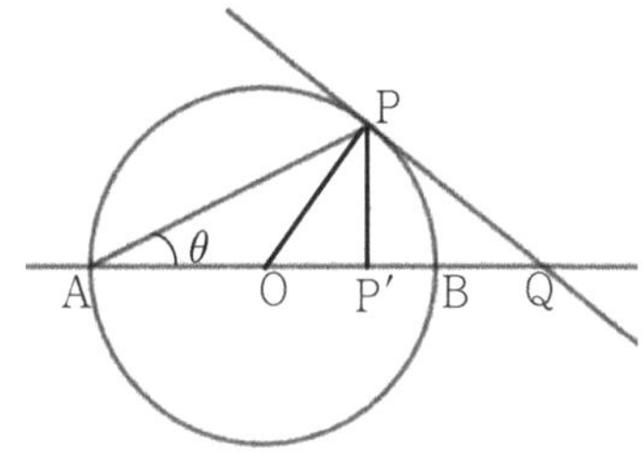

$\angle PAQ=\theta$라고 두면 $\angle POP'=2\theta$이므로
$\overline{AP'}=\overline{AO}+\overline{OP}\cos 2\theta=2\sqrt{3}+2\sqrt{3}\cos 2\theta$이다
.이때, $\triangle POP'\sim\triangle QOP$이므로(AA닮음)
$\cos 2\theta=\dfrac{\overline{OP}}{\overline{OQ}}=\dfrac{2\sqrt{3}}{3\sqrt{3}}=\dfrac{2}{3}$이다. 따라서
$\overline{AP'}=2\sqrt{3}+2\sqrt{3}\times\dfrac{2}{3}=\dfrac{10}{3}\sqrt{3}$이다.

144 ☑ **실전**에서 확인!

풀이 원 밖의 한 점에서 원에 그은 두 접선의 접점까지의 거리가 같으므로
$\overline{OQ}=\overline{OR}$이다. 또한, 원의 접선과 반지름은 수직이므로 $\angle OQB=\angle ORB=90^\circ$이다.
마지막으로 $\overline{QB}=\overline{RB}$=(원 C_2의 반지름)이므로
$\triangle OQB\equiv\triangle ORB$(SSS합동)이다. 또한,
$\overline{AB}=2$이므로 직각삼각형 ABP에서
$\overline{BP}=2\sin\theta$이므로 C_2의 반지름의 길이는
$\overline{BP}=\overline{BQ}=2\sin\theta$이다. 피타고라스 정리에 의해 삼각형 OQB에서
$\overline{OQ}=\sqrt{1-4\sin^2\theta}$이다. 따라서

$$S(\theta)=\left(\frac{1}{2}\times\sqrt{1-4\sin^2\theta}\times 2\sin\theta\right)\times 2$$
$$=2\sin\theta\sqrt{1-4\sin^2\theta}$$

145 ☑ **실전**에서 확인!

풀이 호 AB에 대한 중심각이 180°이므로 원주각 $\angle ACB=90^\circ$이다.

146 ☑ **실전**에서 확인!

풀이 $\angle BAC=\angle CAD$이므로 두 원주각에 대한 호 BC와 호 CD의 길이는 같다.
따라서 현의 길이도 같아지므로 $\overline{BC}=\overline{CD}$이다.
따라서 $k=1$이다.

147 ☑ **실전**에서 확인!

풀이 ㄱ, 호 DC에 대한 원주각으로서
$\angle CAD=\angle CBD$이다.
ㄴ, $\angle A$의 이등분선이 선분 AD이므로
$\angle DAB=\angle DAC$이다.
ㄷ, 호 BD에 대한 원주각으로서
$\angle BAD=\angle BCD$이고, $\angle BAD=\angle DAC$이므로
$\angle BCD=\angle DAC$
따라서 $\angle CAD$와 같은 각을 모두 고르면 ㄱ, ㄴ, ㄷ이다.

(참고)
ㄹ의 $\angle BED$이 왜 $\angle DAC$와 같은 각이 아닌지 알아보자.
직선 DE가 원과 만나는 교점 중 점 D가 아닌 점을 F라고 하자. 그럼 호 BD에 대한 원주각으로서 $\angle BCD=\angle BFD$이다. 그럼 삼각형 BEF에서 한 외각의 크기는 두 내각의 크기의 합임을 이용하면 다음과 같다. 즉,
$\angle BED=\angle BFE+\angle FBE$
$\Rightarrow \angle BED>\angle BFE$
($\angle BFE=\angle DAC$이므로)
$\Rightarrow \angle BED>\angle DAC$

148 ☑ **실전**에서 확인!

풀이 (현 AE에 대한 원주각)=(현 CE에 대한 원주각)이므로 $\overline{AE}=\overline{CE}$이다. 따라서 $k=1$이고 삼각형 AEC는 이등변삼각형이 된다.

149 ☑ 실전에서 확인!

풀이 원 C'의 중심을 O', 원 밖의 한 점 P에서 원 C'에 그은 두 접선의 접점을 각각 S, T라고 하자.

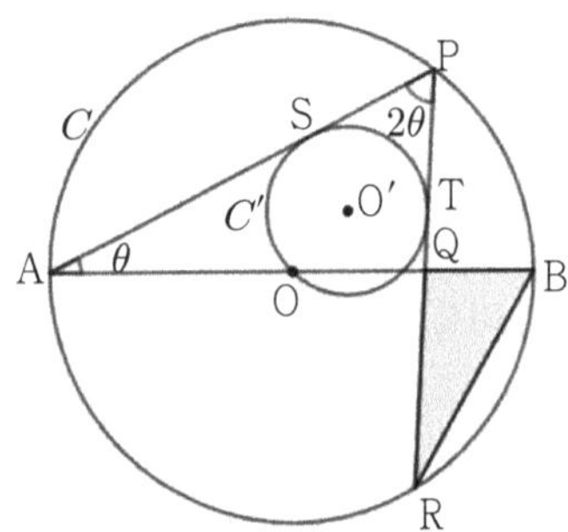

그럼 $\triangle \mathrm{O'PS} \equiv \triangle \mathrm{O'PT}$이므로
$\angle \mathrm{O'PS} = \angle \mathrm{O'PT} = \theta$. 또한,
$\overline{\mathrm{AO}} = \overline{\mathrm{PO}} = 2$이므로 $\triangle \mathrm{AOP}$는
이등변삼각형이므로
$\angle \mathrm{OPA} = \angle \mathrm{OAP} = \theta$이다. 즉,
$\angle \mathrm{OPA} = \theta = \angle \mathrm{O'PS}$이므로 세 점 O, O', P는 한 직선 위에 있다.

150 ☑ 실전에서 확인!

풀이 점 P에서의 원의 접선이 x축과 만나는 점을 A라고 하면 삼각형 APO는 $\angle \mathrm{OPA} = 90^\circ$ 인 직각삼각형이다. 또한, 삼각형에서 한 외각의 크기는 나머지 두 내각의 크기의 합이므로
$150^\circ = \angle \mathrm{APO} + \angle \mathrm{FOP}$에서
$\angle \mathrm{FOP} = 60^\circ$ 이다.

151 ☑ 실전에서 확인!

풀이 사각형 ABDC는 원에 내접하는 사각형이므로 마주 보는 두 대각의 합이 180° 이다. 따라서
$\angle \mathrm{BDC} = 180^\circ - 60^\circ = 120^\circ$
이다.

152 ☑ 실전에서 확인!

풀이 할선 정리에 의해
$\overline{\mathrm{AM}} \times \overline{\mathrm{MC}} = \overline{\mathrm{BM}} \times \overline{\mathrm{MD}}$이므로
$2 \times 2 = \dfrac{\sqrt{10}}{2} \times \overline{\mathrm{MD}}$에서 $\overline{\mathrm{MD}} = \dfrac{4\sqrt{10}}{5}$이다.

153 ☑ 실전에서 확인!

풀이 할선 정리에 의해
$\overline{\mathrm{AE}} \times \overline{\mathrm{ED}} = \overline{\mathrm{CE}} \times \overline{\mathrm{EF}}$이므로
$\overline{\mathrm{AE}} \times 3\sqrt{2} = 4 \times 6$에서 $\overline{\mathrm{AE}} = 4\sqrt{2}$이다.

 여기까지 오느라 고생 많았어! 

아무도 알려주지 않는
고교 상식의 빈틈을 잘 채워서
문제 풀이의 신神!이 되기를 기원할게!

갑툭튀 고교수학상식

초판 1쇄 발행

지은이_ 김소연

펴낸이_ 김동명
펴낸곳_ 도서출판 창조와 지식
인쇄처_ (주)북모아

출판등록번호_ 제2018-000027호
주소_ 서울특별시 강북구 덕릉로 144
전화_ 1644-1814
팩스_ 02-2275-8577

ISBN 979-11-6003-695-4

정가 20,000원